Migration und ihre Arbeitsmarkteffekte in Deutschland

Europäische Hochschulschriften
Publications Universitaires Européennes
European University Studies

Reihe V
Volks- und Betriebswirtschaft

Série V Series V
Sciences économiques, gestion d'entreprise
Economics and Management

Bd./Vol. 2933

PETER LANG
Frankfurt am Main · Berlin · Bern · Bruxelles · New York · Oxford · Wien

Dirk Möller

Migration und ihre Arbeitsmarkteffekte in Deutschland

Analyse für Wanderungen aus Polen nach der EU-Osterweiterung

PETER LANG
Europäischer Verlag der Wissenschaften

Die Deutsche Bibliothek - CIP-Einheitsaufnahme

Möller, Dirk:

Migration und ihre Arbeitsmarkteffekte in Deutschland : Analyse für Wanderungen aus Polen nach der EU-Osterweiterung / Dirk Möller. - Frankfurt am Main ; Berlin ; Bern ; Bruxelles ; New York ; Oxford ; Wien : Lang, 2002
(Europäische Hochschulschriften : Reihe 5, Volks- und Betriebswirtschaft ; Bd. 2933)
Zugl.: Köln, Univ., Diss., 2002
ISBN 3-631-50347-4

D 38
ISSN 0531-7339
ISBN 3-631-50347-4

www.peterlang.de

Vorwort

Seit nunmehr fast einer Dekade warten viele mittel- und osteuropäische Staaten auf ihre Aufnahme in die Europäische Union. Aus Sicht einiger Arbeitnehmer in der Union, insbesondere aus Deutschland und Österreich, mag dieser Umstand positiv zu beurteilen sein. Denn aufgrund diffuser Ängste um den Verlust ihrer Arbeitsplätze oder um die Höhe ihrer Löhne und Gehälter, würden sie die Erweiterung der Union, zumindest aber die Implementierung der Arbeitnehmerfreizügigkeit, gerne möglichst weit in die Zukunft schieben.

Das vorliegende Buch greift dieses Thema auf und versucht, am Beispiel polnischer Migration nach Deutschland potentiell betroffene Berufstätige zu identifizieren und die Wirkungen der gegebenenfalls erhöhten Konkurrenz durch polnische Migrantinnen und Migranten für die deutschen Berufstätigen zu ermitteln. Im Verlauf der Arbeit werden vier Fragen beantwortet:

Kommt es nach Etablierung der Arbeitnehmerfreizügigkeit tatsächlich zu Immigration aus Polen nach Deutschland?

Welche Berufsgruppen werden von Immigration besonders betroffen sein?

Welches sind die von Immigration ausgehenden Lohn- und Beschäftigungseffekte für die betroffenen Inländer?

Wie sollte die Übergangsfrist hinsichtlich der Arbeitnehmerfreizügigkeit in Deutschland ausgestaltet werden?

Mein Dank für wertvolle inhaltliche Anregungen zur vorliegenden Untersuchung gilt insbesondere meinen Referenten, Univ.-Prof. Dr. Rolf Sternberg und Univ.-Prof. Dr. Horst-Manfred Schellhaaß sowie Frau Diplom-Volkswirtin Claudia Müller und Herrn Diplom-Volkswirt Heiko Bergmann. Für ihre Hilfe bei der formellen Überarbeitung des Manuskripts danke ich ferner Frau Birgitt Euting, Frau Angela Zimmermann und Herrn Diplom-Kaufmann/Diplom Regionalwissenschaftler Lateinamerika Alessandro Colucci. Weiterer Dank gilt schließlich meinen Eltern, Freunden und Lehrern.

Köln, im Juli 2002

Dirk Möller

Zusammenfassung

Migrationstheorien lassen im Zuge der EU-Osterweiterung Wanderungen aus Polen nach Deutschland vermuten. Die Spannweite quantitativer Schätzungen ist sehr groß und reicht von 200.000 bis 2.000.000 Personen innerhalb von 15 Jahren.

Die von Einwanderung betroffenen Bevölkerungsgruppen in Deutschland werden berufsbezogen identifiziert. Dies erfolgt maßgeblich auf Grundlage eines Index zur Bestimmung der Übertragbarkeit von Qualifikationen. Es zeigt sich, daß Berufe, in denen betriebsspezifische und kommunikative Qualifikationen eine große Rolle spielen, von Arbeitsmigration wenig betroffen sein werden. Konzentrieren werden die Wanderungen sich auf Berufe, für deren Verrichtung vor allem unspezifische sowie persönlichkeitsbezogene Qualifikationen wichtig sind, deren berufsqualifizierende Zeugnisse problemlos anerkannt werden und in denen sich die Produktionstechnologie nicht zwischen den Wanderungsräumen unterscheidet.

Die Auswirkungen der Immigration werden mit Hilfe der Insider-Outsider-Theorie untersucht. Es zeigt sich, daß Personen in den von Immigration betroffenen Berufen in erster Linie mit moderatem Lohndruck rechnen müssen; von einer spürbaren Verschärfung der Arbeitslosigkeit ist aber nicht auszugehen. Die Aussagen sind dabei nach Branchen, Regionen und Berufen zu differenzieren.

Für die Ausgestaltung der maximal siebenjährigen Übergangsfrist wird ein berufs- und arbeitsmarktbezogener Instrumentenmix aus flexiblen Übergangsbestimmungen, Quoten und Sicherheitsklauseln vorgeschlagen.

Schlagworte:

Europäische Union, Osterweiterung, Deutschland, Polen, Arbeitsmigration, Humankapitaltheorie, Insider-Outsider-Theorie, Qualifikationstransfer, Arbeitsmarkt, Übergangsperiode.

Abstract

Migration theories suggest migration flows from Poland to Germany after the enlargement of the European Union. According to estimations, between 200,000 and 2,000,000 people will immigrate during the first 15 years.

The parts of the domestic workforce which are going to be affected by the immigration, is among others identified using an index designed to measure the transferability of skills. It can be shown, that occupations in which on the job training and communicational skills are important are not going to be affected by migration. In occupations which require mainly unspecific and personality-related skills, competition is expected to become more intense. In jobs which additionally require occupational skills, migration is going to be induced, if the production technology is similar in the source and the destination country, and if educational certificates are easily recognized.

The implications for wages and employment of the affected domestic workers are examined in the light of the insider-outsider theory. The theory suggests that due to immigration wages are going to decrease rather than jobs are going to be lost. The amount of wage pressure varies between industries, occupations and regions.

For the transition period of up to seven years, this work proposes the introduction of an instrument mix ranging from flexible temporary provisions, quotas to safety clauses in Germany, depending on the type of occupation and on the job market situation.

Key words:

European Union, enlargement, Germany, Poland, migration, human-capital theory, insider-outsider theory, transfer of skills, labour market, transition period.

Inhaltsverzeichnis

Verzeichnis der Abbildungen

Verzeichnis der Tabellen

Verzeichnis des Anhangs

Verzeichnis der Abkürzungen

AEntG	Gesetz über zwingende Arbeitsbedingungen bei grenzüberschreitenden Dienstleistungen (Arbeitnehmerentsendegesetz)
AG	Aktiengesellschaft
ARK	absolutes Rentabilitätskriterium
AuslG	Ausländer Gesetz
BDA	Bundesvereinigung der deutschen Arbeitgeberverbände
BDI	Bundesverband der deutschen Industrie
BGB	bürgerliches Gesetzbuch
BIP	Bruttoinlandsprodukt
B.I.V.S.	Berliner Institut für Vergleichende Sozialforschung
BIZ	Berufsinformationszentrum
BKB	Berufskundliche Kurz-Beschreibung
BM	Bruttomigration
BMR	Bruttomigrationsrate
BSHG	Bundessozialhilfegesetz
BVerwG	Bundesverwaltungsgericht
CEFTA	Central European Free Trade Agreement (Polen, Tschechische Republik, Slowakische Republik, Slowenien, Ungarn, Rumänien, Bulgarien)
DGB	Deutscher Gewerkschaftsbund
DIW	Deutsches Institut für Wirtschaftsforschung
E.	Einwohner
EG	Europäische Gemeinschaft
EGV	Vertrag zur Gründung der Europäischen Gemeinschaft
EWGV	Vertrag zur Gründung der Europäischen Wirtschaftsgemeinschaft
EFTA	European Free Trade Association
EM	Emigration
ERP	enterprise resource planning
et al.	et alii
EU	Europäische Union
EURES	European Employment Services
EUV	EU-Vertrag
EWG	Europäische Wirtschaftsgemeinschaft
EWR	Europäischer Wirtschaftsraum

GEFRA	Gesellschaft für Finanz- und Regionalanalysen
GG	Grundgesetz
GUS	Gemeinschaft unabhängiger Staaten
IAB	Institut für Arbeitsmarkt- und Berufsforschung
ILO	International Labour Organization
IM	Immigration
IMF	Internationaler Währungsfonds (International Monetary Fund)
IOM	International Organization for Migration
ISF	Institut für Sozialwissenschaftliche Forschung
IZA	Institut für die Zukunft der Arbeit
KKS	Kaufkraftstandards
MdEP	Mitglied des Europäischen Parlaments
ME	Migrationseffektivität
MOEL	Mittel- und osteuropäische Länder
MPI	Migrationsprobabilitätsindex
NM	Nettomigration
NMR	Nettomigrationsrate
OECD	Organization for Economic Co-Operation and Development
o.n.T.	ohne nähere Tätigkeitsangabe
OVG	Oberverwaltungsgericht
PISA	Programme for International Student Assessment
RGW	Rat für gegenseitige Wirtschaftshilfe
Rn.	Randnummer
ROR	Raumordnungsregion
RRK	relatives Rentabilitätskriterium
RWI	Rheinisch-Westfälisches Institut für Wirtschaftsforschung
SGB	Sozialgesetzbuch
SGB III	Sozialgesetzbuch. Drittes Buch (III) - Arbeitsförderung
SGB IV	Sozialgesetzbuch. Viertes Buch (IV) - Gemeinsame Vorschriften für die Sozialversicherung
SOPEMI	Continous Reporting System on Migration (franz. Akronym)
StGB	Steuergesetzbuch
TVG	Tarifvertragsgesetz
UNECE	United Nations Economic Commission for Europe

A. Worum geht es?

„In West Berlin wages in dollars are ten times higher than in Poznan – less than 200 miles away. So a Polish worker can increase his income by a multiple of ten by quite simple move" (Layard et al. 1992, S. 1)

1 Problemstellung: EU-Osterweiterung und Migration aus Polen nach Deutschland

1.1 Hintergrund

Die Europäische Union wird nach dem Willen der Staats- und Regierungschefs in den kommenden Jahren um die mittel- und osteuropäischen Länder erweitert. Auf dem Treffen des Europäischen Rates im Dezember 1995 in Madrid wird die Erweiterung der Union als politische Notwendigkeit und historische Chance begriffen. Nachdem der Europäische Rat auf seinem Treffen in Amsterdam im Juni 1997 festgestellt hat, daß die Union mit Abschluß der verabschiedeten Vertragsrevisionen erweiterungsfähig sei, haben die Verhandlungen mit den Bewerberstaaten begonnen. Damit steht die Europäische Union vor der „schwierigsten und größten Erweiterung seit ihrem Bestehen" (Lippert 2000, S. 126). Der Europäischen Kommission liegen 13 Beitrittsanträge vor. Mit einer ersten Gruppe von Staaten, die Polen, Ungarn, Slowenien, Estland, Zypern und die Tschechische Republik umfaßt, sind die Beitrittsverhandlungen am 31. März 1998 aufgenommen worden. Mit einer zweiten Gruppe, bestehend aus Lettland, Litauen, der Slowakischen Republik, Bulgarien, Rumänien, Malta und der Türkei, haben die Verhandlungen im Februar 2000 begonnen (vgl. Lippert 2000, S. 128).

Die Erweiterung ist primär politisch motiviert, wenngleich angesichts eines um mehr als 100 Millionen Menschen wachsenden Binnenmarktes auch Impulse für die Belebung der Wirtschaft erwartet werden: „Die Erweiterung bleibt eine historische Priorität für die Europäische Union. [...] Dem Engagement der EU liegt die Überzeugung zugrunde, daß die Erweiterung eine historische Chance ist, ein stärkeres, größeres, stabileres Europa zu schaffen. Dies wird ein gewaltiger Schritt vorwärts für die 500 Millionen Bürger einer 28 Mitglieder umfassenden Europäischen Union sein. Zu den Vorteilen für die bisherigen Mitglieder gehört, daß die Stimme Europas in der Welt mehr Einfluß erhält, eine breitere und daher effizientere Zusammenarbeit angesichts von Herausforderungen wie Umweltverschmutzung und organisierter Kriminalität möglich ist und die Unternehmen Gelegenheit erhalten, neue Märkte und neue Größenvorteile zu erschließen" (Europäische Kommission 1999, S. 18). In der Tat wird die Bevölkerungszahl der Gemeinschaft mit der Erweiterung der Europäischen Union um alle 13 Bewerberländer um knapp 45 Prozent oder 165 Millionen Personen zunehmen – ohne die Türkei, die voraussichtlich erst zu einem weit späteren Zeitpunkt der Union beitreten wird, um ca. 29 Prozent oder knapp 106 Millionen. Die Staaten der ersten Beitrittswelle, Polen, Ungarn, Tschechische Republik, Estland, Slowenien und Zypern, vereinen knapp 63 Millionen Einwohner auf sich: Dies entspricht einem Anteil von etwa 17 Prozent der gegenwärtigen Unionsbevölkerung. 38 Millionen oder 60 Prozent von ihnen (36% der Bevölkerung aller Beitrittskandidaten ohne die Türkei) sind Polen. Die Fläche der Union wird sogar um 58 Prozent (ohne Türkei: 34%) von 3,189 Millionen auf 5,068 Millionen Quadratkilometer anwachsen. Die Fläche Polens von 314 Tausend Quadradkilometern entspricht in etwa dem Staatsgebiet Italiens, ca. 10 Prozent der heutigen Europäischen Union bzw. etwa 8 Prozent einer auf 27 Staaten erweiterten Union.

Zum Kern der Europäischen Gemeinschaft gehören die vier in den Titeln I und III des Dritten Teils des EGV verankerten Grundfreiheiten des Binnenmarktes, die freie Mobilität von Gütern, Kapital, Dienstleistungen und Personen. Die Wahrscheinlichkeit von Güter- und Faktormobilität wächst unter diesen Voraussetzungen mit den ökonomischen Disparitäten, die zwischen zwei Räumen beobachtet werden.

Ausgedrückt in Kaufkraftstandards[1] (KKS) entspricht das gewichtete Bruttoinlandsprodukt der Beitrittsstaaten 35 Prozent des Niveaus der Europäischen Union. Griechenland als ärmstes Land der Union kommt auf einen Wert von 69 Prozent, Tschechien als reichster der größeren Staaten der Beitrittsgruppe auf 58 Prozent. Auf 72 bzw. 82 Prozent kommen die kleineren Aufnahmekandidaten Slowenien und Zypern, die zusammen jedoch lediglich 2,3 Millionen Einwohner auf sich vereinen. Für die sechs Staaten der ersten Beitrittsgruppe errechnet sich für das Einkommensniveau ein gewichteter Durchschnitt von 46 Prozent der Europäischen Union. Polen muß mit einem Wert von 39 Prozent den ärmeren Beitrittsstaaten zugerechnet werden. Im Vergleich zu Deutschland (105 Prozent) beläuft sich das Einkommen Polens auf 36 Prozent (Abb. 1). Wie Abbildung 2 zeigt, gilt dies cum grano salis auch für die in Kaufkraftstandards ausgedrückten Löhne.

---

1 Von Sinn et al. (2001) durchgeführte Korrelationsanalysen zum Einfluß des Einkommens auf das Migrationspotential haben gezeigt, daß im Gegensatz zu den Kaufkraftstandards „das Einkommensverhältnis zu laufenden Wechselkursen [...] in allen Modellvarianten völlig insignifikant war“ (Sinn et al. 2001, S. 6f.). Deswegen werden im folgenden Kaufkraftstandards betrachtet, soweit es die Datenlage zuläßt.

Abb. 1: Europäische Union und ihre Beitrittskandidaten: BIP (KKS)

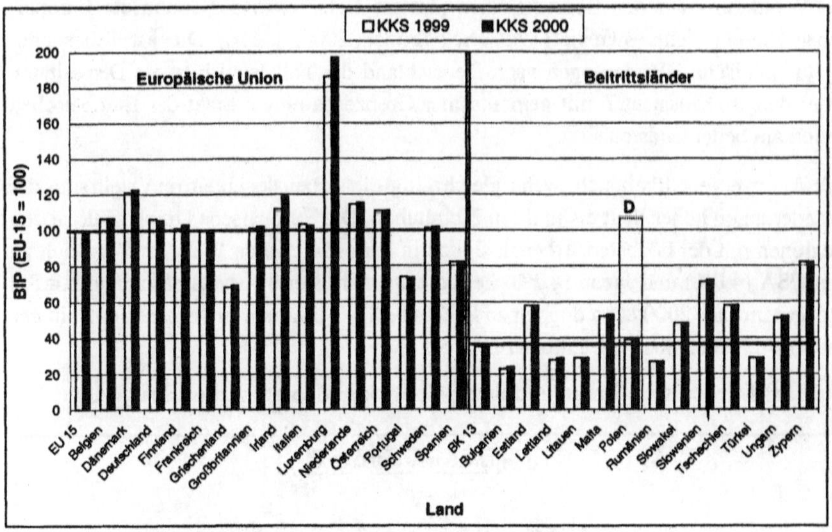

Quellen: Stapel 2001a, S. 3; Eurostat 2001c, o. S.; Manganelli 2000, S. 5.

Abb. 2: Europäische Union und ihre Beitrittskandidaten: Lohnniveau (KKS)

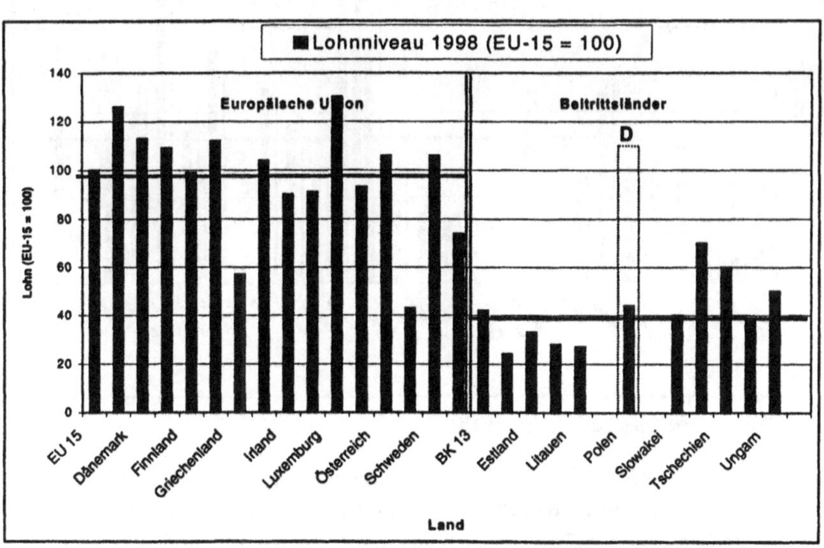

Quelle: Eigene Darstellung. Daten: Stapel 2001b, S. 4; Eurostat 2001c, o. S.; Manganelli 2000, S. 5.

Bei Einführung der Arbeitnehmerfreizügigkeit bestehen somit ökonomische Anreize zur Wanderung aus den Beitrittsstaaten (ärmere Gebiete) in den Raum der Europäischen Union (reicheres Gebiet) (vgl. Dicke/Foders 2000, S. 21f.). Dies ist insbesondere für polnische Wanderungen nach Deutschland der Fall, weil hier die Disparitäten unter den Beitrittsstaaten mit gemeinsamer Grenze zu einem Staat der Europäischen Union am bedeutendsten sind.

Die Anreize verstärken sich, wenn gleichzeitig die Arbeitslosigkeit im Quellraum der Wanderungen höher liegt als in ihren Zielräumen. Die Europäische Union zählt zu den Regionen mit der höchsten Arbeitslosigkeit in der entwickelten Welt. Im Vergleich zu den USA (4,0%) und Japan (4,7%) liegt die standardisierte Arbeitslosenquote mit 8,2 Prozent im Jahr 2000 etwa doppelt so hoch; über 14 Millionen Erwerbspersonen in der Union sind arbeitslos (vgl. Eurostat 2001b o. S.).

Abb. 3: Europäische Union und ihre Beitrittskandidaten: Arbeitslosigkeit

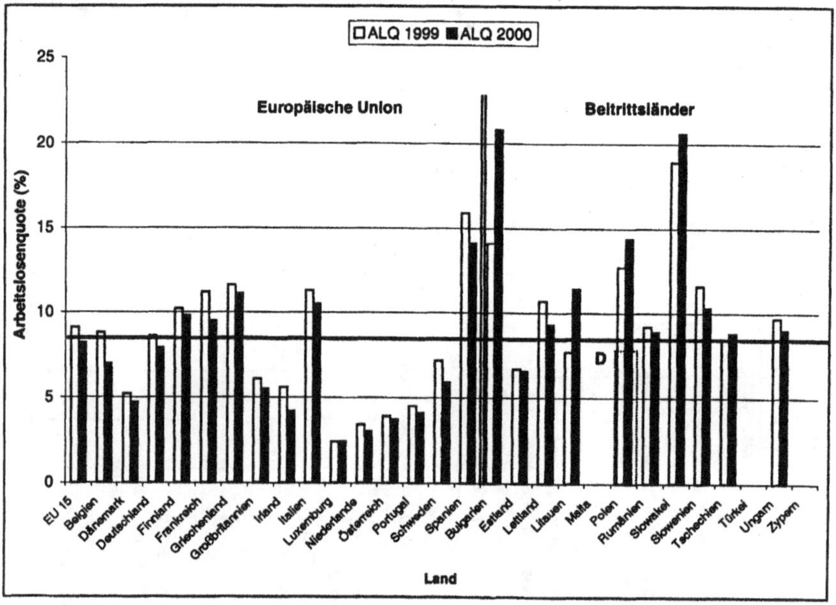

Quelle: Eigene Darstellung. Daten: Eurostat 2001a, S. 48ff.; Eurostat 2001b, o. S.

Wie Abbildung 3 verdeutlicht, liegt die Arbeitslosenquote im Jahr 2000 mit Ausnahme von Estland in allen Bewerberländern, für die Daten vorliegen, über dem Durchschnitt der Europäischen Union (8,2%) und auch über der Quote Deutschlands (7,9%). Dabei ist zu beachten, daß die deutschen Werte starken regionalen Schwankungen unterliegen. Im ehemaligen Bundesgebiet wird die gesamtdeutsche Quote um etwa zwei Prozentpunkte unterschritten, in den neuen Bundesländern jedoch nahezu verdoppelt (vgl. BA 2002, S. 12).

Während die Arbeitslosigkeit in allen Unionsländern zwischen 1999 und 2000 rückläufig ist, steigt sie in diesem Zeitraum in der Hälfte der Beitrittsländer, u. a. in Polen (12,7% 1999; 14,4% 2000) weiter an. Dieser Trend hält auch in den Jahren 2001 und 2002: Die Arbeitslosenquote steigt nun zwar in beiden Räumen, in Deutschland jedoch lediglich um 0,2 Prozentpunkte, in Polen hingegen um mehr als zwei Prozentpunkte[2]; das Differential zwischen Deutschland und Polen nimmt mithin zu (vgl. PSP 2002, o. S.; BA 2002, S. 12). Obwohl sich die Arbeitslosigkeit in Polen schon heute auf einem hohen Niveau bewegt, steht künftig infolge des Wettbewerbsdrucks zu befürchten, daß sich die Lage auf dem polnischen Arbeitsmarkt weiter verschärft. Die für den Agrarbereich und das Baugewerbe zuständige deutsche Industriegewerkschaft BAU bemerkt in diesem Zusammenhang, daß im europäischen Vergleich ein Großteil von ca. 20 Prozent der polnischen Arbeitnehmerinnen und Arbeitnehmer[3] im Agrarsektor tätig ist. Wenn dieser Anteil im Laufe der Zeit auf den Unionsdurchschnitt, wo sechs Prozent der Erwerbstätigen in der Landwirtschaft arbeiten, sinkt, errechnet die Gewerkschaft ein zusätzliches Arbeitslosenpotential in Höhe von mindestens zwei Millionen Erwerbstätigen. Ferner arbeiten derzeit ca. 170.000 Personen in staatlichen polnischen Bergwerken (vgl. Guz 2000 o. S.).

Gleichzeitig drängen die geburtenstarken Jahrgänge der 1980er Jahre zunehmend auf den polnischen Arbeitsmarkt, wodurch die Probleme in Polen tendenziell zunehmen werden (vgl. Reed 2001, o. S.). Der Migrationsanreiz, der sich aus den ökonomischen Disparitäten zwischen Deutschland und Polen ergibt, wird offensichtlich durch die Situation auf den Arbeitsmärkten verstärkt. Der Arbeitsmarkt als strategischer und seitens der Öffentlichkeit womöglich am meisten beachteter Teilmarkt einer jeden Volkswirtschaft könnte somit vor bedeutenden Anpassungsprozessen stehen. Jene stellen um so eher eine Herausforderung dar, je inflexibler die Arbeitsmärkte ausgestaltet sind. Die Struktur des deutschen Arbeitsmarktes bezeichnet Eekhoff (2002, S. 2) als „völlig verkrustet“. Nicht zuletzt deshalb scheint eine Analyse der Migrationswirkungen auf diesem Markt angezeigt.

Voraussetzung für grenzüberschreitende Arbeitsmigration ist die Offenheit der Arbeitsmärkte. Während jene in der Europäischen Union vor dem Beitritt beschränkt ist, werden sich mit dem Beitritt nach Ablauf von Übergangsbestimmungen unbeschränkte Beschäftigungsmöglichkeiten für die Arbeitnehmer aus den Beitrittsstaaten eröffnen

2 Die Werte werden mangels Vergleichbarkeit mit den Daten von Eurostat nicht wiedergegeben.

3 Zwecks besserer Lesbarkeit wird im folgenden generell die maskuline Form gewählt.

(vgl. Layard et al. 1992, S. 1). Denn die Personenfreizügigkeit bedeutet für Unionsbürger

1. das Recht auf freien Eintritt in jeden EU-Staat,
2. das Recht auf Aufnahme einer Erwerbstätigkeit in der ganzen Union,
3. das Recht, sich in jedem Mitgliedsstaat aufzuhalten, sowie
4. das Recht, soziale und politische Ansprüche auch im Aufenthaltsland geltend zu machen (vgl. Straubhaar 1996, S. 14).

Das mit Abstand bevölkerungsreichste Land der ersten Beitrittswelle ist der deutsche Nachbarstaat Polen. Das Land zählt zu jenen mittel- und osteuropäischen Ländern, die als erste mit der Transformation begonnen haben. Seit dem Assoziierungsabkommen Polens mit der Europäischen Union im Jahre 1991 richtet das Land seine wirtschaftlichen und administrativen Strukturen auf die Erfordernisse eines Beitritts aus. 1994 hat Polen bei der Europäischen Union die Aufnahme beantragt, vier Jahre später haben die Beitrittsverhandlungen mit dem Ziel begonnen, der Union 2003 als vollwertiges Mitglied beizutreten. Wie beschrieben bestehen zwischen den beiden Ländern große ökonomische und arbeitsmarktliche Disparitäten. Dies führt in Deutschland zu Befürchtungen, daß die im Zuge der Osterweiterung einzuführende Arbeitnehmerfreizügigkeit zu massiven Ost-West-Migrationsbewegungen führen wird. In ihrem Gefolge sorgen sich deutsche Arbeitnehmer, durch immigrierende Polen von ihrem Arbeitsplatz verdrängt zu werden bzw. Lohneinbußen zu erleiden (vgl. Darnstädt et al. 2000, S. 34; Rogulski 2001, S.18ff.; WJD 1999, S. 41ff.; Europäische Kommission 2001a, S. 53). Die Bekämpfung der Arbeitslosigkeit ist ihrerseits ein Thema, das von den Bürgern der Union am häufigsten als zentrales politisches Anliegen genannt wird (vgl. Europäische Kommission 2001a, S. 42). Auf die Frage, „Was ist es, dass Sie vor allem beunruhigt?“, wird von den durch das Institut für Demoskopie Allensbach im Dezember 2001 befragten Deutschen an erster Stelle die Arbeitslosigkeit genannt (53 Prozent der West- und sogar 64 Prozent der Ostdeutschen) (vgl. Behrens 2002, S. 24).

Die Ursachen für die Sorgen der Bevölkerung hinsichtlich der Immigration aus dem Osten sind mannigfach. Sie liegen einerseits in der späten, offenen Auseinandersetzung seitens deutschen Politiker mit diesem Thema (vgl. Verheugen, zit. in Cichocki 2001, S. 6). Die Folge ist, daß Interessenverbände wissentlich oder unwissentlich Szenarien verbreiten lassen, die dazu beitragen, Ängste in der Bevölkerung, v. a. um ihren Arbeitsplatz, zu wecken. Zusätzlich geschürt werden entsprechende Äußerungen durch Verlautbarungen, denen zufolge neben den ca. 150.000 Arbeitnehmern aus den Beitrittsstaaten in geregelten, zeitlich kontingentierten und allgemein anerkannten Arbeitsverhältnissen noch einmal so viele Personen illegal und ungeregelt in Deutschland arbeiten. Ihr Bekanntwerden führt „in der einheimischen Bevölkerung zu Abwehrhaltungen“ (Spahn 1996, S. 66). „Henceforth, public debates often conclude that ‚something has to be done‘“ (Fischer/Straubhaar 1996, S. 11). Ferner sind die kostspieligen und mit vielen sozialen Problemen behafteten Erfahrungen mit der deutschen Vereinigung nach wie vor in aller Munde (vgl. Cichocki 2001, S. 9).

Schließlich hat auch die Wissenschaft zumindest in der Anfangsphase schlecht reflektierte Schätzungen über das Migrationspotential aus den mittel- und osteuropäischen Länder lanciert. Eine Studie des Deutschen Instituts für Wirtschaftsforschung (Franzmeyer/Brücker 1997) schockiert das Land, als aufgrund der beobachtbaren ökonomischen Disparitäten eine Zuwanderung von anfänglich jährlich bis zu 1,2 Millionen Arbeitnehmern aus zehn Beitrittsstaaten prognostiziert wird – über zehn Jahre entspräche dies etwa acht Prozent der dortigen Bevölkerung. Auf Grundlage diverser Umfragen in den Beitrittsländern wurde gar spekuliert, daß zwischen 16,7 und 27 Millionen Menschen ihr Land zwecks Migration nach Westen verlassen werden (vgl. Bauer/Zimmermann 1999, S. 31; Optiz 1994, S. 62; Europäische Kommission 1993, S. 37). Immerhin haben sich dadurch zahlreiche andere Wissenschaftler genötigt gesehen, ihrerseits Prognosen über die Migration aus den mittel- und osteuropäischen Länder aufzustellen. Deren Ergebnisse liegen indes – wie auch die Prognose einer Folgestudie des DIW (Boeri/Brücker 2000) – deutlich unter den genannten Zahlen (ausführlicher hierzu Kap. 2.2). Die geschürten Befürchtungen sind jedoch nicht einfach zu eliminieren: „Economists and candidates can argue against panic all they like. But German and Austrian voters, in particular, are scared senseless of an influx of cheap labour across their borders“ (Meth-Cohn 2000, S. 16).

Obgleich die Einigung ökonomische Vorteile für Deutschland verspricht[4] und zusammenwächst, „was aufgrund gemeinsamer Geschichte und kultureller Gemeinsamkeiten ‚zusammengehört‘ und auch angesichts globaler Herausforderungen zusammenwirken sollte“, sollten die Sorgen der Bevölkerung bei den Beitrittsverhandlungen berücksichtigt werden. Denn die „Konsequenzen verfrühter oder verfehlter Beitritte können in der Union nicht abgeschottet werden, sondern wirken sich nachhaltig auf die Funktionsfähigkeit und die Stabilität der Union aus“, womit das ursprüngliche Ziel konterkariert würde (Wessels 2000, S. 39f.). Festzuhalten bleibt, daß hinsichtlich der Öffnung der heimischen Arbeitsmärkte für die Beitrittskandidaten ein Dilemma besteht: Offensichtlich gesamtwirtschaftlich vorteilhaften Allokationsverbesserungen stehen diffuse Ängste Einzelner um den Verlust ihres Arbeitsplatzes gegenüber.

---

[4] Die Vorteile resultieren aus Handelseffekten, aus einer Produktionsausweitung infolge geringfügig fallender Löhne (in den heutigen Unionsstaaten) sowie aus zusätzlicher Nachfrage durch die Migranten (vgl. Breuss 2001, S. 13ff.). In Deutschland werden die Wachstumseffekte „je nach Prognose auf 0,5 bis ein Prozent des Bruttoinlandsproduktes geschätzt“ (Verheugen 2001b, S. 19).

1.2 Zur vorliegenden Studie

1.2.1 Ziele und Aufbau

Die Sorgen der deutschen Bevölkerung, im Zuge der Osterweiterung und der Gewährung der Arbeitnehmerfreizügigkeit ihren Arbeitsplatz zu verlieren oder Lohneinbußen in Kauf nehmen zu müssen, dienen als Motivation und Ausgangspunkt für die vorliegende Untersuchung. Der Arbeit liegt folgende operative These (erkenntnisleitende Vermutung) zugrunde:

Die Osterweiterung der EU wird selbst ohne Übergangsfristen keine Migrationsströme aus Polen nach Deutschland auslösen, die hier zu einer spürbaren Verschärfung der Arbeitslosigkeit führen.

Aus der Bedrohungsperzeption bzw. der These ergeben sich die zentralen Fragestellungen der Arbeit:

1. In welchem Ausmaß führt die Osterweiterung der EU zu Arbeitsmigration (aus Polen) nach Deutschland?
2. Welche Bevölkerungsgruppen in Deutschland müssen sich infolge von Immigration aus Polen berechtigte Sorgen um ihren Arbeitsplatz oder Lohn machen?
3. Welches sind die Auswirkungen der Immigration auf die deutschen Arbeitsmärkte?
4. Wie sollte das deutsche Übergangsregime im Bereich der Arbeitnehmerfreizügigkeit ausgestaltet sein?

Die vorliegende Arbeit ist entsprechend der vier zentralen Fragen in vier Blöcke unterteilt. Der erste Block umfaßt dieses sowie das folgende Kapitel. Er ist mit der Frage: „Worum geht es?“ überschrieben. Neben Aussagen zur Relevanz der Studie wird hier Migration definiert und operationalisiert. Daneben erfolgt die Beantwortung der ersten Frage nach dem Ausmaß der Migrationsbewegungen anhand einer Synopse der bislang hervorgebrachten Schätzungen des Migrationspotentials aus den mittel- und osteuropäischen Ländern nach Westeuropa und nach Deutschland (Kap. 2).

Der zweite Block ist tituliert mit der Frage: „Wer wandert und warum?“ und umfaßt die Kapitel drei, vier und fünf. Im Rahmen des dritten Kapitels erfolgt ein Überblick über den wissenschaftlichen Acquis zur Erklärung internationaler (Arbeits-) Migration. Die Theorien werden knapp skizziert und – soweit sinnvoll – auf ihre Implikationen für Migration aus Polen nach Deutschland hin untersucht. Bezüglich der Frage „Wer wandert?“ thematisieren einschlägige Publikationen vor allem, ob die Migranten qualifiziert oder unqualifiziert sind, in einem komplementären oder in einem substitutiven Verhältnis zu einheimischen Arbeitskräften stehen oder in welchen Wirtschaftssektoren mit Einwanderung zu rechnen ist. Im Rahmen des vierten Kapitels wird eine Möglichkeit aufgezeigt, (qualitative) Immigrationsprognosen anhand von zu entwikkelnden Humankapitalportfolios für verschiedene Berufe abzugeben. Aufbauend auf der Humankapital- und einer Segmentationstheorie wird untersucht, für welche Personen- bzw. Berufsgruppen Migrationsanreize von Lohndifferentialen ausgehen. Der zugrundeliegende Kerngedanke besagt, daß das Ausmaß der Entwertung von Humankapital bei Migration ceteris paribus die Wanderungsneigung beeinflußt. Je nach Zusammensetzung des individuellen Humankapitalstocks werden unterschiedliche Wahrscheinlichkeiten abgeleitet, daß migriert wird bzw. daß deutsche Arbeitnehmer mit vergleichbaren Qualifikationsstrukturen substituiert werden.

Unter der Annahme, daß Personen eines Berufes vergleichbare Qualifikationen benötigen, lassen sich die allgemeinen Erkenntnisse zu berufsspezifischen Aussagen präzisieren, die Inhalt des fünften Kapitels sind. Dabei werden die für einzelne Berufe relevanten Fähigkeiten und Kenntnisse als Humankapitalportfolio dargestellt. Dies erfolgt auf Grundlage von Berufsbeschreibungen. Je nach der ermittelten Bedeutung der einzelnen Humankapitalkomponenten für einen Beruf und ihrer spezifischen Entwertung läßt sich ein mehr oder minder starker Migrationsanreiz bzw. eine mehr oder minder große Chance für die Polen ableiten, einen bestimmten Beruf in Deutschland ausüben zu können und möglicherweise deutsche Arbeitnehmer zu substituieren. Mittels des vierten und fünften Kapitels wird also die zweite zentrale Fragestellung nach den Bevölkerungsgruppen, die sich Sorgen um ihren Arbeitsplatz machen müssen beantwortet. Die gleichzeitige Betrachtung der Angebots- und Nachfragesituation auf den beruflichen Teilarbeitsmärkten ermöglicht ferner bereits erste Aussagen darüber, ob entsprechende Wanderungen positive oder negative Konsequenzen für die heimischen Arbeitsmärkte nach sich ziehen.

Die Beantwortung dieser dritten zentralen Frage erfolgt im Rahmen der folgenden drei Kapitel. Jene konstituieren den mit der Frage: „Wie wirkt sich Immigration auf den deutschen Arbeitsmarkt aus?" überschriebenen dritten Block. Im sechsten Kapitel wird wiederum der einschlägige theoretische und empirische Forschungsstand dargestellt. Das siebte Kapitel greift die Insider-Outsider-Theorie auf, die erklärt, wie ein hohes Lohnniveau und ein Überangebot an Arbeitskräften gleichzeitig existieren können. Das Modell wird um Migranten als Arbeitsanbieter erweitert und für deutsche Arbeitsmarktinstitutionen spezifiziert, bevor die gewonnenen Erkenntnisse mit den Ergebnissen des vorangehenden Kapitels verglichen werden. Das achte Kapitel beschäftigt sich mit den Herausforderungen, die sich speziell für die ostdeutschen Grenzregionen ergeben.

Der letzte Block stellt die Frage: „Was ist zu tun?" und beantwortet im Rahmen des neunten Kapitels die letzte der aufgeworfenen Fragen nach der Ausgestaltung des

Übergangsregimes im Bereich Arbeitnehmerfreizügigkeit in Deutschland. Die aus den vorangegangenen Blöcken gewonnenen humankapital- bzw. arbeitsmarkttheoretisch gestützten Ergebnisse dienen als Grundlage für die Empfehlung. Die „ökonomisch angezeigten" Maßnahmen stehen jedoch unter politischen Nebenbedingungen. Sie erwachsen aus dem EU-Entscheidungsregime (institutionelle Bedingung) sowie aus normativ-integrationspolitischen Erfordernissen, die beide berücksichtigt werden. Die Arbeit schließt mit einer Zusammenfassung der zentralen Ergebnisse im zehnten Kapitel.

1.2.2 Relevanz

Die politische Relevanz des Forschungsthemas wird einerseits schon aufgrund der seitens der Bevölkerung geäußerten Ressentiments gegen eine Erweiterung nach Osten deutlich. Die Vorbehalte sind nicht zuletzt auf die Einschätzung der arbeitsmarktlichen Konsequenzen zurückzuführen: „Am heftigsten diskutiert wird freilich das Thema Freizügigkeit für Arbeitnehmer. Wird bei einer Osterweiterung der Arbeitsmarkt mit osteuropäischen Arbeitern überschwemmt?" (Müller-Jänsch 2001, S. 2). Konkret stellt sich als „one of the most hotly debated issues" die Frage nach den „effects of immigration on workers: Do immigrants depress domestic wages and displace domestic workers?" (Greenwood/McDowell 1986, S. 1767).

Die öffentliche Diskussion ist in Deutschland zwar erst relativ spät erfolgt, aber durch ein Interview, das Günter Verheugen Anfang 2000 der deutschen Presse gegeben hat, „ungeheuer belebt" worden. Es hat bewirkt, „daß das Thema Erweiterung in der Zeit von September bis November 2000 in Deutschland so intensiv erörtert worden ist wie nie zuvor" (Cichocki 2001, S. 6).

Auf die letzte der aufgeworfenen Fragen an diese Studie, wie die bereits beschlossene Übergangsfrist von fünf- bzw. siebenjähriger Dauer in Deutschland ausgestaltet werden sollte, bleibt die Politik bislang Antworten schuldig. Gleichwohl wird darüber heiß diskutiert (vgl. hierzu ausführlicher Kap. 9.4). Deswegen fallen gerade Ratschläge von Seiten der Wissenschaft auf fruchtbaren Boden: „Die verantwortlichen Behörden sind überfordert, ratlos, suchen nach Richtlinien, neuen Perspektiven. Wissenschaft [...] hat eben den Vorteil, nicht an kurzfristige Entscheidungsperspektiven und nicht zu eng an institutionelle Interessen gebunden zu sein" (Heinrich 1994, S. 151).

Der Schwerpunkt der vorliegenden Arbeit liegt auf der Analyse der wirtschaftlichen Migrationsfaktoren. Allerdings konstituieren Letztgenannte nur eines von drei generellen Erklärungsfeldern für Migration. Schon Ravenstein merkte an, daß neben Arbeitsmarktdifferentialen auch Gesetze, Steuern, Klima oder das soziale Umfeld die Migrationsentscheidung maßgeblich beeinflussen (vgl. Ravenstein 1885, zit. in

Blaschke 1994, S. 25). Grob sind dreierlei Kategorien von Wanderungsgründen zu unterscheiden. Dies sind neben dem wirtschaftlichen auch das politische und das soziale Umfeld im Quell- und im Zielraum der Migration (vgl. UN 1998, S. 197).

Zum politischen Umfeld zählen u. a. die politischen Systeme, die Menschenrechte und der rechtliche Status der Migranten in den Betrachtungsräumen. Für diese Arbeit ist aus dieser Kategorie lediglich die Erlangung der Unionsbürgerschaft für die beitretenden Völker relevant, weil sie ihnen die Personenfreizügigkeit beschert. Denn – und dies kann als kleinster gemeinsamer Nenner aller Migrationstheorien aufgefaßt werden – Veränderungen der geopolitischen Makrofaktoren, wie z. B. die Ausdehnung eines Binnenmarktes, haben Auswirkungen auf die Migrationsneigung (vgl. Fischer/Straubhaar 1996, S. 13). Die Motivationsstruktur (potentieller) Migranten verändert sich mit Beginn der polnischen Transformation infolge der Gewerkschaftsbewegung „Solidarność" zu Anfang der 1980er Jahre, vor allem aber mit dem unabänderlichen Beginn des Transformationsprozesses nach den Parlamentswahlen vom Juni 1989. Denn die politische Repression, die lange als Hauptgrund der Migration gegolten hat, ist ab diesem Zeitpunkt größtenteils beseitigt worden (vgl. Heinrich 1994, S. 139). Spätestens seit dem polnischen Beitrittsantrag vom 5. April 1994 ist Migration aus politischen Gründen auszuschließen. Denn ohne ein rechtsstaatliches und demokratisches politisches System würde aufgrund des Verstoßes gegen die Beitrittskriterien, die der Europäische Rat von Kopenhagen 1993 formuliert hat und die als Grundsätze der Union in den Art. 6 Abs. 1 EUV eingegangen sind, kein Staat in die Union aufgenommen. Ein bedeutender Einwanderungsgrund, der sich für Personen deutscher Volkszugehörigkeit durch die Beantragung des Aussiedlerstatus eröffnete, besteht seit 1993 nicht mehr. Mithin dürften Ost-West-Wanderungen aus Polen nach Gewährung der Arbeitnehmerfreizügigkeit vorwiegend ökonomisch induziert sein. So nennen 82 Prozent der Polen, die angeben, ihr Land verlassen zu wollen, hierfür finanzielle Motive (vgl. Giza 1998, S. 138).

Zur Kategorie ‚soziales Umfeld' zählen z. B. die räumliche Nähe zur Familie oder zu Freunden sowie die Existenz von Diasporas bzw. „Migrantennetzwerken" im Zielraum. Hierzu sind v.a. von Seiten der Soziologie und der Sozialgeographie zahlreiche Untersuchungen durchgeführt worden, die wertvolle Hinweise insbesondere hinsichtlich der Migrationsrichtung geben. Diese Ansätze werden nachfolgend zwar wiedergegeben, aber nicht weiter vertieft. Allerdings begründet sich nicht zuletzt aus diesen Theorien die Entscheidung, ein besonderes Augenmerk auf die Migration von Polen nach Deutschland zu richten. Denn einerseits werden informelle Netzwerke als „an important pillar of the Polish society" bezeichnet (Góra/Schmidt 1997, S. 27), andererseits lebt in Deutschland die größte europäische und die weltweit drittgrößte polnische Diaspora: Nach offiziellen polnischen Schätzungen wohnen 5 Millionen Polen in den USA, 2,5 Millionen auf dem Gebiet der ehemaligen Sowjetunion sowie 1,5 Millionen in Deutschland (vgl. Okólski 1998, S. 23). Daneben lassen die gemeinsame, ca. 400 km lange Grenze, das markante Einkommensdifferential zwischen den Ländern sowie die Tatsache, daß es sich bei Polen um das einwohnerstärkste Land der ersten Erweiterungsrunde handelt, die Fokussierung auf diese beiden Staaten sinnvoll erscheinen. Vor dem Hintergrund des Zusammenspiels der räumlichen Nähe mit der großen polnischen Diaspora verwundert es nicht, daß die Mehrheit der polnischen Migranten Deutschland als Zielland wählt (Tab. 1):

Tab. 1: Ziel legaler und potentieller polnischer Migranten (Anteile in %)

Zielland	1981-1988	1989-1992	Potentielle Migranten[1]
Europa	82,6	79,2	-
Deutschland	58,2	68,0	37,4
Österreich	4,7	1,5	17,8
Frankreich	3,7	1,8	5,4
Resteuropa	16,0	7,9	-
USA	9,6	11,2	-
Kanada	3,1	7,2	-
Andere	4,7	2,4	-

[1] Polen, die in einer repräsentativen Quotastichprobe (N=1.121) ihre Migrationsabsicht erklärt haben (vgl. Hintermann 1998, S. 85).

- Keine Daten verfügbar.

Quelle: Zentrales Amt für Statistik, Warschau; zit. in Okólski 1998, S. 19 ; Hintermann 1998, S. 179; eigene Berechnungen

Die besondere Berücksichtigung der Migration von Polen nach Deutschland zeigt sich in dieser Arbeit darin, daß bei dem Überblick der Migrationsprognosen, wenn möglich, die Ergebnisse für Polen gesondert aufgeführt werden, daß die Theorien zur Erklärung von Migration auf ihre Relevanz für Wanderungen aus Polen nach Deutschland hin beleuchtet werden und daß die Analyse der berufsspezifischen Migrationsneigung auf polnische Immigration nach Deutschland fokussiert wird. Entsprechend werden nach Möglichkeit deutsche und polnische Spezifika – insbesondere hinsichtlich der Wirtschaftsstruktur, der Institutionen der sozialen Sicherung oder des Humankapitalstocks – mit in die Modelle einbezogen.

Wenn weder bedeutende Wanderungen aus Polen nach Deutschland erwartet noch Nachteile für den deutschen Arbeitsmarkt nachgewiesen werden können, so wird dies erst recht auf die Wanderungen aus anderen Transformationsstaaten nach Deutschland zutreffen: „regions bordering the CEECs may be expected to be affected mainly by migration from the CEECs" (Boeri/Brücker 2000, S. 54). Würde die erkenntnisleitende Frage aus europäischer Sicht gestellt, d. h. ob Migration im Zuge Osterweiterung für die Europäische Union *insgesamt* ein Problem darstellt oder nicht, so stellt die Analyse der Wanderungen zwischen Deutschland und Polen gewissermaßen einen Extremfall im Sinne der höchsten zu erwartenden Migration zwischen einem mittel- und osteuropäischen Land und einem Staat der Europäischen Union dar.

Der Verfasser sieht seine komparativen Vorteile im Erklärungsfeld ‚wirtschaftliches Umfeld'. Als migrationswirksame Faktoren sind Unterschiede in der Ausgestaltung des Sozialstaates, der wirtschaftliche Wohlstand (Lebensstandard) im allgemeinen sowie die Charakteristika der Arbeitsmärkte aufzuführen, bei Letztgenannten sind vor allem das Lohnniveau, die Arbeitslosenquote und die Regulierung des Marktes von Bedeutung. Die Aussicht auf einen höheren Verdienst geben 96,4 Prozent der Polen, die eine Migrationsabsicht deklariert haben, als wichtiges Migrationsmotiv an; familiäre Beziehungen ins Ausland motivieren nur 29,8 und die politische Situation in Polen lediglich 27,3 Prozent (vgl. Hintermann 1998, S. 194).

Für die Analyse der Wirkung von Migration auf die Arbeitsmärkte – und damit zum gewählten Mittel, diese Frage zu erörtern – sind (ökonomische) Arbeitsmarkttheorien einschlägig. Deswegen wird nach Hinweisen gesucht, die solche Theorien zum Untersuchungsobjekt ‚Migration und Arbeitsmarkt' geben können. Die Auswahl fällt neben eine Segmentationstheorie insbesondere auf die Humankapitaltheorie und auf die Insider-Outsider-Theorie. Jene heterogenisieren im Gegensatz zu vielen anderen ökonomischen Arbeitsmarktmodellen die Arbeitnehmer (Humankapitaltheorie) bzw. die Arbeitsplätze (Segmentationstheorien). Die Insider-Outsider-Theorie ermöglicht daneben die Berücksichtigung landesspezifischer Institutionen des Arbeitsmarktes und der sozialen Sicherung. Darüber hinaus wird ihr seitens des IWF für der Erklärung der Arbeitsmarktphänomene in Deutschland (und weiten Teilen Europas) große Bedeutung beigemessen (vgl. IMF 1999, S. 105). Deswegen wird sie zur Analyse der Wirkung von Immigration auf den deutschen Arbeitsmarkt aufgegriffen und modifiziert. Auf der Humankapitaltheorie wiederum fußen viele der modernen Arbeitsmarkt- und Migrationstheorien; auch in die Insider-Outsider-Theorie hat sie Eingang gefunden. Die komparative Stärke der Humankapitaltheorie liegt nach Auffassung des Verfassers insbesondere bei der Erklärung von Selbstselektionsprozessen innerhalb der Migranten, weswegen sie hier insbesondere bei der Prognose berufsspezifischer Migrationswahrscheinlichkeiten verwendet wird. Bezüglich der Neigung von Arbeitsnachfragern, neue Arbeitnehmer (hier: Migranten) einzusetzen, geben Segmentationstheorien Hinweise.

Wie aus den bisherigen Ausführungen ersichtlich, werden in der vorliegenden Untersuchung überwiegend ökonomische Ansätze wiedergegeben oder weiterentwickelt, um internationale Arbeitsmigration zu erklären und ihre Wirkungen abzuschätzen. Den Großteil der ökonomischen Theorien eint eine konsequente entscheidungstheoretische Fundierung menschlichen Verhaltens. Zumeist wird – eingebettet in verschiedenste Modellstrukturen und Restriktionen – postuliert, daß der Mensch als „homo oeconomicus“ Entscheidungen entweder unter Sicherheit oder unter Unsicherheit rational und eigennützig trifft. Im ersten Fall wird die Maximierung des Nutzens, im zweiten Fall die des Erwartungsnutzens durch die Wirtschaftssubjekte unterstellt (vgl. Truger 1998, S. 243). Lediglich der vergleichsweise junge Zweig der „Behavioral Economics“ stellt die konventionelle Annahme des homo oeconomicus in Frage und entwickelt mittels psychologischer und experimenteller Methoden realistischere Verhaltensmodelle (vgl. Falk 2001, S. 300). Dabei sind in zahlreichen empirischen Untersuchungen „entscheidungstheoretische Anomalien“ nachgewiesen worden, so daß das Fundament der ökonomischen Theorien zumindest in Frage und die Modellergebnisse unter Vorbehalt gestellt werden müssen.

Zur Verteidigung des ökonomischen Vorgehens weist Truger (1998, S. 246f.) auf folgende Positionen hin: Nach Musgrave seien „realitätsferne Annahmen als Vernachlässigbarkeitsannahmen zu interpretieren“, die so lange zulässig seien, wie sich die abgeleiteten Schlüsse bewahrheiteten. Lakatos (1970) zufolge besteht kein Anlaß, realitätsfremde Annahmen in Frage zu stellen, solange die Forschungsergebnisse zu einem „zumindest gelegentlich auch empirisch bestätigten“ Erkenntnisfortschritt führen. Popper (1962) führt die Methode der Situationslogik ein, derzufolge die Rationalitätsannahme bei sozialwissenschaftlichen Theorien von empirischer Kritik auszunehmen sei. Nach Machlup (1978) dürfen „Theorien theoretische Terme, d. h. nicht beobachtbare [...] Aussagen enthalten“, die zulässig seien, solange sie zusammen mit anderen, überprüfbaren Annahmen empirisch nachvollziehbare Prognosen generieren. Nach instrumentalistischer Auffassung schließlich sind Theorien lediglich „Instrumente zur Herleitung von Prognosen“; der Realitätsgrad ihrer Annahmen sei so lange irrelevant, wie sich gute Prognosen aus ihnen haben ableiten lassen (Truger 1998, S. 246f.).

Festzuhalten bleibt, daß ökonomische Modelle die Realität nicht vollständig abbilden, daß sie aber – wie alle Modelle mit realitätsinkonsistenten Annahmen – helfen, die Komplexität systematisch zu reduzieren, um Probleme wahrzunehmen. Sie stellen eine Orientierungsleistung dar, anhand derer Hypothesen über die Realität aufgestellt werden können. Eine disziplinäre Spezialisierung impliziert stets eine gewisse Einäugigkeit, die allerdings neue theoretische Erkenntnisse (zumindest in der betreffenden Wissenschaftsdisziplin) zu generieren vermag. Deren Relevanz wiederum kann und soll anschließend anhand eines Praxistests überprüft werden. Im günstigsten Fall bleiben die Theorien zumindest vorläufig gültig, im ungünstigsten Fall müssen sie verworfen werden. Die Ablehnung eines ökonomischen Vorgehens ist also zumindest ex ante nicht gerechtfertigt. Vielmehr sollten alle sozialwissenschaftlichen Disziplinen dazu beitragen, das komplexe Erkenntnisobjekt „Migration von Menschen" zu analysieren.

Hinsichtlich der Rationalitätsannahme im Bezug auf Migrationsentscheidungen ist schon früh durch Hobbs (1942, S. 775) gezeigt worden, daß nur 564 von 2068 betrachteten Personen mit gleichen Ausgangsbedingungen den Rationalitätsprämissen folgen und sich zu einer Wanderung entschließen, die ihren ökonomischen Nutzen maximiert. Dies wird auf die Betonung persönlicher Faktoren zurückgeführt. Im Rahmen des dritten Kapitels wird eine Vielzahl von Ansätzen unterschiedlichster Disziplinen, Migration zu erklären, dargestellt.

Wenn indes in dieser Arbeit für ein als „worst case" identifiziertes Länderpaar schon mittels ökonomischer Theorien für Deutschland gezeigt werden kann, daß es im Zuge der Gewährung der Arbeitnehmerfreizügigkeit für die Einwohner der Beitrittsstaaten nicht zu Migrationsbewegungen in einem für die heimischen Arbeitsmärkte belastendem Ausmaß kommen wird, so dürfte sie künftig erst recht nicht zu beobachten sein.

Die wissenschaftliche Relevanz der vorliegenden Arbeit ergibt sich mindestens aus zwei Gesichtspunkten: Zum einen erfolgt durch die Berücksichtigung der Spezifika von Deutschland und Polen in den ökonomischen Modellen, durch die Übertragung von Arbeitsmarkttheorien auf Migration und aufgrund der hierzu nötigen Weiterentwicklung der Modelle eine Transfer- und Analyseleistung. Insbesondere betritt der Verfasser Neuland, indem er mit Hilfe eines selbst konstruierten Index versucht, Hinweise über berufsspezifische Migrationsneigungen zu erhalten. Ferner wird nach Kenntnisstand des Verfassers erstmalig Migration im Rahmen eines Insider-Outsider-Modells abgebildet, um Hinweise über die Arbeitsmarkteffekte von Migration in Deutschland zu erhalten.

Zum anderen wird eine interdisziplinäre Herangehensweise gewählt: Das Untersuchungsobjekt selbst – Arbeitsmigration – ist Teil des wirtschafts- und sozialgeographischen Forschungsspektrums. Allerdings entstammen die verwendeten Migrationstheorien überwiegend Nachbardisziplinen wie der Ökonomie und der Soziologie: „Geographische Theorieansätze [...], die auch interdisziplinär Beachtung gefunden haben, sind mir nicht bekannt, soweit es sie überhaupt geben mag (oder geben kann?). [...] Die typisch geographische Herangehensweise an Mobilitätsprozesse ist [...] funktionalistisch-deskriptiv: die Folgen räumlicher Mobilität für das Quell- und Zielgebiet und die daraus resultierenden Veränderungen werden ausführlich beschrieben, der individuelle Mobilitäts- und Entscheidungsprozeß ist nur aufgrund seiner räumlichen Komponente interessant" (Rolfes 1996, S. 29). Der raumwirtschaftliche Ansatz der (Wirtschafts-) Geographie betont indes, „daß zur Behandlung des so komplexen Forschungsgegenstandes, wie ihn die räumliche Ordnung der Wirtschaft [...] darstellt, theoretische, empirische und regionalpolitische Untersuchungen notwendig sind. [...] Theorien [und] Modelle leisten einen entscheidenden Beitrag, den Wirkungsmechanismus und die Dynamik ökonomischer Systeme zu erklären". Dabei bleibt es aber „eine unverzichtbare Forderung der Geographie, die erstellten Raummodelle mit der Realität zu konfrontieren" (Schätzl 2001, S. 19ff.).

Die neuen theoretischen Erkenntnisse dieser Arbeit fußen auf ökonomischen (Arbeitsmarkt-) Theorien. Jene berücksichtigen indes – wie beschrieben – im Sinne der Schätzl'schen Forderung so weit wie möglich die Eigenheiten des gewählten Raumpaares, insbesondere die des Zielraumes der Migration, Deutschland. Um das letzte der aufgeführten Untersuchungsziele – die Skizzierung eines Übergangsregimes im Bereich der Arbeitnehmerfreizügigkeit – zu erreichen, werden sowohl rechtlich-institutionelle Aspekte, das einschlägige Entscheidungsregime sowie integrationspolitische Implikationen berücksichtigt und mithin Aufgaben politikwissenschaftlich-juristischer Natur wahrgenommen.

Schließlich stellt die Migrationsforschung allgemein einen ausgesprochenen Wachstumsbereich innerhalb der Sozialwissenschaften dar. Der Anteil der in der GBI-WISO-Net Datenbank Sozialwissenschaften unter dem Schlagwort „Migration" zu findenden an allen nachgewiesenen Titeln ist zwischen 1990 und 2000 von 1,5 auf 2,5 Prozent gestiegen. Insgesamt zeugen nicht zuletzt weit über 200.000 Arbeiten, die zur Zeit in der Literaturdatenbank des Berliner Instituts für Vergleichende Sozialforschung (BIVS) zu den Themen Migration und ethnische Beziehungen seit 1986 nachgewiesen sind, von der wissenschaftlichen Relevanz des Themas, das „zu einem wichtigen Glied des Glasperlenspiels an europäischen Universitäten zu werden [scheint]. Problemdruck und modische Tendenzen ergänzen sich" (Blaschke 1994, S. 23).

2 Definition, Operationalisierung und Prognose von Migration

„und sie herausführe aus diesem Lande in ein gutes und weites Land, in ein Land, darin Milch und Honig fließt" (2. Mose 3, 8)

Die Geschichte der Menschheit ist seit jeher eine Geschichte der Wanderung. Dem „literarischen Evergreen" nicht nur Europas, der Bibel, zufolge beginnt sie mit einer Vertreibung, namentlich der der Menschen aus dem Paradies (1. Mose 3, 23f.). Auch im zweiten Buch Moses wird mit dem „Zug ins ‚Gelobte Land'" eine Massenwanderung beschrieben (2. Mose 3, 8).

Die Vertreibung durch die Herrschenden und die Verlockung durch ein Land, das einen höheren Wohlstand erwarten läßt, sind nur zwei Facetten von Migration. Mit einem Abriß ihrer gesamten Ausprägungen und der Abgrenzung von erwerbsorientierter Migration bzw. Arbeitsmigration beginnt das vorliegende Kapitel. Nachfolgend werden Möglichkeiten aufgezeigt, wie Migration als empirisches Phänomen zu erfassen ist. Schließlich folgt eine Synopse verschiedener Prognosen über das im Zuge der EU-Osterweiterung erwartete Migrationspotential.

2.1 Definition und Operationalisierung von Migration

Was genau ist unter „Migration" zu verstehen? Eine allgemeine Definition bieten Polachek und Horvath. Demzufolge handelt es sich bei Migration um „the flow of people from one given point or set of points in space to another point or set over some finite time interval" (Polachek/Horvath 1977, S. 105).

Migration bezeichnet demnach eine Ortsveränderung von Menschen, die an die zwei Kriterien ‚Distanz' und ‚Dauer' gebunden ist. Eine exakte Operationalisierung muß aber je nach Untersuchungsziel und Datenlage erfolgen. Denn es existiert kein objektiver Maßstab, um festzulegen, wann ein kurzfristiger in einen langfristigen Ortswechsel übergeht. Hier hilft die Unterscheidung zwischen Migration und Zirkulation, worunter alle räumliche Mobilität verstanden werden kann, die keine Migration ist, wie z. B. Pendeln oder Urlaubs- und Freizeitreisen (vgl. Bähr/Jentsch/Kuls 1992, S. 541). Ähnliche Abgrenzungsprobleme wie bei der Wanderungsdauer ergeben sich bei dem Kriterium der Migrationsdistanz: Für Stadtgeographen kann durchaus sinnvoll sein, Umzüge innerhalb einer Stadt zu untersuchen; für den Eigentümer einer Wohnung ist es womöglich von Interesse zu ermitteln, ob Menschen, die innerhalb eines Hauses umziehen, eher die oberen oder die unteren Stockwerke wählen, größere oder kleinere Wohneinheiten etc. Für EU-Kommissare oder Politiker, die sich mit den Auswirkungen der EU-Osterweiterung befassen, sind solche kleinräumigen Betrachtungen aber nicht von Interesse.

Neben der Abgrenzung nach der Dauerhaftigkeit der Wanderung und der dabei zurückgelegten Distanz existieren zahlreiche alternative Abgrenzungsmöglichkeiten, die je nach Erkenntnisinteresse und wissenschaftlicher Disziplin voneinander abweichen. Allerdings kommt es bei den Abgrenzungsbemühungen nahezu zwangsläufig zu Überschneidungen.

Die Geographie differenziert zusätzlich zu den bereits angeführten Abgrenzungsmöglichkeiten nach der Beschaffenheit der Quell- und Zielräume, wie z. B. ihrer Höhenlage (Höhenflucht) oder insbesondere ihrer Verdichtung (vgl. exemplarisch Zimpel 1980, S. 169ff. oder Stewig 1999, S. 42). In einem idiographischen Geographieverständnis wird nach Migrationsräumen – z. B. ‚(west)europäische Migration' – unterteilt (vgl. Münz 1995, o. S.). Aus einer soziologischen Perspektive kann Migration nach ihren Motiven bzw. nach der Intensität externer Eingriffe typologisiert werden (vgl. Blaschke 1997, S. 12ff.). Abgrenzen lassen sich so u. a. freiwillige (etwa Nomadismus oder Arbeitsmigration) und erzwungene Wanderungen (Sklavenhandel, Flucht). Die freiwilligen Migranten unterteilt Petersen (1958, zit. in Blaschke 1997, S. 12) in konservativ motivierte Personen, die durch die Wanderung ihren Besitzstand zu wahren suchen, und innovative Menschen, die in alternativen Räumen neue Chancen für sich entdecken. Historisch oder politikwissenschaftlich inspirierte Abgrenzungen unterscheiden z. B. koloniale und postkoloniale Migration. Völkerrechtlich werden üblicherweise Flüchtlinge im Sinne der Genfer Konvention[5], Wirtschaftsflüchtlinge, sonstige Flüchtlinge (die nicht unter die Genfer Konvention fallen) sowie Arbeitsmigranten unterschieden (vgl. Heinrich 1994, S. 131). Am Rechtsstatus von Migranten setzt die Staatsbürgerschaftsdebatte (Cohen 1987, zit. in Blaschke 1997, S. 17) an, innerhalb derer Migration nach Personengruppen unterschieden wird, für die in einem Untersuchungsraum gleiche Rechte bzw. Einschränkungen hinsichtlich ihrer Bewegungsfreiheit gelten.

Traditionell einschlägig ist die nationalstaatliche Maßstabsebene, weshalb bei Migration innerhalb eines Staates oft von Binnenwanderungen und bei solcher zwischen Staaten von Außenwanderungen gesprochen wird. Allerdings wird das Begriffspaar auch bei Wanderungen innerhalb bzw. außerhalb von Räumen unterschiedlicher Maßstabsebenen – z. B. Gemeinden, Bezirken oder Ländern – verwendet (vgl. Zimpel 1980, S. 122). Binnenwanderungen unterliegen zumeist keinen rechtlichen Beschränkungen. Den Bürgern der Europäischen Union sowie der französischen überseeischen Departements garantiert der EU-Vertrag im gesamten Integrationsraum weitgehende Freiheiten bei der Wahl des Wohn- und Arbeitsortes in der Union (Arbeitnehmerfreizügigkeit), und zwar unabhängig von ihrer Abstammung (vgl. Art. 39 und Art. 299,

---

[5] Abkommen von 1951 über die Rechtsstellung der Flüchtlinge.

Abs. 1f. EGV)[6]. Deswegen wird auch für diese Bewegungen in den Rahmenplänen für den Erdkundeunterricht in der neunten und zehnten Klasse der Begriff europäischer „Binnenwanderungen" benutzt (HeLP 2002, o. S.).

Das Erkenntnisobjekt der vorliegenden Untersuchung ist Arbeitsmigration, so daß in soweit eine sachliche Einschränkung des Migrationsbegriffes vorgenommen wird: Es geht um Migranten, die freiwillig und vorwiegend aus ökonomischen Gründen wandern. Allerdings sind die Motive nicht immer eindeutig zuzuordnen: Ökonomisch motivierte Migrationsvorhaben können durch soziale, politische oder kulturelle Umstände gehemmt oder gefördert werden. Auch die Arbeitsmigration läßt sich durch die Dimensionen ‚Distanz' und ‚Zeit' beschreiben.

Bezüglich der Wanderungsdistanz sind je nach Erkenntnisinteresse verschiedene Abgrenzungen möglich. In der vorliegenden Arbeit bleiben (intranationale) Binnenwanderungen ausgeklammert; konstituierend für Migration ist der (polnisch-deutsche) Grenzübertritt.

Hinsichtlich der Wanderungsdauer folgt der Verfasser dem International Labor Office (ILO) sowie der International Organization for Migration (IOM), die Migranten definieren als „someone who declares the intention of being there/away for one year or more" (Salt 1993, S. 8). Die Jahresfrist kann mit wanderungsstatistischen Gewohnheiten begründet werden und mit dem Wunsch, Saisonarbeiter, die schon heute auch in Deutschland arbeiten, außen vor zu lassen. Allerdings sind sowohl der Zeitpunkt der Einreise als auch die Aufenthaltsdauer nur schwer statistisch zu erfassen (vgl. Fassmann/Münz 1996, S. 15). Aus Saisonarbeitern können genauso wie aus Migranten, die

---

6 Bürger der ehemaligen Kolonien Frankreichs, der Niederlande und des Vereinigten Königreiches genießen in der Europäischen Union Niederlassungsfreiheit (vgl. Art. 182 und 183 EGV). Das bedeutet, daß sie ihren Wohnort in der Union frei wählen können, wenn sie über die notwendigen finanziellen Mittel verfügen, um ihren Lebensunterhalt zu bestreiten. Die Gewährung der Arbeitnehmerfreizügigkeit für einzelne dieser Staaten bedarf allerdings der „einstimmigen Billigung aller Mitgliedstaaten" der Union (Art. 187 EGV), die bislang noch in keinem Fall erfolgt ist. Die Wanderungen aus diesen Quellräumen können folglich als postkoloniale Migration bezeichnet werden. Eine weitere in der Europäischen Union wichtige Gruppe von Migranten ist die der ethnischen Wanderer. Sie besitzen zwar nicht die Staatsangehörigkeit einer ehemaligen Kolonie oder die Unionsbürgerschaft, gleichwohl kommen sie gewissermaßen als Menschen gleicher Abstammung in den Genuß großzügiger Einwanderungsmöglichkeiten. Dieser Bereich ist allein durch nationales Recht geregelt. Als Beispiel seien die Wolgadeutschen genannt, die zwar die russische Staatsangehörigkeit besitzen, denen aber bei Nachweis der Beherrschung der deutschen Sprache die Möglichkeit der Einbürgerung und der Einwanderung nach Deutschland und damit auch die europaweite Arbeitnehmerfreizügigkeit geboten wird. Angehörige der meisten Drittstaaten (Nicht-EU-Staaten) besitzen diese Privilegien nicht. Zusammenfassend zeigt sich somit auch in der Europäischen Union, daß historische und politische Strukturen vielfältige migrationspolitische Regime auf verschiedenen Ebenen determinieren (vgl. Blaschke 1997, S. 19). In diesem Kontext ist demnach eine Unterscheidung in erzwungene und nicht-erzwungene Migrationsbewegung wenig sinnvoll.

aus nicht-ökonomischen Gründen gewandert sind, nach gewisser Zeit Arbeitsmigranten werden, wenn sich ihnen die Möglichkeit hierzu eröffnet. Es wird deutlich, daß bei allen Zuordnungsversuchen „a specification error is unavoidable" (Straubhaar 1988, S. 49).

Um Migranten von Pendlern abzugrenzen, wird Schätzl (2001, S. 104) gefolgt, der (Arbeits-) Migration definiert als „räumliche Arbeitskräftebewegungen mit gleichzeitigem Wechsel des Wohnortes"; „ist die räumliche Arbeitskräftebewegung nicht mit einer Verlagerung des Wohnsitzes verbunden, wird von Berufspendlern gesprochen".

Die nachfolgende Definition von Tuchtfeldt und Straubhaar (1985, S. 97) erfüllt die genannten Anforderungen, weswegen sie dieser Untersuchung zugrundegelegt wird: *„Unter Arbeitsmigranten sollen Erwerbspersonen verstanden werden, die freiwillig aus ökonomischen Motiven mindestens ein Jahr in anderen Ländern arbeiten und dort ihren Wohnsitz nehmen".*

Für Arbeitsmigration leitet sich entsprechend folgende Definition ab: Eine freiwillige, ökonomisch motivierte, grenzüberschreitende Verlagerung des Wohn- und Arbeitsortes von mindestens einjähriger Dauer.

In einem weiteren Verständnis sind auch Wanderungen der Arbeitnehmerangehörigen, Rentner- und Elitenwanderungen als Arbeitsmigration subsumierbar. Letztgenannte wiederum bilden insoweit eine Teilmenge der Arbeitsmigration im engeren Sinne, als sie sich auf solche Berufe bezieht, denen eine beachtliche volkswirtschaftliche Relevanz, hohe Entscheidungskompetenz oder eine gesellschaftlich-kulturelle Multiplikatorwirkung zu eigen ist. Als Beispiele seien Wissenschaftler, Künstler, Beamte internationaler Organisationen, Diplomaten, hochqualifizierte Techniker und Manager aufgeführt (vgl. Fassmann/Münz 1996, S. 28).

Zur Beschreibung und Erklärung von Migrationsströmen ist es wesentlich, vorhandene Wanderungsdaten auf wenige, möglichst aussagekräftige statistische Maßzahlen zu reduzieren. Drei Gruppen von Maßzahlen sind zu unterscheiden: solche zur Messung der Wanderungshäufigkeit, der Effektivität von Wanderungen und der Stärke von Wanderungsströmen (vgl. Bähr 1992, S. 283).

Eine oft zur Erfassung der Wanderungshäufigkeit für einen Raum bemühte Maßzahl heißt Bruttomigration. Sie ergibt sich aus der Summe der Immigrations- (Zuwanderungs-) und Emigrationsvolumina (Abwanderungsvolumina):

(2.1) $BM^a_{t1;t2} = IM^a_{t1;t2} + EM^a_{t1;t2}$

a = Raum a
t = Zeitpunkt t
$BM^a_{t1;t2}$= Bruttomigration im Raum a in der Periode zwischen t1 und t2
$IM^a_{t1;t2}$ = Immigration in den Raum a in der Periode zwischen t1 und t2
$EM^a_{t1;t2}$ = Emigration aus dem Raum a in der Periode zwischen t1 und t2.

Die Bruttomigration kann Werte zwischen 0 und der Erdbevölkerung annehmen. Zum Vergleich von Migration ist die Maßzahl ‚Bruttomigration' ungeeignet. Denn sie kann sich aus unterschiedlichen Kombinationen von Immigration und Emigration zusammensetzen und bezieht sich ferner zumeist auf unterschiedliche Bevölkerungszahlen. Der erstgenannte Einwand kann durch die Ergänzung der Nettomigration (Wanderungsbilanz) entkräftet werden. Sie errechnet sich aus der Differenz aus Immigration und Emigration (vgl. Polachek/Horvath 1977, S. 107):

(2.2) $NM^a_{t1;t2} = IM^a_{t1;t2} - EM^a_{t1;t2}$

$NM^a_{t1;t2}$= Nettomigration im Raum a in der Periode zwischen t1 und t2

Die Nettomigration kann größer Null (Nettoimmigration bzw. Nettowanderungsgewinn), gleich (weder Immigrationsgewinne noch -verluste) oder kleiner Null sein (Nettoemigration bzw. Nettowanderungsverlust).

Der zweite Einwand, der gegen die Eignung der Bruttomigration zu Wanderungsvergleichen vorgebracht wird – die fehlende Sensibilität gegenüber unterschiedlichen Bevölkerungszahlen verschiedener Räume – kann durch die Berechnung von Migrationsraten entkräftet werden. Bei ihnen handelt es sich um relative Häufigkeiten der Migration. Zu ihrer Berechnung werden Migrationsmaßzahlen auf den Durchschnitt der Bevölkerung im Beobachtungszeitraum bezogen und auf 1000 Personen hochgerechnet.

Für die Immigrationsrate (IMR) gilt entsprechend:

(2.3) $IMR^a_{t1;t2} = (IM^a_{t1;t2} / P^{*a}_{t1;t2})\ 1000$

$P^{*i}_{t1;t2}$ = Bevölkerungsdurchschnitt im Raum a in der Periode zwischen t1 und t2

für die Emigrationsrate (EMR)

(2.4) $EMR^a_{t1;t2} = (EM^a_{t1;t2} / P^{*a}_{t1;t2})\ 1000$

und für die Bruttomigrationsrate (BMR)

(2.5) $BMR^a_{t1;t2}= BM^a_{t1;t2} / P^{*a}_{t1;t2})\ 1000$

$= [(IM^a_{t1;t2} + EM^a_{t1;t2}) / P^{*a}_{t1;t2}]\ 1000$

Wie die Bruttomigration ist auch die Bruttomigrationsrate stets größer oder gleich 0. Die Nettomigrationsrate (NMR) ergibt sich analog aus der Nettomigration eines Raumes, die auf den Durchschnitt der Bevölkerung bezogen und mit 1000 multipliziert wird:

(2.6) $NMR^{a}_{t1;t2} = (NM^{a}_{t1;t2} / P^{*a}_{t1;t2})\ 1000$

$= IMR^{a}_{t1;t2} - EMR^{a}_{t1;t2}.$

Wie die Nettomigration kann auch die Nettomigrationsrate positive und negative Werte sowie den Wert Null annehmen. Sie ist eine für raumzeitliche Migrationsvergleiche geeignete Maßzahl, weil sie die vorher identifizierten Schwächen ausmerzt, obwohl die Aussagefähigkeit, wie bei Aggregaten üblich, eingeschränkt ist. Dennoch trägt die Nettomigrationsrate zum Verständnis demographischer Prozesse wie Fertilität, Mortalität und Volksverteilung bei (vgl. Galle/Burr/Potter 1993, S. 158f.).

Zwei Räume können durchaus ähnliche Nettomigrationsraten aufweisen, die Bedeutung der Migration für den Raum hingegen ist entscheidend von den sozialen und ökonomischen Wirkungen abhängig, die vom relativen Ausmaß der Wanderungen abhängen (vgl. Galle/Burr/Potter 1993, S. 160). Das Maß, um die Bedeutung der Nettomigration im Verhältnis zur Bruttomigration für einen Raum darzustellen, ist die Migrationseffektivität (ME) (vgl. Bähr 1992, S. 284). Die Maßzahl kann Werte zwischen –1 (nur Emigration aus dem Raum) und 1 (nur Immigration) annehmen:

(2.7) $ME^{a}_{t1;t2} = (NM^{a}_{t1;t2} / BM^{a}_{t1;t2})\ 1000.$

Es wird deutlich, daß die Nettomigrationsrate auch als Produkt der Migrationseffektivität und der Bruttomigrationsrate darstellbar ist:

(2.8) $NMR^{a}_{t1;t2} = (ME^{i}_{t1;t2} * BMR^{a}_{t1;t2}) / 1000.$

Diese Additivität kann insbesondere bei der Untersuchung der Zusammenhänge von Migration und Arbeitslosigkeit von Bedeutung sein, wie Galle et al. anhand multivariater Regressionen gezeigt haben: demnach besteht nicht zwangsläufig ein signifikanter Zusammenhang zwischen Arbeitslosigkeit und Nettomigrationsrate, weil die Immigrations- und die Emigrationsrate gegenläufig wirken können. Bei alternativer Darstellung der Nettomigrationsrate zeigt sich hingegen ein signifikanter Effekt der Arbeitslosigkeit auf das Migrationsvolumen, welches durch die Bruttomigrationsrate abgebildet wird. Letztgenannter Indikator weist in der genannten Untersuchung den höchsten Erklärungsgrad aller vorgestellten Migrationsmaßzahlen auf (R^2 (BMR) = 0,811; R^2 (NMR) = 0,48) (vgl. Galle/Burr/Potter 1993, S. 166f.).

Migrationsintensitäten ermöglichen relative Aussagen über die demographische Verflechtung zweier Räume. Drei Maßzahlen können angegeben werden: die Immigrationsintensität, die Bruttomigrationsintensität und die Nettomigrationselastizität (vgl. Bähr/Jentsch/Kuls 1992, S. 549). Im Verlauf dieser Untersuchung wird auf diese Maße nicht eingegangen, weswegen auf nähere Ausführungen verzichtet wird.

2.2 Prognosen der Migration aus den mittel- und osteuropäischen Ländern

Aus den vergangenen zehn Jahren sind mehrere Studien hervorgegangen, die das Einwanderungspotential aus den mittel- und osteuropäischen Länder in den Raum der Europäischen Union abzuschätzen versuchen. Den Reigen eröffnen die statistischen Ämter der Europäischen Union und Deutschlands, die 1991 bzw. 1992 hinsichtlich des Migrationspotentials aus den mittel- und osteuropäischen Ländern eine Spanne zwischen 100.000 und 280.000 Personen pro Jahr für den Zeitraum zwischen 2000 und 2019 ausweisen (vgl. Eurostat 1991, zit. in Koll/Ochel/Vogler-Ludwig 1993b, S. 102). Diese Werte decken sich mit den Prognosen des Statistischen Bundesamtes von 1992 (vgl. Statistisches Bundesamt 1992a, zit. in Koll/Ochel/Vogler-Ludwig 1993b, S. 102).

Layard et al. (1992, S.6) legen ihrer Schätzung die beobachteten Migrationsströme zwischen den 1950er und 1960er Jahren von Süd- nach Nordwesteuropa sowie die zwischen den siebziger und den achtziger Jahren von Mexiko in die USA zugrunde. Es zeigt sich, daß etwa drei Prozent der Bevölkerung in den angegebenen Zeiträumen ihr Land verlassen hat. Diese Ziffer wird auch für die Migrationsströme zwischen den mittel- und osteuropäischen Ländern und Westeuropa unterstellt. Mithin rechnen die Autoren mit einer Wanderung von vier[7] Millionen Menschen – verteilt auf 15 Jahre. Die Autoren unterstellen dabei, daß sich die Migranten nicht nur auf Westeuropa, sondern auch auf die Vereinigten Staaten verteilen, so daß von weniger als den im Durchschnitt 200.000 Immigranten p. a. für die Europäische Union ausgegangen werden muß (vgl. Layard et al. 1992, S. 12).

Eine frühe Studie des ifo Instituts für Wirtschaftsforschung arbeitet mit zwei Szenarien, je nach Restriktivität der Zuwanderungspolitik. Für den Zeitraum zwischen 2001 und 2010 wird eine Spanne der Nettozuwanderung aus den mittel- und osteuropäischen Länder inkl. der GUS-Nachfolgestaaten von jährlich 91.000 bis 187.000 Personen geschätzt (vgl. Koll/Ochel/Vogler-Ludwig 1993b, S. 88).

---

[7] Bei 106 Millionen Einwohnern in den Staaten, die einen Aufnahmeantrag gestellt haben (außer der Türkei), ergäbe sich lediglich ein Potential in Höhe von drei Millionen Menschen. Offensichtlich haben die vier amerikanischen Autoren auch Staaten wie die Ukraine, Weißrußland und das damalige Jugoslawien in ihren Berechnungen berücksichtigt.

Eine andere Herangehensweise liegt in der Abschätzung, wie stark die Nettomigrationsrate auf ein Einkommensgefälle von 10 Prozent reagiert (Einkommenselastizität der Migration). Die Ergebnisse diverser Langzeitstudien in den USA, in Japan und in Europa variieren allerdings beträchtlich. Für Binnenmigration sind Elastizitäten in der Größenordnung zwischen 0,1 bis 0,3 Prozent (Mittelwert 0,26%) ermittelt worden, für internationale Migration zwischen 0,05 und 0,15 Prozent (Mittelwert 0,08%) (vgl. Franzmeyer/Brücker 1997, S. 4). Ausgehend von diesen Elastizitäten nimmt das DIW 1997 eine grobe Schätzung des Migrationspotentials aus den mittel- und osteuropäischen Ländern in das heutige Gebiet der Europäischen Union vor. Die bei Gewährung der Arbeitnehmerfreizügigkeit zu erwartende Nettomigrationsrate dürfte zwischen den Werten der Binnenwanderung und denen der Außenwanderung liegen. Denn die institutionellen Voraussetzungen der Migration entsprechen denen einer Binnenwanderung, während nicht-rechtliche Barrieren, z. B. sprachlicher Natur, eher die Betrachtung der Raten internationaler Migration nahelegen. Deswegen wird eine Migrationsrate von 0,08 und 0,16 von Hundert je zehnprozentigem Einkommensdifferential vorgeschlagen (von den Autoren der Studie als „Migrationsfaktor" bezeichnet; Franzmeyer/Brücker 1997, S. 11). Daraufhin wird unter Zugrundelegung der aktuellen Einkommensdifferentiale und der erwarteten Konvergenzprozesse das Volumen der erwarteten Ost-West-Migration geschätzt und ein anfängliches Migrationspotential aus den gesamten mittel- und osteuropäischen Ländern von 590.000 bis 1.180.000 Menschen prognostiziert. Die Einwanderung nimmt im Zuge des ökonomischen Konvergenzprozesses von Jahr zu Jahr ab, bis die Zahl der Einwanderer aus diesen Staaten im Jahr 2030 schließlich auf 300.000 bis 530.000 fällt. Für die damals fünf CEFTA-Länder[8] errechnen sich anfängliche Migrationsvolumina zwischen 340.000 und 680.000 Menschen, je nachdem, welcher Migationsfaktor zugrunde gelegt wird (vgl. Franzmeyer/Brückner 1997, S. 5).

Der Verfasser hegt indes starke Zweifel an diesen Ergebnissen, die sich aus der zugrundegelegten Methode ergeben. Einerseits ist in Frage zu ziehen, ob der Migrationsfaktor, der sich auf zehnprozentige Einkommensdifferentiale bezieht, linear extrapoliert werden kann, d. h. ob der Migrationsfaktor bei einem Einkommensdifferential von ca. 300 Prozent mit dreißig multipliziert werden sollte. Dem stünde das zweite Gossen'sche Gesetz des abnehmenden Grenznutzens entgegen. Ferner wird die zeitlich und räumlich große Varianz der bislang ermittelten „Migrationsfaktoren" ignoriert. Zumindest fragwürdig scheint schließlich, ob die Ergebnisse für Binnenwanderungen auf Außenwanderungen übertragbar sind. Denn Migration innerhalb eines Staates unterliegt oft dem „Lowry-Effekt", demzufolge sich Regionen mit hohen Bruttoemigra-

---

[8] Central European Free Trade Agreement (Polen, Ungarn, Tschechische Republik, Slowakische Republik, Slowenien; 1997 ist Rumänien, 1999 Bulgarien beigetreten).

tions- auch durch hohe Bruttoimmigrationsraten aus anderen Räumen auszeichnen und die Nettomigration vergleichsweise geringe Werte annimmt[9]. Jene aber finden in Außenwanderungsmodellen, die den Umfang unidirektionaler Migrationsströme schätzen sollen, Verwendung (vgl. Alecke/Untiedt 2001b, S. 377).

Diese ersten groben Schätzungen aus dem Jahre 1997 korrigiert das DIW dann auch nach mehrjähriger Forschungsarbeit eines von ihm geführten internationalen Forschungskonsortiums in 2000 deutlich nach unten. Zugrunde liegt ein Fehlerkorrekturmodell mit Daten von 1967 bis 1998. Die abhängige Variable ist nunmehr das Bevölkerungswachstum von Ausländern aus 18 Staaten in Deutschland. Im Modell soll der Einfluß der Gastarbeiterregelungen und der vollen Freizügigkeit der Arbeitnehmer durch zwei signifikante Niveau-Dummy-Variablen egalisiert werden. Weil dadurch die Elastizitäten der erklärenden Variablen zwischen den verschiedenen Zuwanderungsregimen gleich beschränkt werden, sind sie hinsichtlich verschiedener Schätzzeiträume nicht robust (Alecke/Untiedt 2001b, S. 379). Insoweit sind auch die Ergebnisse dieser neuerlichen Studie unter Vorbehalt zu stellen.

Demnach werden bei Einführung der Freizügigkeit für mitteleuropäische Arbeitnehmer anfänglich ca. 335.000 Personen aus den zehn[10] Beitrittsstaaten in den Raum der Europäischen Union einwandern. Die Autoren rechnen damit, daß 35 Prozent von ihnen Arbeitnehmer sind, so daß mit einer Vergrößerung des Arbeitsangebotes in einer Größenordnung von etwa 117.000 Menschen zu rechnen ist. Für Deutschland wird mit einer Nettoimmigration in Höhe von ca. 218.000 Personen unmittelbar nach Einführung der Freizügigkeit gerechnet. Die meisten von ihnen stammen aus Polen und Rumänien (jeweils ca. 66.000 Personen). Die Zahl der in Deutschland lebenden Polen wird sich nach der DIW-Projektion folgendermaßen entwickeln (Tab. 2):

Tab. 2: Projektion der Zunahme polnischer Einwohner in Deutschland

	2002	2003	2004	2005	2010	2015	2020	2025	2030
Polen	66.301	60.146	54.521	49.381	29.639	17.149	9.319	4.479	1.553
MOE9	152.129	137.655	124.428	112.339	65.921	36.572	18.191	6.841	-14

MOE9: Bulgarien, Tschechische Republik, Estland, Ungarn, Lettland, Litauen, Rumänien, Slowakische Republik, Slowenien.

Quelle: Boeri/Brücker 2000, S. 122.

---

9 Zur Erklärung: Die relative Rückständigkeit einer Region hinsichtlich bestimmter wirtschaftlicher Aktivitäten kann sowohl durch komparative Vorteile in anderen Bereichen als auch aufgrund der Existenz lokaler Güter kompensiert werden.

10 CEFTA-Länder zzgl. Estland, Lettland und Litauen.

Wenn konstante Arbeitslosenquoten und eine Annäherung der Pro-Kopf-Einkommen mit einer jährlichen Rate von zwei Prozent unterstellt werden, wird der Anteil der Wohnbevölkerung aus den beitretenden Staaten von 0,6 Prozent im Jahre 1998 auf 3,5 Prozent der deutschen Wohnbevölkerung im Jahre 2030 wachsen. Danach wird die Nettomigration aus den betrachteten zehn Beitrittsländern negativ sein. Das bedeutet, daß die Anzahl der in die mittel- und osteuropäischen Länder Auswandernden die der Einwandernden aus diesem Raum übersteigt. Diese Projektionen stehen unter dem Vorbehalt, daß sich die Lehren der europäischen Nachkriegswanderungen auf die Beitrittskandidaten übertragen lassen und die Freizügigkeit vom Jahre 2002 an gewährt wird (vgl. Boeri/Brücker 2000, S. 121f.).

Das Institut für die Zukunft der Arbeit (IZA) ermittelt auf Basis einer Expertenbefragung ein Emigrationspotential von jährlich 200.000 Personen bzw. durchschnittlich 2,7 Prozent der Einwohnerzahl potentieller Quellräume. Überwiegend rechnen die 20 befragten Experten in den meisten Fällen mit einer temporären Zuwanderung qualifizierter Personen (vgl. Bauer/Zimmermann 1999, S. 37). Daneben entwickeln die Autoren ein ökonometrisches Regressionsmodell, welches die Emigrationsrate mit dem realen Bruttoinlandsprodukt pro Kopf und der Arbeitslosigkeit erklärt (vgl. Bauer/Zimmermann 1999, S. 44ff.). Die Koeffizienten der ökonometrischen Berechnungen werden aus den Daten der Länder Spanien, Portugal und Griechenland für den Zeitraum zwischen 1985 und 1997 abgeleitet. Dabei werden drei Subsamples, „Gesamt“ (alle drei Länder), „Übergangsphase“ (mit eingeschränkter Arbeitnehmerfreizügigkeit) und „Arbeitnehmerfreizügigkeit“, differenziert. Es zeigt sich, daß die simulierten Emigrationsraten sich mehr oder minder deutlich voneinander unterscheiden. Die Raten für Polen (1,29 Prozent ohne Arbeitnehmerfreizügigkeit; 6,11 Prozent mit Arbeitnehmerfreizügigkeit) oder Rumänien (4,06 bzw. 27,73%) liegen bei eingeschränkter Arbeitnehmerfreizügigkeit erwartungsgemäß niedriger als bei Gewährung der Arbeitnehmerfreizügigkeit. Für die Tschechische Republik und Slowenien verhält es sich hingegen anders. Hier fällt auf, daß die simulierten Emigrationsraten im Vergleich zum restriktiven Regime nach Einführung der Arbeitnehmerfreizügigkeit kleiner werden (Tschechien: 0,74 und 0,33%; Slowenien: 0,22 und 0,13%; vgl. Bauer/Zimmermann 1999, S. 45). Die Autoren erklären sich die polnischen Werte mit „relatively high earnings disadvantage“, die tschechischen hingegen seien „driven by the relative unemployment rate, which is not statistically significant different from 0 in the scenario of free labor mobility“ (Bauer/Zimmermann 1999, S. 45).

Dennoch läßt die große Varianz der Ergebnisse Zweifel an der gesamten Simulation aufkommen, die aus der Strukturinkonsistenz der Daten erwachsen: Die Projektion der aus den Süd-Nord-Wanderungen der 1980er und 1990er Jahre ermittelten Parameter auf die Ost-West-Wanderungen unterstellt sowohl ihre Übertragbarkeit als auch ihre Konstanz. Besonders hinsichtlich der Wirtschaftsstruktur und des Wohlstandsniveaus der Ländergruppen dürfte dies problematisch sein. Während es sich bei den mittel- und osteuropäischen Ländern um politische und wirtschaftliche Transformationsländer handelt, war der damalige Transformationsprozeß der EU-Südländer rein politischer Natur. Die Einkommensdifferentiale sind bei der Osterweiterung ausgeprägter als bei der Süderweiterung. Während Griechenland (1981), Portugal (1986) und Spanien (1986) seinerzeit ein Einkommensniveau von 58, 52,8 bzw. 72,5 Prozent des EU-Mittels (KKP) aufwiesen, liegen die Disparitäten zwischen den mittel- und osteuropäischen Länder und dem EU-Mittel im Jahr 2000 zumeist höher. Nur die Tschechische Republik (56%) sowie die Kleinstaaten Zypern (82%), Slowenien (72%) und Malta (53%) liegen, wenn auch knapp, über dem damaligen Niveau der EU-Südländer. Der (ungewichtete) Mittelwert der 13 Beitrittskandidaten von 35 Prozent spricht indes eine deutliche Sprache (vgl. Eurostat 1988, S. 40; Stapel 2001a, S. 3).

Welchen Effekt die Schätzung anhand strukturinkonsistenter Daten bewirkt, muß Objekt der Spekulation bleiben. Die Autoren selbst räumen ein, daß die Simulation mit Vorsicht zu genießen ist. Daß diese Bemerkung fast euphemistisch ist, zeigt der Wert für die Güte der Regression, für den ein r^2 von 0,16 angegeben wird (vgl. Bauer/Zimmermann 1999, S. 102). Ein Grund für die geringe Erklärungskraft könnte wiederum im Lowry-Effekt zu suchen sein. Denn die Studie verwendet – wie übrigens auch die von Hille und Straubhaar (2000) – die auf die heimische Bevölkerung bezogene Zahl der Auswanderer als zu erklärende Variable. Dabei ist die Nettomigration zwischen Deutschland und Spanien (aus deutscher Sicht) negativ (vgl. Alecke/Untiedt 2000, S. 379).

Die Güte der Schätzungen von Orlowski (1999, S. 49) bzw. Orlowski und Zienkowski (1998, S. 30) ist mit einem r^2 von 0,64 ungleich besser als jene des IZA. Auch hier wird das (polnische) Migrationspotential in den Raum der Europäischen Union auf Grundlage der Beobachtungen nach der Gewährung der Arbeitnehmerfreizügigkeit für Griechenland, Spanien und Portugal geschätzt. Allerdings wird hier ein Gravitationsmodell verwendet, die Daten stammen aus den Jahren 1983 bis 1995, und als abhängige Variable dient das Wachstum der spanischen, portugiesischen und der griechischen Bevölkerung im Ausland. Kritisch festzuhalten ist, daß die Freizügigkeit für die betrachteten Arbeitnehmer erst seit 1987 (Griechen) bzw. 1992 (Spanier, Portugiesen) gilt. Somit fällt der Großteil der Beobachtungszeitpunkte in einen Zeitraum mit beschränkter Arbeitnehmerfreizügigkeit, so daß die Schätzer nur bedingt als strukturkonsistent bezeichnet werden können.

Als erstes Ergebnis kann festgehalten werden, daß die meisten Migranten nach Deutschland wandern. Hinsichtlich des Umfangs der Wanderungen werden zwei Szenarien unterschieden. Für den Fall, daß das aktuelle Einkommensdifferential bestehen bleibt, wird mit einer Zuwanderung im Umfang von 400.000 Menschen gerechnet, die über einen Zeitraum von zehn bis zwölf Jahren nach Gewährung der Arbeitnehmerfreizügigkeit nach Deutschland emigrieren. Die Zahl halbiert sich, wenn für Polen Wachstumsraten in Höhe von jährlich sieben Prozent unterstellt werden.

Ähnlich geht das ifo Institut für Wirtschaftsforschung vor. Wiederum gestützt auf den Daten der Migrationsbewegungen nach der Süderweiterung und aus der Türkei, werden alternative Szenarien für verschiedene Einkommenskonvergenzraten ökonometrisch abgeleitet. In einem Szenario wird eine jährliche Verringerung der Einkommensdisparitäten um zwei Prozent unterstellt, ein anderes Szenario geht von konstanten Einkommensdifferentialen aus. Untersucht wird das Migrationspotential aus den fünf bevölkerungsstärksten Beitrittsländern (Polen, Rumänien, Slowakei, Tschechien und Ungarn), die zusammen 82 Prozent der Einwohner auf sich vereinen. Als Zielraum der Migration wird Deutschland betrachtet. Innerhalb der ersten 15 Jahre nach dem Beitritt erwarten die Autoren je nach zugrundegelegtem Szenario eine Nettoimmigration in Höhe von 2,8 bis 3,6 Millionen Personen. Dies entspricht einer Zuwanderungsquote in einer Größenordnung von vier bis fünf Prozent der Einwohner im Quellraum. Bei Extrapolation dieser Quote auf die restlichen Beitrittskandidaten wird eine Nettozuwanderung zwischen vier und fünf Millionen Menschen errechnet. Aus Polen werden den Prognosen zufolge nach zehn Jahren netto zwischen 1,0 und 1,2 Millionen Menschen nach Deutschland einwandern, nach 15 Jahren wird ein Anstieg auf insgesamt 1,3 bis 1,7 Millionen vermutet (vgl. Sinn et al. 2001, S. 18ff.).

Fertig (1999) schätzt das Einwanderungspotential auf Grundlage der Immigration aus 17 Ländern nach Deutschland zwischen 1960 und 1994, wobei Aussiedler nicht berücksichtigt werden. Entsprechend ist auch hier auf Strukturinkonsistenzen hinzuweisen, zumal wiederum der Großteil der Beobachtungspunkte in eine Zeit ohne Arbeitnehmerfreizügigkeit bzw. in eine Zeit aktiver Anwerbung ausländischer Arbeitskräfte fällt. Der Autor setzt voraus, daß die potentiellen Migranten aus den mittel- und osteuropäischen Ländern für ihren Wanderungsentscheid das gleiche Kalkül zugrunde legen wie ihre Vorgänger. Im ersten Jahr nach Gewährung der Freizügigkeit wird das Ausmaß der Zuwanderung zwischen knapp 73.000 und gut 78.000 Personen geschätzt, je nach Ausgestaltung der Arbeitnehmerfreizügigkeit und je nach wirtschaftlicher Konvergenz. In den Folgejahren wird der Zustrom nachlassen und schließlich nach 20 Jahren versiegen. Dann werden der Simulation zufolge insgesamt zwei Millionen Menschen aus den mittel- und osteuropäischen Ländern nach Deutschland eingewandert sein (vgl. Fertig 1999, S. 17).

Andere Studien basieren auf Bevölkerungsbefragungen in den Beitrittsstaaten. Einige „ausgewählte" Ergebnisse der Umfragen werden seitens besorgter Kreise gerne aufgenommen. Zu ihnen zählen Aussagen derart, daß 13 Prozent der Polen ein „großes Interesse" äußern, nach dem Beitritt in der Europäischen Union zu arbeiten, oder daß im

Jahr 1990 mehr als die Hälfte der polnischen Abiturienten angeben, ihr Land nach Abschaffung der Visaerfordernis verlassen wollen (vgl. Okólski 2001a, S. 32). Zu Emigration ist es nicht annähernd in dieser Größenordnung gekommen. Einfache Umfragen nach der Auswanderungswilligkeit scheinen allgemein keine verläßliche Auskunft über das zu erwartende Migrationsvolumen zu geben und sind somit mit großer Vorsicht zu interpretieren. Selbst die mit deutlich weniger Transaktionskosten verbundene Binnenmigration von Ost- nach Westdeutschland ist 1991 zwar von 39 Prozent der befragten Ostdeutschen erwogen worden, tatsächlich aber haben bis 1999 nur 7,3 Prozent dieser Personen ihr Vorhaben in die Tat umgesetzt (vgl. Alecke/Untiedt 2001b, S. 323). Ein wesentlicher Grund für diese trotz der damaligen hohen Lohndifferentiale geringe Migrationsneigung könnte in der Unsicherheit insbesondere über die Geschwindigkeit der Lohnanpassung zwischen den beiden Räumen gesehen werden (vgl. Schwarze 1996, S. 55). Befragungsergebnisse „stellen eher eine Momentaufnahme der gegenwärtigen Migrationswünsche als ein prognostisches Instrument zur Erhebung zukünftiger Migrationspotentiale dar" (Alecke/Untiedt 2001b, S. 333).

Aus einem umfangreichen, 50 Fragen umfassenden Katalog versuchen Hintermann (1998) bzw. Fassmann und Hintermann (1997), validere Aussagen abzuleiten und haben 4.392 Personen im Alter über 14 Jahren in Polen, Tschechien, der Slowakei und Ungarn befragt. Aus den Angaben werden drei Migrationspotentiale abgeleitet: ein „allgemeines", ein „wahrscheinliches" und ein „tatsächliches". Das allgemeine Potential umfaßt jene Personen, die es in Betracht ziehen auszuwandern, das wahrscheinliche bezieht sich auf solche Menschen, die schon Informationen über das Zielland eingeholt haben, und das tatsächliche Migrationspotential auf jene, die eine Aufenthalts- bzw. Arbeitsgenehmigung beantragt haben. Für das allgemeine Migrationspotential errechnet sich für die vier Länder ein gewichteter Durchschnitt von 18,9 Prozent, für das wahrscheinliche 8,1 und für das tatsächliche 1,43 Prozent (vgl. Hintermann 1998, S. 131). Die Spannweite reicht beim letztgenannten Wert von 0,72 Prozent (Ungarn) bis 2,18 Prozent (Slowakei). Aus Polen werden den Schätzungen zufolge 1,33 Prozent der Bevölkerung über 14 Jahre auswandern (393.859 Menschen).

Das IOM (Wallace 1998, zit. in Alecke/Untiedt 2001b, S. 329ff. und in Bauer/Zimmermann 1999, S. 34ff.) wählt den Weg der Befragung von jeweils 1000 Personen in elf mittel- und osteuropäischen Ländern (1.200 Personen in der Ukraine), wobei wiederum mittels eines umfassenden Fragebogens versucht wird, verläßlichere Resultate zu erhalten. U. a. wird nach den Wanderungsabsichten und der beabsichtigten Aufenthaltsdauer im Zielraum gefragt. Knapp 50 Prozent der befragten Polen können sich demnach vorstellen, im Ausland zu arbeiten. Die beabsichtigte Aufenthaltsdauer liegt zumeist bei lediglich einigen Wochen (47%) oder Monaten (37%). Bewegungen dieser Art sind nach der Definition in Kapitel 2.1 nicht der Migration, sondern der Saisonarbeit zuzurechnen. Nur 18 bzw. 14 Prozent der Befragten geben an, einige

Jahre bzw. den Rest ihres Lebens im Ausland arbeiten zu wollen. Dabei geben von allen Wanderungswilligen 36 Prozent Deutschland als ihren präferierten Zielraum an. Großbritannien liegt mit nur sechs Prozent auf dem zweiten Rang. Über die pure Absichtsbekundung der Auswanderung hinaus hat lediglich eine Minderheit der Befragten konkrete Vorbereitungen getroffen, wie z. B. das Einholen von Information (Extrema: zehn Prozent der Bulgaren; 38 Prozent der Polen), das Lernen der Sprache (acht Prozent der Ungarn, 39 Prozent der Polen) oder Verkauf von Eigentum (unter ein Prozent der Ungarn, 11 Prozent der Polen) getroffen, so daß die Autoren das Migrationspotential auf lediglich ein bis zwei Prozent der mittel- und osteuropäischen Bevölkerung taxieren. Die Polen haben bei allen Vorbereitungsindikatoren die Spitzenposition inne. Der Anteil der Personen, die bereits Vorbereitungen getroffen haben, liegt je nach Indikator etwa doppelt (Fremdsprache lernend) bis fünffach (Arbeitserlaubnis angefragt) so hoch wie beim Durchschnitt der übrigen Länder. Somit ist davon auszugehen, daß der Anteil der Polen weit höher liegen dürfte, als der für alle mittel- und osteuropäischen Länder geschätzte Anteil von ein bis zwei Prozent, so daß sich auch von daher eine besondere Relevanz des gewählten Beispielquellraumes Polen ableiten läßt.

Gänzlich konträre Prognosen trifft Iglicka (2001, zit. in Freudenstein/Tewes 2001, S. 23ff.). Ihre Analyse basiert auf der Betrachtung der Migration von und nach Polen in der Vergangenheit, insbesondere nach der Wende im Jahre 1989. Zugrunde liegen ihrer Untersuchung offizielle Migrationsstatistiken und Schätzungen illegaler Arbeitsmigration im Ausland. Die zuletzt sinkende Zahl polnischer Migranten in Deutschland führt die Verfasserin auf die sinkende Kaufkraft westeuropäischer Währungen in Polen zurück. Weil der polnische Arbeitsmarkt sogar für Westeuropäer und für Amerikaner zunehmend attraktiver zu werden scheint (12.000 Personen erhielten 1999 eine Arbeitserlaubnis, 15.346 Menschen zieht es im gleichen Jahr nach Deutschland), geht Iglicka sogar davon aus, daß im Zuge des EU-Beitritts keine massive Emigration aus Polen zu erwarten sei. Vielmehr werde Polen selbst zu einem Immigrationsland. Der Verfasser streitet die letzte Aussage nicht ab. Jedoch steht eher zu vermuten, daß in Polen Kettenmigration zu beobachten sein wird: Eine mehr oder minder spürbare Anzahl von Polen wird das Land gen Westen verlassen – jedoch werden zugleich mindestens ebenso viele osteuropäische Migranten legal oder illegal das Land betreten.

Tabelle 3 faßt die Ergebnisse sowohl der ausführlich vorgestellten als auch anderer, nicht explizierter Studien in chronologischer Reihenfolge zusammen. Hönekopp (2000, S. 129ff.) führt weitere Studien auf, die auch Migrationsbewegungen nach Schweden, Finnland und Österreich untersuchen bzw. Schätzungen der Emigration aus einzelnen Quellräumen differenzieren.

Tab. 3: Erwartete Migrationsströme aus den mittel- und osteuropäischen Ländern nach Westeuropa

	MOEL 10[1]		MOEL 8[2]		Polen	
	Gesamt	**p.a.**	**Gesamt**	**p.a.**	**Gesamt**	**p.a.**
Eurostat 1991; Statistisches Bundesamt 1992a		100.000–280.000 (bis 2019)				
Layard et al. 1992	3 Mio.	< 200.000 (1993-2008)				
ifo 1993 (Koll/Ochel/Vogler-Ludwig 1993b)		91.000–187.000 inkl. GUS-Nachfolger (ab 2001)				
DIW 1997 (Franzmeyer/Brücker 1997)		590.000- 1.180.000 (anfänglich)		340.000-680.000 (anfänglich)		
Fasmann/Hintermann 1997; Hintermann 1998			721.000[3] (1,43% der Bevölkerung), davon 320.000 nach Deutschland		394.000	
Wallace 1998	1-2% der Bevölkerung					
Orlowski 1999, Orlowski/Zienkowski 1998					400.000 in den ersten 10-12 Jahren (200.000 bei Δ BIP (Polen) = 7% p.a.)	38.000-77.000
IZA 1999 (Bauer/Zimmermann 1999)	2,6 Mio.[4] Personen (2,7%) nach 15 Jahren	200.000 (durchschnittlich)			730.000 (1,83%)	

Fertig 1999	2 Mio. nach 20 Jahren	73.–78.000 anfänglich				
Salt 1999			2,25 Mio.[4] (3% der Bevölkerung) nach 10 Jahren	140.000[5]		
Fertig/Schmidt 2000				15.000–63.000[5]		
DIW (Boeri/Brücker 2000)	2,9 Mio. nach 10 Jahren (1,4 Mio. Arbeitnehmer, davon 740.000 nach Deutschland)	anfänglich 335.000 (117.000 Arbeitnehmer); davon 218.000 mit Ziel Deutschland	1,8 Mio. (860.000 Arbeitnehmer) nach 10 Jahren	200.000 (70.000 Arbeitnehmer) (anfänglich)		66.000 (anfänglich) mit Ziel Deutschland
Hille/Straubhaar 2000		270.000-790.000; davon 154.000 – 450.000 nach Deutschland				
ifo (Sinn et al. 2001)	4 - 5 Mio. nach 15 Jahren nach Deutschland	250.000-300.000 (anfänglich)	2,2-2,6 (2,8-3,6) Mio.[6] nach 10 (15) Jahren nach D	193.000-276.000[6] (p.a. in den ersten 5 Jahren) nach D	1,0-1,2 (1,3-1,7) Mio. (nach 10 (15) Jahren) nach D	90.000-125.000 (p.a. in den ersten 5 Jahren) nach D
ISP (Iglicka 2001)						negative Nettomigrationsraten (Rückwanderungen)

[1] Polen, Ungarn, Bulgarien, Estland, Lettland, Litauen, Tschechische Republik, Slowakische Republik, Slowenien, Rumänien.

[2] MOEL 10 ohne Bulgarien und Rumänien.

[3] ohne Baltische Staaten und Slowenien.

[4] ohne Baltische Staaten.

[5] CEFTA ohne Slowenien.

[6] MOEL 8 ohne Baltische Staaten und Slowenien, inkl. Rumänien.

Quelle: Eigene Darstellung.

Die Ergebnisse der in Tabelle 3 aufgeführten Prognosen unterscheiden sich offensichtlich deutlich voneinander. Dies läßt sich, wie schon in den obigen Ausführungen erkennbar, im wesentlichen auf drei Faktoren zurückführen: die berücksichtigen Staaten, die analytische Methode und die Datengrundlage[11]. Während einige Studien z. B. Rumänien und Bulgarien nicht berücksichtigen, machen die Migranten aus diesen Ländern in anderen Studien (z. B. IZA, DWI, ifo) ein knappes Drittel der Gesamtzuwanderung aus.

Was die analytische Methode angeht, kommen im wesentlichen drei Verfahren zur Anwendung. Quantitative ökonometrische Berechnungen, die auf wirtschaftlichen (z. B. ifo, DIW, IZA) oder demographischen (Orlowski/Zienkowski, Orlowski, Fertig) Daten fußen, Hochrechnungen auf Grundlage von Befragungen im Quellraum (Fassmann/Hintermann, Wallace) und qualitative Prognosen, welche sich auf die beobachtete Migration der jüngeren Vergangenheit stützen (ISP). Die Datengrundlage ist hinsichtlich der Schätzung der verwendeten ökonometrischen Parameter von Relevanz. Dabei werden demographische Daten, Immigrationsparameter aus ost- bzw. südeuropäischen Wanderungen oder eigene Erhebungen zugrundegelegt (vgl. Freudenstein/Tewes 2001, S. 8f.; Alecke/Untiedt 2001b, S. 320ff.).

Gerade hinsichtlich der ökonometrischen Schätzungen ist zu kritisieren, daß sie sich größtenteils auf Koeffizienten einer einzigen Studie stützen, zumeist auf Einkommensdifferentialen und vagen Prognosen ihrer künftigen Entwicklung basieren, Nachfrageeffekte und quellraumspezifische Migrationsneigungen vernachlässigen, Pendelbewegungen und Migration nicht voneinander trennen und daß sie oft nicht zwischen Gesamt- und Arbeitsmigration differenzieren (vgl. Hönekopp 2000, S. 131f.).

Als absolute Obergrenze darf sicherlich die Nettomigration nach der deutschen Vereinigung angesehen werden (vgl. Alecke/Untiedt 2001b, S. 350). Das Einkommensdifferential war ähnlich stark ausgeprägt wie das zwischen Polen und Ostdeutschland heute. Sprachliche und kulturelle Schwierigkeiten spielen keine Rolle, die Arbeitnehmerfreizügigkeit ist ohne Beschränkungen eingeführt worden. Einzig die versprochenen massiven Transfers könnten einer Migrationstheorie zufolge den „Wert des Wartens bzw. Bleibens" eher erhöhen als im Fall der polnisch-deutschen Migration nach der EU-Osterweiterung (vgl. Fischer/Martin/Straubhaar 1997b, S. 87). Die Nettomigration aus dem Gebiet der ehemaligen DDR liegt bei gleichbleibender Tendenz bis dato bei ca. sieben Prozent der Bevölkerung. Übertragen auf Polen leitet sich eine absolute

---

[11] Übersichtlich und knapp faßt Hönekopp (2000, S. 129ff.) die in den verschiedenen Prognosen genutzten Methoden zusammen.

Höchstgrenze von etwa 2,7 Millionen Menschen ab, bezogen auf die zehn Beitrittskandidaten ca. 7,4 Millionen Menschen.

Die vorangegangenen Ausführungen geben Hinweise zur Beantwortung der ersten im einleitenden Kapitel aufgeworfenen Frage nach dem Umfang der zu erwartenden Migrationsströme. Allerdings zeigen die verschiedenen Schätzungen aus unterschiedlichen Gründen eine große Varianz, so daß es bis auf die Ableitung der genannten Obergrenze unredlich wäre, *eine* Schätzung abzugeben. Ferner weisen alle Ansätze unterschiedliche methodische Schwächen auf, die an entsprechender Stelle aufgeführt worden sind. Ferner stellen zumindest die auf ökonometrischen Makromodellen fußenden Potentialschätzungen ausschließlich auf Einkommens- und Arbeitslosigkeitsdifferentiale ab, wodurch andere Migrationsdeterminanten vernachlässigt werden (vgl. hierzu Kap. 3).

Insgesamt zeigen die Prognosen aber einmütig, daß es im Zuge der Osterweiterung sehr wohl zu Wanderungen, insbesondere nach Deutschland, kommen wird. Hinsichtlich der operativen These, die Osterweiterung der EU werde selbst ohne Übergangsfristen keine Migrationsströme auslösen, die zu einer spürbaren Verschärfung der Arbeitslosigkeit führen, muß der erste Halbsatz bei isolierter Betrachtung abgelehnt werden. Allerdings sind an dieser Stelle weder Aussagen darüber möglich, ob die Wanderungen zu einer Verschärfung der Arbeitslosigkeit in Deutschland führen werden und wenn ja, ob Übergangsfristen in der Lage sein werden, das vermeintliche Problem zu lösen.

B. Wer wandert – und warum?

„It appears evidently from experience that a man is of all sorts of luggage the most difficult to be transported" (Adam Smith)

3 Determinanten internationaler Arbeitsmigration: Forschungsstand und Erklärungswert für polnisch-deutsche Arbeitsmigration im Zuge der EU-Osterweiterung

Die Vorstellung der verschiedenen Theorien zur Erklärung und Prognose internationaler Arbeitsmigration birgt viele Schwierigkeiten. Die Hauptursache hierfür ist in der disziplinären Zersplitterung der Migrationsforschung zu suchen. Die Forscher unterscheiden sich hinsichtlich der gewählten Methoden und hinsichtlich ihrer Erklärungsziele (vgl. Polachek/Horvath 1977, S. 105). Letztgenannte liegen sowohl im Bereich abstrakter Grundlagenforschung als auch auf angewandter Forschung, wie der Analyse politischer Migrationsregime oder der Integrations- und Ethnizitätsforschung. Dadurch erscheint der Stand der Forschung in hohem Maße unübersichtlich (vgl. Blaschke 1994, S. 38). Dieses Kapitel gibt einen Überblick der vorhandenen Ansätze zur Erklärung internationaler Arbeitsmigration. Dabei können je nach Methodik drei Theoriegruppen unterschieden werden: makro-, meso- und mikroanalytische Modelle. Erstgenannte zeichnen sich durch eine System- und Populationsorientierung aus, sie beziehen sich also auf Aggregate (Gruppen von Migranten, Saldo der Faktorwanderung) und nicht auf das einzelne Individuum. Jenes steht im Mittelpunkt der mikroanalytischen Migrationstheorien. Eine Zwitterstellung nehmen Netzwerk- und Diasporatheorien sowie Push-Pull-Modelle ein. Beide beinhalten wie die mikroanalytischen Modelle handlungstheoretische Aspekte, daneben werden aber wie bei den makroanalytischen Ansätzen auch Aggregate als erklärende Variablen verwendet. Sie werden hier als „mesoanalytische Modelle" subsumiert.

3.1 Makroanalytische Modelle

Einen ersten Schritt in Richtung populationsorientierter Migrationstheorien beschreitet im Jahre 1885 Ravenstein. Der englische Sozialstatistiker leitet aus Untersuchungen von Sekundärstatistiken das Wanderungsverhalten der Bevölkerung Englands Ende des vorletzten Jahrhunderts ab. Seine Erkenntnisse faßt er in sieben „Gesetze der Migration" zusammen (vgl. Ravenstein 1885, S. 198ff.). Seine Arbeit hat zumindest als Anstoßpunkt für weitere Migrationsforschung gedient.

Unter den makroanalytischen Modellen sind zwei Grundausprägungen zu unterscheiden. Zum einen wird makroökonomisch gearbeitet. Dabei wird bei der Erklärung von Migration Größen wie Faktorpreis- oder Güteraustauschverhältnissen vor dem Hintergrund der Marktkräfte ein erheblicher Wert beigemessen (vgl. Blaschke 1997, S. 18f.). Zum anderen greifen sozialwissenschaftlich inspirierte Schulen einzelne Migrationsbewegungen heraus und binden diese in soziologische, historische und politische Strukturen, v.a. der globalen Maßstabsebene ein (vgl. Blaschke 1994, S. 37).

Außenwirtschaftliche Ansätze interpretieren Migration als Ausgleichsbewegung zwischen Regionen unterschiedlichen Entwicklungsstandes (vgl. Ricardo 1817, Mundell 1957, Dixit/Norman 1980, Ehtier 1984, Tuchtfeld/Straubhaar 1985, Borjas 1989, Straubhaar 1992, Werner 1994, Straubhaar 1994c, Zimmermann 1995, Clausen 1999). Der Verdienst dieser Ansätze liegt in der Öffnung der Analyse für Güterhandel und für Kapitalmobilität, die mindestens als ebenbürtige Ausgleichsmechanismen erkannt werden. Damit erklären sie, warum bei Faktorpreisunterschieden bzw. ökonomischen Disparitäten nicht immer Wanderungen zu beobachten sind. Ein Nachteil (allerdings aller makroanalytischen Ansätze) ist, daß individuelle Entscheidungsprozesse vernachlässigt werden.

Was kann vor dem Hintergrund der Außenwirtschaftstheorien für Wanderungen zwischen Deutschland und Polen abgeleitet werden? Deutschland ist für Polen ein wichtiger Handelspartner: Im Jahre 1998 werden 36,3 Prozent aller polnischen Importe und 26,4 Prozent aller polnischen Exporte mit jeweils steigender Tendenz mit Deutschland abgewickelt (vgl. Statistisches Bundesamt 2000b, S. 265ff.). Die Wanderungselastizitäten sind hingegen aufgrund verschiedener Hemmnisse (Sprache, Anerkennung von Abschlüssen) heute vermutlich eher gering, so daß das Mundell'sche Theorem tendenziell seine Gültigkeit behält und die Faktorpreisunterschiede durch Handel nivelliert werden. Es zeigt sich dabei, daß die polnische Volkswirtschaft seit 1992 schneller wächst als die deutsche (vgl. Sinn et al. 2001, S. 36). Auch die Löhne wachsen seit 1994 in Polen stärker an als in Deutschland. Zwischen 1995 und 1998 sind die polnischen Löhne um ca. 20 Prozent gewachsen, die deutschen lediglich um etwa fünf Prozent (vgl. Statistisches Bundesamt 2000a, S. 562; Sinn et al. 2001, S. 35). Insgesamt reduzieren sich die Faktorpreisdisparitäten allmählich, und Migrationsbewegungen sollten entsprechend tendenziell abnehmen. Ein gegenläufiger Effekt ist allerdings nach der Osterweiterung bei Gewährung der Arbeitnehmerfreizügigkeit zu erwarten. Aufgrund fehlender rechtlicher Wanderungshindernisse und einer verbesserten Anerkennung von Ausbildungsabschlüssen könnte die Lohnelastizität der Migration steigen. Ein Gesamteffekt, der eindeutig komplementäre Beziehungen zwischen Außenhandel und Migration erwarten ließe, ist aus den Teileffekten jedoch nicht ohne weiters zu konstruieren.

Zu den Ansätzen, die insbesondere Globalisierung für die Erklärung internationaler Arbeitsmigration verwenden, zählen der Weltsystemansatz, der Weltgesellschaftsansatz und Ansätze der „Neuen Internationalen Arbeitsteilung“. Sie berücksichtigen explizit die Verankerung der Staaten in einem gemeinsamen ökonomischen System und die Abhängigkeiten, die sich aus den unterschiedlichen Wohlstandsniveaus und den Faktorausstattungen (insbesondere des Faktors ‚Arbeit') ergeben (vgl. Heller/Bürkner 1995, S. 193). Daß Migration und Globalisierung sich gegenseitig bedingen, wird in den Arbeiten von Autoren wie Piore (1979), Feagin/Smith (1990) oder auch Sassen (1991) deutlich.

Piore (1979) weist in Hinblick auf internationale Arbeitsmigration auf die Rolle der Arbeitgeber und ihre Arbeitsmarktstrategien hin: Migrationsströme folgen der Anwerbung von Arbeitnehmern für spezifische ‚Jobs', so daß Arbeitsplätze und Arbeitgeber anstelle von Einkommen und Arbeitnehmern als strategisches Moment für Migration betrachtet werden. In einigen Berufen wird in Westeuropa seitens der einheimischen Bevölkerung keine Arbeit mehr angeboten. Deswegen arbeiten schon heute viele Ausländer beispielsweise bei den städtischen Abfallbetrieben oder auf dem Land, wo die Bundesanstalt für Arbeit den Landwirten sogar aktiv bei der Rekrutierung sogenannter Saisonarbeiter – insbesondere aus Polen – behilflich ist. Auch Facharbeiter werden – speziell im IT-Bereich – dringend gesucht. Die Bundesregierung trägt diesem Umstand mit ihrer Green Card Kampagne Rechnung und ermöglicht es u. a. mitteleuropäischen Informatikern, in Deutschland Arbeit zu finden. Aus den Beitrittsstaaten wird das Angebot insbesondere von Bürgern aus Bulgarien, das sich zur Zeit des RGW auf dem Gebiet der Hard- und Softwareentwicklung einen guten Ruf erarbeitet hat, aber auch von Polen angenommen. So sehr die Nachfrageorientierung die Migrationstheorie bereichert, leidet der Ansatz der internationalen Arbeitsteilung aber unter der Vernachlässigung der Arbeitsangebotsseite (vgl. Massey et al. 1993, S. 721).

Auch Wallerstein (1979) als Vertreter des sog. Weltsystemansatzes begreift internationale Arbeitsmigration als integralen Bestandteil eines hierarchisch organisierten, globalen Wirtschaftssystems. Dessen Struktur unterliegt einem permanenten Wandel, der sich in Veränderungen der relativen Position einzelner Systembestandteile (Zentrum, Semiperipherie, Peripherie) manifestiert. Dabei wird das Gesamtsystem jedoch keinen spürbaren Veränderungen unterworfen. Diese Strukturveränderungen erachtet Wallerstein hinsichtlich ihrer Auswirkungen auf Art und Umfang von Migration als besonders wichtig. Er geht davon aus, daß die Institutionen der Zentren infolge verschiedener (ökonomischer und politischer) Interaktionsstränge die der Peripherien beeinflussen. Dadurch kommt es dort zu institutionellen Ungleichgewichten. Aus der Annahme, daß sich externe und interne Ungleichgewichte gegenseitig beeinflussen, haben diese wiederum Auswirkungen auf die Institutionen im Zentrum. In der Peripherie verfestigen sich die Ungleichgewichte zu Strukturmerkmalen. Migration bedarf dann keiner permanenten externen Anstöße mehr (vgl. Heller/Bürkner 1995, S. 186f.).

Für den deutsch-polnischen Fall ist die Erklärungskraft des Weltsystemansatzes auf die späten 1980er Jahre beschränkt, als Polen einen umfassenden Wandel auf gesellschaftlicher, politischer und ökonomischer Ebene erfuhr. Dieser zog die von Wallerstein prognostizierten institutionellen Ungleichgewichte nach sich, die schließlich zur Erosion des Systems geführt haben. Tatsächlich kehren zu jener Zeit besonders viele Polen ihrem Land den Rücken zu, ohne daß es permanenter exogener Anstöße bedürft habe (vgl. Alecke/Untiedt 2001b, S. 339). Die institutionellen Ungleichgewichte sind für Polen allerdings nicht zu Strukturmerkmalen geworden. Im Gegenteil: Die polnische Wirtschaft expandiert, und die Vorbereitungen zur Aufnahme in die Europäische Union sind in vollem Gange. Ferner ist unter der Bevölkerung die Zufriedenheit mit der Demokratie und der generellen Entwicklung des Landes im Zeitverlauf seit Mitte der 1990er Jahre gestiegen (vgl. Haarland/Nießen 1999, S. 171f.). Die raschen Wechsel der relativen Positionen eines Landes passen nicht richtig in die Weltsystemtheorie, die eher die Verhärtung von Ungleichgewichten zu Strukturmerkmalen erwartet. Als Mitglied der Europäischen Union wird Polen Teil des ökonomischen Zentrums ‚Europäische Union' – mithin verbessert es seine relative Position. Die Emigration aus Polen müßte dann der Weltsystemtheorie folgend weiter zurückgehen.

Der Weltgesellschaftsansatz von Hoffmann-Nowotny (1989) geht ebenso wie die oben skizzierten Ansätze von einem verflochtenen internationalen System aus. Als notwendige Bedingung für internationale Migration werden sozioökonomische Disparitäten zwischen verschiedenen Teilräumen erachtet. Daneben – und dies hebt diesen Ansatz von anderen ab – wird eine zusätzliche, hinreichende Bedingung aufgestellt: Es wird davon ausgegangen, daß sich die gesellschaftlichen Wertvorstellungen aufgrund zunehmender Diffusion moderner Informations- und Kommunikationstechniken angleichen. Dies fördert neben der ökonomischen auch eine globale kulturelle Integration. Erst ein gewisser Grad an Wertehomogenität erlaubt es, die sozioökonomischen Disparitäten als solche zu begreifen und einen Wunsch nach Abhilfe auszulösen. Diese ist entweder durch Hilfe für die weniger entwickelten Räume zu gewährleisten oder in deren Ermangelung durch den Migrationsentschluß, der für die aktuelle Weltgesellschaft charakteristisch sei (vgl. Heller/Bürkner 1995, S. 183). Ähnlich argumentieren die Dependenztheoretiker (z. B. Galtung 1975; Harbach 1976). Im Gegensatz zum Weltgesellschaftsansatz liegt der Schwerpunkt ihrer Argumentation auf einer machttheoretischen Erklärung der Abhängigkeitsverhältnisse zwischen entwickelten und sich entwickelnden Staaten. Die Einbeziehung zeitlicher Veränderungen von Abhängigkeitsverhältnissen sowie ihrer inneren Dynamik – wie die freiwillige Integration Polens in den ökonomisch dominierenden Raum der Europäischen Union – würde den Erklärungsgehalt der Dependenztheorie sicherlich steigern.

Der Ansatz, neben makrostrukturellen Ursachen auch soziokulturelle Faktoren bei der Analyse der Migrationsentscheidung zu berücksichtigen, scheint vielversprechend. Im

Falle der Wanderungen aus Polen nach Deutschland dürften die insgesamt vergleichbaren Wertvorstellungen (vgl. ausführlicher Kapitel 4.3.4.1) ein begünstigender Faktor für vergangene oder künftige Wanderungsbewegungen sein. Allerdings darf zwischen zwei Räumen unterschiedlichen Entwicklungsstands und ähnlicher Wertevorstellungen nicht generell geschlossen werden, daß es zu mechanischen Ausgleichsbewegungen kommt. Dies wäre ein rein statischer Ansatz, der ökonomische Konvergenzprozesse ignoriert und zugleich impliziert, daß Migration nicht mit Kosten verbunden ist.

3.2 Mesoanalytische Modelle

Portes (1978) bereichert die Migrationstheorie um den Gedanken, daß Wanderungen zumindest teilweise interdependent sind. Die zuvor skizzierten Modelle werden um soziale Mikrostrukturen im Quell- und Zielraum der Migranten erweitert. Migration stellt innerhalb eines Systems nicht nur die Folge unzusammenhängender Individualentscheidungen dar, sondern sie ist Ausdruck ungleich verteilter ökonomischer Opportunitäten. Diese werden im Rahmen dieses Ansatzes insbesondere als Resultat sozialer Netzwerke verstanden. Die Mitglieder der Netzwerke helfen einander, (ökonomische) Chancen, die ein Raum bietet, wahrnehmen zu können und helfen damit, das Überleben jenseits der Heimat zu vereinfachen. Ausländische Diasporas beeinflussen die Migrationswahrscheinlichkeit in die entsprechenden Regionen positiv. Denn sie reduzieren die Transaktionskosten sowie die Risiken der Migranten; zugleich erhöhen sich die erwarteten Wanderungserträge (vgl. Massey et al. 1993, S. 728). Die Wanderungsentscheidungen sind demnach nicht unabhängig voneinander: „migration between two destinations tends to grow over time; migration feeds more migration“ (Malmberg 1997, S. 39).

Ein Schwachpunkt der Netzwerktheorien von Migration liegt in der Vernachlässigung der Qualität des Sozialkapitals, das den Migranten in Form von Diasporas bzw. Migrantennetzwerken im potentiellen Zielraum der Migration zur Verfügung steht (vgl. Massey et al. 1994, S. 740). Ferner sind empirisch bisweilen auch gegensätzliche Beobachtungen gemacht worden: Van der Gaag und van Wissen (2001, S. 39) zeigen für die Niederlande, daß die Muster der Immigration „changed from one in which regions with a large share of foreign population received a higher than proportional share of immigration in the eighties to a lower than proportional share in the nineties.“ Im übrigen werden zwar Aussagen über die Richtung von Migration ermöglicht, aber es lassen sich kaum Aussagen darüber ableiten, warum Migration überhaupt von den Menschen in Betracht gezogen wird. Damit steht der vorgestellte Ansatz mit seinem Ziel, die Richtung der Migrationsströme zu erklären, in einer komplementären Beziehung zu den Migrationstheorien, welche die Entscheidung der Emigration an sich plausibel machen. Einen Überblick über Netzwerk- und Diasporatheorien der Migration verschafft der Sammelband von Vertovec und Cohen (1999).

Gerade im Bezug auf den betrachteten Migrationsquellraum Polen kommt der Untersuchung der Diasporas eine große Bedeutung zu: „What should be highlighted here is the existence of Polish communities, which have been established at various times all over the world. They are so numerous and their combined population so large, that this factor is one of the most important in shaping emigration from Poland" (Okólski 1998, S. 23). Das ifo-Institut mutmaßt, daß „das einzige bereits jetzt funktionierende Netzwerk von Zuwanderern aus diesen Ländern[12] [...] derzeit das der Polen sein [dürfte] (Sinn et al. 2001, S. xxx [sic!]). In Polen selbst hat sich wegen ihrer großen Bedeutung der Begriff „Polonia" für die Diasporas – weltweit immerhin ca. 12 Millionen Menschen – eingebürgert (vgl. Okólski 1998, S. 23). Die Räume mit bedeutenden polnischen Diasporas dürften demnach auch künftig bevorzugtes Ziel der Auswanderungswilligen sein. Weltweit lebt in Deutschland die drittgrößte polnische Diaspora: Nach den von Okólski (1998, S. 23) als offizielle polnische Schätzungen bezeichneten Zahlen wohnen fünf Millionen Polen in den USA, 2,5 Millionen auf dem Gebiet der ehemaligen Sowjetunion sowie 1,5 Millionen in Deutschland[13]. Auf den Plätzen folgen Frankreich (eine Million), Kanada (400.000), Brasilien (200.000) und Australien (150.000). Das bedeutet, daß in Deutschland von allen EU-Staaten (absolut und relativ gesehen) die meisten Polen leben, so daß Wanderungen aufgrund der räumlichen Nähe und der bei Gewährung von Arbeitnehmerfreizügigkeit geringen institutionellen Hindernisse vor allem in diesen Raum zu erwarten sind. Innerhalb Deutschlands sind dabei solche Räume attraktiv, in denen die meisten Polen leben. Es sind dies Nordrhein-Westfalen (82.868), gefolgt von Bayern (34.911), Hessen (29.025), Berlin (29.599), Baden-Württemberg (26.511), Niedersachsen (24.746) und Hamburg (19.313) (vgl. Statistisches Bundesamt 2002). Dabei ist die Konzentration in der Hauptstadt und in Hamburg am höchsten.

Wird die erkenntnisleitende Frage, ob Migration im Zuge der Osterweiterung für die Europäische Union *insgesamt* ein Problem darstellt oder nicht, aus europäischer Sicht gestellt, so stellt die Analyse der Wanderungen zwischen Deutschland und Polen ge-

---

[12] Mittel- und osteuropäische Länder.

[13] Die deutsche Bevölkerungsstatistik weist für 1999 lediglich 291.700 in Deutschland lebende Polen aus (vgl. Statistisches Bundesamt 2000a, S. 65). Zur Diaspora müssen noch die ca. 500.000 Aussiedler hinzugerechnet werden, welche die polnische Staatsbürgerschaft zugunsten der deutschen aufgegeben haben (vgl. Okólski 1998, S. 23). Dann fehlen noch immer etwa 700.000 Personen, so daß davon auszugehen ist, daß auch Nachkommen der „Ruhrgebietspolen" mit deutschen Paß zur Diaspora gezählt worden sind.

wissermaßen einen Extremfall im Sinne der höchsten zu erwartenden Migration zwischen einem mittel- und osteuropäischen Land und einem EU-Staat dar.

Push-Pull-Modelle stellen Faktoren, welche die Migrationsentscheidung beeinflussen, für Quell- und Zielraum gegenüber. Für jedem Raum werden positive (Pullfaktor), negative (Pushfaktor) oder neutrale Bewertungen für alle als relevant erachten Faktoren abgegeben. Einige dieser Faktoren beeinflussen die meisten Individuen gleichartig, während andere, je nach persönlichen Präferenzen, unterschiedlichen Einfluß ausüben. Für eine positive Migrationsentscheidung muß das Nutzendifferential ausreichend groß sein, um die „natural inertia" der Menschen zu überwinden. Daneben müssen Push- und Pullfaktoren zwischen zwei Räumen komplementär wirken: „ohne Sogwirkung führen Pushfaktoren nicht zu Massenwanderungen langfristiger Dauer" (Straubhaar 1994a, S. 78). Lee (1966, S. 17) bereichert die Analyse durch die Berücksichtigung sogenannter intervenierender Hindernisse und persönlicher Faktoren. Zu den intervenierenden Hindernissen zählen in erster Linie Raumüberwindungskosten, aber auch institutionelle Barrieren, z. B. in Form von Aus- oder Einreiseverboten. Als persönliche Faktoren identifiziert Lee die Position der Individuen in ihrem Lebenszyklus, so daß Vor- und Nachteile je nach Ausbildungs- oder Familienstand unterschiedlich eingeschätzt werden können. Ferner sind Unkenntnis bzw. Unsicherheit über die Charakteristika des Zielraumes in diesem Zusammenhang von Bedeutung (vgl. Lee 1966, S. 17ff.). In entscheidungstheoretisch-probabilistischen Push-Pull-Modellen (Langenheder 1968) spielt der erwartete Grad der Erfüllung der Ansprüche und damit das Anspruchsniveau eine große Rolle. Während die eher deterministischen Push-Pull-Modelle unterstellen, daß die Migrationsentscheidungen vorrangig von den einbezogenen Erklärungsfaktoren bestimmt werden, steht bei den verhaltensorientieren Modellen die subjektive Perzeption durch die Individuen im Vordergrund (vgl. Bähr/Jentsch/Kuls 1992, S. 587).

In den folgenden Jahrzehnten sind die Push-Pull-Modelle in zahlreichen Formen weiterentwickelt worden. Verschiedene Autoren fokussieren ihre Analyse auf eine oder mehrere Variablen im Quell- oder im Zielraum. Dazu zählen theoretische und empirische Untersuchungen über den Einfluß von Einkommen, Lohnniveau, Verdienstmöglichkeiten, Lebenshaltungskosten, Arbeitsmarkt, Verstädterungsgrad, Wohnverhältnissen, Landschaft, Freizeitwert, Kultur, Verkehrsinfrastruktur, sozialer Position, sozialem Umfeld, klimatischen Merkmalen, Umweltbelastung, Ausstattung mit öffentlichen Gütern, Entwicklungsniveau, Regionalpolitik, Kommunalpolitik, Handel, politischen, ethnischen oder religiösen Konflikten, Diskriminierung u. ä. Viele Publikationen haben sich auch den intervenierenden Hindernissen angenommen. Hier wird insbesondere die Rolle der physischen, ökonomischen, funktionalen und sozialen Distanz thematisiert (vgl. Stouffer 1940; Zipf 1946; Somermeijer 1961; Nipper 1975). Neben den daraus entstehenden Raumüberwindungskosten stehen immer wieder die Informationsmöglichkeiten, die Unterschiede in Kultur, Sprache, Lebensgewohnheiten, Tradition oder Religion und auch die räumliche Verteilung der intervenierenden Migrationshindernisse im Fokus der Betrachtung. Ebenfalls sind Opportunitätskosten in Form intervenierender Gelegenheiten und Risiken durch konkurrierende Migranten im Zielraum von diversen Autoren analysiert worden (vgl. Bähr/Jentsch/Kuls 1992, S. 584ff.; Schätzl 1996, S. 103ff.; Werner 1994, S. 233ff.; Schäfer 1995, S. 154, Lee/Roseman 1999, S. 131; Münz 1995, o. S.).

Die Erweiterung der Europäischen Union nach Osten bedeutet in der Sprache dieses Modells eine Reduzierung der intervenierenden Hindernisse. Dadurch erfahren die Push- und Pullfaktoren einen relativen Bedeutungszuwachs hinsichtlich künftiger Wanderungen. Die im Westen höheren Einkommen wirken als Pullfaktor. Die industrialisierten Räume üben eine Sogwirkung auf die ländliche Bevölkerung aus, während der Zerfall agrarischer und handwerklicher Erwerbsformen insbesondere in Polen einen wesentlichen Pushfaktor darstellt (vgl. Straubhaar 1994a, S. 77). Auch der neu aufkommende Ethno-Nationalismus in Polen wirkt als Pushfaktor für ethnische Minderheiten (vgl. Knapp 1994, S. 14).

Auch die Push-Pull-Modelle sind nicht unkritisiert geblieben. Zumeist wird ihre statische Perspektive bemängelt (vgl. Treichler 1998, S. 10; Malmberg 1997, S. 30). Die (erwarteten) Veränderungen der Bedingungen im Quell- und im Zielraum sind gerade bei Wanderungen aufgrund eines deutlichen Einkommensdifferentials wie zwischen Deutschland und Polen von großer Bedeutung. Aus der Transformationsforschung ist die sogenannte U- bzw. J-Kurve bekannt. Sie beschreibt die in Transformationsräumen erzielbaren Einkommen in Abhängigkeit von der Zeit seit Beginn der Reformen. Dabei sind zunächst sinkende Einkommen zu beobachten, bis die Restrukturierung gelungen ist. Nach einer relativ kurzen Zeit der Stagnation steigen die Einkommen dann wieder an und erreichen im Betrachtungszeitraum das Ausgangsniveau (U-Kurve) oder übersteigen es sogar (J-Kurve). Eine statische Betrachtung inmitten des Transformationsprozesses würde die Pusheffekte aufgrund schlechten Einkommens und hoher Arbeitslosigkeit weit überzeichnen. Gatzweiler versucht, der relativen Indeterminiertheit und der zeitlichen Dynamik gerecht zu werden, indem er Wanderungsmodelle auf wahrscheinlichkeitstheoretischer Grundlage mittels Markoff-Ketten[14] entwickelt (vgl. Gatzweiler 1975, S. 7).

---

[14] Markoff-Ketten-Modelle dienen zur Berechnung von Wahrscheinlichkeiten, die den Ablauf interregionaler Wanderungsprozesse steuern. Die Modelle unterstellen, daß die künftigen Entwicklungen jener Prozesse aus der Kenntnis über ihren gegenwärtigen Zustand hergeleitet werden können (vgl. Gatzweiler 1975, S. 93). Weil die Migrationswahrscheinlichkeiten jedoch im Zeitablauf selten konstant sind, gestalten sich die Parameterschätzungen sehr schwierig (vgl. Straubhaar, 1995, S. 299).

Die Angleichung der Einkommen zwischen Polen und Deutschland wird sich noch über einen langen Zeitraum erstrecken. Während das Pro-Kopf-Einkommen in Deutschland unter Anwendung des Atlasverfahrens der Weltbank, das die Wechselkurse berücksichtigt, 1998 bei 25.850 US$ liegt, weist Polen lediglich 3.900 US$ aus. Selbst in Kaufkraftstandards gerechnet ist der Unterschied zwischen den Staaten erheblich. Der deutsche Wert liegt bei 20.810 US$, der polnische bei 6.740 US$ (vgl. Weltbank 2000, S. 276f.). Wenn für Deutschland ein jährliches Wachstum von real zwei Prozent unterstellt wird, so müßte die polnische Wirtschaft real um knapp acht Prozent p. a. wachsen, um in 20 Jahren mit Deutschland gleich zu ziehen. Wachstumsraten in dieser Höhe sind lediglich in Deutschland zu Zeiten des Wirtschaftswunders und in einigen südostasiatischen Schwellenländern erreicht worden und auch das lediglich für einen kurzen Zeitraum und nicht etwa über 20 Jahre hinweg.

3.3 Mikroanalytische Ansätze

Auch unter den mikroanalytischen Studien stellt sich das Forschungsspektrum weit dar; die meisten unter ihnen sind mikroökonomischer Natur, daneben existieren aber auch biographisch bestimmte Ansätze, die zunächst umrissen werden.

3.3.1 Biographische Ansätze

Im Mittelpunkt der biographischen Ansätze stehen die Entscheidungen einzelner Individuen im Laufe ihres Lebens. Diese Ansätze zeichnen sich aus durch einen starken Bezug sowohl auf die Zeitachse der Biographien als auch auf die Abstimmung der teilweise konkurrierenden Partizipationserwartungen und -verpflichtungen in den Bereichen Bildung, Erwerb, Familie und sozialstaatliche Institutionen. Bei der Erforschung des Verhältnisses von Individuum und Gesellschaft ergeben sich Verbindungen zur Sozialpsychologie und hinsichtlich der Untersuchung des berufsbiographischen Handelns zur Arbeitspsychologie. Die Soziologie wird durch die Beachtung der Strukturkategorien Beruf, Familie und Geschlecht berührt (vgl. Kühn/Witzel 2000, Abs. 2).

Die räumliche Berufslaufbahnforschung (ARL 1992; Wagner 1989) kombiniert die demographische Kohortenanalyse (Längsschnittanalyse) mit der regionalen Lebensraumanalyse und biographischer Theoriebildung, um Aussagen über die Veränderung der Migrationsmotive zwischen den Kohorten treffen zu können. Migration wird in Abhängigkeit vom biographischen Entwicklungsprozeß begriffen: „The act of Migration concerns people and places, but it also concerns time“ (White 1995, S. 4). Es wird versucht, Zusammenhänge zwischen der Wanderungsbiographie und der Erwerbs- und Familienbiographie aufzuzeigen. Diese werden für einzelne Individuen aber auch für Gruppen ausgewertet, wobei Verfahren zur Analyse von Verweilzeiten und Übergangsraten, z. B. die Ereignisanalyse aus der Soziologie, eingesetzt werden. Verschiedene Typen von Wanderungs- und Biographiesequenzen werden kombiniert und ihre Anteile betrachtet. Als wichtige Einflußgröße für die Wanderungsbiographie erweist sich die Ausbildungsbiographie mit ihren allgemein- und berufsbildenden Komponenten. Die in Zusammenhang mit der Erwerbsbiographie stehenden Wanderungen nehmen im Zuge einer beruflichen Konsolidierung zwischen dem 30. und dem 35. Lebensjahr deutlich ab (vgl. Birg/Flöthmann 1992, S. 27). Für die Veränderungen von Volumen und Dynamik der interregionalen Mobilität zeichnen im wesentlichen folgende Gründe verantwortlich: Veränderungen der Häufigkeit der verschiedenen Erwerbs- und Familienbiographietypen, Veränderungen der Anteile der Wanderungssequenztypen an den Erwerbs- und Familienbiographietypen und die Kombination ihrer Veränderungen (vgl. Birg 1992, S. 18). Die Veränderungen wiederum werden je nachdem, von wem die Initiative der Migration ausgeht (Eigeninitiative, Initiative Dritter und exogene Sachzwänge) und je nach Bezugsebene (Erwerbsbiographie – übrige biographische Ebenen) betrachtet.

Die Ansätze zur räumlichen Berufslaufbahnforschung sind als deskriptiv zu bezeichnen. So fehlen ihnen beispielsweise theoretisch abgeleitete Hypothesen, die überprüft werden. Insoweit verwundert es nicht, daß Zusammenhänge zwischen Ursache und Wirkung bisweilen ungeklärt bleiben. Läge den Untersuchungen ein theoretischer Unterbau zugrunde, so könnte das Ergebnis „Männer mit mehreren, aber kurzen Arbeitslosigkeitsphasen sind mobiler als Männer mit wenigen, aber langen Arbeitslosigkeitsphasen“ (Birg/Flöthmann 1992, S. 43) auch heißen: „Mobilität senkt bei Männern die Gefahr der Langzeitarbeitslosigkeit“. Ferner ist die erwerbsorientierte Migration „in entscheidendem Maße von der Verteilung der Arbeitsplätze mit unterschiedlichen Qualifikationsanforderungen und Entscheidungsbefugnissen“ abhängig (vgl. Meusburger 1998b, S. 184). Immerhin könnten die empirisch ermittelten altersbezogenen Wahrscheinlichkeiten der erwerbsorientierten Migration helfen, das Potential polnischer Arbeitsmigranten genauer zu schätzen, weil die Altersgruppen mit einem Gewichtungsfaktor versehen werden könnten.

Neben der räumlichen Lebenslauf- bzw. Berufslaufbahnforschung können die ‚Time-Geography‘ (Hägerstrand 1969; Öberg 1997) sowie die literarische Migrationsforschung (White 1995) unter die mikroanalytisch-biographischen Modelle subsumiert werden. Die Time-Geography berücksichtigt die Rolle der Arbeitsbedingungen für einen Ortswechsel explizit weniger als persönliche oder kulturelle Motive. Internationale (Arbeits-) Migration läßt sich vor diesem Hintergrund schlecht erklären. Gleiches gilt für die Ansätze, die versuchen, anhand der Analyse von Belletristik das Verhalten wanderungsbereiter Individuen, die Perzeption ihrer Lebensumstände und die Begleitumstände der Migrationsentscheidung abzubilden. Verallgemeinernde Erklärungen der Migrationsmuster und Prognosen der Wanderungsbewegungen sind daraus aber kaum abzuleiten, zumal die Grenzen zwischen (Auto-) Biographie und Fiktion in der Belletristik fließend verlaufen.

3.3.2 Mikroökonomische Ansätze

Das wesentliche Charakteristikum mikroökonomischer Erklärungsversuche internationaler Arbeitsmigration liegt in der Analyse des Verhaltens nutzenmaximierender Individuen. Als einer der ersten Ökonomen nimmt sich Hicks (1932, S. 76) explizit des Themas an. Er schreibt, „differences in net economic advantages, chiefly in wages, are the main causes of migration". Damit wird unterstellt, Einkommensmaximierung sei notwendige Bedingung für Nutzenmaximierung. Neben den Einkommensdifferentialen nehmen die Raumüberwindungskosten als Erklärungsvariable in mikroökonomischen Migrationsmodellen eine bedeutende Stellung ein. Diese Kosten werden oft durch die Entfernung approximiert (vgl. Borjas 1989, S. 462; Bauer/Zimmermann 1994, S. 96). Demzufolge sinkt die Migrationswahrscheinlichkeit mit abnehmenden Einkommensdifferentialen und zunehmender Entfernung zwischen Quell- und Zielraum. Aufgrund von Einkommensdifferentialen innerhalb von Europa müßte es gerade in Zeiten sinkender Raumüberwindungskosten zu Massenmigrationen kommen, die aber nicht zu beobachten sind (vgl. Fischer/Straubhaar 1996, S. 15). Es wird deutlich, daß sich das Hicks'sche Grundmodell nur als Ausgangspunkt ökonomischer Erklärungen von Migration eignet. Tatsächlich hat es im Laufe der Zeit zahlreiche Erweiterungen und Verfeinerungen erfahren, die nachfolgend skizziert werden.

3.3.2.1 Selbstselektion der Migranten

Aufbauend auf frühen Vorarbeiten von Roy (1951) zeigt Borjas (2000), daß die Einkommensverteilung in einem Raum die Migrationsneigung der Wirtschaftssubjekte beeinflußt. Er geht davon aus, daß das Einkommen im Zielraum der Migration ausschließlich vom Qualifikationsgrad abhängt, daß Humankapital vollständig zwischen zwei Räumen transferierbar und Migration zudem nicht mit Kosten verbunden ist. Die Entlohnung der Qualifikation wird in Abhängigkeit der Humankapitalrenditen und der Steuer- und Sozialsysteme in den betrachteten Ländern gesetzt. Wenn die Bruttohumankapitalrenditen in zwei Räumen gleich sind, so folgt der Wanderungsanreiz aus dem Ausmaß der Einkommens(um)verteilung. Während niedrig qualifizierte Arbeitnehmer in Räumen mit guter sozialer Sicherung und starker Steuerprogression wenig Interesse haben, in einen Raum auszuwandern, deren Institutionen in Abhängigkeit von der Produktivität der Arbeitnehmer größere Einkommensspreizungen zulassen, verhält es sich für qualifizierte Personen genau entgegengesetzt. Sie haben ein Interesse, die volle Rendite ihres Humankapitals zu vereinnahmen.

Wenn von den innerstaatlichen Einkommensdisparitäten auf die Umverteilungsaktivitäten geschlossen werden kann, läßt sich für Räume mit gleichen Produktionsfunktionen (und somit gleicher Entlohnung der Humankapitaleinheiten) folgende These ableiten: „The relative payoff for skills across countries determines the skill composition of the immigrant flow" (Borjas 2000, S. 322). Wenn sich während dieses Prozesses die Gesamtproduktivität einer Gruppe erhöht, wird von einem positiven, im gegenteiligen Falle von einem negativen (Selbst-) Selektionsprozeß gesprochen (vgl. Roy 1951, S. 157; Ghatak/Levine/Price 1996, S. 166; Borjas 2000, S. 322). Hochqualifizierte Arbeitnehmer wandern von Staaten mit geringen in solche mit hohen Einkommensdisparitäten. Aus Sicht der letztgenannten Länder bedeutet dies eine „positive Selektion" der Migranten in dem Sinne, daß qualifizierte Arbeitskräfte ins Land strömen, während die Geringqualifizierten ihre Heimat nicht verlassen. Anders wird von negativer Selektion gesprochen, wenn die Zuwanderer sich aus gering qualifizierten Arbeitnehmern zusammensetzen. Dies ist nach dem Modell regelmäßig dann der Fall, wenn Wanderungen aus einem Raum mit hohen Einkommensdisparitäten in solche Räume stattfinden, die sich durch eine ausgeglichene Einkommensverteilung auszeichnen (vgl. Ghatak/Levine/Price 1996, S. 167). Borjas (1987, S. 551f.) weist diesen Sachverhalt für die USA empirisch anhand einer Studie der Einkommen von Migranten aus 41 Ländern nach.

Ungleiche Bruttohumankapitalrenditen zweier Räume haben Auswirkungen auf die Stärke der Selbstselektionsprozesse. Je geringer (größer) die Differenzen der Einkommensniveaus zwischen zwei Räumen, desto stärker (schwächer) die Selbstselektion der Migranten. Für den Fall der positiven Selektion lohnt es sich nur für die *sehr hoch* Qualifizierten, aus einem Land mit niedrigen Einkommensdisparitäten in ein (ärmeres) Land mit großer Einkommensspreizung auszuwandern. Anders wird es auch für weniger hoch Qualifizierte attraktiv, aus einem (armen) Land mit gleicher Einkommensverteilung in ein (reiches) Land mit ungleicher Einkommensverteilung auszuwandern. Für den Fall der negativen Selektion lohnt es sich nur für die gering qualifizierten Personen, aus einem Raum mit disparater Einkommensverteilung in einen mit geringer Einkommensstreuung zu migrieren, wenn die Räume ähnlich wohlhabend sind. Aus einem relativ armen Quellraum, der durch größere Einkommensdisparitäten gekennzeichnet ist, besteht ein Wanderungsanreiz in einen (relativ reichen) Zielraum mit egalitärer Einkommensverteilung, wenn es sich um durchschnittlich oder schwach qualifizierte Personen handelt (vgl. Borjas 2000, S. 323f.). Abbildung 4 faßt die Überlegungen für alle Raumkombinationen zusammen.

Die Arbeitsleistung in Deutschland wird höher entlohnt als in Polen, die Bruttohumankapitalrenditen sind somit größer. Hinsichtlich der Steuer- und Sozialsysteme wird im deutschen Wirtschaftssystem der Sozialen Marktwirtschaft das Existenzminimum abgesichert, die Einkommensteuer ist progressiv ausgestaltet. Während Letztgenannte in Polen ähnlich ausgestaltet ist, bestehen doch große Unterschiede bei der Absicherung gegen soziale Not (vgl. Góra/Schmidt 1997, S. 4ff.). In Deutschland genießt jede von sozialer Not bedrohte Person Anspruch auf steuerfinanzierte Leistungen (Sozialhilfe), deren Höhe die Einkommen der wenig qualifizierten Arbeitnehmer in Polen, die sich in Lohn und Brot befinden, regelmäßig übersteigt. Die Leistungen der polnischen Sozialhilfe betragen lediglich 28 Prozent des durchschnittlichen Nettoeinkommens und ihre Auszahlung folgt keinen objektiv meßbaren Kriterien (vgl. ausführlicher Kapitel 3.3.2.4). Im modifizierten Roy-Modell würde Polen als relativ armer Raum mit stärkerer Einkommensspreizung modelliert und Deutschland als Raum mit vergleichsweise ausgeglichener Einkommensstruktur. Das Modell läßt demnach für Deutschland eine schwach negative Selektion hinsichtlich der Migranten aus Polen erwarten, weil nur für die Hochqualifizierten Anreize bestehen, im Lande zu bleiben.

Abb. 4: Selbstselektion der Migranten im modifizierten Roy-Modell

-- stark negative Selektion
- negative Selektion
(-) schwach negative Selektion
(+) schwach positive Selektion
\+ positive Selektion
++ stark positive Selektion

Quellraum: Einkommensniveau		Zielraum: Einkommensniveau hoch		Zielraum: Einkommensniveau niedrig	
		gleich	*ungleich*	*gleich*	*ungleich*
hoch	*gleich*	keiner wandert	+	keiner wandert	++ nur Elite
hoch	*ungleich*	–	keiner wandert	-- sehr wenige	keiner wandert
niedrig	*gleich*	alle wandern	(+) Schwächste bleiben	keiner wandert	+
niedrig	*ungleich*	(–) Elite bleibt	alle wandern	–	keiner wandert

Quelle: eigene Darstellung.

Das Modell muß aufgrund seiner vereinfachenden Annahmen kritisiert werden. Insbesondere die Vernachlässigung der Kostenseite sowie die Annahme vollständiger Transferierbarkeit des Humankapitals sind dabei hervorzuheben. Dies ist auch Roy (1951, S. 145f.) klar, der eingesteht, die Annahme perfekter beruflicher Mobilität führe in einer entwickelten, arbeitsteiligen Gesellschaft „to an air of artificiality", so daß „no deduction [...] ought to be applied to the real world, without bearing in mind at least some of the assumptions that ought in principle to be removed".

Immerhin findet eine erste Heterogenisierung der Arbeitnehmer und (bei Borjas explizit, bei Roy implizit) der Untersuchungsräume statt, die einen Erkenntnisfortschritt hinsichtlich der Bedeutung der Steuer- und Sozialversicherungssysteme für die Migrationsentscheidung mit sich führen. Dieser Aspekt wird von Sinn et al. (2001, S. 227) hinsichtlich der Empfehlungen für die Ausgestaltung der Arbeitnehmerfreizügigkeit aufgegriffen (vgl. ausführlicher Kapitel 9.4.3).

3.3.2.2 Entwicklungsökonomische Modelle

Vor allem Vertreter der Entwicklungsökonomik tragen neues Gedankengut zur Erklärung von Arbeitsmigration bei. Dabei ziehen sich zwei Aspekte durch die einschlägige Literatur: Einerseits wird die in neoklassischen Modellen implizit oder explizit unterstellte Annahme der Homogenität des Raumes aufgegeben. Migration wird überwiegend auf erwartete Einkommensdifferentiale zwischen dem ‚traditionellen', ländlichen und dem ‚modernen', städtischen Arbeitsmarkt zurückgeführt. Diese Überlegungen gehen bereits auf Lewis (1954) zurück, der auf die Implikationen von Migration in dualen Ökonomien[15] aufmerksam macht. Todaro (1969) und Harris/Todaro (1970) nehmen den Gedanken von Lewis auf und lassen in ihren Migrationsmodellen die Annahme der Vollbeschäftigung fallen – dies ist der zweite neue Aspekt, den die Entwicklungsökonomik eingebracht hat. Mithin ist – im Gegensatz zu den neoklassischen Modellen – die Wahrscheinlichkeit, auf dem städtischen Arbeitsmarkt einen Arbeitsplatz zu finden, für die Entscheidung der Individuen und somit für die beobachtbare Migration insgesamt von Bedeutung. Je größer die Einkommensdifferenz zwischen dem städtischen und dem ländlichen Raum ist und je höher die Wahrscheinlichkeit, im modernen Sektor einen Arbeitsplatz zu finden, desto mehr Individuen werden wandern (vgl. Ghatak/Levine/Price 1996, S. 160).

Fraglich bleibt, wie stark der aus den Einkommensdifferentialen entstehende Migrationsdruck ist. Zunächst muß die Frage gestellt werden, ob es einen monotonen Zusammenhang zwischen dem Entwicklungsstand eines Raumes und dem Ausmaß an Migration gibt. Die Empirie zeichnet ein gespaltenes Bild (vgl. Fischer/Martin/Straubhaar 1997a, S. 96): Einerseits sind die meisten Quellräume ärmer als die entsprechenden Zielräume, was den Erwartungen aus dem neoklassischen Modell bestätigt. Andererseits

[15] Darunter werden eben solche Volkswirtschaften mit zwei unterschiedlichen Sektoren, einem „traditionellen" mit sehr geringer Wertschöpfung und einen „modernen" mit höherer Wertschöpfung, verstanden.

seits stammen mehr Migranten aus den Middle-Income-Countries[16] als aus den Least Developed Countries, also den ärmsten Ländern. Die Migrationsströme beginnen demzufolge erst bei Erreichen eines bescheidenen Wohlstandniveaus zu wachsen, bevor sie wieder sinken. Die graphische Umsetzung dieses Sachverhaltes wird „Inverted-U-curve-hypothesis" bezeichnet (Fischer/Straubhaar 1996, S. 16). Die generelle Aussage „The root of outmigration is primarily poverty" trifft folglich nur auf diejenigen Armen zu, welche die Kosten für die Migration aufbringen können (Biffl 1991, S. 17). Auch Hintermann (1998, S. 152) widerlegt anhand ihrer 1996 in den Visegradstaaten erhobenen Daten die Annahme, daß insbesondere die Ärmsten eine Auswanderung erwägen: „Diese verfügen zum einen weder über die notwendigen finanziellen Mittel, um die entstehenden Migrationskosten abzudecken und haben zum anderen häufig keinen Zugang zu notwendigen Informationen". Einkommensunterschiede zwischen Quell- und Zielraum der Migration sind somit weder notwendige noch hinreichende Bedingung für die Migrationsentscheidung.

Das Harris/Todaro-Modell ist später durch die Einführung von Lohnzuschüssen und Subventionen, Kapitalmobilität oder gewerkschaftlicher Organisation weiter modifiziert worden (vgl. Bauer/Zimmermann 1994, S. 96). Dies erleichtert die Übertragbarkeit auch auf Nicht-Entwicklungsländer. Für den polnischen Fall ist von befriedigten Grundbedürfnissen auszugehen, so daß von daher keine massiven Wanderungen zu erwarten sind. Der polnische Wirtschaftsraum ist stark agrarisch geprägt. 1998 sind 26 Prozent der polnischen Erwerbsbevölkerung in der Landwirtschaft beschäftigt, während der entsprechende Anteil in Deutschland lediglich bei 2,7 Prozent liegt (vgl. Droth/Grimm/Haase 2000, S. 64). Dieser deutliche Unterschied der Wirtschaftsstrukturen könnte dem Harris-Todaro-Modell und seinen Weiterentwicklungen eine gewisse analytische Relevanz zur Erklärung oder Prognose der Migration zwischen Polen und Deutschland verschaffen. Für die Zukunftsaussichten der polnischen Bevölkerung und damit für das Ausmaß der erwarteten Migration sind dann ein überdurchschnittliches und beschäftigungsintensives Wirtschaftswachstum sowie eine Flankierung durch Strukturfonds, z. B. die europäischen Strukturfonds, von größter Wichtigkeit.

3.3.2.3 Investitionsmodelle

Sjaastad stellt Anfang der 60er Jahre fest, daß trotz erheblicher Migration innerhalb der USA weiterhin Einkommensdifferentiale vom Faktor 2,5 existieren. Darüber hinaus konstatiert er die Existenz von Wanderungen in den ärmsten Bundesstaat, was nicht mit der ökonomischen Theorie kompatibel zu sein scheint („mobility in the

---

[16] Dies sind nach Definition der Weltbank (2001, S. 325) solche Länder mit einem Jahreseinkommen zwischen 756 US$ und 9.266 US$ per capita.

wrong direction") (Sjaastad 1962, S. 81). Diese Beobachtungen haben ihn zu seinem 1962 erschienenen Aufsatz „The Costs and Returns of Human Migration" veranlaßt. Indem er Migration als „investment" auffaßt, hat er eine bahnbrechende Pionierleistung erbracht (Sjaastad 1962, S. 85).

Er zeigt, daß Wanderungen „in the wrong direction" nicht notwendigerweise paradox sind. Ein Teil der Beobachtungen erklärt sich bereits bei Disaggregierung der Daten (vgl. Sjaastad 1962, S. 81). So kann es sich bei den Einwanderern in eine arme Region überwiegend um Rentner handeln, die Regionen mit billigen Arbeitskräften solchen mit hohen Löhnen vorziehen. Denn Rentner fragen verstärkt arbeitsintensive Dienstleistungen, z. B. Pflegedienste, Transport oder Gastronomie nach. Deren Preis hängt wiederum stark von dem vor Ort herrschenden Lohnsatz ab. Andererseits werden Arbeitnehmer vor allem in reichere Regionen wandern; sie verdienen dort höhere Löhne als in ärmeren Regionen und konsumieren in der Tendenz eher kapitalintensive Ge- und Verbrauchsgüter, z. B. Automobile, Küchengeräte oder Computer, deren Preis im Zuge weltweiter Produktion kaum noch vom lokalen Lohnsatz abhängt.

Als Hauptargument führt Sjaastad jedoch an, daß Migration nicht isoliert betrachtet werden kann. Vielmehr zieht sie komplementäre Investitionen nach sich, die er als „associated costs" der Migration bezeichnet (Sjaastad 1962, S. 93). Darunter fallen Kosten für die Reise und für die Suche eines neuen Arbeitsplatzes, psychische Kosten und Opportunitätskosten (vgl. Sjaastad 1962, S. 84f.). Den Kosten der Migration steht ihr Nutzen gegenüber, der in erster Linie aus unterschiedlichen Löhnen, Steuersätzen, Abgaben oder Preisniveaus resultiert (vgl. Sjaastad 1962, S. 86ff.). Daneben erwachsen sie aus „locational advantages", wie der Autor weiche Standortfaktoren wie Klima, Umweltbelastung oder das kulturelle Angebot nennt (Sjaastadt 1962, S. 82). Analog zu Investitionen kommt es entprechend dann zu Migration, wenn der Gegenwartswert der Migrationserträge die Kosten der Wanderung übersteigt (vgl. Polachek/Horvath 1977, S. 108).

Die Haupterkenntnis Sjaastads, Migration als Investition zu betrachten, wird von Polachek und Horvath (1977) wieder aufgenommen, um eine zeitliche Komponente ergänzt und formalisiert. Im Modell wird ein plausibler Zeitpfad der Migration hergeleitet und die Einbeziehung verschiedener Haushaltscharakteristika ermöglicht. Deswegen bezeichnen sie ihr Modell als „Life Cycle Approach to Migration" (Polachek/Horvath 1977, S. 103). Wie andere mikroökonomische Migrationsmodelle berücksichtigen Polachek und Horvath zunächst Kosten und Nutzen von Migration, wobei im Gegensatz zu Sjaastad die Informationskosten explizit berücksichtigt werden. Information wird definiert als Kenntnis der Löhne in anderen Räumen relativ zu denen im Ausgangsraum. Die Beachtung von Informationskosten ermöglicht die Erklärung der Periodizität von Migration.

Migranten[17] sammeln Informationen über Zielräume und wägen anschließend Für und Wider der Migration ab. Damit finden sich Elemente der Push-Pull-Theorien in den Modellen wider. Das Resultat des Abwägens ist indes nicht auf einen bestimmten Zeitpunkt bezogen. Vielmehr optimiert der weitsichtige Wanderer („perspicacious peregrinator") seine Wanderungsentscheidungen auf einem persönlichen Zeitpfad (vgl. Polachek/Horvath 1977, S. 103 f.). Dabei werden die Wahl des Lebensortes und das zeitliche Muster der Migration im Lebenszyklus in einem familiären Kontext anstatt für das Individuum analysiert (vgl. Polachek/Horvath 1977, S. 109). Denn die familiäre Situation ist durchaus von Relevanz für die Migrationskalküle, wie die Autoren u. a. anhand einer fünftausend Haushalte umfassenden Längsschnittstudie (University of Michigan Panel Study of Income Dynamics) zeigen.

Ausgangspunkt der Überlegungen bleibt aber wie bei Sjaastad (1962) das Verständnis von Migration im Zusammenhang mit Humankapitalinvestitionen (vgl. Polachek/ Horvath 1977, S. 112). Jeder Ort ist von bestimmten Charakteristika geprägt, die im Laufe der Zeit Änderungen unterworfen sein können. Die sich ggf. ergebende neue Gesamtheit von Standortfaktoren kann Migration induzieren, weil ein Wirtschaftssubjekt annahmegemäß zu jedem Moment innerhalb seines Lebenszyklus seinen optimalen Lebensort wählt. Der optimale Lebensort ist dort, wo unter Berücksichtigung der Migrationskosten der Gegenwartswert des erwarteten Lebensnutzens am höchsten ist.

Für räumliche Merkmale können Schattenpreise und aus jenen wiederum ‚Raumnachfragekurven' abgeleitet werden. Voraussetzung ist, daß langfristig jeder Raum durch verschiedene Merkmale genau beschrieben werden kann. Städtische Räume ziehen in der Regel ein höheres Preisniveau nach sich, hohe Arbeitslosigkeit führt tendenziell zu niedrigeren Löhnen. Auch Alter, Erziehung, Gesundheit oder Familienstand sind für die Bedeutung der Raummerkmale von Relevanz. Familien mit schulpflichtigen Kindern mögen Regionen mit hohen Bildungsausgaben bevorzugen, hochqualifizierten Arbeitnehmern mag die Arbeitslosenquote weniger bedeuten, weil sie ohnehin davon ausgehen können, Arbeit zu finden (vgl. Polachek/Horvath 1977, S. 112). Der bevorzugte Lebensraum jedes Individums wird für jeden Lebensabschnitt mittels eines Bündels an Raumnachfragekurven dargestellt[18]. Präferenzänderungen bezüglich eines oder

[17] Die Autoren definieren Migranten als Personen, die ihren neuen Wohnort außerhalb ihres bisherigen Bundesstaates innerhalb der USA gewählt haben. Gleichwohl steht dem Transfer hinsichtlich seiner Erklärungskraft für die internationale Arbeitsmigration wenig entgegen. Wesentlich sind die Analysen der individuellen Kalküle, hinsichtlich derer eine explizite Beschränkung auf nationale Migration nicht vorgenommen wird. Vielmehr muß der Ansatz von kleinräumiger Migration abgegrenzt werden (vgl. hierzu Kapitel 2.1.1), bei der die anzustellenden Überlegungen wenig Sinn machen würden.

[18] Rogers et al. (2002) versuchen, Quell- und Zielräume von Wanderungen anhand eines räumlichen Interaktionsmodells für die Vereinigten Staaten zu spezifizieren.

mehrerer Raummerkmale wie sie sich z. B. aus einem geändertem Familienstand ergeben können, generieren demnach einen Mobilitätswunsch. Mit anderen Worten wird Mobilität aufgefaßt als Ausdruck von Änderungen der Präferenzen für bestimmte Raummerkmale (vgl. Polachek/Horvath 1977, S. 112). Raummerkmale sind demnach Nebenbedingungen im permanenten Nutzenmaximierungsprozeß.

Wie im Sjaastad-Modell werden die vor und bei der Wanderung anfallenden Investitionen als intervenierender Faktor eingeführt. Dabei berücksichtigen die Autoren neben den Reise-, Opportunitäts- und Suchkosten auch den Verlust an spezifischem Humankapital. Investitionen in Humankapital (indirekte Kosten) setzen die Autoren mit den Verdienstmöglichkeiten („earnings capacity") gleich, die positiv mit der für Humankapitalbildung allozierten Zeit und dem vorhandenen Humankapitalstock korrelieren. Letzterer besteht aus einer allgemeinen und einer spezifischeren Komponente. Dabei ist „some of one´s earnings capacity [...] endogenous to location. Such earnings power is lost when a move occurs [...] the greater the change in locational characteristics, the greater the loss of such location specific training" (Polachek/Horvath 1977, S. 115):

(3.1) $H' = f(s, H, \lambda')$

H = Humankapitalstock; $f'(H) \geq 0$; $f''(H) \leq 0$
H' = Änderung des Humankapitalstocks
s = Anteil am Gesamtzeitbudget, das in Humankapital investiert wird; $f'(S) \geq 0$; $f''(S) \leq 0$
λ' = Änderung des Vektors der Raumcharakteristika; $f'(\lambda) \leq 0$; $f''(\lambda) \geq 0$. $f'(\lambda)$ steht somit für den Wert an durch Migration verlorenem (spezifischem) Humankapital.

Mittels der Investitionen in Informationen über fremde Räume werden die Wirtschaftssubjekte in die Lage versetzt, das Lohnniveau verschiedener Räume relativ zum Lohnniveau im Ausgangsraum in Beziehung zu setzen (vgl. Polachek/Horvath 1977, S. 114):

(3.2) $I' = f(i, \lambda')$,

I = Informationen über die Lohnhöhe in jedem Raum, relativ zum aktuell bezogenen Lohn
i = Anteil am Gesamtzeitbudget, das in Information investiert wird; $f'(i) \geq 0$; $f''(i) \leq 0$.

Das gesammelte Wissen über die Lohnniveaus verschiedener Räume allein trägt jedoch nicht zur Erhöhung des eigenen Lohnes bei. Erst wenn Migration erfolgt, wächst der Lohn in Abhängigkeit vom Informationsniveau I (vgl. Polachek/Horvath 1977, S. 114):

(3.3) $w' = f(I, \lambda')$.

w' = Veränderung des Lohnsatzes; $f(I,0) = 0$; $f\lambda'(I, \lambda') \geq 0$ für $\lambda' \geq 0$; $fI(I, 0) = 0$.

Das Einholen von Information und die Investition in Humankapital sind wie die Migration selbst mit Kosten verbunden. Ausgaben können nur in dem Ausmaß getätigt werden, wie Vermögen verfügbar ist. Diese sogenannte Budgetbeschränkung setzt sich aus dem um die indirekten Kosten bereinigten verfügbaren Einkommen abzüglich der Lebenshaltungs- und Migrationskosten (direkte Kosten) zusammen (vgl. Polachek/Horvath 1977, S. 114):

(3.4) $Y' = rY + w\,[1-\tau_t - s_t - i_t - m_t)]\,H - p_K\,K - C_M$

C_M = (direkte) Migrationskosten
K = Konsumgüter
m = Anteil am Gesamtzeitbudget, das in Migration investiert wird
p = Preisniveau
r = Zinssatz
Y = Vermögen
Y' = Änderung des Vermögens.

Unter diesen Nebenbedingungen ist die Nutzenfunktion (U) zu maximieren (vgl. Polachek/Horvath 1977, S. 114). In sie fließen der vom Einkommen abhängige realisierbare Konsum (K) sowie der Freizeitanteil (τ) je Zeiteinheit t ein:

(3.5) $\int_{t=0}^{T} U(K_t, \tau_t)\, e^{-rt}\, dt \Rightarrow \text{Max.}$

Das Ergebnis des Maximierungsvorganges lautet wie bei jedem ökonomischen Optimierungsvorgang, daß die Gleichheit des Grenznutzens (hier des Konsums, der Freizeit, der Humankapitalakkumulation, der Merkmale des Zielraumes und der Informationsbeschaffung) und der jeweiligen Grenzkosten zu gewährleisten ist (vgl. Polachek/Horvath 1977, S. 116).

Den Migranten eröffnen sich im Zielraum hinsichtlich des Beschäftigungsfeldes zwei Möglichkeiten. Zum einen ist eine Beschäftigung im bisher ausgeübten Beruf möglich, zum anderen kann mit der Wanderung auch ein Wechsel des Berufsfeldes verbunden sein. Dafür ist allerdings eine Investition in den eigenen Humankapitalstock nötig. Jener unterliegt der Entwertung und zwar durch geänderte Anforderungen des Marktes und infolge physischen Verfalls, wie z. B. durch die Abnahme der Belastbarkeit mit zunehmendem Alter. Die Bereitschaft zu Neuinvestitionen – auch in Information über alternative Räume – hängt maßgeblich vom Alter ab. Junge Arbeitnehmer haben in der Regel weniger in ihr Humankapital investiert als Ältere, und der Amortisationszeitraum ihrer künftigen Humankapitalinvestitionen ist länger als bei älteren Arbeitnehmern, so daß der Gegenwartswert der Investition höher ist. Entsprechend sind die Investitions- und die Wanderungsbereitschaft junger Arbeitnehmer größer als die der Älteren (vgl. Polachek/Horvath 1977, S. 109). Auch empirisch konnte dies für die Visegradstaaten nachgewiesen werden: In der Altersgruppe bis zu 24 Jahren finden sich mit 40,5 (Polen: 38,2) Prozent die meisten Personen, die eine Migrationsabsicht deklariert haben (vgl. Hintermann 1998, S. 137). Weil Migration Investitionen in Information voraussetzt, kann es zu diskontinuierlichen Einkommensverläufen kommen. Die Einkommenserhöhung erfolgt dann sprunghaft bei Verwertung der gesammelten Information durch Migration. Nach erfolgter Wanderung hingegen sinkt der Wert der Informationen bezüglich der relativen Lohnhöhe. Die weitere Migrationsneigung sinkt mithin, und erneute Einkommenssprünge sind zunächst nicht mehr zu erwarten. Einkommensänderungen ergeben sich dann lediglich durch Investition in den Humankapitalstock (vgl. Polachek/Horvath 1977, S. 117). Somit kann auch Periodizität von Wanderungen erklärt werden.

Wenn unterstellt wird, daß Hochqualifizierte einfacher bzw. kostengünstiger an die relevanten Informationen hinsichtlich der Verfügbarkeit und der Vergütung von Arbeitsplätzen kommen als Geringqualifizierte, lassen sich Aussagen über die Selbstselektion von Migranten ableiten: die höher Qualifizierten sollten ceteris paribus eine höhere Migrationsneigung zeigen als die geringer qualifizierten Personen. Die Tatsache, daß der Anteil der zwischen 1992 und 1999 in Deutschland arbeitenden Polen mit Universitäts- oder vergleichbarem Abschluß mit 23,4 – 30,5 Prozent stets über dem entsprechenden Anteil der nicht Ausgewanderten (20,4 – 24,1%) liegt, könnte dies im Lichte des vorgestellten Modells belegen (vgl. SVR 2000, Tab. 49). Allerdings widerspricht diese Beobachtung den Ergebnissen, die sich aus dem modifizierten Roymodell der Selbstselektion ableiten lassen. Offensichtlich stehen also auch diese beiden Erklärungsversuche der Migration in einem komplementären Verhältnis zueinander.

Investitionsmodelle ermöglichen es in weiten Teilen, empirische Sachverhalte analytisch faßbar zu machen. Sie vermögen, komplexe Formen des Migrationsprozesses, die Dauer der Migration und auch das Phänomen der Rückwanderung zu erklären. Allerdings verbleiben die Ansätze in der neoklassischen Modellwelt vollkommener Konkurrenz, fehlender Externalitäten und Vollbeschäftigung, so daß die Aussagen insbesondere für Räume, in denen keine Vollbeschäftigung herrscht, möglicherweise modifiziert werden müssen. Es läßt sich jedoch zeigen, daß ein Großteil der Aussagen im Kern erhalten bleibt, wenn nicht-handelbare Güter, Rücküberweisungen und steigende Skalenerträge berücksichtigt werden (vgl. Straubhaar 1994b, S. 618). Vor grundsätzlicher Kritik der neoklassischen Modelle sind jedoch auch die hier vorgestellten Migrationsmodelle nicht gefeit (vgl. Kap. 1.2.2). Dennoch wird ihr Kerngedanke hinsichtlich der Bedeutung des Humankapitals für Wanderungen im Rahmen des vierten Kapitels aufgegriffen und für Arbeitsmigration zwischen Polen und Deutschland spezifizert.

3.3.2.4 Neue Migrationsökonomik

Der Ansatz der Neuen Migrationsökonomik mit Stark (1991) als prominentestem Vertreter unterscheidet sich in zwei Hinsichten deutlich von den übrigen vorgestellten mikroökonomischen Migrationsmodellen. Zum einen werden keine vollkommenen Märkte mehr unterstellt. Insbesondere die Versicherungs- und Kapitalmärkte werden gerade in weniger entwickelten Räumen als unvollkommen aufgefaßt. Deswegen nimmt die Diversifikation des wirtschaftlichen Lebensrisikos eine dominante Stellung innerhalb der Neuen Migrationsökonomik ein (vgl. Massey et al. 1994, S. 711). Dies geht jedoch nicht mit der Ablehnung der Erkenntnisse der Investitionsmodelle einher. Vielmehr steht auch die Neue Migrationsökonomik in einem komplementären Verhältnis zu ihnen (vgl. Massey et al. 1994, S. 715). Das zweite, die Neue Migrationsökonomik konstituierende Element, ist die Einbeziehung der relativen Verelendung – „relative deprivation" – in die Analyse. Doch zunächst zum Aspekt der Risikodiversifikation.

Als Ausgangspunkt der Überlegungen dient die aus dem Lebenszyklusmodell bekannte Annahme, daß die Individuen den Nutzen der ganzen Familie maximieren anstatt lediglich ihren eigenen. Für Haushalte mit schulpflichtigen Kindern spielt z. B. die Verfügbarkeit eines guten öffentlichen Bildungssystems eine entscheidende Rolle. Dies wird durch Forschungen von Lee und Roseman (1999, S. 123 ff.) bekräftigt. Die Ergebnisse deuten darauf hin, daß hinsichtlich der Raummerkmale die Ausstattung mit öffentlichen Gütern neben der Beschäftigungssituation des Ehemannes die entscheidenden Parameter darstellen. Die Ausstattung mit öffentlichen Gütern ginge im vorgestellten Lebenszyklusmodell in den (schwer operationalisierbaren) Vektor der Raummerkmale λ ein (vgl. Polachek/Horvath 1977, S. 125).

Im Gegensatz zu den Lebenszyklusmodellen begreift die Neue Migrationsökonomik Migration für einen Personenverbund vorrangig als Chance, ökonomische Lebensrisiken zu vermindern, die sich z. B. aus starken Abhängigkeiten (von einem Arbeitsmarkt o. ä.) ergeben. Die Wirtschaftssubjekte entscheiden damit langfristig rational (vgl. Stark 1991, S. 42). In diesem Lichte ist Migration auch bei fehlenden Einkommensdifferentialen als rational anzusehen. Der einzelne Migrant und seine Familie stehen in einem Verhältnis gegenseitiger Abhängigkeit. Der Vater würde alleine nicht auswandern, wenn er sich in einer von Unsicherheit geprägten Anfangsphase nicht auf regelmäßige Zahlungen durch die Familie verlassen könnte. Er kann seine Chance auf dem auswärtigem Arbeitsmarkt durch Investitionen in sich selbst steigern, z. B. durch das Lernen einer neuen Sprache. Diese Kosten würden dann von allen Familienmitgliedern, etwa durch kollektiven Konsumverzicht, aufgewendet. Andererseits würde die Familie ein ökonomisch aktives Mitglied nicht ohne Aussicht auf die in einer späteren Periode zu erwartenden Remittenzen ziehen lassen. Diese sind besonders wichtig in

Staaten, in denen der Zugang zum Kapitalmarkt nicht oder nur schwer möglich ist. Der Sicherheitsaspekt scheint insbesondere in Staaten mit einem nicht vorhandenem oder schwachem System sozialer Sicherung von besonderer Bedeutung zu sein. Die Migration ist als Prozeß demnach in zwei Perioden zu unterteilen. Die erste Periode ist durch einen Ressourcenfluß von der Familie zum Migranten charakterisiert, um seine Existenz im Zielraum sicherzustellen. Die zweite Periode ist von Remittenzen des Migranten zur Familie geprägt, damit diese vor Ort in ihren Hausstand, in das Humankapital der übrigen Familienmitglieder oder – sofern sie unternehmerisch tätig ist – in Kapital investiert. An Anlehnung an diesen Sachverhalt vergleicht Stark dieses Verhältnis mit dem eines Versicherers und eines Versicherten, die im Laufe der Zeit die Rollen tauschen (vgl. Stark 1991, S. 25).

Das andere für die Neue Migrationsökonomik wesentliche Element ist die Einbeziehung einer relativen Verelendung („relative deprivation") – in die Analyse. Die absolute Betrachtung des eigenen Einkommens wird durch den Wunsch zur Etablierung oder Wahrung einer akzeptablen relativen Einkommensposition ersetzt. Letztgenannte ergibt sich aus dem Anteil der besser verdienenden Haushalte und deren Einkommen im Vergleich zur eigenen Position (vgl. Stark 1991, S. 93; Massey et al. 1994, S. 714). Stellt ein Familienverbund eine relative Verelendung fest, so wird die Möglichkeit geprüft, dem durch temporäre Emigration eines Mitgliedes entgegenzuwirken.

Nach einem Beitritt zur Europäischen Union besteht die Möglichkeit, daß viele Polen ihre relative Position nicht mehr im Vergleich zu anderen Polen oder zu den Bürgern der ehemaligen RGW-Staaten sehen, sondern im Vergleich mit der eines ähnlich gebildeten Bürgers im westlichen Nachbarland. Sollte es gewissen Bevölkerungsschichten nicht gelingen, ihre eigene relative Position in absehbarer Zeit deutlich zu steigern, so sagt die Neue Migrationsökonomik verstärkte Wanderungsbestrebungen dieser Gruppen voraus. Eine Verbesserung der relativen Position aber könnte durch einen Beitritt in die Europäische Union durch positive Integrationseffekte und Beihilfen ermöglicht werden. Das dadurch induzierte Wirtschaftswachstum sowie die zu erwartenden Transferzahlungen werden zur nachhaltigen Verringerung der Emigrationsneigung beitragen (vgl. Eichengreen 1994, S. 19).

Die Transformation der polnischen Wirtschaft ging zu Lasten einer ausgewogenen Sozialpolitik. Die Schocktherapie bei der Liberalisierung zog einen raschen Anstieg der Arbeitslosigkeit nach sich, die zu einem deutlichen Absinken des sozialen Lebensniveaus geführt hat. Sozialreformen sind seit über einem Jahrzehnt überfällig, so daß in erster Linie der Bevölkerung selbst „alle Kraft und Opferbereitschaft" abgenötigt wird (Droth/Grimm/Haase 2000, S. 82). Die Kriterien zum Bezug von Arbeitslosenunterstützung wurden drastisch verschärft, mit der Folge, daß die Mehrheit der Arbeitslosen gegenwärtig keinen Anspruch mehr auf Arbeitslosengeld genießt (vgl. dazu ausführlicher Kapitel 7.4.3). Ihnen bleibt nur noch der Bezug von Sozialhilfe oder die Beschäftigung im informellen Sektor. Sozialhilfe beziehen etwa zwei Millionen Polen (vgl. Droth/Grimm/Haase 2000, S. 84).

Die Kriterien zum Bezug von Sozialhilfe orientieren sich in Polen nicht an objektiv meßbaren Kriterien, sondern folgen den Eindrücken, die Sozialarbeiter bei einem Besuch der vermeintlich bedürftigen Haushalte gewinnen. Jedoch werden bei den Empfehlungen die Bemühungen um Arbeit und die Aussichten auf eine Beschäftigung maßgeblich berücksichtigt (vgl. Góra/Schmidt 1997, S. 6). Die Sozialhilfe umfaßt Sachleistungen oder Geldzahlungen. Bei Verzicht auf den Bezug von Sachleistungen beträgt der maximale Auszahlungsbetrag 28 Prozent des nationalen Durchschnittseinkommens. Im Gegensatz zur Arbeitslosenunterstützung werden die Zahlungen lediglich einmal pro Jahr an die Inflationsrate angepaßt, so daß hieraus eine weitere Benachteiligung resultiert (vgl. Góra/Schmidt 1997, S. 8). Zusammenfassend vermag das polnische Sozialsystem nur eine unbefriedigende, wenn nicht unzureichende Absicherung der Bürger zu gewährleisten, wodurch der Aspekt der Risikodiversifizierung bei künftigen Migrationsentscheidungen polnischer Bürger von Relevanz sein könnte. Jeder Arbeitsplatz, der an den Herkunftsorten geschaffen wird bzw. dessen Schaffung vor Ort erwartet wird, verringert die Notwendigkeit der Risikostreuung durch die Suche bzw. die Annahme eines Arbeitsplatzes im Ausland (vgl. Straubhaar 1992, S. 570). Deswegen ist eine erfolgreiche Integration des Landes auch für das zu erwartende Ausmaß an Wanderungen von hoher Bedeutung.

3.4 Zwischenfazit

Die vorgestellten Ansätze zur Erklärung internationaler Arbeitsmigration weisen spezifische Stärken und Schwächen auf. Jede einzelne Theorie für sich hätte es schwer, einen Praxistest zu bestehen, obgleich sie in sich konsistent wirkt. Für alle Erklärungsansätze kann zwar eine gewisse empirische Relevanz nachgewiesen werden, der Hauptbefund aber lautet in der Regel „absence of evidence, not the presence of contrary evidence“ (Massey et al. 1994, S. 739).

Die Theorien stehen zumeist in einem komplementären Verhältnis zueinander. Ihre Erklärungskraft variiert mit dem wirtschaftlichen Entwicklungsstand der Betrachtungsräume. Zur Erläuterung ist es sinnvoll, in rein terminologischer Anlehnung an Friedmann (1966, S. 36) eine Unterteilung in präindustrielle, transitionale, industrielle und postindustrielle Räume vorzunehmen. Präindustrielle und transitionale Räume seien hier als unterentwickelte Räume subsumiert. Für die Migration von unterentwickelten in industrielle oder postindustrielle Räume entwickeln Weltsystemtheorien sowie die Beiträge der Netzwerk- und Diasporaforschung eine hohe Erklärungskraft für internationale Arbeitsmigration. Die Migration zwischen industriellen bzw. postindustriellen Räumen erklären Push-Pull-Modelle sowie insbesondere die mikroökonomischen Modelle eher als die zuvor aufgeführten. Dies bedeutet keineswegs, daß jene nicht auch in der Lage sind, Aspekte der Migrationsentscheidung zu beleuchten, sondern lediglich, daß andere Faktoren an Bedeutung gewinnen, die seitens der mikroökonomischen Modelle besser dargestellt werden.

Die Aussagen, die aus den vorgestellten Theorien für Wanderungsströme zwischen Polen und Deutschland getroffen werden können, unterscheiden sich voneinander und widersprechen sich bisweilen. Aus allen Theorien, vor allem aber aus der Netzwerk- und Diasporatheorie in Verbindung mit den mikroökonomischen und den Push-Pull-Modellen ist ableitbar, daß die Arbeitsmigrationsströme aus Polen nach Deutschland bedeutender sein werden als diejenigen aus Deutschland nach Polen. Zusammen mit den Ergebnissen des vorangegangenen Kapitels muß auch vor dem Hintergrund der Migrationstheorien zumindest der erste Teil der operativen These abgelehnt werden: Es wird zu Wanderungen aus Polen nach Deutschland kommen. Für die Arbeitsmarktwirkungen wird entscheidend sein, wie sich die Migrantenströme zusammensetzen bzw. ob sie sich auf einzelne Arbeitsmarktsegmente konzentrieren.

Hinsichtlich der Zusammensetzung des Migrantenzuflusses sind die Aussagen der Theorien kontrovers. Aus dem modifizierten Roymodell ist vor dem Hintergrund der Einkommensdifferentiale und der Einkommensspreizungen zwischen den Ländern abzuleiten, daß eher durchschnittlich gebildete Migranten nach Deutschland einwandern werden als Hochgebildete. Im Lichte humankapitaltheoretischer Ansätze läßt sich aufgrund einer höheren Informationsbeschaffungs- und -verarbeitungskapazität eher vermuten, daß insbesondere die Hochqualifizierten nach Deutschland einwandern werden. Bei den Wanderungen zwischen Polen und Deutschland handelt es sich um solche zwischen einem industrialisierten Staat (Polen) und einem, der sich im Übergang in einen postindustriellen Staat (Deutschland) befindet. Im Rahmen des Kapitels 3.3.2.2 ist gezeigt worden, daß Einkommensunterschiede auch in ökonomischen Modellen weder notwendige noch hinreichende Bedingung für Migration sein müssen. Wenn Migration zwischen Räumen betrachtet wird, die beide nicht mehr als unterentwickelt zu bezeichnen sind, gewinnen die Präferenzen für gewisse Raummerkmale, rechtliche Schranken (vgl. Kap. 3.2) und interregionale Lohndisparitäten (vgl. Kap. 3.3.2) an Bedeutung für den Migrationsanreiz (vgl. Massey et al. 1994, S. 741). Migration ist dann weniger als faktischer Zwang zu verstehen, sondern eher als eine Möglichkeit, den Lebensstandard zu verbessern.

Psychologisch untermauert wird dieser Sachverhalt durch die Aussagen von Maslow (1970, S. 35ff.). Er dürfte die bekannteste Theorie darüber aufgestellt haben, wie Bedürfnisse untereinander zusammenhängen. Er behauptet, daß bestimmte Wünsche erst entstehen, wenn andere befriedigt sind und leitet daraus eine Hierarchie der Bedürfnisse ab. Demnach entstehen „höhere" Bedürfnisse erst dann, wenn „niedrigere" (Grund-) Bedürfnisse befriedigt sind. Zu den Grundbedürfnissen zählen Essen, Trinken, Wohnen, Schlafen, Kleidung und die Fortpflanzung. Auf einer nächsten Stufe stehen Sicherheit und Gesundheit, gefolgt von menschlicher Zuwendung und Gruppenzugehörigkeit. Auf der folgenden Stufe steht das Bedürfnis nach Selbstachtung und Status, das befriedigt sein muß, bevor der Wunsch nach Selbstverwirklichung und einem gehobenen Lebensstandard geweckt wird. Für die Prognose von Wanderungen zwischen industrialisierten Staaten bzw. zwischen industrialisierten und postindustrialisierten Staaten wie zwischen Polen und Deutschland kommt demnach den Einkommensunterschieden eine vergleichsweise große Bedeutung zu. Die Einkommen wiederum variieren je nach ausgeübtem Beruf, weswegen in den folgenden Kapiteln der Einfluß des Berufes auf die Migrationsentscheidung einer eingehenderen Untersuchung unterzogen wird.

Forschungsbedarf besteht insbesondere in der Prüfung dessen, ob eine Konsolidierung der Ansätze zu einer „Grand Theory" möglich ist und falls ja, wie eine solche beschaffen sein könnte. Nach Auffassung des Verfassers ist dies zumindest aus den dargestellten Ansätzen mit hoher Wahrscheinlichkeit nicht möglich. Denn bei jenen handelt es sich durchweg um Theorien mittlerer Reichweite, d. h. um solche, die einen Teil der Migrationsbewegungen orts- oder zeitgebunden erklären. Ein erfolgversprechender Ansatz könnte darin liegen, die zahlreichen Modelle in die Push-Pull-Theorie zu integrieren. Innerhalb jedes einzelnen Erklärungsansatzes internationaler Arbeitsmigration sind wiederum weiterführende Untersuchungen möglich (vgl. Massey et al. 1994, S. 739). Im Zusammenhang mit der Globalisierung sollte insbesondere die Bedeutung der nachfrage- oder der weisungsbedingten Migration näher untersucht werden. Wenn die Prozesse der weltweiten Fusionen oder Verflechtungen von Unternehmen zunehmen, wird die internationale Versetzung von Arbeitskräften innerhalb von Konzernen oder Unternehmenskonglomeraten zu einer heute noch wenig beachteten Form internationaler Arbeitsmigration führen, die ihrerseits einer theoretischen Fundierung und empirischer Untersuchungen bedarf. Daneben werden künftig sicherlich auch neue bzw. auf dem bisherigen Forschungsstand aufbauende Erklärungsansätze, wie z. B. im Rahmen des folgenden Kapitels dieser Arbeit, entwickelt werden.

4 Humankapitalportfolios als Determinante internationaler Arbeitsmigration, dargestellt am Beispiel Polens und Deutschlands

„Human capital is imperfectly portable across countries“ (Friedberg 2000, S. 246).

Das vorliegende Kapitel verfolgt das Ziel, einen theoretischen Bezugsrahmen zu schaffen, um die Wanderungsanreize für polnische Beschäftigte in verschiedenen Berufen bzw. ihre Einstellungswahrscheinlichkeit in Deutschland zu erörtern. Dies ermöglicht detaillierte Aussagen darüber, welche Erwerbstätigenkreise bei Gewährung der Arbeitnehmerfreizügigkeit für Polen mit einer Erhöhung der Konkurrenz auf dem deutschen Arbeitsmarkt rechnen müssen. Analytisch geschieht dies mittels mikroökonomischer Ableitung der extrinsischen, monetär induzierten Migrationskalküle bzw. der Einstellungskalküle der Arbeitgeber, die bei der Untersuchung von Arbeitsmigration zwischen Polen und Deutschland nach Kapitel 3.4 eine bedeutende Rolle spielen. Es wird untersucht, unter welchen Bedingungen von Lohndifferentialen Migrationsanreize bzw. Einstellungsanreize ausgehen.

Die Aussagen gelten dabei unter dem Vorbehalt der ceteris-paribus-Klausel, d. h. unter sonst gleichen Bedingungen. Dies impliziert, daß die Mehrzahl der von der Migrationsforschung ermittelten Erklärungsansätze von Wanderungen generell als relevant anerkannt werden (zur Anwendbarkeit auf die Wanderungsbewegungen zwischen Polen und Deutschland vgl. Kap. 3). Mithin wird ein Erklärungsbeitrag zur Auswirkung von Lohndifferentialen für die Migrationsentscheidung in einem Bereich geleistet, der von anderen Migrationstheorien lediglich als „Black-Box“ in die Überlegungen Eingang findet. Die folgenden Ausführungen verstehen sich somit als Präzisierung alternativer Migrationstheorien bzw. als Ergänzung zu ihnen.

4.1 Zur Bedeutung des Humankapitals für die Arbeitsmärkte

4.1.1 Humankapitaltheorie

Hicks bemängelt schon 1932, daß „most current theories of the demand for labour do work under the simplifying assumption that ‚all men are equal‘“ und erkennt: „we cannot neglect the differences in the efficiency of different men under the same circumstances without much more serious trouble“ (Hicks 1932, S. 3). Hicks beschreibt die Unterschiede in Form genereller Produktivitätsdifferenzen zwischen „average workmen“ und „exceptional men“. Erstgenannte stellen die Mehrheit und unterscheiden sich „to no very marked extent“. Deswegen sind sie substituierbar, und die Aussagen des neoklassischen Grundmodells sind im Ganzen anwendbar. Nur die „Exzeptionellen“ sieht Hicks in einer Monopolstellung, so daß die Bewertung „may conceivably be different“ (Hicks 1932, S. 33). Erklärungen für die Produktivitätsunterschiede werden hingegen nicht gegeben. Ebenfalls nicht thematisiert werden die Konsequenzen für das Einstellungsverhalten der Arbeitgeber. Diesbezüglich wird lediglich ein Hinweis auf die Bedeutung nicht-ökonomischer Faktoren gegeben, z. B. die Abneigung, einen Kommunisten einzustellen (vgl. Hicks 1932, S. 35).

Die Humankapitaltheorie hingegen, die auf Schultz (1961) und Becker (1962) zurückgeht, vermag es, Produktivitätsunterschiede zu erklären: „What economists have not stressed is the simple truth that people invest in themselves and that these investments are very large“ (Schultz 1961, S. 2). Analytisch wird neben dem Produktionsfaktor Kapital auch die Arbeit als Investitionsobjekt aufgefaßt. Die unterschiedlichen Begabungen und Fähigkeiten der Wirtschaftssubjekte sind der Humankapitaltheorie folgend zu einem wesentlichen Teil das Resultat unterschiedlich hoher Investitionen in sich selbst, zu einem kleinen Teil können die Unterschiede auch angeboren sein. Die Folge sind verschieden hohe Arbeitsproduktivitäten, die für die Wirtschaftssubjekte zu ungleicher Entlohnung und asymmetrisch verteilten Chancen auf dem Arbeitsmarkt führen. Dies impliziert einen eingeschränkten Wettbewerb zwischen den Arbeitnehmern (vgl. Henneberger/Keller 1997, S. 232). Die Besonderheit der Humankapitaltheorie liegt mithin in der Aufgabe der Homogenitätsannahme und der so implizit unterstellten Substituierbarkeit aller Arbeitnehmer. Die anthropologische Grundannahme des homo oeconomicus sowie das mikroökonomische Analyseinstrumentarium werden von der Humankapitaltheorie übernommen. Insoweit bleibt die Humankapitaltheorie der neoklassischen Denkweise verbunden (vgl. Fassmann 1993, S. 29).

In Kenntnis der genannten Zusammenhänge tätigen die Anbieter von Arbeit durch Kombination des Einsatzes ihrer knappen Zeitressourcen mit anderen Produktionsfaktoren so lange Humankapitalinvestitionen (z. B. Schul- oder Berufsausbildung sowie Weiterbildungsmaßnahmen), wie der abdiskontierte Ertrag der resultierenden zusätzlichen Erträge in der Zukunft den Ausbildungskosten entspricht. Mit anderen Worten liegt das Ziel dieser Investitionen in der Maximierung des Gegenwartswertes der Einkommensströme. In seiner einfachsten Form beschreibt Polachek (1995, S. 270) ihn als:

$$(4.1)\quad Y = \int_{t=0}^{T} (1-S_t)\, w\, H_t\, e^{-rt}\, dt$$

H = Humankapitalstock,
w = (fixer) Lohnsatz pro H,
T = Lebensarbeitszeit,
S = Anteil des in Humankapital investierten Zeitbudgets.

Für die Veränderung des Humankapitalstocks gilt:

(4.2) $H' = h_t - \delta H_{t-1}$

h_t = in t neu erworbenes Humankapital,
δ = Entwertungsrate,

wobei

(4.3) $h_t = f(S_t, H_{t-1}, X)$

X = Humankapitalinvestitionen.

Die Veränderung des Humankapitalstocks ist demnach abhängig von den Kosten der Produktion neuen Humankapitals, dem investierten Zeitanteil, dem gegenwärtigen Humankapitalstock und dessen Entwertungsrate. Der Humankapitalstock bestimmt, wie schnell das Wirtschaftssubjekt zu lernen imstande ist. Die Entwertungsrate hängt zum einen aufgrund von Vergeßlichkeit oder körperlichem Verfall von den Personen selbst ab, zum anderen aber auch von Veränderungen der Produktionstechnologie. Jene können dazu führen, daß vormals erworbene Kenntnisse, z. B. besondere handwerkliche Fähigkeiten, infolge von Automatisierung des Produktionsprozesses obsolet werden. Schließlich hängt die Entwertungsrate – wie zu zeigen sein wird – auch und maßgeblich davon ab, ob das Wirtschaftssubjekt seinen Arbeitsplatz wechselt. Die Kosten für den Erwerb von Humankapital setzen sich zusammen aus den direkten und indirekten Kosten. Letztgenannte entstehen in Form entgangener Einkommen während Ausbildung (Opportunitätskosten[19]), direkte Kosten sind an den jeweiligen Bildungsträger zu entrichten. Weil sich der Amortisationszeitraum der Investition im Alter verkürzt und die Opportunitätskosten aufgrund des hohen Humankapitalstocks höher sind als in der Jugend, müßten die Humankapitalinvestitionen und die Investitionsanteile mit zunehmendem Alter entsprechend abnehmen.

Humankapital ist nicht homogen. Grob kann unterschieden werden zwischen (betriebs-) spezifischem und allgemeinem Humankapital. Die Pendants bei Gary S. Becker (1962, S. 10 bzw. 25) lauten „on the job training" und „schooling". Allgemeines Humankapital wird typischerweise in Bildungseinrichtungen erworben, betriebsspezifisches Humankapital hingegen wird ausschließlich am Arbeitsplatz („on the job") vermittelt. Allgemeines Humankapital erhöht die Produktivität des Arbeitnehmer in vielen Unternehmen, betriebsspezifische Ausbildung lediglich in einem einzigen und ist somit ex definitione nicht auf andere Unternehmen transferierbar (vgl. Blien 1986, S. 41).

---

[19] Sie bezeichnen den Nutzenentgang, der aus dem Verzicht auf die nächstbeste Alternative resultiert.

Die Zusammensetzung des Humankapitalstocks von Arbeitnehmern hat Auswirkungen auf das Arbeitsangebots- und Arbeitsnachfrageverhalten. Wenn gemäß des neoklassischen Modells unterstellt wird, daß die Entlohnung der Arbeitnehmer positiv von ihrer Grenzproduktivität abhängt, ist der Lohn eine positive Funktion der Humankapitalkomponenten:

(4.4) $w = f(H_A^{(+)}, H_S^{(+)})$

H_A = allgemeines Humankapital,
H_S = betriebsspezifisches Humankapital.

Je bedeutender der Anteil betriebsspezifischen Humankapitals eines Arbeitnehmers ist, desto geringer ist die Veränderungsbereitschaft des Beschäftigten, insbesondere die Kündigungsneigung. Denn bei einem anderen Arbeitgeber wäre ein größerer Teil des Humankapitals nicht mehr produktivitäts- und damit lohnwirksam. Entsprechend gering ist die Bereitschaft des Arbeitnehmers, für die Investition in betriebsspezifisches Humankapital zu bezahlen, beispielsweise in Form eines Lohnabschlages zu Beginn seines Beschäftigungsverhältnisses. Je größer (kleiner) der vom Arbeitnehmer getragene Anteil an der Investition in betriebsspezifisches Humankapital, desto höher ist das Risiko opportunistischen Verhaltens des Arbeitgebers (Arbeitnehmers). Der Arbeitgeber muß deswegen regelmäßig bei der Vermittlung betriebsspezifischen Humankapitals zumindest teilweise in Vorleistung treten und hoffen, daß sich die Investition im Laufe des Beschäftigungsverhältnisses amortisiert. Um der Abschreibung seiner Investition infolge einer Kündigung des Arbeitnehmers vorzubeugen, muß er von Beginn an einen Lohn zahlen, der die Grenzproduktivität (Marktwert) des allgemeinen Humankapitals und damit die Opportunitätskosten des Beschäftigten übersteigt. (vgl. Hashimoto 1981, S. 477). Es wird deutlich, daß sich aus dem Vorhandensein unterschiedlicher Arten von Humankapital wechselseitige Abhängigkeiten ergeben, die aus dem neoklassischen Arbeitsmarktmodell nicht ersichtlich werden und zu einem selektiven Einstellungs- bzw. Entlassungsverhalten führen.

Der Humankapitalansatz hat vielfältige Weiterentwicklungen erfahren. Bekanntere Varianten sind Diskriminierungstheorien und Signaling-Theorien. Aber auch für das Untersuchungsfeld „Migration" liefert die Humankapitaltheorie wertvolle Hinweise, wie Polachek und Horvath (1977) in ihrem Aufsatz „A Life Cycle Approach to Migration" zeigen (vgl. ausführlicher Kapitel 3.3.2.3). Ferner wird der Verfasser aus der Humankapitaltheorie berufsspezifische Migrationswahrscheinlichkeiten ableiten.

Kritisiert wird die Humankapitaltheorie aus mindestens zwei Gründen. Einerseits kann das Festhalten an den bisweilen unrealistischen Annahmen des neoklassischen Modells bemängelt werden. Andererseits besitzt die Theorie nur einen partiellen Erklärungscharakter: Das Arbeitsangebot wird überbetont, die Ausbildungsqualität, das soziale Umfeld oder soziale Merkmale wie das Geschlecht oder die Rasse bleiben hingegen ausgeblendet. Allerdings sind Humankapitaltheoretiker überzeugt, daß z. B. Lohnunterschiede zwischen den Geschlechtern ihrerseits humankapitaltheoretisch begründet werden können (vgl. Polachek 1995, S. 274ff.). Schließlich entzündet sich auch aufgrund der Immunisierung gegen empirische Überprüfung Kritik. Trotzdem wird der Humankapitaltheorie zugebilligt, als Grundlage „für nahezu alle weiteren Theorien und Modelle“ zu dienen „und somit wesentlich zur Erklärung des Arbeitsmarktes und seiner Struktur“ beizutragen (Sesselmeier/Blauermel 1998, S. 76).

4.1.2 Segmentationstheorien

Im Gegensatz zu den rein ökonomischen und meist deduktiv aufgebauten Arbeitsmarkttheorien zeichnen sich Segmentationstheorien durch eine induktive Vorgehensweise aus. Phänomene des Arbeitsmarktes werden empirisch belegt und dann mittels eigenständiger Konzepte, die sich naturgemäß voneinander unterscheiden, dargestellt. Allen gemein ist die hervorgehobene Rolle der Institutionen bei der Erklärung der Arbeitsmarktstruktur, weswegen die Segmentationstheorien auch als institutionalistische Ansätze bezeichnet werden (vgl. Blien 1986, S. 2). Ein weiteres einendes Merkmal ist die Heterogenisierung von Arbeitnehmern und Arbeitsplätzen. Sie werden als Teilmengen verstanden, die untereinander nicht in Konkurrenz treten. Dies führt zur Ausbildung segmentierter Arbeitsmärkte. Das bedeutet, daß ‚der Arbeitsmarkt‘ schlechthin nach segmentationstheoretischem Verständnis nicht existiert. Vielmehr gliedert sich der Gesamtarbeitsmarkt in diverse Teilmärkte auf. Diese bieten den darin Beschäftigten unterschiedliche Einkommens- und Beschäftigungschancen und sind zumeist gegeneinander abgeschirmt. Auch hinsichtlich der Zugangsberechtigung zu bestimmten Teilarbeitsmärkten bestehen Unterschiede. Dabei sind die Segmente um so abgegrenzter und stabiler, je stärker sie durch Institutionen zementiert werden (vgl. Fassmann/Meusburger 1997, S. 53). Der wesentliche Beitrag der Segmentationstheorien liegt in der Untersuchung der Relationen, die zwischen Arbeitnehmern und Arbeitgebern innerhalb von Unternehmen bestehen. Die beteiligten Wirtschaftssubjekte werden weniger als rationale Nutzenmaximierer aufgefaßt, sondern als Teil eines Beziehungsgeflechtes, das von Schranken, Zwängen und Abhängigkeiten gekennzeichnet ist. Segmentationstheorien sind somit mehr sozialwissenschaftlich als ökonomisch geprägt.

Die Unterschiede zwischen den segmentationstheoretischen Ansätzen sind auf ihre verschiedenen Begründungszusammenhänge zurückzuführen. Einerseits stehen die Konzepte aufgrund ihrer induktiv-empirischen Vorgehensweise in bestimmten räumlichen und historischen Zusammenhängen (vgl. Lutz/Sengenberger 1980, S. 291). Andererseits ergeben sich unterschiedliche Facetten der Theorien, je nachdem ob z. B.

Unternehmensorganisation, Herrschaft, Diskriminierung oder Fähigkeiten als zentrales Element der Beziehungen zwischen den Arbeitsmarktakteuren aufgefaßt werden. Sie haben als radikalökonomische, polarisationstheoretische, alternativrollentheoretische oder betriebszentrierte Ansätze Eingang in die Literatur gefunden. Einen Überblick verschaffen Sesselmeier und Blauermel (1998, S. 220ff.) oder ausführlicher Blien (1986, S. 98ff.).

Einigen Segmentationsmodellen dient die Humankapitaltheorie als Grundlage. Implizite Hinweise dafür finden sich bei verschiedenen, der Humankapitaltheorie gegenüber durchaus kritisch eingestellten Autoren wie Blien (1986) und Fassmann (1993), die sie den Segmentationstheorien voranstellen. Die Gemeinsamkeit zwischen den beiden Theorien liegt in der Heterogenisierung der Arbeitnehmer. Anstatt jene aber vorrangig auf rational kalkulierte Investitionen in sich selbst zurückzuführen, stellen Segmentationstheorien die Institutionen in den Vordergrund. Jenen wird zugestanden, daß sie die Heterogenität der Arbeitnehmer verstärken oder gar bedingen können. Ferner wird die Angebotslastigkeit der Humankapitaltheorie überwunden, indem die Heterogenität – wiederum infolge bestehender Institutionen – auch der Arbeitsplätze und damit des gesamten Arbeitsmarktes betont wird. Im Hinblick auf die Relevanz für die vorliegende Arbeit wird sich die folgende Darstellung auf den Ansatz beschränken, der für das Verständnis der nachfolgenden Ausführungen von Bedeutung ist. Es ist dies namentlich das Modell des Instituts für Sozialwissenschaftliche Forschung (ISF-Modell; u. a. Sengenberger 1978). Es basiert auf den Modellen dualer Arbeitsmärkte von Kerr (1954) bzw. Doeringer und Piore (1971), die für die Vereingten Staaten entwickelt worden sind. Alle drei Ansätze eint, daß die Segmentierung der Arbeitsmärkte zurückgeführt wird auf eine unterschiedliche Ausstattung der Arbeitnehmer mit Humankapital. Daraus resultieren die Kalküle der Arbeitsnachfrager, bestimmte Arbeitsplätze besonders abzuschotten.

Im ISF-Modell wird die Arbeit der amerikanischen Autoren dadurch weiterentwickelt, daß es an die Verhältnisse in Deutschland angepaßt wird. Auf Grundlage einzelbetrieblicher Fallstudien wird ein Arbeitsmarktmodell mit drei Teilmärkten entwickelt. Es enthält einen unstrukturierten Markt für unspezifische Jedermannsqualifikationen, einen berufsfachlichen für fachspezifische Qualifikationen und einen betriebsinternen für betriebsspezifische Qualifikationen (ISF-Modell). Die beiden Letztgenannten entsprechen dem strukturierten Arbeitsmarkt bei Kerr oder dem primären Arbeitsmarkt bei Doeringer und Piore. Der unstrukturierte Teilarbeitsmarkt findet seine Entsprechung im sekundären Arbeitsmarkt der beiden amerikanischen Wissenschaftler (vgl. Fassmann/Meusburger 1997, S. 57; Sesselmeier/Blauermel 1998, S. 244).

Das durchgängige Kriterium für die Charakterisierung der Arbeitsmarktsegmente sind die Qualifikationsanforderungen der Arbeitgeber. Sie nehmen hinsichtlich der Einstellungs- und Entlassungskalküle eine zentrale Rolle ein, die aus dem Interesse an der Amortisierung der Humankapitalaufwendungen erwächst. Daher rührt die Nähe zu der Humankapitaltheorie. Im Gegensatz zu jener steht dabei aber nicht die Analyse der Humankapitalinvestitionen der Individuen, sondern die der Unternehmen im Vordergrund, so daß Sengenberger selbst von einer „Umkehrung der Humankapitallogik" spricht (Sengenberger 1978, S. 22).

Der Markt für Jedermannsqualifikationen nähert sich in seiner Struktur dem neoklassischen Arbeitsmarkt an. Angebot und Nachfrage sind von hoher zeitlicher oder örtlicher Wechselhaftigkeit geprägt, so daß sich Investitionen in Humankapital weder für den Arbeitgeber noch für den Arbeitnehmer lohnen. Weil die Anforderungen an den Arbeitsplatz und die Qualifikationen der Beschäftigten undifferenziert sind, entstehen keine Fluktuationskosten beim Wechsel des Arbeitsplatzes. Folglich ist der Eintritt in diesen Teilmarkt ohne weiteres möglich. Die Arbeitnehmer sind austauschbar und stehen zueinander in starker Konkurrenz. Dem Lohn kommt eine strategische Bedeutung zu. Folglich sind die Arbeitsmärkte für Jedermannsqualifikationen durch einen hohen Grad an Fluktuation gekennzeichnet und dadurch zumeist karrierelos. Die wenigen Anforderungen, die ein Beschäftigter für seine Arbeit benötigt, werden ihm an Ort und Stelle vermittelt. Das typische Berufsbild ist das des ungelernten Hilfsarbeiters, z. B. am Fließband (vgl. Schmid/von Dosky/Braumann 1996, S. 83; Fassmann/Meusburger 1997, S. 56). In Deutschland ist dieses Arbeitsmarktsegment von geringer Bedeutung (vgl. Henneberger/Keller 1997, S. 238).

Auf dem fachspezifischen Teilmarkt wird Humankapital gehandelt, welches bei Becker als „schooling" firmiert – Fähigkeiten also, die für eine Branche oder einen Beruf qualifizieren und von einer Vielzahl von Arbeitgebern nachgefragt werden, weil die Qualifikationen standardisiert und zwischen Einzelbetrieben übertragbar sind. Zeugnisse von Bildungseinrichtungen stellen die Zugangsvoraussetzung für den fachspezifischen Teilarbeitsmarkt dar, weil sie den Erwerb der Mindestanforderungen belegen. Beispiele sind (Fach-) Hochschuldiplome und der Gesellen- oder Meisterbrief. Das Segment zeichnet sich durch eine hohe zwischenbetriebliche Mobilität aus. Der Zu- und Abgang innerhalb dieser Teilarbeitsmärkte steht den Teilnehmern also prinzipiell völlig offen, weil die Informations-, Einarbeitungs- sowie Anlernkosten gering und die Segmente untereinander infolge der formalen Qualifikationsnachweise abgeschottet sind. Wenn auch die einzelbetriebliche Nachfrage bzw. das Angebot durchaus variabel sein kann, so muß eine relative Stabilität des Gesamtvolumens von Arbeitsnachfrage und Arbeitsangebot gegeben sein, um das Funktionieren dieses Teilarbeitsmarktes zu gewährleisten (vgl. Sengenberger 1978, S. 61ff.). Wie angedeutet, dominiert das fachspezifische Segment die deutschen Teilarbeitsmärkte; dies gilt sowohl für Arbeiter als auch für Angestellte (vgl. Marsden 1994, S. 170f.). Dafür zeichnet nicht zuletzt die Dominanz des dualen Ausbildungssystems v.a. in handwerklichen, technischen und kaufmännischen Berufen verantwortlich. Hier umfaßt die Berufsausbildung neben der Ausbildung in den Betrieben wöchentlich zwei Berufsschultage, in denen überbetriebliches Humankapital vermittelt wird. Ein typisches Berufsbild ist das des Facharbeiters (vgl. Henneberger/Keller 1997, S. 237).

Der betriebsinterne Teilarbeitsmarkt ist das vergleichsweise am stärksten nach außen abgeschlossene Segment. Hier sind betriebsspezifisch qualifizierte Arbeitnehmer beschäftigt, die nur in Abhängigkeit von ihrem berufsspezifischen Humankapital zwischen Betrieben transferierbar sind. Wie im vorangehenden Unterkapitel ausgeführt, entstehen aufgrund der hieraus resultierenden Investitionsneigungen Abhängigkeiten zwischen Arbeitnehmer und Arbeitgeber, die ihrerseits verantwortlich für die Abschottung dieses Segmentes sind. Die hier Beschäftigten sind wegen ihrer spezifischen Ausbildung für die Aufrechterhaltung der Unternehmensabläufe besonders wichtig. Dies führt zu Gegenleistungen der Arbeitgeber, wie im Zeitablauf steigender Entlohnung und langfristigen Perspektiven innerhalb des Unternehmens. Daraus resultiert eine hohe Loyalität der in diesem Segment Beschäftigten (vgl. Henneberger/Keller 1997, S. 237).

Betriebsinterne Teilarbeitsmärkte bilden sich dann, wenn sich betriebsspezifische Humankapitalinvestitionen für Arbeitnehmer und Arbeitgeber lohnen. Dafür müssen Angebot und Nachfrage, bezogen auf einen Betrieb, stabil sein (vgl. Sengenberger 1978, S. 61). Bei einem in diesem Teilarbeitsmarkt typischerweise altersbedingten Ausscheiden eines Arbeitnehmers zeigt sich die innerbetrieblich-vertikale Dimension der Mobilität. Einzelne Arbeitnehmer steigen gemäß typischer Abfolge beruflicher Positionen eine Stufe in der Karriereleiter nach oben und generieren am unteren Ende der Hierarchie Nachfrage nach neuen Arbeitskräften. Weil die Unternehmen für jene neue Investitionen in betriebsspezifisches Humankapital leisten müssen, selektieren sie die Bewerber nach bestimmten Qualifikationen, die sie als engagiert und produktiv ausweisen und mithin geringe Ausbildungskosten versprechen (vgl. Schmid/von Dosky/Braumann 1996, S. 84). Weil diese Kosten ex ante nicht bekannt sind, müssen die Unternehmen auf individuelle Merkmale zurückgreifen, die eine Abschätzung ermöglichen. Eine explizite Darstellung dieser Thematik findet sich in einem anderen Segmentationsmodell, dem sog. Arbeitsplatzwettbewerbsmodell (Thurow 1978).

Die für diese Arbeit wichtigste Erkenntnis der (betriebszentrierten) Segmentationstheorie ist die humankapitaltheoretisch und aufgrund ihres induktiven Vorgehens auch empirisch abgesicherte Feststellung unterschiedlicher Chancen für bestimmte Personen- und Berufsgruppen auf dem Arbeitsmarkt. Im Verlaufe der vorliegenden Untersuchung wird dieser Gedanke mit dem Ziel weiterentwickelt, Aussagen über die Migrationswahrscheinlichkeit für Migranten unterschiedlicher Berufe zu treffen (Kapitel 5). Ebenso finden sich in der Segmentationstheorie Verbindungen zur Insider-

Outsider-Theorie, mit deren Hilfe die Arbeitsmarktwirkungen von Migration auf die in Deutschland beschäftigten Arbeitnehmer abgeschätzt werden sollen (Kapitel 7).

Die Segmentationsmodelle sind nicht unkritisiert geblieben. Methodisch wird bemängelt, daß zwar induktiv vorgegangen wird, die kleinen und mittelständischen Unternehmen jedoch bei den zugrundeliegenden Erhebungen unterrepräsentiert seien. Vielmehr stützten sich die vorliegenden Untersuchungen vorrangig auf hochgradig strukturierte betriebsinterne Arbeitsmärkte von Großunternehmen (vgl. Henneberger/Keller 1997, S. 238). Eine Schwierigkeit besteht in der Zuordnung der Arbeitskräfte in einen bestimmten Teilarbeitsmarkt, weil die zugrundeliegenden Kategorien zu allgemein sind (vgl. Sesselmeier/Blauermel 1998, S. 247). Insbesondere die Abgrenzung von unspezifischen Segmenten und betriebsspezifischen Segmenten bleibt nicht ohne Probleme, weil nicht konkret gesagt werden kann, ab welchem Anlernaufwand eine hinreichend betriebsspezifische Tätigkeit vermittelt worden ist, der nicht mehr mit Jedermannsqualifikationen nachgegangen werden kann.

Die humankapitaltheoretisch unterlegten Segmentationsmodelle werden insbesondere seitens der Sozialwissenschaftler kritisiert. Sie seien in weiten Teilen der ökonomischen Theorie verhaftet, obwohl das Selbstverständnis ein anderes sei: „Sie berufen sich auf die Arbeiten von Becker und meinen, diese für eine Attacke gegen die neoklassische Arbeitsmarkttheorie nutzen zu können, obwohl Becker selbst einer der prominentesten Neoklassiker ist“ (Blien 1986, S. 188). Wenn aber eine ökonomische Herangehensweise von vornherein intendiert ist, vermag die Kritik insoweit als Bestätigung dienen, auch das Segmentationsmodell des ISF als Grundlage für weitere Untersuchungen gewählt zu haben. Immerhin werden neue Erkenntnisse generiert, die sich aus den neoklassischen Grundmodellen und der Humankapitaltheorie selbst nicht ergeben und für die weitere Untersuchung durchaus von Bedeutung sein werden.

4.2 Zum Konzept

Sinn et al. (2001, S. 46) zeigen, daß 1996 in allen Berufen die deutschen Löhne die polnischen mindestens um das Doppelte übersteigen. Dies gilt selbst bei Zugrundelegung von in Kaufkraftstandards ausgedrückten ostdeutschen Löhnen. Dabei zeigen sich die geringsten Unterschiede für Büroangestellte mit Kundenkontakt (Lohnrelation 2,0 (Ostdeutschland-Polen) bzw. 2,6 (Westdeutschland-Polen), die größten für wissenschaftliche Lehrkräfte (4,8 bzw. 6,2). Über alle Berufe zeigen sich zwischen Deutschland und Polen Lohnrelationen (in Kaufkraftstandards) von 2,7 (Ostdeutschland-Polen) bzw. 3,8 (Westdeutschland-Polen). Würde einzig auf die Löhne abgestellt, wären vor diesem Hintergrund unabhängig von den ausgeübten Berufen massive Wanderungen von Polen nach Deutschland zu erwarten. Es wird aber zu zeigen sein, daß Migrationsanreize nicht nur von den beobachtbaren Lohndifferenzen, sondern auch von der Komposition des Humankapitalstocks ausgehen, weil dieser vor allem bei grenzüberschreitender Migration mehr oder minder stark abgewertet wird[20]. Denn das Einkommen – gravierendstes ökonomisches Motiv der Migration (vgl. Klös 1994, S. 190) – korreliert positiv mit dem Humankapital. Somit greift ein Rückschluß von den beobachteten (berufsspezifischen) Lohndisparitäten auf den Migrationsanreiz zu kurz. Vielmehr muß der Zusammenhang zwischen dem (grenzüberschreitenden) Wechsel der Arbeitsstätte und den Veränderungen der verwertbaren Komponenten des Humankapitalstocks (im folgenden verkürzt als „Entwertung" des Humankapitals bezeichnet[21]) Rechnung getragen werden: „the assimilation process, and therefore actual potential earnings appears to depend distinctly on the relative transferability of human capital between the source and destination country" (McDowell/Singell 1993, S. 361). Insbesondere die US-amerikanische Forschung hat zahlreiche Arbeiten über die Entwertung von Humankapital bei Arbeitslosigkeit oder bei temporärem Rückzug aus der Erwerbstätigkeit hervorgebracht (z. B. Mincer/Polachek 1974; Hashimoto 1975; empirisch Jacobson/LaLonde/Sullivan 1993). Auf den Einfluß der Herkunft bzw. der Qualität des gesamten Humankapitalstocks für die Migrationsentscheidung ist von Friedberg (2000) bzw. Polachek und Horvath (1977) hingewiesen worden (vgl. Kap. 3.3.2.3).

Um die migrationsbedingte Entwertung des Humankapitals für Beschäftigte verschiedener Berufe abzuschätzen, muß zunächst abstrakt für jede einzelne Humankapitalkomponente das Ausmaß der Abwertung untersucht werden, bevor in einem zweiten Schritt die Bedeutung der verschiedenen Humankapitalkomponenten für die betrachteten Berufe abgeschätzt wird. In Abhängigkeit von der Entwertungsanfälligkeit verschiedener Qualifikationssprofile können dann Aussagen über berufsspezifische Lohnelastizitäten der Migration und somit über die Wanderungsneigung von Beschäftigten unterschiedlicher Berufe bei Lohndifferentialen zwischen zwei Räumen getroffen werden. Berücksichtigt man die Möglichkeit, im Ausland einen anderen Beruf auszuüben als im Heimatland, so sind Aussagen darüber möglich, welche Berufe die Migranten wählen bzw. welche sie vermutlich nicht wählen werden.

---

[20] Ein Hinweis auf die Möglichkeit der Humankapitalentwertung findet sich bereits im Lebenszyklusmodell von Ben-Porath (1967, S. 355f.).

[21] Wenn sich im Ausland ohne zusätzliche Humankapitalinvestitionen berufliche Möglichkeiten ergeben, die im Quellraum nicht nachgefragt werden, ist auch eine Erhöhung des verwertbaren Humankapitals denkbar. Dies ist regelmäßig dann der Fall, wenn Kenntnisse des Quellraumes von Relevanz sind – z. B. als Berater für deutsche Firmen, die in Polen aktiv werden möchten oder als Übersetzer aus dem Deutschen in die polnische Muttersprache. Weil diese Möglichkeiten quantitativ sehr begrenzt scheinen, wird im folgenden verallgemeinernd von „Entwertung des Humankapitals" anstatt von „Veränderung des verwertbaren Humankapitals" gesprochen.

Unter Berücksichtigung der Humankapitalentwertung ergibt sich ein ökonomischer Wanderungsanreiz aus dem wirtschaftlichen Wert der Arbeitsmigration. Er kann über einen Einkommensgleichungsansatz geschätzt werden (vgl. McDowell/Singell 1993, S. 351). Getreu des ökonomischen Kalküls wird angenommen, daß Wanderungen stattfinden, wenn das im Zielgebiet erwartete Einkommen unter Berücksichtigung der Migrationsaufwendungen jenes im Quellraum übersteigt. Um von den erwarteten Löhnen auf das erwartete Einkommen zu schließen, müssen die jeweils erzielbaren Löhne real, d. h. um das Preisniveau bereinigt, in Kaufkraftstandards dargestellt werden. Die Reallöhne (verstanden als Entlohnung einer Humankapitaleinheit) müssen mit dem jeweils verwertbaren Humankapital multipliziert werden, um das erwartete Einkommen[22] zu ermitteln. Analytisch betrachtet bleibt der Lohn pro Humankapitaleinheit für alle Arbeitnehmer in einem Raum gleich. Das Arbeitseinkommen – auch innerhalb eines Berufes – ist hingegen variabel, weil es eben auch vom Humankapital abhängt. Die Immigranten verdienen demnach zunächst weniger als ihre einheimischen Kollegen.

Friedberg (2000, S. 246) belegt dies empirisch für Israel: „Upon arrival, immigrants to Israel earn approximately one quarter less than their native counterparts of comparable measured skill levels". Sie führt dies darauf zurück, daß Migranten weniger Humankapital in ihrer Beschäftigung verwerten können: „Education and labor market experience acquired abroad are significantly less valued than human capital obtained domestically. This difference can fully explain the earnings disadvantage of immigrants relative to comparable natives" (Friedberg 2000, S. 221). Ein Teil der im Quellraum erworbenen Fähigkeiten läßt sich mithin nur teilweise im Zielland nutzen. Dies trifft sogar für Wanderungen von Ostdeutschen nach Westdeutschland im Zuge der Vereinigung zu: „much of their inidividual human capital was rendered unproductive at the time of unification" (Burda/Schmidt 1997, S. 4). Das Ausmaß der Humankapitalabwertung wiederum ist um so größer, je stärker sich Quell- und Zielraum der Wanderungen hinsichtlich der Wirtschafts- und Produktionsstruktur sowie ihrer Sprache und Kultur unterscheiden (vgl. Golder 1999, S. 75). Deswegen müssen Aussagen über migrationsbedingte Humankapitalentwertung stets raum- und zeitbezogen erfolgen – in diesem Falle für beitrittsinduzierte Wanderungen aus Polen nach Deutschland.

In einer statischen Perspektive lautet – bei gegebener Arbeitszeit – die notwendige Bedingung für das Erwachsen eines monetär induzierten Migrationsanreizes: Mit dem nach Migration verbleibenden Humankapitalstock im Zielraum muß ein höheres Ein-

---

22 Von Sozialeinkommen wird an dieser Stelle abstrahiert, obgleich ihm in der öffentlichen und wissenschaftlichen Debatte durchaus eine Bedeutung für die Migrationsentscheidung beigemessen wird (vgl. Sinn 2001, S.12). Dies gilt wesentlich stärker für Asylanten und Aussiedler als für Arbeitsmigranten, wie Sinn selber zugesteht (ebd.).

kommen erzielt werden als im Quellraum mit dem ungeschmälerten Humankapital. Dies impliziert, daß der Lohn pro Humankapitaleinheit im Zielraum den im Quellraum gezahlten übersteigt:

(4.5) $w_z^{KKS}\,\delta\,H_q > w_q^{KKS}\,H_q$

w = Lohn (pro Humankapitaleinheit)
q = Quellraum
z = Zielraum
δ = Entwertungs- bzw. Abschreibungsrate $[0 \leq \delta \leq 1]$ bei Wanderung.

Hinreichende Bedingung für den ökonomischen Wanderungsanreiz ist, daß die abgezinste Summe der Einkommensdifferenzen die Migrationskosten übersteigt. Formal ausgedrückt besteht für ein Wirtschaftssubjekt dann ein anfänglicher (rein monetärer) Anreiz, seine Arbeitskraft im Ausland anzubieten, wenn:

(4.6) $\sum_{t=0}^{T} [(w_{tz}^{KKS}\,\delta\,H_q)-(w_{tq}^{KKS}\,H_q)]\,/\,(1+r)^t > C_M.$

In einer dynamischen Sicht muß die Bedingung erweitert werden, weil die Möglichkeit besteht, durch Humankapitalinvestitionen die Entwertung wieder zu egalisieren. Wenn aber „complementary investments are required to make migration feasible, [...] one must be extremely careful in making broad comparisons of earnings" (Sjaastad 1962, S. 88). Denn „substantial additional costs of retraining" (Sjaastad 1962, S. 90) resultieren aus den bei Migration notwendigen Humankapitalinvestitionen (X) insbesondere für Beschäftigte außerhalb des primären Sektors. Diese Kosten müssen unter Berücksichtigung einer spezifischen Abschreibungsrate (δ_z) für das im Zielraum hinzu erworbene Humankapital (H_z) sowie der erwarteten Amortisationsdauer (T) mit dem erwarteten (monetären) Nutzen der Migration verglichen werden. Ein monetärer Migrationsanreiz liegt entsprechend dann vor, wenn:

(4.7) $\int_{t=0}^{T} w_{tz}^{KKS}\,[(\delta\,H_q) + (\delta_z\,H_{tz})]\,e^{-rt}\,dt - \int_{t=0}^{T} w_{tq}^{KKS}\,\delta_q\,H_{tq}\,e^{-rt}\,dt > \int_{t=0}^{T} X_t\,e^{-rt}\,dt + C_M.$

Die Entscheidungsregel in dynamischer Sichtweise lautet vereinfacht: Wandere, wenn der erwartete Gegenwartswert aller künftig erwarteten Einkommensunterschiede die bei Migration anfallenden Kosten (inklusive der bei Migration nötigen Humankapitalinvestitionen[23]) übersteigt (vgl. Straubhaar 1994a, S. 74). Welches Kalkül – das statische oder das dynamische – für einen Migranten von größerer praktischer Relevanz ist, hängt neben dem Zeithorizont von seinen finanziellen Möglichkeiten, vom Kapitalmarkt, von den individuellen (Risiko- und Zeit-) Präferenzen sowie seinen analytischen Fähigkeiten ab. Dies sei am (fiktiven) Beispiel eines Polen illustriert, der überlegt, ob er nach Deutschland ziehen sollte, um dort seinen Lebensunterhalt zu bestreiten.

Bei perfekten Kapitalmärkten könnte er sich mit seinen Absichten, in sein Humankapital zu investieren, an ein Kreditinstitut wenden und seinen Investitionsplan vorlegen, der z. B. eine von Sprachkursen begleitete Fachausbildung vorsieht. Der Kapitalbedarf – „the total costs to the individual for migration and acquiring new skills“ (Sjaastad 1962, S. 88) – setzt sich aus den Kosten für den Lebensunterhalt in Deutschland und den Entgelten für die Bildungsträger zusammen. Legt man in Anlehnung an das Sozialhilfeniveau oder den maximalen BAFöG-Satz 582,88 Euro (vgl. BMBF 2002) als Einkommen zugrunde, welches ein Auskommen gerade garantiert, so errechnet sich ein jährlicher Finanzierungsbedarf von knapp 7.000 Euro. Dieser muß um das Ausbildungsentgelt, die Opportunitäts- und Transaktionskosten, die sich insbesondere aus dem Umzug ergeben, erhöht werden, so daß der jährliche Finanzierungsbedarf deutlich höher anzusetzen ist. Angesichts des aus Sicht der Banken unüblichen Finanzierungsanliegens oder den Schwierigkeiten, als unbekannter Kunde in Deutschland überhaupt einen Kredit zu erhalten, dürfte dem Anliegen des Einwanderers nicht stattgegeben werden. Es bleibt demnach nur die Möglichkeit, eventuell vorhandene eigene Ersparnisse aufzulösen oder in deren Ermangelung auf die Finanzierung durch Freunde und Verwandte zu hoffen. Zweifelhaft erscheint in diesem Zusammenhang, ob die Ersparnisse der polnischen Bevölkerung in Höhe von durchschnittlich umgerechnet ca. 262 Euro[24] per capita im Jahr 1998 für solche umfangreichen Finanzierungsvorhaben ausreichen. Hinzu kommt, daß absolut und (auf Landesebene) auch relativ vermögende Menschen weniger Anreize verspüren, überhaupt aus finanziellen Gründen auszuwandern (vgl. Kap. 3.3.2.4: „relative deprivation“).

Als Fazit bleibt festzuhalten, daß weder die Begebenheiten auf den Kapitalmärkten noch die Vermögensverhältnisse der polnischen Arbeitnehmer eine hohe Investitionsbereitschaft fördern. Dies deutet darauf hin, daß dem statischen Migrationskalkül, d. h.

---

23 Die veränderten Verwertungschancen des Humankapitals im Ausland werden von Tuchtfeldt und Straubhaar (1985, S. 97) unter den Transaktionskosten der Migration subsumiert.

24 Berechnungsgrundlagen: Nicht gesperrte Einlagen bei Banken (41,4 Mrd. Zl, 38,667 Mio. Einwohner, Wechselkurs per 31.12.1998: 0.24483 Euro/Zl. (vgl. Statistisches Bundesamt 2000b, S. 296; www.wechselkurs.de).

der Abschätzung des (rein monetären) Wanderungsanreizes ohne weitere Humankapitalinvestitionen, eine größere praktische Relevanz zufällt, als dies bei vermögenderen Menschen oder perfekten Kapitalmärkten der Fall wäre.

Neben den Kapitalmärkten und den Vermögensverhältnissen beeinflussen die persönlichen (Zeit-)Präferenzen, die Risikofreude und die analytischen Fähigkeiten der potentiellen Auswanderer das Kalkül, dem die monetär induzierten Wanderungsanreize entspringen. Die meisten Polen haben als Folge der Medienberichterstattung, von Gesprächen oder eigenen Reisen in das Nachbarland vermutlich eine Vorstellung sowohl über die Lohn- und Preisniveauunterschiede als auch darüber, welchem Beruf sie in Deutschland ohne zusätzliche Humankapitalinvestitionen nachgehen können. Sollten sich verläßliche Hinweise auf eine deutliche Verbesserung schon in der ersten Periode nach der Einwanderung finden, entsteht ein deutlicher, monetär induzierter Migrationsanreiz.

Anders stellt sich die Situation dar, wenn die statische Perspektive keine Verbesserung vermuten läßt. Dann könnten Wanderungsanreize allenfalls einer dynamischen Perspektive erwachsen. Jedoch steigt die Unsicherheit in Abhängigkeit von der gewählten Amortisationsdauer der Humankapitalinvestitionen. Schwierigkeiten dürften zudem die Abschätzungen insbesondere der Kosten und der (im Zeitablauf ungewissen) Abschreibungsraten der zu tätigenden Investitionen bereiten. Wenn auch angenommen wird, daß die Individuen sich rational verhalten wollen, widerspricht dies nicht der Tatsache, daß sie angesichts beschränkter Informationsbeschaffungs- und -verarbeitungsmöglichkeiten nur begrenzt dazu in der Lage sind[25] (vgl. Richter 1994, S. 4). Infolgedessen werden die Schätzungen bei eingeschränkten mathematischen Fähigkeiten mit einem größeren Unsicherheitsabschlag versehen, so daß die Migrationsneigung in Abhängigkeit von der Risikobereitschaft abnimmt. Jene beeinflußt die Investitionsbereitschaft insgesamt. Bei risikoaversen Menschen ist sie geringer als bei risikoneutralen Zeitgenossen. Zudem beeinflußt die Risikofreude auch die Neigung, trotz monetärer Anreize in einen Raum wie Deutschland mit immerhin 10,6 Prozent Arbeitslosigkeit (Stand: Dezember 2001; Bezug: abhängig Beschäftigte) zu ziehen und mithin die Gefahr in Kauf zu nehmen, ohne (reguläre) Beschäftigung zu bleiben (vgl. BA 2001a, o. S.). Nach Wyplosz (1994, S. 178) „the existence of uncertainty cannot be overemphasized". Mehrfach ist festgestellt worden, daß überdurchschnittlich gebildete Menschen eine größere Wanderungsneigung zeigen als wenig gebildete Menschen (vgl. Flöthmann 1996, S. 80f. und Kap. 3.3.2). Während Flöthmann dies insbesondere auf die größeren Alternativen am Arbeitsmarkt zurückführt, würde im Lichte

---

[25] Die Neue Institutionenökonomik bedient sich dieser als „bounded rationality" bezeichneten anthropologischen Grundannahme (vgl. Williamson 1975, S. 21).

der Humankapitaltheorie die höhere Informationsbeschaffungs- und -verarbeitungskapazität der Gebildeten hervorgehoben werden, die ihrerseits die Unsicherheit senken kann.

Auch das Alter beeinflußt die Zeitpräferenzen: Während junge Menschen infolge einer längeren Amortisationsdauer eher zu Humankapitalinvestitionen bereit sein werden, werden ältere Menschen infolge der tendenziell negativer ausfallenden Kosten-Nutzen-Rechnung kaum noch motiviert sein, sich überhaupt noch einmal weiterzubilden, vor allem, wenn der Status Quo ein gesundes Auskommen ermöglicht und eine Weiterbildungsmaßnahme nicht zwingend erfordert (vgl. Kap. 3.3.2.3). Gleiches trifft für Migranten zu, die nur für einen relativ kurzen Zeitraum im Ausland arbeiten möchten, weil ihnen weniger Zeit bleibt, um die Investitionen in ziellandspezifisches Humankapital zu amortisieren. Von 662 befragten polnischen Migranten, von denen 87 Prozent wirtschaftliche Motive für die Auswanderung angegeben haben, sind nur 186 (28%) Personen dauerhaft ausgewandert, so daß die Investitionsbereitschaft für einen großen Teil der Arbeitsmigranten gering einzuschätzen ist (vgl. Giza 1998, S. 138; Golder 1999, S. 77; Okólski 1998, S. 59).

Zusammenfassend deutet vieles darauf hin, daß die (monetären) Migrationsanreize über eine statische Betrachtung approximiert werden sollten. Eine Befragung unter 62 Aussiedlern aus der ehemaligen Sowjetunion, Polen und Rumänien erhärtet die theoretisch abgeleiteten Folgerungen: „erst in einer Situation, in der keine Hoffnung mehr besteht, mit den vorhandenen Ressourcen einen Arbeitsplatz zu finden, gewinnen Qualifizierungsüberlegungen an Handlungsrelevanz" (Schafer/Schenk 1995, S. 53). Allerdings wird bei Zugrundelegung des statischen Kalküls die Bedeutung der Humankapitalentwertung tendenziell überzeichnet und die Migrationsneigung entsprechend unterzeichnet. Denn die Investition in neues Humankapital dürfte trotz der beschriebenen Hindernisse für einen Teil der potentiellen Arbeitsmigranten eine Option sein.

Das Ausmaß der Humankapitalentwertung variiert je nach den (beruflichen) Anforderungen im Quell- und Zielraum und den (arbeitsmarktlichen) Institutionen. Erstgenannte hängen eng mit der genutzten Produktionstechnologie zusammen. Wanderungen zwischen Räumen mit ähnlichen Produktionstechnologien versprechen generell auch ohne weitere Humankapitalinvestitionen höhere Erträge als solche zwischen Räumen, die sich in dieser Hinsicht stärker unterscheiden. Arbeitsmarktliche Zugangsbeschränkungen ergeben sich aus formellen und informellen Institutionen. Erstgenannte bezeichnen Schranken, die sich aus (schriftlich fixierten) Gesetzen oder Verordnungen ergeben. Als Beispiel mag die Anerkennung von Berufsabschlüssen oder sonstigen im Ausland erworbenen Qualifikationsnachweisen dienen. Informelle Institutionen bezeichnen Einstellungen bzw. Verhaltenskodizes der Bevölkerung, in diesem

Kontext beispielsweise Vorbehalte hinsichtlich der Beschäftigung von Ausländern (vgl. North 1992, S. 4). Weil die wenigsten Räume bezüglich der genutzten Produktionstechnologie homogen bzw. frei von arbeitsmarktlichen Institutionen sind, unterscheiden sich sowohl die Charakteristika der Migranten als auch die Migrationsmuster zwischen alternativen Untersuchungsräumen. Um die zwischen Polen und Deutschland zu erwartenden Wanderungsanreize für Beschäftigte bestimmter Berufe zu spezifizieren, müssen deshalb sowohl die vermittelten bzw. nachgefragten Qualifikationen als auch die deutschen (Arbeitsmarkt-)institutionen Eingang in die Analyse finden.

Die u. a. aus den Institutionen resultierenden deutschen Arbeitsmarktsegmente lassen sich durch das induktiv hergeleitete betriebszentrierte Segmentationsmodell des Instituts für Sozialwissenschaftliche Forschung (ISF) für Deutschland abbilden. Dieses basiert bekanntlich auf der Humankapitaltheorie, deren Logik jedoch dahingehend umgekehrt wird, als daß die arbeitsmarktlichen Segmente aus den Kalkülen bzw. den Anforderungen der Arbeitsnachfrager resultieren (vgl. Kap. 4.1). Deswegen eignet sich das Modell besonders als Grundlage der weiteren Untersuchung, bei der in Abhängigkeit der Humankapitalentwertung und den verschiedenen beruflichen Qualifikationsanforderungen die Wanderungsneigung spezifiziert werden soll.

Zunächst muß das Ausmaß der Humankapitalabwertung bei Überquerung der polnisch-deutschen Grenze abstrakt für die einzelnen Humankapitalkomponenten bestimmt werden. Anschließend erfolgt – gestützt auf Berufsbeschreibungen – der Versuch, die Bedeutung bestimmter Humankapitalkomponenten für einige Berufe (Qualifikationen) abzuschätzen. Dies ermöglicht den Rückschluß auf die Neigung der Polen unterschiedlicher Berufe, auf Lohndifferentiale mit Migration nach Deutschland zu reagieren. Ferner können Aussagen darüber getroffen werden, in welchen Berufen die Polen vermutlich tätig werden, wenn sie sich zu einem Berufswechsel entschließen bzw. welche Gruppen von Arbeitnehmern mit einer Erhöhung der Konkurrenz auf dem Arbeitsmarkt rechnen müssen.

Um Aussagen über die ökonomisch induzierte (Arbeits-) Migrationswahrscheinlichkeit für die Beschäftigten unterschiedlicher Berufe nach Einführung der Arbeitnehmerfreizügigkeit zu treffen, müssen in einem letzten Schritt das Ausmaß der Lohnunterschiede sowie in Anlehnung an die Ergebnisse anderer Migrationstheorien die jeweiligen Arbeitslosenquoten in Deutschland und Polen verglichen werden.

4.3 Räumliche Übertragbarkeit von Humankapital von Polen nach Deutschland

4.3.1 Das Humankapitalportfolio

Üblicherweise wird bei der Charakterisierung von Migranten auf Unterscheidungsmerkmale wie das Alter, den Grad der Armut, die Herkunft oder den Bildungsstand zurückgegriffen. Exemplarisch sei auf die Aussage von Heinrich (1994, S. 138) verwiesen, der folgendes „Migrationsprofil“ der osteuropäischen Bevölkerung entwirft: „jung [...], ungebunden [...], entschlossen [...], frustriert [...], verfolgt [...], hungrig [...], ökologisch bedroht [...], arbeitslos [...], Kontakte im Ausland“. Die Differenzierung nach der ausgeübten Tätigkeit beschränkt sich, wie im Rahmen des sechsten Kapitels bei der Synopse empirischer Arbeiten zur Erfassung der arbeitsmarktlichen Wirkungen von Migration zu beobachten, auf Merkmale wie Sektorzugehörigkeit, Qualifikation der Arbeit oder Art Anstellung. Eine so geartete Differenzierung reicht für die Analyse von Humankapital und seiner Abwertung bei Migration nicht aus. Jene hängt von der räumlichen Bindung des Humankapitals ab, die wiederum in Abhängigkeit von seiner Zusammensetzung sowie von den betrachteten Untersuchungsräumen differiert.

Stewart und Hyclak (1984, S. 294) untersuchen die Verdienstprofile männlicher Migranten in den USA u. a. in Abhängigkeit von den Quellräumen der Migration und betonen in diesem Zusammenhang den „added weight to the transferability of skills argument“. Ihren Regressionen zufolge verdienen Einwanderer aus Entwicklungsländern oder aus nicht westeuropäischen Ländern in den USA zunächst weniger als Einwanderer aus Großbritannien, was die Autoren auf eine unterschiedliche Entwertung des Humankapitals zurückführen. Wenn aber Migrationsbewegungen zwischen zwei bestimmten Räumen wie z. B. zwischen Polen und Deutschland untersucht werden sollen, stößt eine undifferenzierte Betrachtung des Humankapitals an ihre Grenzen. Für die Bestimmung der Migrationsneigung für Personen in verschiedenen Berufen kommt der individuellen Humankapitalzusammensetzung eine gesteigerte Bedeutung zu. Mithin ist eine mikroanalytische Perspektive einzunehmen. Dabei wird Humankapital stärker zu differenzieren sein als in der Humankapitaltheorie üblich, die klassischerweise lediglich das weit gefaßte „schooling“ (allgemeines Humankapital) vom „on the job training“ (betriebsspezifisches Humankapital) abgrenzt (vgl. Kap. 4.1.1; bezogen auf die Migration bzw. die Selektivität der Migranten vgl. Stewart/Hyclak 1984, S. 294 und Steineck 1994a, S. 107f.).

Wenn das Ziel lautet, differenzierte Aussagen über Wanderungsbewegungen von Polen nach Deutschland zu treffen, müssen die auf dem deutschen Arbeitsmarkt benötigten Qualifikationen im Zentrum der Analyse stehen. Die Anforderungen variieren je nach Aufgabe – mithin je nach Beruf. Die betriebszentrierte Segmentationstheorie, die vom ISF für Deutschland entwickelt worden ist, unterscheidet bekanntermaßen drei Teilsegmente des Arbeitsmarktes, nämlich für unspezifische Qualifikationen, für berufsfachliche Qualifikationen und für betriebsspezifische Qualifikationen[26] (vgl. Kap. 4.1.2). Der Verfasser schlägt in Anlehnung hieran die Unterteilung des Humankapitalportfolios in drei Kategorien vor: unspezifische Qualifikationen, überbetriebliche und betriebsspezifische Qualifikationen (Abb. 5):

Abb. 5: Das Humankapitalportfolio (Kategorien)

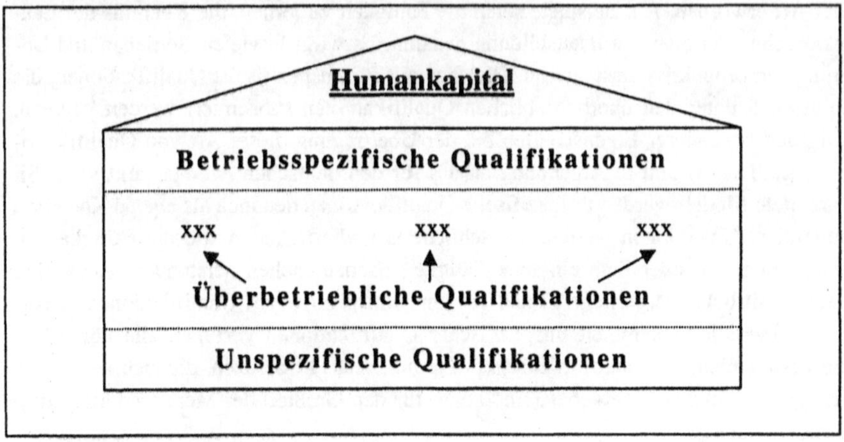

Quelle: eigene Darstellung.

Betriebsspezifisches Humankapital wird nur in einem Betrieb produktivitätswirksam und auch nur in diesem Betrieb vermittelt. Bei betriebsspezifischen Qualifikationen handelt es sich zumeist um nicht kodifiziertes oder nicht kodifizierbares Wissen, wel-

---

26 In Anlehnung an Sengenberger (1978, S. 71) setzt der Verfasser den Begriff der Qualifikation verkürzend mit dem des Humankapitals gleich: Humankapital umfaßt „prinzipiell alle produktiven Fähigkeiten der Arbeitskraft; [es] wird [...] auf den Aspekt der Qualifikation reduziert". Der Begriff „Qualifikation" wird in der Literatur verschieden definiert. Gemein ist den meisten Definitionen, daß Qualifikation im Gegensatz zu Humankapital in Verbindung mit einem konkreten Anforderungsprofil bzw. einer gewissen Aufgabe gebracht wird (vgl. Meusburger 1998a, S. 77). Zusammenfassend definiert Meusburger (1998a, S. 77) Qualifikationen als „die Summe der Fähigkeiten, Kenntnisse und Fertigkeiten [...], die für eine bestimmte Aufgabe oder berufliche Position als notwendig oder wünschenswert angesehen werden." Sengenberger (1978, S. 71) ergänzt Erfahrungen und „partikularistische Merkmale" wie Alter, Geschlecht, Nationalität und Rasse. Er bezieht die Qualifikationen auf den Zugang zu einzelnen Arbeitsmarktsegmenten. Der Aussage von Krause (1976, S. 352), daß der Qualifikationsbegriff sich trotz oder aufgrund der Unschärfe des Begriffs „mehr und mehr zum Dreh- und Angelpunkt der gesamten Bildungs-, Arbeitsmarkt- und Berufsforschung, ohne daß bereits ein Konsens über den Begriffsinhalt erreicht ist" entwickelt, ist nach wie vor beizupflichten.

ches innerhalb der Belegschaft weitergegeben wird, wie z. B. die Kenntnisse der Organisation und der Kultur des Betriebes bzw. des Unternehmens sowie spezifischer Arbeitsabläufe und Aufgaben. Ein Dozent, der die Universität wechselt, muß u. U. seine Lehrveranstaltungen von Grund auf neu konzipieren, um sie an den Lehrkanon der anderen Fakultät anzupassen (vgl. Fischer 1999, S. 165).

Überbetriebliches Humankapital ist sehr heterogen und läßt sich je nach Untersuchungsziel weiter ausdifferenzieren. Typischerweise wird es in Bildungseinrichtungen aller Art erworben. Als Beispiele seien die Fähigkeit zu lernen, die Kenntnis der Landessprache oder eine Berufsausbildung genannt. Es wirkt in vielen Betrieben und Unternehmen produktivitätssteigernd. Gleiches gilt für unspezifische Qualifikationen, die somit auch unter den überbetrieblichen Qualifikationen subsumiert werden könnten. Aufgrund besonderer Eigenschaften bei der Übertragung dieser Art von Qualifikationen (vgl. Tab. 4) und in Anlehnung an das für den deutschen Arbeitsmarkt vom ISF erarbeitete Modell werden unspezifische Qualifikationen dennoch als eigene Kategorie aufgeführt. Unter ihnen werden menschliche Grundfertigkeiten wie die Fähigkeit zu gehen, zu sehen oder eine einfache Tätigkeit nachzumachen verstanden. Auch eine durchschnittliche körperliche Fitneß sei unter unspezifischen Qualifikationen subsumiert. Über die Gesamtheit unspezifischer Qualifikationen verfügen alle körperlich und geistig nicht behinderte Menschen. Produktivitätsdifferenzen, die sich aus dieser Art des Humankapitals ergeben, sind somit für den Großteil der Menschen als gering zu bezeichnen.

Für die Analyse der Entwertung von Humankapital bei grenzüberschreitender Migration stellt sich die Frage, ob und wenn ja an welchen Raum (Betrieb, Region, Nation) die Humankapitalkomponenten gebunden sind. Während die Beantwortung für den Fall der betrieblichen Bindung aufgrund definitorischen Zusammenfallens von sachlicher und räumlicher Dimension beim betriebsspezifischen Humankapital keine Schwierigkeiten bereitet, erfordert die Untersuchung der regionalen und nationalen Bindung komplexere Überlegungen.

Die Bindung von Humankapital an eine Region erklärt sich durch Merkmale der sozialen Organisation wie Vertrauen, Normen und Netzwerke, welche die Effizienz einer Gesellschaft verbessern können, indem koordinierte Aktionen ermöglicht werden. Diese Merkmale zeichnen Sozialkapital aus, das von Coleman (1990, S. 302) über seine Funktion definiert wird: „It's not a single entity, but a variety of different entities having two characteristics in common: They all consist of some aspect of a social structure, and they facilitate certain actions of individuals who are within the structure". Henning (1999, S. 185) betont die Vorteile für die Einzelnen und stellt die Implikationen für Migranten heraus: Sozialkapital „allows people to achieve certain goals which they could not accomplish if social capital would be absent. [...] Since foreign-born very often lack close ties to other segments of the population, the social capital embodied in areas with high levels of nativity concentration might make the foreign-born less likely to relocate (Henning 1999, S. 185). Fischer (1999, S. 166) definiert Sozialkapital kurz als „opportunity and carreer advantages from locational social relations" und subsumiert es neben betriebsspezifischen („firm-specific") und ortsspezifischen („place-specific") unter den lokalisierten („locational-specific") Vorteilen. Dabei erscheint die Interpretation der „place-specific advantages" als Untergruppe der „locational-specific advantages" unglücklich. „Place-specific insider advantages" definiert der Autor als „space specific compensation for working due to knowledge of space, society and locational technology".

In diesem Zusammenhang ist auf die Bedeutung des impliziten Wissens („tacit knowledge") hinzuweisen, das Morgan (1997, S. 495) beschreibt als „collective in nature and, because it is wedded to its human and social context, it is more territorially-specific than is generally thought." Implizites Wissen zeichnet sich dadurch aus, daß es nicht kodifiziert oder nicht kodifizierbar ist. Polanyi (1967, S. 4) erklärt dieses Wissen aus der Tatsache heraus, „that we know more than we can tell" und führt als Beispiel ein Gesicht auf, welches man unter Millionen wiedererkennen würde. Gleichwohl sei man außerstande, jemandem mitzuteilen, wie er das Gesicht wiedererkennen könnte. Die Bedeutung impliziten Wissens zu erfassen, gestaltet sich empirisch als sehr schwer. Fest steht jedoch, daß dieses Wissen aufgrund der Raumbindung seiner Träger lokalisiert ist und nicht problemlos in andere Räume transferiert werden kann (vgl. Bathelt 2001, S. 111). Den gegenseitigen, unentgeltlichen Austausch von Wissen zwischen den Menschen innerhalb einer Region, der als wesentliche Voraussetzung für die Ausbildung räumlich gebundenen Wissens gilt, bezeichnet Storper (1993, S. 434), bezogen auf (innovative) Unternehmen innerhalb einer Region, als „untraded or non-market interdependencies". Jene führen zu kollektiven Lernprozessen, die größtenteils auf die jeweiligen Regionen beschränkt sind. Denn Voraussetzung der „untraded interdependencies" sind Interaktionen in regionalen, sozio-institutionellen Netzwerken, die auf „gemeinsamen Normen, Konventionen, spezialisierten Qualifikationen und anderen institutionellen Arrangements" fußen und mithin in soziokulturelle Kontexte eingebettet sind (Bathelt 2001, S. 114).

Für die Bindung von Qualifikationen an eine Nation sind unterschiedliche Produktionsverfahren oder institutionelle Gründe verantwortlich. Letztere zeigen sich entweder in verschiedenen expliziten oder impliziten Normen gesellschaftlicher, technischer oder arbeitsmarktlicher Natur. Gesellschaftliche Normen können sowohl eine regionalisierte Komponente aufweisen – z. B. infolge einer starken regionalen Identität – als auch eine nationale Komponente, die in der politischen Soziologie auch als „Nationalcharakter" oder „Civic Culture" bezeichnet wird (vgl. Almond/Verba 1963, S. 5). Hierunter versteht man die in einem Volk vorherrschenden individuellen Einstellungen, Normen oder Wertvorstellungen, die das tägliche Verhalten und das Leben prägen (vgl. Mols 2001, S. 48). Technische Normen können zu Problemen bei der Anwendung berufsfachlicher Fähigkeiten führen, ferner können sie Ursache arbeitsmarktlicher Institutionen sein. Weil internationale Unterschiede beispielsweise zwischen den Sicherheitsvorschriften bestehen, sind bestimmte Berufe, wie etwa der des Architekten oder des Handwerkers in Deutschland reglementiert. Dies hat unter anderem zur Folge, daß im Ausland erworbene Berufsabschlüsse nicht ohne weiteres anerkannt werden (vgl. EU 2001a, o. S.).

Tabelle 4 faßt die vorhergegangenen Informationen zusammen, indem sie die sachlichen Komponenten des Humankapitals neben den räumlichen Bindungsebenen darstellt und eine erste Zuordnung ermöglicht.

Tab. 4: Sachliche Dimension und räumliche Bindung von Humankapital

Sachliche Dimension		räumliche Bindung
Betriebsspezifische Qualifikationen	→	Betrieb
Überbetriebliche Qualifikationen	→	Region/Nation/ohne Bindung
Unspezifische Qualifikationen	→	ohne Bindung

Quelle: eigene Darstellung.

Die Zuordnung der drei für den deutschen Arbeitsmarkt eingeführten Kategorien von Humankapital zu den drei räumlichen Dimensionen scheitert an der Heterogenität der überbetrieblichen Qualifikationen. Deswegen drängt sich aus sachlichen und räumlichen Gründen eine weitere Ausdifferenzierung in (Unter-) Gruppen auf. Diese muß zwei Bedingungen genügen: Zum einen soll sie generell genug sein, um ihre Anwendbarkeit auf möglichst verschiedene Berufe zu ermöglichen. Zum anderen soll stets eine eindeutige räumliche Zuordnung gewährleistet werden.

Mertens (1998, S. 28) ergänzt Jedermannsqualifikationen und betriebsspezifische Fähigkeiten um industriespezifische, berufsspezifische und regionsspezifische Qualifikationen. Diese Unterteilung vermischt sachliche und räumliche Kriterien, so daß sie den Bedingungen nicht genügen kann. Meusburger (1998a, S. 78) schlägt Ausdifferenzierungen jeweils vor dem Hintergrund eines konkreten Berufes vor. Für Manager unterteilt er in Anlehnung an Best/Compere (1993) überbetriebliche Qualifikationen in fachliche, persönliche, methodische, sozial-kommunikative sowie konzeptionelle Qualifikationen. Aufgrund dieser Spezifikationen sind jedoch nicht immer die räumlichen Bezüge für diese Gruppen herzustellen:

Zu den fachlichen Fähigkeiten zählen die Autoren allgemeinere Qualifikationen wie Fremdsprachenkenntnis und das (positionsabhängige) Fachwissen. Letztgenanntes wird in dieser Arbeit gemeinsam mit den methodischen Qualifikationen – z. B. der Beherrschung von Problemlösungstechniken oder EDV-Kenntnissen – als *„berufsfachliche Qualifikation"* in das Humankapitalportfolio eingeordnet.

Unter Persönlichkeitsmerkmalen subsumieren die Autoren u. a. Belastbarkeit, Flexibilität, Aufgeschlossenheit, Kreativität und Artikulationsvermögen. Die Artikulationsfähigkeit kann im Gegensatz zu den übrigen Merkmalen aufgrund der verschiedenen Landessprachen nicht auf alle Räume übertragen werden. Deswegen wird sie zusammen mit den (Fremd-) sprachenkenntnissen in dieser Arbeit den *„kommunikativen Qualifikationen"* als weitere Komponente überbetrieblichen Humankapitals zugerechnet.

Das Motivationsvermögen und die Teamfähigkeit hingegen, die seitens der Autoren den sozial-kommunikativen Qualifikationen zugeschlagen werden, sowie analytisches Denkvermögen oder Innovationsfähigkeit, die den konzeptionellen Qualifikationen zugeordnet worden sind, werden hier als *persönlichkeitsbezogene Qualifikationen* subsumiert. In diese Gruppe fallen auch die allgemeinen Handlungsmuster der Menschen.

Abb. 6: Das Humankapitalportfolio (Kategorien mit Untergruppen)

Quelle: eigene Darstellung.

Schließlich eröffnet der Verfasser in Abgrenzung von berufsfachlichen Qualifikationen mit der *Allgemeinbildung* eine weitere Facette des überbetrieblichen Humankapitals. Aus diesen Überlegungen ergibt sich das obenstehende, um Gruppen der Kategorie „überbetriebliche Qualifikationen" ergänzte Humankapitalportfolio, das als Grundlage der künftigen Überlegungen dienen wird (Abb. 6).

Zur Verdeutlichung wird der Humankapitalstock eines NASA-Ingenieurs betrachtet: Neben den körperlichen und geistigen Grundfähigkeiten (unspezifisches Humankapital) wie die Fähigkeit zu gehen oder zu sehen, verfügt der Ingenieur über einen (Fach-) Hochschulabschluß für Maschinenbau. Die erworbenen Kenntnisse helfen ihm, sein Wissen auf fremde Sachverhalte zu übertragen und eröffnen ihm Beschäftigungsmöglichkeiten als Maschinenbauer in anderen Unternehmen (berufsfachliche Qualifikation). Seine Arbeitsmotivation (persönlichkeitsbezogene Qualifikation) sowie seine Fähigkeit, anderen komplizierte Sachverhalte zu vermitteln (kommunikative Qualifikationen), werden ihm dabei behilflich sein. Während seiner NASA-Tätigkeit ist ihm insbesondere der Umgang mit den Ventilen des Antriebssystems des Space-Shuttles vertraut geworden, was ihm eine wichtige Stellung innerhalb des Unternehmens einbringt (betriebsspezifisches Humankapital). Allgemeinbildung scheint für die Ausübung seines Berufes eine vergleichsweise untergeordnete Rolle zu spielen – für einen Journalisten hingegen ist sie beispielsweise unverzichtbar.

Bevor der Versuch unternommen wird, die Bedeutung jeder dieser Qualifikationen für einen bestimmten Beruf zu ermitteln, ist es zunächst nötig, das Ausmaß der Entwertung einzelner Portfoliobestandteile bei Migration im allgemeinen und bei Wanderungen von Polen nach Deutschland im besonderen zu betrachten. Erst dadurch werden Aussagen über die Attraktivität von internationaler Migration für Angehörige bestimmter Berufe ermöglicht.

4.3.2 Unspezifische Qualifikationen

Die unspezifischen Qualifikationen, zu denen Muskelkraft, Augenlicht und eine durchschnittliche Auffassungsgabe zählen, werden mit der Geburt erworben. Diese Qualifikationen entwerten sich zumeist irreversibel während des Alterungsprozesses. Aber auch Unfälle bzw. Krankheiten und Verletzungen führen zu einer temporären oder dauerhaften Entwertung dieser Gattung von Qualifikationen. Ein Grenzübertritt hingegen entwertet dieses Humankapital nicht[27]. Entsprechend ist damit zu rechnen, daß Personen in Berufen, die überwiegend unspezifische Qualifikationen erfordern, ceteris paribus keine Hemmungen haben auszuwandern, wenn der Gegenwartswert der

---

[27] Gleiches gilt, wie empirische Evidenz für Israel zeigt, auch für die in der Grundschule vermittelten Fähigkeiten (z. B. Lesen, Schreiben und Rechnen), die unabhängig vom Ort ihres Erwerbs ähnlich entlohnt werden (vgl. Friedberg 2000, S. 247).

kumulierten Einkommensunterschiede zwischen zwei Räumen die Migationskosten deckt:

$$(4.8)\quad \sum_{t=0}^{T} H_u \left(w_{tz}^{KKS} - w_{tq}^{KKS}\right) / (1+r)^t > C_M$$

H_u = unspezifisches Humankapital

Unter Vernachlässigung der Migrationskosten ergibt sich die aus einfachen Migrationsmodellen bekannte Regel: Wandere, wenn das Lohnniveau anderswo höher ist als hier. Die notwendige Bedingung für Wanderungen lautet dann schlicht:

$$(4.9)\quad w_z^{KKS} > w_q^{KKS}.$$

Wie aus Kapitel 4.1.2 bekannt, ist das unspezifische Arbeitsmarktsegment auch nachfrageseitig nicht weiter abgeschottet. Aus diesen Erkenntnissen leitet sich ab:

Satz 1)

Je bedeutender der Anteil unspezifischer Qualifikationen für einen Beruf, desto wahrscheinlicher ist unter sonst gleichen Bedingungen, daß die in ihm Beschäftigten auf internationale Lohndifferentiale mit Auswanderung reagieren (bzw. desto höher ist c. p. die Lohnelastizität der Migration). Die Neigung der Arbeitgeber, Migranten einzustellen, steigt mit der Bedeutung unspezifischer Qualifikationen für die nachgefragte Stelle.

Dies deckt sich mit den Ergebnissen von Okólski (1998, S. 20), der in seinem Überblick über polnische Migranten allgemein feststellt, daß „people with a low educational level (those who had at best completed elementary school) predominated among the emigrants aged 15 or above" – und zwar mit steigender Tendenz.

4.3.3 Betriebsspezifische Qualifikationen

Betriebsspezifische Qualifikationen werden am Arbeitsplatz vermittelt, sei es durch betriebsinterne Aus- oder Weiterbildung oder lediglich durch die längere Zugehörigkeit zu einem Betrieb. Sie sind ex definitione an einen einzelnen Betrieb gebunden. Die genannten Qualifikationen wie Kenntnisse des Arbeitsablaufes oder spezifischer Arbeitsanforderungen – es sei an den NASA-Ingenieur oder den Dozenten erinnert, der die Universität wechselt – werden zumindest teilweise durch technischen Fortschritt, eine Unternehmensübernahme oder eine strategische Neuausrichtung entwertet. Darüber hinaus entwertet sich das betriebsspezifische Humankapital beim Ausscheiden aus einem Betrieb – sei es aufgrund von Versetzung, Betriebsschließung, Entlassung oder Kündigung – und somit zumeist auch bei Migration. In der Regel wird dieses Humankapital dabei vollständig entwertet. Eine Teilabwertung ist dann denkbar, wenn der Wechsel innerhalb eines größeren, transnational operierenden Unternehmens mit weltweit homogener Unternehmenskultur stattfindet, das zudem die gleiche Produktionstechnologie einsetzt. Von diesen Fällen wird im folgenden abgesehen.

Somit ist damit zu rechnen, daß Personen in Berufen, die überwiegend betriebsspezifische Qualifikationen erfordern, ceteris paribus keinen Anreiz verspüren, ihren Arbeitsplatz zu wechseln, geschweige denn auszuwandern. Lediglich das unspezifische Humankapital würde noch produktivitätswirksam[28]. Entsprechend gelangen Mincer und Polachek (1974, S. s95) in ihrer empirischen Studie zu folgendem Ergebnis: „the larger the on-the-job accumulated component of human capital, the higher the observed [...] depreciation rate“. Aus den Erkenntnissen folgt:

Satz 2)

Je bedeutender der Anteil betriebsspezifischer Qualifikationen für einen Beruf, desto unwahrscheinlicher ist unter sonst gleichen Bedingungen, daß die in ihm Beschäftigten auf internationale Lohndifferentiale mit Auswanderung reagieren (bzw. desto niedriger ist c. p. die Lohnelastizität der Migration). Die Neigung der Arbeitgeber, Migranten einzustellen, sinkt mit der Bedeutung betriebsspezifischer Qualifikationen für die nachgefragte Stelle.

4.3.4 Überbetriebliche Qualifikationen

Überbetriebliche Qualifikationen werden für verschiedenste berufliche Positionen benötigt. Entsprechend viele Merkmale lassen sich zu dieser Gattung von Qualifikationen zusammenfassen. Oben erfolgte eine Disaggregation in persönlichkeitsbezogene, berufsfachliche und kommunikative Qualifikationen sowie Allgemeinbildung. Erworben werden die genannten Fähigkeiten auf verschiedene Art und Weise. Während die Allgemeinbildung, ein Teil der kommunikativen Qualifikationen sowie ein Großteil der berufsfachlichen Qualifikationen insbesondere durch das nationale Bildungssystem vermittelt werden, erfolgt die Sozialisation durch die Eltern und die Gesellschaftsordnung. Dabei sind persönlichkeitsbezogene Merkmale wie Zuverlässigkeit, Eifer, Flexibilität und Eigenständigkeit weitgehend angeboren bzw. anerzogen; vorherrschende gesellschaftliche Überzeugungen (bzw. der Nationalcharakter; s.o.) können dazu führen, daß das entsprechende Potential mehr oder weniger stark abgerufen wird. Die An-

---

[28] Menschen mit einer rein pekuniär-extrinsischen Arbeitsmotivation könnten den Beruf wechseln, wenn sich mit unspezifischen Qualifikationen im Ausland mehr Geld verdienen ließe als im Quellraum mit dem ungeschmälerten Humankapital. Dieser Aspekt wird Gegenstand eines eigenen Unterkapitels (Kapitel 5.3.3.3).

eignung impliziten Wissens und der Aufbau sozialer Netzwerke vollzieht sich prinzipiell in Abhängigkeit von der Zeit, die in einer Region verbracht wird.

Während die Ergebnisse über die Entwertung unspezifischer und betriebsspezifischer Qualifikationen genereller Natur sind und somit unabhängig von den Räumen gelten, zwischen denen gewandert wird, müssen die Aussagen hinsichtlich der Abwertung überbetrieblicher Qualifikationen für alternative Betrachtungsräume konkretisiert werden. Die migrationsbedingte Abwertung jeder der vorgestellten vier Unterkomponenten wird deswegen im folgenden für Wanderungen aus Polen nach Deutschland spezifiziert.

4.3.4.1 Persönlichkeitsbezogene Qualifikationen

Die persönlichen Merkmale umfassen Flexibilität, Lernfähigkeit, Einsatzfreude, (Selbst-)Organisationsfähigkeit, Teamfähigkeit, Verantwortungsbereitschaft sowie die persönlichen Handlungsmuster[29]. Gerade in Zeiten sich verkürzender Produktlebenszyklen und abwechslungsreichen Tätigkeiten kommt jenen eine essentielle Bedeutung zu (vgl. Malecki 1997, S. 318). Durch ihren Wanderungsentschluß signalisieren Migranten prinzipiell, daß sie ein vergleichsweise hohes Quantum persönlichkeitsbezogener Qualifikationen auf sich vereinen. In der historischen Literatur werden Immigranten zumeist mit den Adjektiven „more able, ambitious and entrepreneurial" versehen, die Chiswick (1994, S. 97) als „allocative skills" bezeichnet – im Gegensatz zu den „worker skills". Empirische Evidenz hierfür findet sich z. B. bei Cross/Sandos (1981), DaVanzo (1976) oder Schwartz (1976) (alle zit. in Golder 1999, S. 69). Entwertet werden diese Qualifikationen allenfalls durch den Alterungsprozeß, wobei innerhalb der hier subsumierten Befähigungen differenziert werden muß. Mag die Lernfähigkeit im Alter auch erwiesenermaßen abnehmen, so ist dies hinsichtlich der Flexibilität und der Einsatzfreude eher von der betrachteten Person abhängig. Die (Selbst-) Organisationsfähigkeit dürfte hingegen eher positiv mit den Erfahrungen und somit auch dem Alter korrelieren. Ein Grenzübertritt hingegen sollte keine Abwertung dieses Teils der persönlichkeitsbezogenen Qualifikationen mit sich führen.

Schwieriger gestaltet sich die Analyse der Handlungsmuster bzw. der „institutions and norms" oder „rules of behaviour", auf deren Bedeutung seitens der Migrationsliteratur im Zusammenhang mit der Assimilierung von Migranten und ihren Arbeitsmarktaussichten immer wieder hingewiesen wird (vgl. Friedberg 2000, S. 226; Ichino 1993, S. 152). Diesbezüglich kann grenzüberschreitende Migration dann zu einer Qualifikationsminderung führen, wenn sich der Nationalcharakter bzw. die gesellschaftlichen

---

[29] Gaß (1996, S. 104) subsumiert diese Merkmale unter die „sozialen Qualifikationen".

Grundwerte – sie gelten als Leitbilder des menschlichen Zusammenlebens in einer Gesellschaft und beruhen auf einem weiten Konsens – zwischen den beiden Räumen stark voneinander unterscheiden (vgl. Hubig/Müller 1989, S. 946). Denn die Handlungsmuster ergeben sich aus der Sozialisation der Personen und beeinflussen die Wahrscheinlichkeit, sich in das Gesellschafts- und Wirtschaftsleben einzufügen und akzeptiert zu werden. Die Sozialisation wiederum wird von den (Grund-)Werten der Menschen beeinflußt, weil jene „als normative Standards bei der Beurteilung und Wahl verschiedener Alternativen im Verhalten wirken“ (Lang-von Wins et al. 1995, S. 191). Grundwerte konstitutieren somit die Kultur und das durch sie beeinflußte Wirtschafts- und Sozialsystem. Ferner bilden sie die Grundlage des individuellen Verhaltens und Handelns (vgl. Föste/Janßen 1999, S. 65). Sie geben Handlungsorientierungen und tragen dazu bei, die Unsicherheit zwischen den Menschen, insbesondere hinsichtlich ihrer Handlungsmuster, zu reduzieren (vgl. Friedrichs 1994, S. 739). Insbesondere in Übergangsphasen wie z. B. im Zuge grenzüberschreitender Migration wächst der Einfluß von Werten bzw. persönlichen Grundeinstellungen auf den Erfolg (vgl. Holling et al. 2000, S. 173). Weil die prädominanten Werte zwischen einzelnen Gesellschaften unterschiedlich sein können, ist an dieser Stelle ein diesbezüglicher Vergleich zwischen Deutschland und Polen angezeigt.

Die Wirtschaftsordnung Deutschlands ist die Soziale Marktwirtschaft. Sie stellt das Pendant einer pluralistisch-demokratischen Gesellschaftsverfassung dar, innerhalb derer die Prinzipien der Humanität und der Marktwirtschaft gemeinsam zur Geltung kommen (vgl. Föste/Janßen 1999, S. 71). Die der deutschen Sozialen Marktwirtschaft zugrundeliegenden Grundwerte sind – angelehnt an jene der Gesellschaftsordnung – Freiheit, Verantwortung, Gleichheit und Gerechtigkeit. Jeder dieser Grundwerte weist dabei eine marktwirtschaftliche Funktions- und eine soziale Ausgleichskomponente auf, die gleichermaßen von der Gesellschaft akzeptiert werden (vgl. Föste/Janßen 1999, S. 108). Die marktwirtschaftliche Komponente umfaßt die Freiheit von äußerem Zwang, die Eigenverantwortlichkeit, gleiche Wettbewerbsbedingungen sowie die Leistungsgerechtigkeit. Die korrespondierenden sozialen Komponenten setzen sich aus der Freiheit von wirtschaftlicher Not, der sozialen Verantwortung, der Angleichung der sozialen Bedingungen sowie der Bedarfsgerechtigkeit zusammen. Die einzelnen Seiten der Grundwerte sind hinsichtlich der formalen Institutionen gekennzeichnet von Spannungsbögen zwischen Markt- und Staatskoordination, Individual- und Sozialprinzip, Privat- und Kollektiveigentum, Wettbewerb und Solidarität. Die entsprechenden Spannungsbögen bezüglich der menschlichen Eigenschaften bestehen zwischen Eigennutzstreben und Gemeinwohlorientierung, Wettbewerbsgesinnung und Gemeinsinn, Subsidiarität und Solidarität sowie Fairneß und Achtung der menschlichen Würde (vgl. Föste/Janßen 1999, S. 184). Wenn sich die Bewertungen dieser Komponenten zwischen dem Quell- und dem Zielraum der Migration deutlich voneinander unterscheiden, so deutet dies darauf hin, daß die Menschen nicht ohne Probleme die „Spielregeln“ im Zielraum einhalten können. Mithin wird ein Teil der persönlichkeitsbezogenen Qualifikationen bei einem Grenzübertritt entwertet.

Für Deutschland (N=1165) und Polen (N=1001) existieren repräsentative empirische Untersuchungen, welche u. a. die Akzeptanz beider Ausprägungen der Grundwerte überprüfen. Sie bedienen sich einiger gleicher Fragestellungen, die Vergleiche zwischen den Ländern ermöglichen. Die deutschen Daten, erhoben 1998, kommen aus zitierter Quelle (Föste/Janßen 1999), über die Einstellungen der Polen informiert das Transformationsbarometer Osteuropa (Haarland/Nießen 1999), welches seit 1997 jährlich erhoben wird.

Vorauszuschicken ist für Deutschland, daß das Antwortverhalten zwischen der westdeutschen und der ostdeutschen Bevölkerung deutlich voneinander abweicht. Im Gegenteil lassen sich eher Übereinstimmungen zwischen dem ostdeutschen und dem polnischen Antwortverhalten konstatieren. Dies läßt sich vermutlich darauf zurückführen, daß die Menschen seit dem Zweiten Weltkrieg in unterschiedlichen Wirtschaftsordnungen sozialisiert wurden und die Ostdeutschen mit den Institutionen der Sozialen Marktwirtschaft weniger vertraut sind. Die Einstellungen zu einzelnen Aspekten der wirtschaftlichen Institutionen sind jedoch selbst bei einem Vergleich zwischen Polen und Westdeutschen erstaunlich ähnlich. So beklagen 69 Prozent der Westdeutschen und 70 Prozent der befragten Polen, daß durch das marktwirtschaftliche System Zukunftsängste geschürt werden. Dabei erstaunt, daß deutlich mehr Ostdeutsche – 86 Prozent – diese Meinung vertreten (vgl. Föste/Janßen 1999, S. 246; Haarland/Nießen 1999, S. 134). Eine deutliche Mehrheit von 77 Prozent der Polen und sogar 90 Prozent der Ost- und der Westdeutschen beklagt zudem, daß Reiche immer Reicher und Arme immer ärmer werden (vgl. Föste/Janßen 1999, S. 247; Haarland/Nießen 1999, S. 135). Einmütig das Urteil hinsichtlich der Bedeutung der Eigenverantwortung: In allen drei Räumen geben mehr als drei Viertel der Befragten an, es sei wichtig, auf eigene Leistung zu bauen (vgl. Föste/Janßen 1999, S. 287; Haarland/Nießen 1999, S. 142).

Unterschiede zwischen der Einstellung der Westdeutschen und jener der Polen zeigen sich hingegen bei der Einstellung zu privatem Eigentum. So stimmen 76 Prozent der Polen und 72 Prozent der Ostdeutschen, aber nur 59 Prozent der Westdeutschen der Aussage zu, privates Eigentum schüre lediglich den Neid (vgl. Föste/Janßen 1999, S. 245; Haarland/Nießen 1999, S. 135). Nicht ganz vergleichbar sind die Fragen zu den Leistungsanreizen: Nur 46 Prozent der Polen sprechen sich für Einkommensdifferenzierung als Leistungsanreiz aus, hingegen lehnen 63 Prozent aller Ost- und sogar 76 Prozent aller Westdeutschen eine staatliche Korrektur der Einkommensunterschiede ab (vgl. Föste/Janßen 1999, S. 308; Haarland/Nießen 1999, S. 136). In der deutschen Untersuchung werden zudem Entscheidungsfragen („Natürlich sind beide Formen der

Freiheit/Verantwortung/Gerechtigkeit/Gleichheit wichtig. Aber wenn Sie sich entscheiden müßten, welche wäre Ihnen wichtiger?") gestellt. Dabei stellt sich heraus, daß die Deutschen den marktwirtschaftlichen Werten – außer beim Grundwert der Freiheit – eine tendenziell höhere Bedeutung beimessen als den sozialen (vgl. Föste/Janßen 1999, S. 315). Unterschiede zwischen Ost- und Westdeutschland zeigen sich wiederum nur beim Grundwert der Freiheit: 45 Prozent der West- aber nur 24 Prozent der Ostdeutschen messen der Freiheit von äußerem Zwang einen höheren Wert bei als der Freiheit von wirtschaftlicher Not (vgl. Föste/Janßen 1999, S. 287). Das Transformationsbarometer stellt diese Entscheidungsfragen nicht. Rückschlüsse auf die präferierte Wirtschaftsform und die dafür nötigen Verhaltensweisen können aus den Antworten zum Vergleich der Wirtschaftssysteme heute und vor der Transformation abgeleitet werden. Hinsichtlich des Grundwertes der Freiheit geben 51% der Polen an, persönliche Freiheit führe dazu, daß alles „drunter und drüber" gehe (Haarland/Nießen 1999, S. 141). Gut zwei Drittel der Polen meinen, daß „die Leute früher besser dran waren, weil jeder wußte, was er zu tun hat". Nur 20 Prozent der Befragten meinen, seit der Wende ginge es allen besser als vorher. Einem funktionierendem Beziehungsnetzwerk wird eine höhere Bedeutung für die Höhe des Einkommens zugesprochen (48%) als den eigenen Anstrengungen (37%) (vgl. Haarland/Nießen 1999, S. 111). Dies führt dazu, daß 45 Prozent der Polen gegenüber 37 Prozent der Deutschen der Auffassung sind, überdurchschnittliche Anstrengung sei im Berufsleben sinnlos (vgl. Haarland/Nießen 1999, S. 114; Föste/Janßen 1999, S. 276).

Zusammenfassend zeigen sich geringe Unterschiede hinsichtlich der Bewertung wichtiger Einstellungen wie der Akzeptanz des Privateigentums oder der Bedeutung des eigenen Einsatzes. Insgesamt jedoch unterscheiden sich selbst die Einstellungen der Westdeutschen und der Polen zu den Werten der Wirtschafts- und Sozialordnung nicht so stark, als daß von erheblichen Anpassungsproblemen infolge unterschiedlicher Sozialisierungsmuster ausgegangen werden muß. Von daher ist allenfalls bei Wanderungen in die alten Bundesländer eine geringfügige Abwertung eines Teils des allgemeinen Humankapitals zu erwarten.

Deshalb ist damit zu rechnen, daß Personen in Berufen, die überwiegend persönlichkeitsbezogene Qualifikationen erfordern, ceteris paribus keine Hemmungen haben auszuwandern, wenn der Gegenwartswert der kumulierten Einkommensunterschiede zwischen zwei Räumen die Migationskosten deckt. Aus den Erkenntnissen leitet sich – für Arbeitsmigration von Polen nach Deutschland – ab:

Satz 3a)

Je bedeutender der Anteil persönlichkeitsbezogener Qualifikationen für einen Beruf, desto wahrscheinlicher ist unter sonst gleichen Bedingungen, daß die in ihm Beschäftigten auf internationale Lohndifferentiale mit Auswanderung reagieren (bzw. desto höher ist c. p. die Lohnelastizität der Migration). Die Neigung der Arbeitgeber, Polen einzustellen, steigt mit der Bedeutung persönlichkeitsbezogener Qualifikationen für die nachgefragte Stelle.

4.3.4.2 Allgemeinbildung

Allgemeinbildung erhöht die Sensibilität, Phänomene jenseits der täglichen Routine wahrzunehmen, und ermöglicht es, Gelerntes auf Sachverhalte außerhalb dieser Routine zu übertragen. Darüber hinaus erhöht sie langfristig den Zugang zu weiteren Kenntnissen, so daß sie als Voraussetzung und Determinante wirtschaftlichen Erfolges bezeichnet werden kann (vgl. Malecki 1997, S. 317). Das allgemeine Bildungsniveau eines Volkes abzuschätzen erscheint allerdings nicht einfach. Einerseits muß das Schulsystem untersucht werden. Andererseits kann Wissen auch durch berufliche oder private Weiterbildung (z. B. dem Besuch von Ausstellungen, Medienkonsum, die Lektüre einer Zeitung, oder sonstige eigene freizeitliche Leseaktivitäten) angeeignet werden. Während den Sozialisationsmustern ein Einfluß auf die „Bildungskultur" bzw. das Bildungsverhalten nachgesagt wird, bleibt die schulische Ausbildung „der wichtigste und bisher am meisten verwendete Indikator" (Meusburger 1998a, S. 80). Entsprechend hat die OECD (2000) im Laufe von zwölf Jahren zahlreiche Indikatoren zum Vergleich der staatlichen Bildungssysteme entwickelt. Ferner besteht schon länger ein 1997 aktualisiertes Rahmenwerk zum Vergleich von Bildungsgängen (ISCED-97), auf das sich viele der erfaßten Indikatoren beziehen. Aus diesen Quellen lassen sich Aussagen über quantitative Unterschiede in der Schulausbildung ableiten. Hinweise über qualitative Unterschiede hinsichtlich des Basiswissens können der ersten Veröffentlichung des OECD Programme for International Student Assessment (PISA) entnommen werden (OECD 2001). Dabei werden in einem dreißig Länder umfassenden Vergleich die Fähigkeiten 15jähriger Schüler im Bereich der Lesekompetenz sowie hinsichtlich ihrer mathematisch-naturwissenschaftlichen Grundbildung erfaßt.

Über die Transferierbarkeit der vermittelten Inhalte kann allenfalls spekuliert werden; als sicher gilt zumindest, daß das im Quellraum vermittelte Wissen positive Auswirkungen auf die Verdienstmöglichkeiten im Ausland nach sich zieht. Allerdings ist für Deutschland festgestellt worden, daß „the size of the effects varies between sending regions" (Steineck 1994b, S. 210). Dies zeigt der Autor anhand eines Vergleichs der Einkommensperformance von türkischen, italienischen und jugoslawischen Migranten in Deutschland. Aussagen über das Ausmaß der Transferierbarkeit der vermittelten Inhalte lassen sich allenfalls unter großer Unsicherheit und lediglich ex post anhand der Einkommensdifferentiale erahnen, wobei selbst dann die Zusammenhänge von Ursache und Wirkung unklar bleiben (vgl. Steineck 1994b, S. 221). Im folgenden sei die Analyse deswegen mit Ausnahme der Ergebnisse der PISA-Studie auf quantitative Indikatoren beschränkt. Bevor jene für Deutschland und Polen verglichen werden, werden im folgenden die Bildungssysteme der beiden Staaten umrissen.

Das deutsche Bildungssystem verfügt über eine allgemeinbildende und eine berufliche Komponente. Die allgemeine Schulpflicht beträgt neun Jahre[30]. Sie setzt sich aus einem Primarbereich von vier Jahren und einem Sekundarbereich von fünf- bis neunjähriger Dauer (je nach besuchtem Schultyp) zusammen. Der Sekundarbereich wiederum ist zweigeteilt. Um vom Sekundarbereich I (nach neun bzw. zehn Jahren Gesamtschulzeit) in den Sekundarbereich II zu gelangen, ist eine Zugangsvoraussetzung zu erwerben. Ähnlich setzt ein Besuch des Tertiärbereiches (Hochschulen) eine Berechtigung voraus, die im Sekundarbereich II erworben wird (vgl. Reibold 1998, S. 29ff.). In Polen ist das Schulsystem reformiert worden. Lag die allgemeine Schulpflicht bislang bei acht Jahren Einheitsschule um ein Jahr unter der deutschen, so dauert sie mittlerweile mit zehn Jahren ein Jahr länger. Einem obligatorischen Vorschuljahr folgen sechs Grundschuljahre und drei Jahre Gymnasium. Im Anschluß daran besteht die Möglichkeit, durch einen dreijährigen Besuch eines Profillyzeums die Hochschulzugangsberechtigung zu erlangen (vgl. BA 2001b). Die Bedeutung der berufsbildenden Inhalte wurde im Rahmen der Reform reduziert. Vor der Reform bestand die Möglichkeit, die Hochschulzugangsberechtigung auch nach vier Jahren Berufslyzeum (liceum zawodowe) oder fünf Jahren Technikum zu besuchen, wenn zusätzlich eine Eingangsprüfung erfolgreich abgelegt wird (vgl. Reibold 1998, S. 251f.).

Der OECD Bildungsüberblick liefert für Deutschland und für Polen u. a. die in Tabelle 5 abgebildeten quantitativen Daten. Die Inputindikatoren (1 und 2) lassen zwar keinen direkten Schluß auf das Ausmaß der Allgemeinbildung zu, sie zeugen jedoch, effiziente Verwendung vorausgesetzt, vom Stellenwert, der dem schulischen Bildungssystem in einem Raum zugemessen wird. Investitionen in das staatliche Bildungssystem können etwa über eine bessere Schüler-Lehrer-Ratio oder eine verbesserte Ausstattung mit Lehrmitteln zu einer Verbesserung der Lehrqualität beitragen. Hier zeichnen die Indikatoren kein eindeutiges Bild. Die Gesamtausgaben für öffentliche Bildung, gemessen am Anteil des BIP übersteigen in Polen die der Deutschen. Der Anteil der Subventionen für den tertiären Bildungsbereich, gemessen in Relation zu den öffentlichen Ausgaben, liegt hingegen in Deutschland deutlich über dem polnischen. Bei den Bildungsausgaben pro Kopf, ausgedrückt in Kaufkraftstandards, liegt Deutschland

[30] In vier Bundesländern zehn Jahre.

zwar regelmäßig vor Polen. Eine Verwendung dieses Indikators drängt sich aber aufgrund der Einkommensunterschiede zwischen den beiden Staaten nicht auf, weswegen sie nicht in der Tabelle erscheinen.

Tab. 5: Schulbildung in Deutschland und Polen 1997 (OECD-Bildungsreport)

	D	POL	OECD
1. Öffentliche Ausgaben für Bildungseinrichtungen (% BIP)	4,5	5,8	5,1
2. Subventionen für Tertiärbereich (% der öff. Ausgaben)	12	4	21
3. Bildungserwartung (Jahre)	16,8	15,6	16,4
4. Ausbildungsjahre (erw.) im Tertiärbereich für 17jährige	2,0	2,0	2,3
5. Studierende (Tertiärbereich 1997; 1990=100)	106	223	149
6. Abschluß ≥ Sekundarbereich II (% der 25-bis 64jährigen)	84	54	61
7. Abschluß Tertiärbereich (% der 25- bis 64jährigen)	14	11	14
8.Abschlußquote (Erstabschluß) Tertiärbereich	16	25	24

Quelle: OECD (2000, S. 17f.).

Hinsichtlich der Teilnahmeindikatoren (3-8) zeigt sich ein differenzierteres Bild. Die Bildungserwartung der Deutschen übersteigt mit 16,8 Jahren die der Polen (15,6 Jahren) um gut sieben Prozent. Dabei liegt der deutsche Wert leicht über, der polnische leicht unter dem OECD-Mittel von 16,4 Jahren. Hinsichtlich der erwarteten Ausbildungsjahre im Tertiärbereich für alle 17jährigen zeigen sich keine Unterschiede zwischen den beiden Staaten. Die Abschlußquote als auf 100 bezogene Zahl jener Schüler, die unabhängig vom Alter einen Abschluß erzielen, hängt von der Zahl der Abschlüsse im üblichen Alter für einen Abschluß und von der Zahl der Abschlüsse älterer Schüler ab, insbesondere auf dem zweiten Bildungsweg (vgl. OECD 2000, S. 154). Sie ist in Polen für den Tertiärbereich mit 25 höher als in Deutschland (16) und liegt damit knapp über dem OECD-Mittel (24). Anders verhält es sich bei den 25- bis 64jährigen. Hier liegt die Zahl der polnischen Abschlüsse sowohl im Sekundarbereich II als auch im Tertiärbereich um gut ein Drittel bzw. ein Fünftel unter den deutschen. Diese unterschiedlichen Zahlen lassen sich dahingehend interpretieren, daß die älteren Polen im Vergleich zu Deutschland und der OECD überdurchschnittlich gut gebildet sind, der Großteil der Polen im erwerbsfähigen Alter über 25 Jahren unterdurchschnittlich gut und die unter 25jährigen wiederum durchschnittlich gut. Dies wird durch einen dynamischen Indikator, der die Veränderung der Studierendenzahl im Tertiärbereich zwischen 1990 und 1997 mißt, bekräftigt (Deutschland: +6%; Polen: +123%). Er zeigt eine steigende Wertschätzung eines Studiums seitens der polnischen Bevölkerung an. Dies mag auch auf die nach 1990 verfolgten grundlegenden Bildungsreformen in Polen zurückzuführen sein, die u. a. zu einer Ausdifferenzierung des Bildungsangebotes geführt haben (vgl. Droth/Grimm/Haase 2000, S. 70).

Innerhalb der Abschlüsse ist weiter zu differenzieren nach Ziel und Ausrichtung insbesondere des Sekundarbereichs II (ISCED 3). Sein Ziel liegt in der Vorbereitung auf den tertiären Bildungsbereich. Entsprechend wird ISCED 3 unterteilt in 3C (Vorbereitung auf den direkten Eintritt in den Arbeitsmarkt; „abschließende Bildungsgänge"), 3B (Zugang zum Tertiärbereich 5B[31]), 3A (Zugang zum Tertiärbereich 5A[32]). Hier zeigen sich deutliche Unterschiede zwischen den Betrachtungsräumen. Während im Sekundarbereich II Bildungsgänge mit dem Ziel 3C in Deutschland nicht existieren (dieses Ziel wird in Sekundarbereich I mit dem Haupt- oder Realschulabschluß erreicht), verfolgt etwa ein Viertel der polnischen Schüler in Technikum oder Berufslyzeen dieses Ziel. Anders existiert in Polen das Ziel 3B nicht, während dieses Ziel in Deutschland knapp zwei Drittel der Schüler anstreben (Fachoberschulreife). Das Ziel 3A (Fachhochschulreife) verfolgen in Deutschland lediglich gut ein Drittel der Schüler; in Polen hingegen mit ca. drei Viertel aller Schüler deutlich mehr. Hinsichtlich der Allgemeinbildung dürfte dieser Umstand den absoluten Rückstand Polens hinsichtlich der Abschlüsse wieder etwas relativieren, zumal die Reform des Schulwesens die Bedeutung der berufsbildenden Komponente mit Einführung des Profillyzeums und Abschaffung von Berufslyzeen und Technika weiter schwächt. Die Ausrichtung der Bildungsgänge wiederum unterscheidet sich hinsichtlich der Sekundarstufe II kaum: Jeweils knapp zwei Drittel richten sich an eine spezifische Klasse von Beschäftigungen oder Berufen aus, das restliche Drittel nicht (vgl. OECD 2000, S. 157).

Vergleichbare Outputindikatoren lagen bis 2001 für Deutschland und Polen nicht vor. Die „Dritte Internationale Mathematik- und Naturwissenschaftsstudie" (Third International Mathematics and Science Study – TIMSS; Baumert et al. 2000) ist eine international vergleichende Schulleistungsuntersuchung, die von der International Association for the Evaluation of Educational Achievement (IEA) durchgeführt wird. Sie belegt, daß die Testleistungen deutscher Schüler im Bereich der mathematisch-naturwissenschaftlichen Grundbildung in der Gruppe vergleichbarer Länder im unteren Bereich liegt. Polen hat sich bislang aber nicht an den TIMSS-Untersuchungsbereichen beteiligt, so daß kein Vergleich möglich ist. Ende 2001 hat die OECD die zitierte Internationale Schulleistungsstudie PISA vorgelegt, an der sich sowohl Deutschland als auch Polen beteiligt haben. Für den deutschen Fall werden die

---

[31] ISCED 5B: praktisch/technisch/berufsspezifisch orientierte Bildungsgänge (Fachhochschule) (vgl. OECD 2000, S. 362).

[32] ISCED 5A: theoretisch orientierte Studiengänge (Universität); Vermittlung von hohen fachlichen Qualifikationen (vgl. OECD 2000, S. 362).

Ergebnisse der TIMSS-Studie bestätigt. Im einzelnen zeigt sich folgendes Bild (Tab. 6):

Tab. 6: Schulbildung in Deutschland und Polen 2000 (PISA-Studie)

	OECD (Ø)	Deutschland		Polen	
	Punkte	Punkte	Rang	Punkte	Rang
Lesen	500	484	21	479	24
Mathematik	500	490	20	470	23
Naturwissenschaften	500	487	20	483	21

Quelle: verändert nach OECD 2001, S. 60 und 297ff.

Die Ergebnisse zeigen zunächst, daß die von den Schülern in beiden Ländern erbrachten Leistungen (auch signifikant) unter dem Durchschnitt der OECD liegen. Dabei erreichten die deutschen Schüler in allen drei Prüfungsbereichen durchschnittlich etwas höhere Punktzahlen als die polnischen. Allerdings muß bei den dargestellten Durchschnittsergebnissen berücksichtigt werden, daß nur etwa ein Zehntel der erfaßten Gesamtvarianz auf Leistungsunterschiede zwischen den Ländern zurückgeführt werden kann. Die übrigen Unterschiede sind in erster Linie innerhalb der einzelnen Länder zu suchen, z. B. zwischen einzelnen Schulen, Lehrplänen oder Schülern (vgl. OECD 2001, S. 58). Die internationalen Vergleiche müssen insoweit mit Vorsicht interpretiert werden. Immerhin bestätigt sich das Bild, das die Indikatoren des Bildungsreportes gezeichnet haben. Die schulischen Bildungsindikatoren weisen in beiden Studien für Deutschland geringfügig bessere Werte aus als für Polen.

Zur Abschätzung der Allgemeinbildung sollte aber auch jenes Wissen berücksichtigt werden, das außerhalb des Schulwesens bzw. nach Abschluß der Schule erworben wird, wenngleich die Datenlage weit unbefriedigender ist und die Indikatoren noch indirekter als die oben verwendeten messen. Meusburger (1998a, S. 81) nennt u. a. Theater- und Museumsbesuche sowie das Leseverhalten als private Weiterbildungsmaßnahmen. Das Leseverhalten wird anhand der Bibliotheksbesuche sowie der verkauften Zeitungen operationalisiert. Es liegen Daten zu Theater- und Museumsbesuchen vor. Im folgenden wird soweit möglich sowohl die Angebots- als auch die Nachfrageseite ausgewiesen:

Tab. 7: Außerschulische Bildung in Deutschland und Polen 1998

	Deutschland	Polen
Zeitungsdichte[1] (Exemplare pro 1000 Einwohner)	306	113
Theateraufführungen pro Mio. Einwohner	877,1	765,5
Theaterbesucher pro 1000 Einwohner	252,1	144,8
Museen pro Mio. Einwohner	54,3	15,9
Museumsbesuche pro 1000 Einwohner	1162,3	457,8
Bibliotheken pro Mio. Einwohner	162,7	237,9
Bibliotheksnutzer pro 1000 Einwohner	178,2	188,8

[1] 1997.

Quellen: Statistisches Bundesamt 2000a, S. 401ff.; Droth/Grimm/Haase 2000, S. 74; BDZV 2001.

Die Ableitung gesicherter Aussagen hinsichtlich des Niveaus der Allgemeinbildung aus den verfügbaren Daten ist aufgrund der indirekten Zusammenhänge nur unter Vorbehalt möglich. Sicherlich wäre die Erfassung der Allgemeinbildung am ehesten im Rahmen einer Prüfung möglich, die beiden Gruppen gestellt wird. Dies impliziert eine eigene, zeit- und kostenaufwendige Erhebung, weil keine adäquaten Erhebungen existieren. Ferner ergeben sich bei vielen der präsentierten Indikatoren weitere Probleme, auf die bei ihrer Interpretation gesondert hingewiesen wird.

Der Befund aus den Kennzahlen zur schulischen Bildung wird durch die Daten zur außerschulischen Bildung insgesamt bestätigt, wenn sich das Bild auch hier nicht eindeutig darstellt. Insgesamt sind die allgemeinen Bildungsaktivitäten außerhalb des Schulsystems in Polen geringer als in Deutschland – jedenfalls hinsichtlich der betrachteten Indikatoren. Sehr deutlich wird dies bei Betrachtung der Zeitungsdichte, die in Deutschland knapp dreimal so hoch liegt wie in Polen. Allerdings muß eingeräumt werden, daß die Zeitungsdichte kein zuverlässiger Indikator für die tatsächliche Reichweite einer Zeitung darstellen muß. Eine Zeitung kann innerhalb der Familie, eines Unternehmens oder unter Freunden herumgereicht werden. Dies scheint aufgrund der eingeschränkten finanziellen Möglichkeiten der Polen eine durchaus attraktive und realistische Option.

Die Theaterbesuche der Polen machen nur etwa 57,4 Prozent jener der Deutschen aus. Bei den Museumsbesuchen entspricht das polnische Niveau gar nur 39,4 Prozent des deutschen. Während sich die letztgenannte Relation auch im Angebot an Museen widerspiegelt, so trifft dies nur eingeschränkt für das Angebot an Theateraufführungen zu. Pro Einwohner unterschreitet das polnische Angebot jenes in Deutschland nur um 13 Prozent. Berücksichtigt werden muß bei diesen Annäherungen aber, daß sich insbesondere unter den Museumsbesuchern eine bedeutende Menge auswärtiger Personen befindet. Obwohl dies für beide Staaten zutrifft, können sich die Ausländeranteile am Gesamtbesuch durchaus unterscheiden. Konkrete Zahlen hierzu werden allerdings nicht flächendeckend erhoben. Dieser Indikator ist insoweit mit Vorsicht zu interpretieren. Auch wäre es fahrlässig, aus den Zahlen der Theater- und Museumsbesuche eine generelle Bildungsmüdigkeit abzuleiten, weil Freizeitaktivitäten wie Theater- und Museumsbesuche von der verfügbaren Zeit und vor allem vom verfügbaren Budget abhängen. Als superiore Güter, deren Konsum mit dem Einkommen wächst, ist eine geringere Nachfrage nach Kultur und Fortbildung in einem ärmeren Land aufgrund des Einkommenseffektes selbst dann plausibel, wenn ihre relativen Preise identisch oder gar niedriger sind.

Der Besuch von Bibliotheken ist allenfalls mit einem Zeitaufwand verbunden. Die Infrastruktur ist in Polen deutlich besser als in Deutschland, dessen Bibliotheksdichte nur bei gut zwei Drittel der polnischen liegt. Auf die Nutzung der Bibliotheken durch die Bevölkerung schlägt sich dies aber nicht nieder. Pro 1000 Einwohner nutzen nur unwesentlich mehr Polen als Deutsche eine Bibliothek. Auch hier muß vor einem generellen Befund der Bildungsmüdigkeit gewarnt werden. Denn der Faktor Zeit ist in weniger wohlhabenden Ökonomien wegen der höheren Bedeutung des informellen Sektors und der Eigenerstellung von Gütern und Dienstleistungen knapper als in reicheren Räumen.

Am Ergebnis ändern die Gründe für ein geringes Niveau privater Weiterbildungsaktivitäten wenig. Mit Ausnahme des Angebotes an Bibliotheken liegt Deutschland bei allen betrachteten Indikatoren vor Polen. Bei aller angebrachten Vorsicht sei zumindest der Schluß erlaubt, daß Deutschland seinem östlichen Nachbarn hinsichtlich der privaten Weiterbildungsangebote und -aktivitäten nicht unterlegen ist. Die mit etwas weniger Vorsicht zu interpretierenden Indikatoren schulischer Bildung deuten auf ein höheres Maß an Allgemeinbildung in Deutschland im Vergleich zu Polen hin. Auf jeden Fall entwertet sich bei Migration der Teil des Allgemeinwissens, dessen Nichtkenntnis im jeweils anderen Land nicht weiter auffällt. Insbesondere in den Fächern Polnisch, Geographie, Politik und Geschichte dürfte ein größerer Teil landes- oder gar regionalspezifischen Allgemeinwissens vermittelt worden sein. Dies führt dazu, daß die Kluft des allgemeinen Bildungsstandes zwischen den beiden Staaten tendenziell größer wird.

Ob die Unterschiede im Allgemeinbildungsniveau allerdings ausreichen, daß Personen in Berufen mit hohen Anforderungen an die Allgemeinbildung ceteris paribus keinen Wanderungsanreiz verspüren, wenn der Gegenwartswert der kumulierten Einkommensunterschiede zwischen zwei Räumen die Migationskosten deckt, scheint fragwürdig. Tendenziell jedoch spricht für den polnisch-deutschen Fall mehr für eine geringe Lohnelastizität der Migration jener Personengruppe als für eine hohe:

Satz 3b)

Je bedeutender die Allgemeinbildung für einen Beruf, desto unwahrscheinlicher ist unter sonst gleichen Bedingungen, daß die in ihm Beschäftigten auf internationale Lohndifferentiale mit Auswanderung reagieren (bzw. desto niedriger ist c. p. die Lohnelastizität der Migration). Die Neigung der Arbeitgeber, Polen einzustellen, sinkt mit der Bedeutung der Allgemeinbildung für die nachgefragte Stelle.

4.3.4.3 Kommunikative Qualifikationen

Die Existenz eines funktionierenden Netzes sozialer Kontakte, das Artikulationsvermögen und die Beherrschung der Landessprache bzw. der vor Ort am besten verwertbaren Fremdsprachen konstituieren in dieser Arbeit die kommunikativen Qualifikationen. Den Sprachkenntnissen kommt dabei eine doppelte Bedeutung zu: sie sind notwendige Bedingung für die Aneignung weiterer Qualifikationen wie auch für die Etablierung sozialer Netzwerke.

Nach den theoretischen Ausführungen zum Wert des Sozialkapitals (vgl. Kap. 4.3.1) mag als ein Hinweis für die Bedeutung sozialer Netzwerke aufgeführt werden, daß der Anteil der Ausländer ohne deutschen Freund bei den ungelernten Facharbeitern am höchsten und unter den Angestellten am niedrigsten ist. Dazwischen rangieren die angelernten Arbeiter (zweithöchster Anteil ohne deutschen Freund) und die Facharbeiter bzw. Meister (vgl. Seifert 1995, S. 156). Dies läßt vermuten, daß die berufliche Stellung eines Ausländers in Deutschland u. U. auch von einer bestehenden Freundschaft zu einem Einheimischen abhängt und soziale Netzwerke den Erfolg nicht nur im Geschäftsleben, sondern auch auf dem Arbeitsmarkt beeinflussen: „having the right contacts and belonging to specific human networks is important for doing business“ (Fischer, 1999, S. 167). Aus ökonomischer Perspektive ist dies auf die Verringerung von Transaktionskosten zurückzuführen (vgl. Arndt 2001, S. 28). Soziale Netzwerke sind insbesondere für Einkäufer oder Vertreter sehr bedeutsam. Wird die Performance an einer Outputgröße, z. B. den Vertragsabschlüssen eines Vertreters in einem Zeitraum, gemessen, so wird der Einfluß des Bestands sozialer Netzwerke schnell ersichtlich. Während Netzwerke prinzipiell unabhängig von Räumen existieren können, sind persönliche Beziehungen räumlich gebunden und zwar mehr an Regionen als an Nationen. Internationale Migration führt somit in der Regel zu einer Entwertung des regionalisierten Teils eines persönlichen Netzwerkes. Ausnahmen sind bei grenz-, aber nicht regionsüberschreitenden Wanderungen denkbar. Im polnisch-deutschen Fall ist dies bei Wanderungen innerhalb einer der zahlreichen Regionen mit grenzüberschreitender Zusammenarbeit[33] entlang der polnisch-deutschen Grenze möglich, z. B. aus dem Raum Stettin in die Uckermark oder zwischen benachbarten Grenz- bzw. Doppelstädten wie Frankfurt/Oder und Stubice bzw. zwischen Guben und Gubin. Allerdings sind in diesen Räumen Pendelbewegungen wahrscheinlicher als Migration. Demnach entwertet sich bei grenzüberschreitenden Wanderungen ein Teil der kommunikativen Fähigkeiten aufgrund der Reduktion des Bestandes persönlicher Kontakte.

Der Schlüssel zur Etablierung neuer Netzwerke liegt in den Sprachkenntnissen. Daneben beeinflussen sie aber auch aus anderen Gründen die Chancen auf dem Arbeitsmarkt. Sprachkenntnisse zählen nicht umsonst zu den fünf beruflichen Grundfertigkeiten, die auf dem EU-Gipfel in Lissabon im Jahr 2000 definiert worden sind. Zum einen ist die Beherrschung der Landessprache für die Berufsausübung unabdingbar, alleine schon um die Arbeitsanweisungen zu verstehen. In diesem Zusammenhang versetzen Sprachkenntnisse eine Person erst in die Lage, sich weiterbilden zu können und sich insbesondere ein im Zielraum verwertbares Humankapital anzueignen. Zum anderen beeinflußt die Beherrschung der Landessprache bewußt oder unbewußt das Einstellungsverhalten der Arbeitgeber, was u. a. durch die erwähnte verminderte Fähigkeit zur Aneignung neuen Humankapitals plausibel wird (vgl. Friedberg 2000, S. 247). Dustmann (1993, S. 23) zeigt für Migranten in Deutschland, daß die Sprachkenntnisse mit dem Bildungsstand korrelieren. Damit wird dem Arbeitgeber durch einen der Sprache Unkundigen ein Signal gesetzt, das seine Chancen auf Einstellung vermindert. Auch die Ausländer selbst betonen die Wichtigkeit von Deutschkenntnissen. 96 Prozent geben an, Deutsch sei wichtig, um Rechtsansprüche durchzusetzen und im Alltag besser zurechtzukommen sowie um mit den Deutschen in Kontakt zu kommen (vgl. BMAS 1991, S. 484). Hintermann (1998, S. 145) weist empirisch für die Bevölkerung in allen Visegradstaaten eine Beziehung zwischen Sprachkenntnissen und Migrationsabsicht nach. Zu den kommunikativen Fähigkeiten, die in verschiedenen Berufen benötigt werden, zählt neben der Beherrschung der Landessprache auch die der im Zielraum gebräuchlichen Fremdsprachen. Deren Vermittlung geschieht in Abhängigkeit von den Anforderungen des Arbeitsmarktes bzw. der wichtigsten Handelspartner und der gesellschaftlichen Präferenzen. Tabelle 8 gibt einen Überblick über die Sprachkenntnisse der deutschen und der polnischen Bevölkerung:

---

[33] Von Nord nach Süd: Pomerania, Pro Europa Viadrina, Spree-Neisse-Bober, Neisse (vgl. BBR 2000, S. 215).

Tab. 8: Sprachkenntnisse (Anteile der Bevölkerung in %)

Sprache	Indikator	Deutschland	Polen
Deutsch	Konversation [Bevölkerungsanteil]	>95	13[1]
	Texterfassung [Bevölkerungsanteil]	>95	10[2]
	Anteil Deutsch lernender Schüler Sek. II	.	61[3]
Englisch	Konversation [Bevölkerungsanteil][1]	45	11
	Texterfassung [Bevölkerungsanteil][2]	–	13
	Anteil Englisch lernender Schüler Sek. II[3]	91	86
Französisch	Konversation [Bevölkerungsanteil][1]	12	3
	Texterfassung [Bevölkerungsanteil][2]	–	<3
	Anteil Französisch lernender Schüler Sek. II[3]	33	17
Russisch	Konversation [Bevölkerungsanteil][1]	5	28
	Texterfassung [Bevölkerungsanteil][2]	–	21
	Anteil Russisch lernender Schüler Sek. II[3]	3	24

[1] 1995 [2] 1997 [3] 1998/99 – nicht verfügbar . nicht anwendbar

Quellen: Pilos 2001, S. 5; Europäische Kommission 1996, Annex 44; Europäische Kommission 1998, Annex 55; Eurostat 1999, S. 122; Statistisches Bundesamt 2000a; eigene Berechnungen.

Während in Deutschland Englisch obligatorisch gelehrt wird, ist in Polen bis zum 1. September 1990 Russisch in den Schulen Pflichtfremdsprache gewesen. Entsprechend ist Russisch die Fremdsprache, die von den meisten Polen beherrscht wird – 28 Prozent geben an, Konversationen in dieser Sprache führen zu können. Hingegen sehen sich nur 13 Prozent dazu auf Deutsch in der Lage. Englisch (elf Prozent) und Französisch (drei Prozent) wird von noch weniger Polen beherrscht (vgl. Europäische Kommission 1996, Annex 44). Noch schlechter ist die Fähigkeit der Polen ausgeprägt, einen deutschen Text problemlos zu lesen. Lediglich zehn Prozent geben an, dazu in der Lage zu sein. Die Werte für die anderen Sprachen sind 21 Prozent (Russisch) und 13 Prozent (Englisch). Französische Texte können weniger als drei Prozent der Polen problemlos lesen (vgl. Europäische Kommission 1998, Annex 55).

Seit September 1990 können polnische Schüler neben Russisch auch Englisch, Französisch oder Deutsch belegen (vgl. Riechers 1995, S. 83). Dabei wird Deutsch von den polnischen Schulkindern zunehmend als erste Fremdsprache belegt (vgl. Heckel 1999, S. 60), obgleich Englisch, das von 86 Prozent aller Schüler der Sekundarstufe II erlernt wird, noch dominiert (Deutsch: 61%). 23,7 Prozent der Schüler lernen nach wie vor Russisch, nur 16,7 Prozent Französisch (vgl. Pilos 2001, S. 5). Bis die westlichen Sprachen von einer breiten Bevölkerungsschicht beherrscht werden, wird allerdings noch ein längerer Zeitraum verstreichen. Bei Überquerung der deutsch-polnischen Grenze wird also die Mehrheit der Polen einen Verfall des überbetrieblichen Humankapitals erleiden, der auf einen Verlust an Konversationsfähigkeit zurückzuführen ist.

Neben dem Verlust persönlicher Kontakte tragen somit auch sprachliche Defizite zu einem Verlust kommunikativer Qualifikationen bei. Somit ist damit zu rechnen, daß Polen in Berufen, die überwiegend kommunikative Qualifikationen erfordern, ceteris paribus keinen Anreiz verspüren, nach Deutschland auszuwandern. Aus den Erkenntnissen folgt für die Untersuchungsräume:

Satz 3c)

Je bedeutender der Anteil kommunikativer Qualifikationen für einen Beruf, desto unwahrscheinlicher ist unter sonst gleichen Bedingungen, daß er von den Beschäftigten im Zielraum ausgeübt werden kann und daß auf internationale Lohndifferentiale mit Auswanderung reagiert wird (bzw. desto niedriger ist c. p. die Lohnelastizität der Migration). Die Neigung der Arbeitgeber, Polen einzustellen, sinkt mit der Bedeutung kommunikativer Qualifikationen für die nachgefragte Stelle.

4.3.4.4 Berufsfachliche Qualifikationen

Das berufsfachliche Humankapital umfaßt Wissen, das durch Transfer und Analyse zur Bewältigung verschiedener Aufgaben befähigt, die sich im Rahmen des ausgeübten Berufes stellen. Die hierzu nötigen Qualifikationen werden während einer Berufs-, Fach- bzw. Hochschulausbildung erworben. Dabei werden die erworbenen Qualifikationen durch überbetriebliche Standards und Regelungen definiert (vgl. Gaß 1996, S. 67 u. 104). Ein angehender Augenoptiker wird u. a. in die Lage versetzt, bei der Auswahl von Gläsern und Fassungen zu helfen, die Augenleistung zu messen und Gläser nach Zentrieren, Anzeichnen, Justieren und Bearbeiten in eine Fassung einzupassen. Nach einer dreijährigen Ausbildung erhält er den Gesellenbrief (vgl. BA 1997, o. S.).

Hinweise auf die Bedeutung der berufsfachlichen Qualifikationen geben die Beschäftigungswechselraten für Deutschland, untersucht vom IAB für den Zeitraum zwischen 1985 und 1995. Während die Betriebswechselrate im gesamten Zeitraum zwischen 5,47 Prozent und 6,93 Prozent oszilliert, schwankt die Berufswechselrate lediglich zwischen 1,8 Prozent und 2,66 Prozent (vgl. Bender/Haas/Klose 1999, S. 6). Aus der Sicht des Beschäftigten scheint demnach ein Wechsel des Betriebes mit weniger Kosten verbunden zu sein als ein Wechsel des Berufs. Dies entspricht den aus dem Sozioökonomischen Panel für Deutschland gewonnenen Erkenntnissen von Mertens (1998, S. 135), denen zufolge „human capital specific to the occupation or the industry is lost for the worker in the new job". Im Lichte der Humankapitaltheorie scheint dies allein aus Kostengründen plausibel, weil die Kosten für berufsfachliche Ausbildung von den Arbeitnehmern getragen werden, die der betriebsspezifischen Ausbildung hingegen mit dem Arbeitgeber geteilt werden (vgl. Hashimoto 1981, S. 477).

Berufsfachliche Qualifikationen entwerten sich generell bei einem Berufswechsel, im Zuge technischen Fortschritts und aufgrund wirtschaftsstrukturellen Wandels. Ist internationale Migration mit einem Berufswechsel verbunden, entwertet sich das berufsfachliche Humankapital auf jeden Fall. Für grenzüberschreitende Wanderungen ohne Berufswechsel können hingegen keine generalisierenden Aussagen zur Abwertung abgeleitet werden – berufsfachliche Qualifikationen sind unter Umständen auch bei einem grenzüberschreitenden Wechsel des Betriebes übertragbar (vgl. Bender/Haas/Klose 1999, S. 4). Steineck (1994b, S. 220f.) zeigt empirisch anhand von Immigranten aus Jugoslawien, Italien und der Türkei, daß die Transferierbarkeit der berufsfachlichen Qualifikationen mit zunehmender kultureller, ökonomischer oder geographischer Distanz abnimmt. Allerdings ist die Übertragbarkeit dieser Qualifikationen nicht ex ante niedriger als die der Allgemeinbildung.

Bei internationalen Wanderungen erschweren Unterschiede der verwendeten Produktionstechnologie und institutionelle Hemmnisse, z. B. in Form der Nichtanerkennung von Zeugnissen oder uneinheitlicher Standards, den Transfer der berufsfachlichen Qualifikationen. Unwahrscheinlich ist die Übertragbarkeit dann, wenn sich die Produktionstechnologien zwischen zwei Räumen deutlich voneinander unterscheiden. So entwertet sich z. B. das berufsfachliche Humankapital eines Druckers bei Wanderung in hohem Maße, wenn im Quellraum die Texte per Hand gesetzt werden und im Zielraum mittels Desk Top Publishing. Unterschiede zwischen Produktionstechnologien lassen sich nur schwer verallgemeinern. Belussi und Garibaldo (1996, S. 165) versuchen dies, indem sie vier geographische Blocks mit jeweils unterschiedlichen Produktionssystemen unterscheiden: „the Anglo-American flexibilization of the Fordist system; the Euro-corporation skill-based system, based on collective labour regulation and co-determination; the Asiatic-corporatist model, based on individual models of work transaction; and the paleo-Manchesterian development of the former socialist economies". Auf kleinerer Maßstabsebene können unterschiedliche Produktionssysteme über die Produktivitäten verschiedener Wirtschaftszweige identifiziert werden. Wenn sich die Entlohnung einer Arbeitskraft an seiner Grenzproduktivität orientiert, müssen sich die verwendeten Produktionstechnologien ceteris paribus voneinander unterscheiden, wenn die Arbeitsproduktivität[34] in zwei Räumen voneinander abweicht. Entsprechend führt z. B. das Institut für Wirtschaftsforschung Halle den Lohnrück-

[34] Bruttowertschöpfung zu Herstellungspreisen in KKS dividiert durch die Beschäftigung.

stand der neuen auf die alten deutschen Bundesländer darauf zurück, daß „ein Großteil der 1990 existierenden ostdeutschen Unternehmen auf einem technologisch veralteten Niveau" produziert (IWH 2000, S. 7). Denn zwischen den beiden deutschen Schulsystemen bestehen wenig Unterschiede, und hinsichtlich der Häufigkeit abgeschlossener Berufsausbildung liegen die Ostdeutschen sogar vor den Westdeutschen (vgl. IWH 2000, S. 7).

Die Unterschiede in der verwendeten Produktionstechnologie variieren vermutlich sowohl zwischen einzelnen Betrieben als auch zwischen verschiedenen Berufen. In Ermangelung vergleichbarer berufsspezifischer Produktivitätskennziffern für beide Staaten wird eine Approximation über die sektorspezifische Betrachtung gewählt.

Tab. 9: Arbeitsproduktivitäten[1] in Deutschland und Polen 1998 (EU-15 = 100)

Wirtschaftszweig	Deutschland[2]	Polen	D/POL
Landwirtschaft	103	13	7,9
Verarbeitendes Gewerbe	107	38	2,8
Baugewerbe	107	68	1,6
Handel, Verkehr, Telekommunikation	102	61	1,7
Finanz- und Unternehmensdienstleistungen	162	43	3,8
Öffentlicher Dienst	106	49	2,2
Gesamtwirtschaft	**116**	**38**	**3,1**

[1] Bruttowertschöpfung zu Herstellungspreisen in KKS dividiert durch die Beschäftigung.

[2] Eine Differenzierung nach Ost- und Westdeutschland durch die Autorin erfolgt nicht. Aufgrund der gewählten Definition der Arbeitsproduktivität und der Indizierung scheitert eine Übernahme von vergleichbaren Werten aus anderen Quellen. Die ostdeutsche Produktivität beläuft sich zumeist auf ca. 60 bis 70 Prozent der westdeutschen, wobei die sektoralen Unterschiede im Zeitablauf abnehmen. Gemessen an der westdeutschen ist die ostdeutsche Produktivität im Baugewerbe (76,8%) am höchsten und im Bereich der Dienstleistungen mit 56,4 Prozent am geringsten (vgl. Paqué 1998, S. 3f.). Die Werte für Westdeutschland übersteigen demnach die für Deutschland ausgewiesenen, die für Ostdeutschland liegen etwas darunter. Einfaches Überschlagen läßt indes vermuten, daß die Arbeitsproduktivität auch in den neuen Bundesländern jene Polens in allen dargestellten Sektoren übersteigt.

Quelle: Stapel 2001b, S. 6; eigene Berechnungen.

Tabelle 9 zeigt, daß zwischen Deutschland und Polen beträchtliche Produktivitätsdifferenzen existieren. Über alle Wirtschaftszweige betrachtet unterscheidet sich die Arbeitsproduktivität etwa um den Faktor drei. Am gravierendsten sind die Differenzen in der Landwirtschaft, am geringsten im Baugewerbe und im Bereich Handel, Verkehr und Telekommunikation. Wenn sich unterschiedliche Produktionstechnologien in Produktivitätsdifferentialen niederschlagen, so lautet der Befund, daß das berufsfachliche Humankapital bei Wanderungen von Polen nach Deutschland vermindert wird. Dies gilt bei Wanderungen nach Westdeutschland stärker als bei Wanderungen in die neuen Bundesländer, wo die Produktivität um ca. ein Drittel unter dem westdeutschen Niveau liegt (vgl. Paqué 1998, S. 4). Das Ausmaß der Abwertung schwankt ferner je nach Wirtschaftszweig und je nach betrachtetem Beruf. Eine weitere Gefahr des zumindest teilweisen Verlustes berufsfachlichen Humankapitals bei grenzüberschreitender Migration erwächst aus den institutionellen Beschränkungen des Berufszuganges, insbesondere der Anerkennung von berufsbildenden Abschlüssen oder von sonstigen Zeugnissen, wie Diplomen, Meister- oder Gesellenbriefen. Eichengreen (1994, S. 17) führt die nach der EU-Erweiterung um Griechenland vergleichsweise geringen Migrationsbewegungen auch auf die Probleme bei der Anerkennung insbesondere technischer Abschlüsse zurück. Weil die Anerkennung je nach betrachteten Ländern und Berufen unterschiedlich gehandhabt wird, muß das Ausmaß des Verlustes an berufsfachlichen Qualifikationen auch bei einer Beschränkung der Analyse auf Wanderungen zwischen Deutschland und Polen für jeden einzelnen Beruf konkretisiert werden.

Hinsichtlich der Freizügigkeit der Arbeitnehmer innerhalb der Europäischen Gemeinschaft sind der Artikel 48 des Vertrages von Rom (Art. 39 EGV) und die EWG-Verordnung Nr. 12/68 des Rates vom 15. Oktober 1968 einschlägig.[35] Demnach genießen Unionsbürger das Recht, in jedem Mitgliedstaat eine abhängige Beschäftigung zu gleichen Bedingungen wie Inländer aufzunehmen. Der Zugang zur Beschäftigung kann dabei jedoch von Befähigungsnachweisen, Diplomen, Berufserfahrung und Sprachkenntnissen abhängig gemacht werden. Hinsichtlich der Sprachkenntnisse ist der Grundsatz der Verhältnismäßigkeit anzuwenden, d. h. der erforderliche Grad an Kenntnissen muß mit den Anforderungen des Arbeitsplatzes in Einklang stehen. Die in Staaten der Europäischen Union erworbene Berufserfahrung steht der im Inland erworbenen gleich. Die Anforderung von Befähigungsnachweisen seitens des Arbeitgebers ist statthaft, wenn die Ausschreibung des Stellenangebotes eine solche Prüfung ausdrücklich verlangt.

Ist ein Beruf in einem Mitgliedstaat reglementiert, muß eine Anerkennung der berufsqualifizierenden Abschlüsse erfolgen. Dies geschieht entweder nach Maßgabe einer allgemeinen Regelung oder anderer Anerkennungsrichtlinien. Die einschlägigen gemeinschaftlichen Regelungen leiten sich aus den EWG bzw. EG-Richtlinien 89/48 vom 21.12.1988, 92/51 vom 18.6.1992, 94/38 vom 26.7.1994 und 95/43 vom 20.7.1994 ab. Die beiden erstgenannten Richtlinien sehen eine „Allgemeine Regelung zur Anerkennung der Diplome“ vor. Sie werden durch zahlreiche innerstaatliche Regelungen ergänzt, die je nach Beruf und im deutschen Fall auch je nach Bundesland verschieden sind.

---

[35] Die folgenden Ausführungen fußen im wesentlichen auf EU 2001a sowie EU 2001c.

Die allgemeine Regelung tritt in Kraft, wenn Migranten aus einem Mitgliedstaat, in dem sie für die Ausübung eines bestimmten Berufs qualifiziert sind, denselben Beruf in einem anderen Mitgliedstaat aufnehmen möchten, in dem der Beruf reglementiert ist und nicht von einer anderen Anerkennungsrichtlinie erfaßt wird. Dabei wird von dem Grundprinzip ausgegangen, daß jeder dieser Arbeitnehmer das Recht auf Anerkennung seines Zeugnisses hat, um denselben Beruf in einem anderen Mitgliedsstaat ausüben zu können. Das Anerkennungsverfahren betrifft Befähigungsnachweise, die im Quellraum zur Ausübung eines bestimmten Berufes berechtigen. Dies sind in der Regel Diplome oder sonstige berufsqualifizierende Prüfungszeugnisse. Rechtsanwälte, Wirtschaftsprüfer, Lehrer und Physiotherapeuten fallen z. B. unter den Anwendungsbereich der allgemeinen Regelung. Die Anerkennung sieht keinen Automatismus vor. Die nationalen Behörden nehmen Einzelfallprüfungen vor, in denen geprüft wird, ob die betreffenden Berufe im Quell- und Zielraum übereinstimmen und ob die in den beiden Räumen zur Berufsausübung benötigte Ausbildung in Dauer und Inhalt gleichwertig ist. Sollte die Gleichwertigkeit von Beruf und Ausbildung festgestellt werden, erfolgt eine Anerkennung der Befähigungsnachweise; im gegenteiligen Fall können Ausgleichsmaßnahmen angesetzt werden. Möglich sind der Nachweis von Berufserfahrung zwischen ein- und vierjähriger Dauer, ein Anpassungslehrgang oder eine Eignungsprüfung.

Die allgemeine Regelung zur Anerkennung von Prüfungsleistungen tritt in den Hintergrund, wenn nationale Anerkennungsrichtlinien existieren. In Deutschland gibt es derartige Anerkennungsrichtlinien für Ärzte, Zahn- und Tierärzte, Krankenschwestern bzw. Krankenpfleger, Hebammen, Apotheker, Architekten, Handwerker und Handel- oder Gewerbetreibende. Institutionen solcher Art wären dann effizient, wenn sich die Produktionstechnologien oder die Standards zwischen zwei Ländern in einem Ausmaß unterscheiden, daß zufriedenstellende Arbeitsergebnisse nicht wahrscheinlich sind und es deswegen zu negativen Externalitäten käme. Besonders in gefahrenträchtigen Bereichen, welche die Sicherheit der Bürger tangieren, wie der Elektrik oder Medizin, könnte ein staatliches Interesse an einer Regulierung des Berufszuganges abzuleiten sein. Nicht ökonomisch zu begründen wären vor diesem Hintergrund z. B. Beschränkungen zum Beruf des Frisörs.

Der Europäische Gerichtshof[36] hat wenige Ausnahmen genannt, in denen die Mitgliedstaaten den eigenen Staatsangehörigen bestimmte Stellen vorbehalten dürfen. Dies gilt für Beschäftigungsbereiche, die mit der Ausübung hoheitlicher Befugnisse verbunden sind, nämlich Polizei, Rechtspflege, diplomatischer Dienst sowie einige Stellen in Mi-

---

[36] Urteil Allué C-33/88 vom 30.5.1989.

nisterien, Regionalregierungen und sonstigen Gebietskörperschaften, soweit sie in Zusammenhang mit der Ausübung hoheitlicher Befugnisse stehen.

Festzuhalten bleibt demnach, daß für Polen in Tätigkeiten, die überwiegend berufsfachliche Qualifikationen erfordern, ceteris paribus keine generelle Aussage über den Anreiz, nach Deutschland auszuwandern, getroffen werden kann. Vielmehr muß stets hinsichtlich der verwendeten Produktionstechnologie sowie der institutionellen Schranken differenziert werden:

Satz 3d)

Je bedeutender der Anteil berufsfachlicher Qualifikationen für eine Tätigkeit, je unterschiedlicher die eingesetzte Produktionstechnologie oder je rigider die institutionellen Zugangsvoraussetzungen, desto unwahrscheinlicher ist unter sonst gleichen Bedingungen, daß die entsprechenden Beschäftigten auf internationale Lohndifferentiale mit Auswanderung reagieren (bzw. desto niedriger ist c. p. die Lohnelastizität der Migration). Die Neigung der Arbeitgeber, Migranten einzustellen, ist um so schwächer, je mehr sich die eingesetzte Produktionstechnologie zwischen Quell- und Zielraum unterscheidet und je rigider die institutionellen Zugangsvoraussetzungen sind.

4.4 Zwischenfazit

Im vierten Kapitel wird aufbauend auf der Humankapital- und auf einer Segmentatiostheorie untersucht, für welche Personengruppen von Lohndifferentialen Migrationsanreize ausgehen. Die Analyse baut darauf auf, daß Arbeitsmigration maßgeblich von Einkommensdifferentialen abhängt. Jene wiederum sind das Produkt aus dem Lohnsatz und den verwertbaren Humankapitaleinheiten. Somit hängt der Migrationsanreiz maßgeblich von der Entwertung des Humankapitalstocks ab, der sich aus unspezifischem, überbetrieblichem (mit den Untergruppen Allgemeinbildung, persönlichkeitsbezogene, kommunikative und berufsfachliche Qualifikationen) und betriebsspezifischem Humankapital zusammensetzt. Die Entwertung jeder einzelnen Komponente differiert je nach ihrer Raumgebundenheit (keine, Betrieb, Region, Nation) und in Abhängigkeit der betrachteten Wanderungsräume. Somit wird plausibel, wieso ein Pole u. U. vom ländlich geprägten Osten des Landes in den Westen migriert und dabei bis zu 800 km zurücklegt, nicht aber 50 km weiter über die Grenze nach Deutschland, selbst wenn er die rechtlichen und finanziellen Möglichkeiten hätte.

Je nach Zusammensetzung des Humankapitalstocks werden individuell unterschiedliche Migrationswahrscheinlichkeiten abgeleitet. Ferner kann in Abhängigkeit des Humankapitalportfolios über die Einstellungschancen der Migranten spekuliert werden. Im Bereich der unspezifischen und der betriebsspezifischen Qualifikationen sind die Ergebnisse auch auf andere Untersuchungsräume übertragbar. Bezüglich der überbetrieblichen Qualifikationen besteht diese Möglichkeit nicht. Hier erfolgt eine Analyse für polnische Migranten mit dem Ziel Deutschland. Ein erneuter Vergleich der Landesspezifika bleibt für alternative Untersuchungsräume unumgänglich.

Es zeigt sich, daß unspezifische und persönlichkeitsbezogene Qualifikationen nicht bzw. kaum durch den Grenzübertritt entwertet werden, eine leichte Entwertung ist für Allgemeinbildung und berufsfachliche Qualifikationen nachgewiesen worden, stark bzw. vollständig werden kommunikative und betriebsspezifische Qualifikationen entwertet. Hinsichtlich der berufsfachlichen Qualifikationen spielt eine wichtige Rolle, ob institutionelle Hindernisse bei der Anerkennung von (berufsqualifizierenden) Zeugnissen existieren und ob in Deutschland und Polen eine ähnliche Produktionstechnologie zum Einsatz kommt. Je bedeutender der Anteil der stark entwerteten Komponenten in einem Beruf, desto unwahrscheinlicher ist c. p., daß die in ihm Beschäftigten auf internationale Lohndifferentiale mit Auswanderung reagieren. Die Neigung der Arbeitgeber, Migranten einzustellen, sinkt mit der Bedeutung dieser Qualifikationen für die nachgefragte Stelle.

Im Rahmen des dritten Kapitels ist der erste Teil der Arbeitshypothese, demzufolge die Osterweiterung auch ohne Übergangsfristen nicht zu nennenswerter Migration aus Polen nach Deutschland führen wird, allgemein abgelehnt worden. Im Lichte dieses Kapitels muß die Aussage differenziert werden: In bestimmten Berufen werden kaum Wanderungen zu beobachten sein, entsprechend wird es auch nicht zu einer Verschärfung der Konkurrenz und damit zu einer potentiellen Gefährdung von Arbeitsplätzen oder zu einer Reduktion des Lohnniveaus kommen. Diese Berufe zeichnen sich durch eine starke Bedeutung betriebsspezifischer und kommunikativer Qualifikationen aus. Die Wanderungen konzentrieren sich auf Berufe, in denen sich die im Quell- und Zielraum eingesetzten Technologien ähneln und für deren Verrichtung vor allem persönlichkeitsbezogene und unspezifische Qualifikationen benötigt werden. Die in den entsprechenden Berufen tätigen Deutschen müssen sich – und damit wird die zweite zentrale Frage der Arbeit beantwortet – prinzipiell um ihren Arbeitsplatz bzw. um ihr Verdienstniveau sorgen, weil hier mit polnischer Konkurrenz gerechnet werden muß. Wie sich eine Erhöhung des Arbeitsangebotes durch Migranten auf die Arbeitsplatzsicherheit und auf den Lohn auswirkt, ist Gegenstand des Teiles C dieser Arbeit.

Um die gewonnenen Erkenntnissen für Deutschland und Polen in Richtung berufsspezifischer Aussagen zu präzisieren, sind die für einzelne Berufe relevanten Fähigkeiten und Kenntnisse als Humankapitalportfolio darzustellen. Je nach der ermittelten Bedeutung der einzelnen Humankapitalkomponenten für einen Beruf läßt sich ein mehr oder minder starker Migrationsanreiz bzw. die Chance für Polen ableiten, in einem bestimmten Beruf tätig werden zu können. Anhand von vier Beispielen wird dies im folgenden Kapitel illustriert.

5 Berufsspezifische Migrationsneigung von Polen

Genauere Prognosen dafür zu erstellen ist noch schwieriger als für das reine Migrationsvolumen" (Sinn et al. 2001, S. xxix).

Neben dem Alter und den Verdiensten vor und nach der Migration zählt Sjaastad (1962, S. 91) den Beruf der Migranten zu den wichtigen Determinanten des Migrationsnutzens und damit der Wanderungswahrscheinlichkeit. Entsprechend werden auch die Auswirkungen der Einwanderungen nach der Osterweiterung davon beeinflußt, „in welchen Branchen, Berufen und Regionen [die Migranten] in Deutschland nach Beschäftigung suchen. Genauere Prognosen dafür zu erstellen ist noch schwieriger als für das reine Migrationsvolumen" (Sinn et al. 2001, S. xxix). Entsprechend sind über den Einfluß des Alters und der Lohndifferenzen auf die Migrationswahrscheinlichkeit zahlreiche Publikationen hervorgegangen (vgl. Kap. 3.3), hingegen sind theoretisch fundierte Ausführungen zum Einfluß des Berufes auf die Migrationsneigung selten (vgl. u. a. ARL 1992; Bhagwati/Schatz/Wong 1984; Dunford/Fielding 1997; Korcelli 1996; Schafer/Schenk 1995). Zumeist beschränken sich die genannten Arbeiten auf eine Beschreibung der Verteilung von Ausländern auf verschiedene Berufe und v. a. auf Wirtschaftssektoren (vgl. u. a. Barabas et al. 1992; Biffl 1991; Heinrich 1994; Kühn 1995; Rudolf 1996; OECD 1997; Oehrlein 1999; Seifert 1995; Winkelmann/Zimmermann 1993). Bevor anhand der Erkenntnisse des vorangegangenen Kapitels für einzelne Berufe Migrationsneigungen bzw. Erfolgsaussichten spezifiziert werden, seien einige Überlegungen zum Berufsbegriff und typische Migrantenberufe vorangestellt.

5.1 Zum Begriff „Beruf"

Der Begriff „Beruf" wird in mehreren Zusammenhängen verwendet, z. B. um den Arbeitsmarkt zu beschreiben (‚Der Arbeitsmarkt für Geographen'), um eine Person zu beschreiben (‚Frau Hoffmann, unsere Designerin') oder ihr eine Identität zuzuweisen (‚der geborene Schauspieler') (vgl. Klevenow 2000, S. 5). Die wissenschaftliche Beschäftigung mit Berufen wird durch die heterogenen Auffassungen über Berufsbezeichnungen erschwert, zumal der Begriff in den verschiedenen Disziplinen unterschiedlich belegt ist. Die Soziologie versteht einen Beruf als soziales Konstrukt bzw. als eine in speziell strukturierte Arbeitsangebote eingebrachte Kombination von Arbeitsfähigkeiten und als Ausdruck gesellschaftlicher Arbeitsteilung. Max Weber (1980, S. 80) definiert ihn als „durch Spezifizierung und Kombination gekennzeichnete Leistung einer Person, die die Basis für eine kontinuierliche Versorgungs- und Erwerbschance darstellt". Die (Arbeits-) Psychologie wählt einen personenbezogenen Ansatz und ersetzt den Berufsbegriff häufig durch den der Arbeit, die als Handlung, als Reaktion oder als Tätigkeit interpretiert wird (vgl. Klevenow 2000, S. 8ff.). Die

Berufskunde steht zwischen dem makroanalytischeren soziologischen und dem mikroanalytischeren psychologischen Ansatz. Sie ist deskriptiv angelegt und versucht, für einzelne Berufe u. a. Arbeitsaufgabe, Arbeitsmittel und benötigte Qualifikationen offenzulegen (vgl. Klevenow 2000, S. 10ff.). Gleichzeitig fußt die Berufsstatistik auf ihren Erkenntnissen, so daß das Statistische Bundesamt (1992b, S. 15) Beruf definiert als „die auf Erwerb gerichteten, charakteristische Kenntnisse und Fertigkeiten sowie Erfahrungen erfordernden und in einer typischen Kombination zusammenfließenden Arbeitsverrichtungen [...], durch die der einzelne an der Leistung der Gesamtheit im Rahmen der Volkswirtschaft mitschafft". Weil im Rahmen dieser Arbeit Humankapitalportfolios für die in einzelnen Berufen tätigen Personen entwickelt werden sollen, folgt sie dem berufskundlichen Ansatz.

Die amtliche Statistik in Deutschland unterscheidet 29.300 Berufsbenennungen (vgl. Statistisches Bundesamt 1992b, S. 9). Klevenow (2000, S. 27) geht gar von ca. 70.000 verschiedenen Berufsbezeichnungen aus. Dies bedeutet jedoch nicht, daß so viele Berufe tatsächlich existieren und voneinander abzugrenzen wären. Regional unterschiedliche Begriffe für ein und dasselbe Berufsbild, veraltete Berufsbezeichnungen, die vereinzelt neben den aktuellen verwendet werden, oder Berufe, denen im Zuge des technischen und gesellschaftlichen Wandels nicht mehr nachgegangen wird, erklären diese große Zahl. Ein gegenwartsnahes Ordnungssystem aller Berufe in Deutschland anzubieten, ist die Aufgabe des Statistischen Bundesamtes. Zu diesem Zweck gibt es eine selten, aber regelmäßig (zuletzt 1992) überarbeitete „Klassifizierung der Berufe – Systematisches und alphabetisches Verzeichnis der Berufsbenennungen" heraus. Diese unterscheidet sechs Berufsbereiche, 33 Berufsabschnitte, 88 Berufsgruppen, 369 Berufsordnungen und 2287 Berufsklassen. Dabei werden die dreistelligen Berufsordnungen als statistische Basis-Einheiten deklariert (vgl. Statistisches Bundesamt 1992b, S. 7). Daneben existiert die seit 1968 von der International Labor Organization (ILO) herausgegebene „International Standard Classification of Occupations" (ISCO), die letztmalig 1988 überarbeitet worden ist (ISCO-88). ISCO-88 unterscheidet 10 major groups, 28 sub-major groups, 116 minor groups und 389 unit groups, wobei der Spezialisierungsgrad von den major zu den unit groups zunimmt. Die ISCO gliedert Berufe nach arbeitsplatzbezogenen Charakteristika, d. h. nach dem Anforderungsprofil und der Art der ausgeübten Tätigkeit innerhalb vorgegebener Qualifikationsebenen. Jedes Land sollte die Bezeichnungen der nationalen Statistik in die ISCO konvertieren können, um den internationalen Vergleich beruflicher Informationen zu vereinfachen (vgl. ILO 1987, o. S.). Dies wird zumindest für die dreistelligen Berufsordnungen in der Klassifizierung der Berufe des Statistischen Bundesamtes gewährleistet (vgl. Statistisches Bundesamt 1992b, S. 12).

Die sechs Berufsbereiche der Klassifizierung tragen römische Ziffern. Sie subsumieren solche Berufe, die hinsichtlich der Arbeitsaufgabe und der allgemeinen Arbeitsanforderungen verwandt sind. Die 33 Berufsabschnitte sind durch die römischen Ziffern des übergeordneten Berufsbereiches und einen nachfolgenden Buchstaben gekennzeichnet. Sie fassen Berufe zusammen, die sich etwa hinsichtlich der Berufsaufgabe, der Berufstätigkeit, der Art des verarbeiteten Materials ähneln. Ihnen sind jeweils keine oder bis zu sechs Berufsgruppen untergeordnet. Jene wiederum tragen eine zweistellige arabische Kennziffer und umfassen fachlich nahe stehende und in puncto Berufsaufgabe und -tätigkeit verwandte Berufe zusammen. Weil in Fertigungsberufen häufig das verwendete Material als Leitprinzip dient, prägt es auch maßgeblich die Berufsgruppen. Die 369 dreistelligen Berufsordnungen wiederum sind in Hinblick auf die o. a. Merkmale nicht nur verwandt oder ähnlich, sondern gleichartig. Dabei treten auf dieser Ebene erstmals Restgrößenordnungen („sonstige ...) auf. Als Berufsordnungen werden zumeist solche Berufe ausgewiesen, die „aus berufskundlicher Sicht oder im öffentlichen Bewußtsein einen abgrenzbaren, eigenständigen Charakter haben, d.h. über ein entsprechendes Berufsbild mit konkretem Aufgaben- und Tätigkeitsprofil und (i.d.R.) formalisierter Ausbildung verfügen" (Statistisches Bundesamt 1992b, S. 13). Die 2287 vierstelligen Berufsklassen sind einzelnen Berufen oder abgeleiteten Spezialisierungsformen vorbehalten und unterscheiden zusätzlich zu den Merkmalen einer Berufsordnung danach, ob es sich z. B. um Hilfstätigkeiten handelt oder nicht. Die konkreten Berufsbenennungen sind den Berufsklassen alphabetisch geordnet angefügt. Für interne Zwecke sind sie mit sechsstelligen Kennziffern numeriert. Zur Verdeutlichung folgt die Einordnung eines Universitätsprofessors (Berufsbenennung) in die Berufsklassifizierung:

Tab. 10: Berufsklassifizierung am Beispiel des Universitätsprofessors

Klassifizierung	Ziffer	Bezeichnung
Berufsbereich	V	Dienstleistungsberufe
Berufsabschnitt	Vh	Sozial- und Erziehungsberufe, anderweitig nicht genannte geistes- und naturwissenschaftliche Berufe (Berufsgruppen 86-89)
Berufsgruppe	87	Lehrer/Lehrerinnen
Berufsordnung	871	Hochschullehrer/innen und verwandte Berufe
Berufsklasse	8711	Hochschul-, Fachhochschullehrer/innen
Berufsbenennung	871117	Universitätsprofessor

Quelle: Statistisches Bundesamt 1992b, S. 44, 55, 380.

Diese einführenden Bemerkungen zu den Berufen und ihren Bezeichnungen werden bei der Ableitung berufsspezifische Migrations- und Erfolgswahrscheinlichkeiten aus den Humankapitalportfolios bzw. aus den Qualifikationsanforderungen wieder aufgegriffen.

Die folgenden Ausführungen über die Berufe der Migranten fassen Ergebnisse anderer Untersuchungen zusammen. Sie arbeiten mit unterschiedlichen Berufsbezeichnungen. Dies läßt sich einerseits darauf zurückführen, daß andere nationale Klassifikationen zugrundegelegt werden, andererseits aber auch auf die Datengrundlage, die eine Verwendung von Berufsordnungen selten zuläßt. Eine Zuordnung zur präsentierten deutschen Klassifizierung durch den Verfasser muß deswegen entfallen.

5.2 Berufe von Migranten in Deutschland: Empirischer Befund

Gegenstand wissenschaftlicher Publikationen ist häufiger die Verteilung der Ausländer nach Branchen und Sektoren als die nach Berufen. Weil die Wirtschaftssektoren bisweilen mit den Berufsbereichen übereinstimmen, werden die wesentlichen Ergebnisse zunächst knapp skizziert. Die wenigsten Untersuchungen beziehen sich dabei auf Polen. Zumeist werden die Ausländer insgesamt betrachtet, seltener Immigranten aus den mittel- und osteuropäischen Ländern sowie der GUS, die Gegenstand der Untersuchungen über den Verbleib von Aussiedlern sind. Daß Immigranten aus den mittel- und osteuropäischen Ländern trotz ihres „überraschend hoch" eingestuften formalen Ausbildungsniveaus in den gleichen Branchen und auf einem vergleichbaren Qualifikationsniveau wie andere Ausländer beschäftigt sind, ergibt sich aus den Untersuchungen eines internationalen Forschungskonsortiums unter der Leitung des DIW. Ähnliches wird für das Beschäftigungsverhalten von Aussiedlern aus dieser Staatengruppe nachgewiesen. Trotz ihrer besseren Sprachkenntnisse sind die Erträge aus ihrem Humankapital jedoch „außergewöhnlich gering"; sie konkurrieren mit Facharbeitern und mit gering Qualifizierten in Teilen des sekundären Sektors (Boeri/Brücker 2000, S. i; S. 60). Dieser Befund trifft auch für Polen zu, deren Humankapital „unter planwirtschaftlichen Bedingungen erworben wurde [... und] im Zuge der Transformation erheblich entwertet worden" ist (Boeri/Brücker 2000, S. m).

Der wichtigste Befund hinsichtlich einer sektoralen Streuung von Migranten jeglicher Herkunft in Deutschland lautet für die jüngere Vergangenheit, daß sich ihre Verteilung über die Wirtschaftssektoren von der der Einheimischen unterscheidet. In Deutschland arbeiten Migranten insbesondere im Bergbau, in der Gastronomie und der Industrie. Hingegen finden sich wenige in den Sektoren Finanzdienstleistungen, Versorgung und öffentlicher Dienst. Dabei konzediert die OECD durchaus Unterschiede zwischen der Verteilung in den Staaten der Europäischen Union, die auf die Migrationsgeschichte, die hieraus mit beeinflußte Performance der Eingewanderten, die Gesetzgebung, die Arbeitsbedingungen und den Lohn zurückgeführt werden (vgl. OECD 1997, S. 37f.). Winkelmann und Zimmermann (1993, S. 261) finden den vergleichsweise höchsten

Anteil in den Sektoren Bau und Industrie. Zimmermann (1995, S. 53) weist darauf hin, daß das Arbeitsangebot der Zuwanderer im Dienstleistungssektor komplementär zu dem der Deutschen ist. Dies dürfte vorrangig mit der Bereitschaft zur Arbeit im informellen Dienstleistungssektor zu begründen sein (vgl. Korcelli 1996, S. 257).

Salt (1993, S. 34f.) untersucht die Branchen, in denen Aussiedler arbeiten. Das Ergebnis unterscheidet sich nicht wesentlich von dem für alle Ausländer in Deutschland. Er identifiziert eine hohe Aussiedlerdichte im Verarbeitenden Gewerbe sowie im Handwerk und eine geringe im Dienstleistungsbereich sowie generell in Führungspositionen. Boeri und Brücker (2000, S. 58) zeigen, daß Arbeitnehmer aus den zehn mittel- und osteuropäischen Beitrittsländern überdurchschnittlich stark in privaten Haushalten, im Tourismus, auf dem Bau sowie in Teilen des Verarbeitenden Gewerbes tätig sind. Hingegen finden sich besonders wenige in der (öffentlichen) Verwaltung, im Bereich der qualifizierten Dienstleistungen sowie im primären Sektor. Für den letztgenannten Bereich weist Treichler (1998, S. 40) nach, daß der Anteil der ausländischen Beschäftigten relativ zu dem der Einheimischen gewachsen ist und somit die insgesamt geringe Bedeutung strukturelle Ursachen hat. Ansonsten kommt er zu ähnlichen Ergebnissen.

Von Loeffelholz und Köpp (1998, S. 67f.) ermitteln, daß die Ausländer mehrheitlich im sekundären Sektor beschäftigt sind. Innerhalb des tertiären Sektors sind sie insbesondere in den qualifizierten Dienstleistungsbereichen (Versicherungs- und Kreditwesen) sowie im öffentlichen Dienst stark unterrepräsentiert. Die relative Bedeutung der Arbeit im sekundären Sektor hat zwischen 1974 und 1995 abgenommen, vor allem im Verarbeitenden Gewerbe. Konstant bleibt der Anteil im Baugewerbe. Innerhalb des sekundären Sektors arbeiten Ausländer überwiegend in den Bereichen Kunststoffverarbeitung, Zieherei und Straßenfahrzeugbau sowie im Bereich Nahrungs- und Genußmittel. Eine Unterrepräsentanz zeigt sich u. a. in der Chemie, im Maschinen- und Luftfahrzeugbau sowie in der Feinmechanik. Im tertiären Sektor sind Ausländer vorwiegend in den Bereichen Gaststätten und Beherbergung sowie Reinigung und Körperpflege angestellt. In den übrigen Bereichen sind sie unterrepräsentiert, was auf mangelnde Sprachkenntnisse, fehlende Kundenakzeptanz und unzureichende Qualifikation zurückgeführt wird. In einer dynamischen Sicht bleibt festzuhalten, daß sich der Anteil der im tertiären Sektor beschäftigten Ausländer im Untersuchungszeitraum verdoppelt hat. Dabei wächst ihre Zahl sowohl im Handel als auch im Dienstleistungssektor. Die Autoren vermuten, daß ein großer Teil des Wachstums im letztgenannten Bereich auf die gestiegene Zahl ausländischer Gastronomen zurückzuführen ist, die vor allem Arbeitskräfte ihrer eigenen Herkunftsgebiete nachfragen.

Die Berufe der Migranten können für den Zeitpunkt vor und nach der Wanderung angegeben werden. Die Mehrzahl der Studien bezieht sich auf die Berufe (zumeist Berufsabschnitte oder Berufsgruppen) der Migranten nach der Wanderung, die sich häufig anhand von Sekundärstatistiken des Zielraumes konstruieren lassen.

Tab. 11: Potentielle Migranten[1] aus den Visegradstaaten und ihre Berufe 1996 (Anteile in % aller Befragten)

	Berufe potentieller Migranten		**Anteil potentieller Migranten in Berufsobergruppe**	
Beruf	*Visegradstaaten*	*Polen*	*Visegradstaaten*	*Polen*
Baugewerbe	7,9	3,9	40,7	42,7
Schüler, Studenten	9,7	19,6	35,5	33,3
Arbeiter o. nähere Angabe	4,8	3,8	26,8	30,2
Arbeitslose	14,0	16,4	42,3	28,0
Metall- und Elektroberufe	-	-	28,1	23,0
Bergbau	-	-	55,9	22,7
Gesundheitswesen	3,9	3,3	32,5	19,5
Büro, Verwaltung	10,6	13,0	22,2	19,0
Hilfsberufe	0,9	2,5	25,1	16,0
(sonst.) Produktionsberufe	10,5	7,9	18,1	15,5
Handel, Verkehr	8,6	6,8	26,9	15,2
Unterricht, Wissenschaft	3,5	4,4	15,1	13,6
Technische Berufe	6,4	1,9	25,7	12,3
Land- u. Forstwirtschaft	3,5	8,0	10,2	11,0
Holzverarbeitende Berufe	-	-	56,3	-
Dienstleistungsberufe	3,3	0,6	19,0	5,8
Nichterwerbspersonen	5,5	7,0	4,4	5,7
Selbständige	3,1	0,9	19,8	4,3
Sonstige Berufe	3,8	-	47,6	-
Summe	100,0	100,0		

[1] „Ostmitteleuropäer, die eine Migrationsabsicht deklariert haben" (Fassmann/Hintermann 1997, S. 16).

- Keine Daten verfügbar.

Quelle: verändert nach Fassmann/Hintermann 1997, S. 24f.

Anders die Untersuchungen des RWI (Barabas et al. 1992) und von Fassmann und Hintermann (1997), die in einer eigenen Erhebung 4.392 Personen in den Visegradstaaten[37] u. a. nach Migrationsabsichten und ihrer beruflichen Tätigkeit befragt haben. Obwohl Aussagen zu konkreten Berufen zugunsten von sog. „Berufsoberbereichen" (sie entsprechen am ehesten den Berufsabschnitten) und Sektoren vage bleiben, sind zumindest einige Erkenntnisse ableitbar. Viele der Wanderungswilligen gehen Büro- und Verwaltungstätigkeiten (10,6%) sowie Produktionsberufen (10,5%) nach, gefolgt von Berufen im Handel und Verkehr sowie Bauberufen. Dabei weichen die Durchschnittswerte der vier Länder bisweilen stärker voneinander ab, was u. a. auf die verschiedenen Wirtschafts- und Beschäftigungsstrukturen der Staaten zurückzuführen sein mag. Um diesen Effekt zu umgehen, kann der prozentuale Anteil potentieller Migranten[38] an allen Befragten in den einzelnen Berufsobergruppen verglichen werden. Dabei zeigen sich erwartungsgemäß unterschiedliche Muster (Tab. 11). Der Anteil potentieller polnischer Migranten erreicht unter allen erhobenen Berufsobergruppen im Baugewerbe den höchsten Wert. 42,7 Prozent der dort beschäftigten Befragten neigen zur Emigration. Ebenfalls hoch ist die berufsspezifische Migrationspotential in Polen abgesehen von den Schülern bzw. Studenten (33,3%) und Arbeitslosen (28%) bei den Arbeitern ohne nähere Angabe (30,2%) sowie bei den in Metall- und Elektroberufen (23%) und im Bergbau (22,7%) Beschäftigten. Unter den Selbständigen, den Nichterwerbspersonen und den Dienstleistern ist die Wanderungsneigung nur gering ausgeprägt (<10% der Befragten sind als potentielle Migranten einzustufen).

Barabas et al. (1992, S. 141) haben die berufliche Qualifikationsstruktur der Aus- und Übersiedler, nicht aber die der Gesamtheit der Ausländer oder gar nationenspezifische Daten ermittelt (vgl. Tab. 12). Zunächst zeigt sich, daß die Berufsstruktur der Aussiedler in neun von zwölf Fällen um über 25 Prozent von der aller Beschäftigten abweicht. Kleinere Abweichungen und damit vergleichbare Strukturen zeigen sich lediglich in den metallerzeugenden und -bearbeitenden Berufen, bei den Bauberufen und den technischen Berufen. Abweichungen nach unten zeigen sich regelmäßig bei den Dienstleistungsberufen, insbesondere den Warenkaufleuten und den Organisationsberufen. Besonders viele Aussiedler entstammen Berufen im primären Sektor sowie dem Bergbau. Ein denkbares Muster, demzufolge nur Personen in Berufen wandern, in denen im Zielraum vergleichsweise[39] wenig Personen arbeitslos sind, wird durch die Zahlen überwiegend nicht bestätigt. In den Dienstleistungsberufen liegt der Anteil der

---

37 Polen, Tschechische Republik, Slowakische Republik, Ungarn.

38 „Ostmitteleuropäer, die eine Migrationsabsicht deklariert haben" (Fassmann/Hintermann 1997, S. 16).

39 Wie bei den Beschäftigungsanteilen sei der Anteil der Arbeitslosen in einem Beruf vergleichsweise niedrig/hoch, wenn sie sich von der jeweiligen Beschäftigtenquote um mindestens ein Viertel unterscheidet.

Arbeitslosen zumeist deutlich unter dem der Beschäftigten, so daß hier von einem größeren Arbeitsangebot der Migranten ausgegangen werden müßte, wenn die Arbeitslosigkeit die Migrationsentscheidung maßgeblich determiniert. Ähnliches ist unter umgekehrten Vorzeichen bei den land- und forstwirtschaftlichen Berufen sowie im Bergbau festzustellen. Im Sinne des postulierten Wanderungsmusters verhalten sich lediglich die ausgewanderten Schlosser, Elektriker (Anteil der Arbeitslosen jeweils ‚deutlich' niedriger als der Beschäftigtenanteil) sowie die Metallerzeuger- und Verarbeiter, die Bauarbeiter und Ernährungsberufler.

Tab. 12: Berufliche Qualifikationen der Aussiedler in Deutschland 1990 (Anteile in %)

Berufsgruppe	**Aussiedler**	**Beschäftigte ges.**	**Arbeitslose**
Land- und Forstwirtschaftliche Berufe	**4,2**	1,2	**2,8**
Bergbau	**1,8**	0,4	**0,7**
Industrie, Handwerk	**46,6**	35,8	37,6
Metallerzeuger und Metallbearbeiter	3,6	3,2	2,6
Schlosser, Mechaniker	**13,3**	8,3	<u>5,5</u>
Elektriker	**3,8**	3,1	<u>1,8</u>
Ernährungsberufe	<u>1,9</u>	2,7	**3,6**
Bauberufe	3,2	3,5	**4,4**
Technische Berufe	6,3	7,1	<u>3,8</u>
Dienstleistungsberufe	<u>35,1</u>	55,1	52,1
Warenkaufleute	<u>3,6</u>	8,0	8,2
Verkehrsberufe	<u>5,0</u>	7,3	<u>3,4</u>
Verwaltung, Büro	<u>8,3</u>	19,2	<u>13,4</u>
Gesundheitsberufe	<u>3,4</u>	5,5	<u>3,2</u>

Fettdruck: übersteigt den Anteil aller Beschäftigten um mindestens 25 Prozent.

<u>Unterstrichen</u>: unterschreitet den Anteil aller Beschäftigten um mindestens 25 Prozent.

Quelle: verändert nach Barabas et al. (1992, S. 141).

Die nachfolgenden Untersuchungen konzentrieren sich auf die Berufe der Migranten im Zielraum. Oehrlein (1999, S. 9) führt Beispiele aus Südamerika an und konstatiert eine Konzentration der Einwanderer auf spezielle Berufszweige. In Paraguay arbeiten sie häufig in der Land- und Forstwirtschaft, in Chile werden der Bergbau, der Obstanbau sowie die Schafzucht gewählt; in Bolivien die Landwirtschaft und das

Baugewerbe. Ferner spielt in allen genannten Staaten die Prostitution eine bedeutende Rolle. Biffl (1991, S. 4) stellt für Österreich fest, daß Migranten zunächst in solchen Bereichen arbeiten, die sich einer harten Konkurrenz des Weltmarktes erwehren müssen. Dies sind insbesondere Berufe im Tourismus, auf dem Bau sowie in der Textil- Leder- und Bekleidungsindustrie. Darüber hinaus konzentrieren sich die Einwanderer auf Reinigungsberufe sowie persönliche und häusliche Dienstleistungen.

Relevanter für diese Arbeit sind Untersuchungen der Berufe von Migranten in Deutschland. Publikationen über die Berufstätigkeit speziell von Polen in Deutschland existieren – abgesehen von einigen Untersuchungen für polnische Werkvertrags- und Saisonarbeiter (vgl. Becker/Heller 2002 und zitierte Literatur), die aber nach § 4 der Anwerbestoppausnahmeverordnung nur in der Land- und Forstwirtschaft, im Hotel- und Gaststättengewerbe, in der Obst- und Gemüseverarbeitung sowie in Sägewerken tätig sein dürfen – nach Kenntnis des Verfassers nicht. Auch Arbeiten über den beruflichen Verbleib von Einwanderern aus den mittel- und osteuropäischen Ländern sind aus verschiedenen Gründen rar. Im Sozioökonomischen Panel wird die Gruppe der Polen nicht wie die der Türken, Jugoslawen, Griechen, Italiener und Spanier separat ausgewiesen. Besser stellt sich die Datenlage der Berufe von Aus- und Übersiedlern in Deutschland dar. Die erstgenannte Gruppe entstammt zwar überwiegend den GUS-Nachfolgestaaten, aber auch den mittel- und osteuropäischen Ländern. Da die Staaten seit Mitte des 20. Jahrhunderts zudem eine ähnliche kulturelle und wirtschaftliche Entwicklung genommen haben, sind die Aussagen unter Vorbehalt auch auf Polen zu übertragen. Die Mehrzahl der Arbeiten nimmt gar nicht erst eine berufliche Differenzierung vor sondern beschränkt sich auf Aussagen über die Stellung im Beruf und den Sektor, in dem die Migranten tätig sind.

Trotzdem wird auch aus dieser Gruppe die auf Basis des Sozioökonomischen Panels von Seifert (1995) erstellte Längsschnittanalyse (N=1655) über die berufliche Stellung ausländischer Arbeitnehmer in Deutschland berücksichtigt. Denn die Arbeit zeichnet sich durch einen Versuch der Zuordnung von Ausländern in Arbeitsmarktsegmente aus. Abbildung 7 illustriert zunächst die berufliche Stellung der durch das Panel abgebildeten Ausländer in Deutschland. Offensichtlich arbeitet die Mehrzahl der Immigranten in Berufen mit niedrigen und vermutlich unspezifischen Qualifikationsanforderungen. Dabei gehen im Vergleich zu den Deutschen relativ viele Ausländer einer Beschäftigung in den Sektoren Industrie und Bau nach, wenige hingegen im Handel, Verkehr und sonstigen Dienstleistungen (vgl. Seifert 1995, S. 151).

Abb. 7: Berufliche Stellung von Ausländern in Deutschland 1989

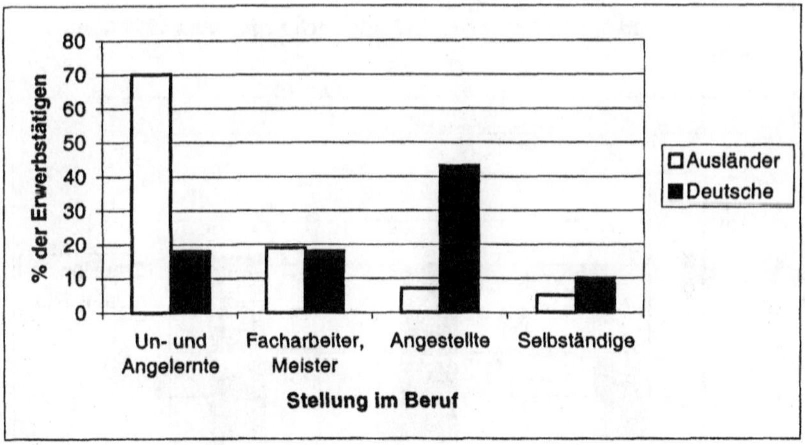

Quelle: eigene Darstellung nach Seifert 1995, S. 108.

Beim Versuch, die Arbeitnehmer unabhängig von ihren Berufen den drei Teilarbeitsmärkten, die das ISF für Deutschland unterscheidet (vgl. Kap. 4.1.2), zuzuordnen, gelangt der Autor zu dem (erwarteten) Ergebnis, daß deutlich mehr Ausländer auf dem unspezifischen Teilarbeitsmarkt tätig sind als Deutsche[40] (Abb. 8).

Ein einfaches, jedoch hinsichtlich der Herkunftsräume unspezifisches Mittel, um die Verteilung der Migranten auf unterschiedliche Berufe zu beschreiben, ist der Vergleich des Anteils der sozialversicherungspflichtigen ausländischen Beschäftigten nach Berufsgruppen mit ihrem durchschnittlichen Anteil. Am höchsten ist der Ausländeranteil mit jeweils knapp einem Viertel in metallerzeugenden und -bearbeitenden Berufen, bei Montierern, in Ernährungsberufen, unter den Gästebetreuern, Reinigungsberufen und unter den Hilfsarbeitern. Mit unter fünf Prozent sehr gering ist ihr

---

[40] Seifert operationalisiert die Segmente mittels der im Sozioökonomischen Panel gestellten Frage, welche Art der Ausbildung für die gerade ausgeübte Berufstätigkeit in der Regel erforderlich ist. Die sechs möglichen Antwortvorgaben werden dichotomisiert (keine Ausbildung, kurze Einweisung → geringe Qualifikation; längere Einarbeitung, Besuch besonderer Lehrgänge/Kurse, abgeschlossene Berufsausbildung, abgeschlossenes Hochschulstudium → hohe Qualifikation). Ferner wird nach Größe des Betriebes differenziert. Eine Tätigkeit Hochqualifizierter in einem Betrieb mit über 200 Mitarbeitern gilt als Beschäftigung im betriebsspezifischen Segment, in einem kleineren Betrieb als fachspezifisches Segment und die Tätigkeiten Niedrigqualifizierter unabhängig von der Betriebsgröße als Beschäftigung im unspezifischen Segment (vgl. Seifert 1995, S. 194f.).

Anteil u. a. unter den Ingenieuren, Chemikern, Technikern, den Kaufleuten sowie in den Organisations-, Verwaltungs- und Büroberufen (vgl. DGB 1998, S. 13).

Abb. 8: Deutsche und ausländische Beschäftigte nach Segmenten 1990 (Anteile in %)

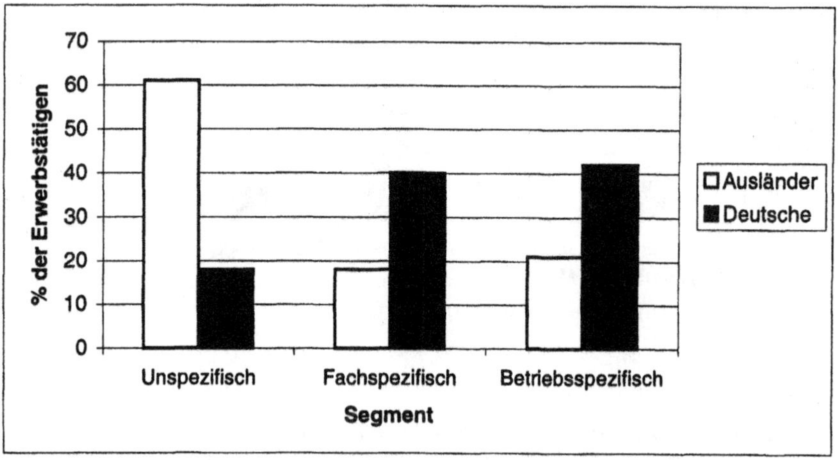

Quelle: eigene Darstellung nach Seifert 1995, S. 197.

Kühn (1995, S. 6f.) untersucht die Berufe der Aussiedler zu Beginn der 1990er Jahre. Er macht unter den Schlossern, Mechanikern und ähnlichen Berufen das größte Kontingent aus, auf das industrielle und handwerkliche Hilfskräfte sowie Arbeitskräfte in der Land- und Forstwirtschaft folgen. Ferner stellen Angehörige technischer Berufe, insbesondere Ingenieure, Techniker und Mathematiker, ein beachtliches Quantum. Insoweit unterscheiden sich die Berufsstrukturen zwischen den Aussiedlern und den Ausländern insgesamt. Hinsichtlich der Integration in den deutschen Arbeitsmarkt konstatiert Kühn bedeutende Unterschiede. Leider trifft er keine Aussagen darüber, ob die Aussiedler in den vorher von ihnen ausgeübten Berufen eine Anstellung gefunden oder den Beruf gewechselt haben. Relativ einfach in den deutschen Arbeitsmarkt integriert werden konnten insbesondere Beschäftigte der Bau- und Baunebenberufe sowie im Metall- und Elektrobereich. Ferner sind viele Migranten in Pflegeberufen tätig.

Problematisch dagegen gestaltet sich die Vermittlung in geistes- und sozialwissenschaftliche sowie in kaufmännische Berufe, was auf die hohen Anforderungen an die deutsche Sprache bzw. auf die nicht ausreichenden kaufmännischen Kenntnisse zurückgeführt wird. Dies mag aber auch mit der Anerkennungspraxis formaler Ausbildungsnachweise zusammenhängen. Schafer und Schenks (1995, S. 110f.) Gesprächen zufolge werden die entsprechenden Nachweise von Verkäufern, Photographen, Köchen, Maschinenführern, Maschinenbauingenieuren, Schlossern, Mechanikern, Elektrikern, Fleischern, Bergmännern und Sprengmeistern anerkannt. Verweigert wird die Anerkennung hingegen in den Bereichen Textil, Verwaltung, Erziehung sowie in kaufmännischen, juristischen und den medizinischen Berufsfeldern. Auch Bohr- und Fördertechnikern sowie bisweilen Kraftfahrern wird die Erlaubnis zur Ausübung ihres Berufes versagt[41].

Die von Heinrich (1994, S. 135) untersuchten russischen Migranten arbeiten überwiegend als Kranken- und Altenbetreuer, Chauffeure oder als Köche. Ein Blick von Korcelli (1996, S. 257) auf die beruflichen Qualifikationen der Migranten in den 1980er Jahren zeigt, daß vor allem Ingenieure, Naturwissenschaftler, Ärzte und Krankenpfleger bzw. -schwestern eingewandert sind. Werner (1994, S. 239ff.) versucht einen Trend abzuleiten: Ausgehend von der Beobachtung, daß der Anteil ausländischer Arbeitnehmer unter den Auszubildenden und Hochschulabsolventen ansteigt, folgert er, daß die europäischen Arbeitsmärke insbesondere bei Fach- und Führungskräften im Management- und Technikbereich zunehmend ihren nationalen Charakter verlieren. Die „Euro-Führungskräfte“ seien v.a. in global operierenden Unternehmen gefragt.

Zusammenfassend zeigen die empirischen Untersuchungen eine geringe Wanderungsneigung bei Dienstleistern, mit Ausnahme der im privaten und häuslichen Bereich Tätigen, bei im Handel und Verkehr Beschäftigten, den Organisationsberuflern und Kaufleuten sowie Selbständigen. Entsprechend wenig Migranten haben in Deutschland in kaufmännischen Berufen sowie in geistes- und sozialwissenschaftlichen Berufen eine Anstellung gefunden.

Eine Studie der International Labour Organization (ILO) in Genf untersucht die Diskriminierung hinsichtlich des Zugangs von Ausländern in den deutschen Arbeitsmarkt. Hierfür sind fingierte Bewerbungen eines Deutschen und eines Ausländers von der regional jeweils größten Minderheit auf eine Stelle abgeschickt worden. Die Lebensläufe und Ausbildungszertifikate der beiden vermeintlichen Bewerber waren qualitativ gleichwertig. Als Diskriminierung gilt jede Art von Ungleichbehandlung zu Lasten des ausländischen Bewerbers, die sich z. B. in Form seiner prompten Ablehnung oder Hinhaltung bei gleichzeitig positiver Reaktion auf den deutschen Bewerber manifestiert. Im gesamten kaufmännischen Bereich und hier insbesondere in den Bereichen, in denen der Beschäftigte unmittelbaren Kontakt zum Kunden hat, lag der von der ILO als Diskriminierungsrate bezeichnete Anteil ungleich behandelter Ausländer mit 43,2 Prozent am höchsten. Im Lichte des Kapitels 4.3.4.3 scheint die Ungleichbehandlung

---

[41] Die Aufzählungen beziehen sich lediglich auf die Auswertung der 62 mit Aussiedlern in Deutschland geführten Interviews und erhebt somit keinen Anspruch auf Vollständigkeit.

indes sachlich gerechtfertigt: Denn Kaufleute mit Kundenkontakt benötigen insbesondere kommunikative Qualifikationen, die – wie für Wanderungen zwischen Polen und Deutschland gezeigt – nur unvollständig transferierbar sind und bei deren Dominanz die Neigung von Arbeitgebern, Migranten einzustellen, schwach ausgeprägt ist. Die niedrigsten, bisweilen unsignifikanten Diskriminierungsraten werden im Baugewerbe, in der Gastronomie sowie bei den Krankenpflegern und Technikern nachgewiesen. Eine negative Diskriminierungsrate zeigt sich unter Graphikern, Layoutern und Designern (vgl. Goldberg 1997, S. 17 u. 20).

Zusammenfassend zeigen sich hohe Wanderungsneigungen unter den Land- und Forstwirten, Technikern, Beschäftigten in Produktionsberufen sowie unter den Fach- und Hilfsarbeitern. Im Zielraum Deutschland finden die meisten im unspezifischen Segment eine Beschäftigung, d.h. als persönliche und häusliche Dienstleister, in Pflege- und Reinigungsberufen sowie in arbeitsintensiven Produktionsberufen sowie auf dem Bau.

5.3 Berufsspezifische Migrationsneigungen: Befund im Lichte der Humankapitaltheorie

Gegenstand dieses Kapitels ist die Erklärung und die Prognose der beruflichen Zusammensetzung der Einwanderer. Es drängen sich drei Argumentationsmöglichkeiten auf. Einerseits könnte die berufliche Qualifikationsstruktur die Berufsstruktur in den Quellräumen abbilden. Andererseits mag es sein, daß die Lohndifferentiale zwischen den Räumen je nach Beruf variieren und somit mehr oder minder starke Migrationsanreize von ihnen ausgehen. Schließlich drängt sich im Lichte dieser Arbeit die Vermutung auf, daß die berufliche Qualifikationsstruktur der Einwanderer sich aus dem Ausmaß der Abwertung der berufstypischen Humankapitalportfolios ergibt. Dies soll an dieser Stelle geprüft werden.

5.3.1 Vorgehen: Ableitung eines „Qualifikationstransfer-Index“

Die auszuwählenden Berufe werden anhand von verschiedenen Berufsbeschreibungen hinsichtlich der benötigten Qualifikationen bzw. des jeweiligen Aufgabenspektrums untersucht. Als eine wichtige Quelle dienen die Ergebnisse einer Befragung betrieblicher Experten über berufliche Anforderungen (Chaberny/Parmentier/Schnur 1991). Die Profile werden dabei aus den Einschätzungen der Experten über die Wichtigkeit einzelner Anforderungen ermittelt. Die vorgegebenen Beurteilungskategorien sind: „sehr wichtig“, „wichtig“ und „weniger wichtig“. Aus den Häufigkeiten der Angaben wird eine „durchschnittliche Aussage“ der Experten gewonnen und für jede Anforderung einzeln ausgewiesen. Das Erhebungsraster für die Profile ist von Spezialisten für Berufskunde erarbeitet worden. Dabei wurde das Ziel verfolgt, auch über die Ausbildungsordnungen hinausgehende Anforderungen abzubilden. Banale Aussagen, die sich etwa aus der Berufsbezeichnung selbst ergeben, bleiben außen vor[42]. Weitere Hinweise ergeben sich aus dem „Handbuch Berufswahl" von Hitschfel und Zimmer (1999). In diesem Kompendium sind insbesondere die Ausführungen zum Berufsbild, den persönlichen bzw. Bildungsanforderungen, zum Berufstyp, dem Arbeitsplatz und anderen Besonderheiten von Interesse. Ähnliche Informationen, allerdings von einem anderen Herausgeber, finden sich im Berufswahl-Lexikon von Hablitzel (2000). Wichtige Hinweise auf die Verwertbarkeit der berufsfachlichen Fähigkeiten in anderen Berufen geben Chaberny/Müller/Parmentier (1992) sogar auf Ebene der Berufsklassen (Viersteller). Die aktuellste Information bieten die „Berufskundlichen Kurzbeschreibungen" der Berufsinformationszentren des Arbeitsamtes für mittlerweile über 1000 verschiedene Berufe, die online im Internet abrufbar sind[43]. Neben Auskünften über Ausbildungsinhalte sind Angaben über Einsatzbereiche und typische Tätigkeiten abrufbar.

Das aus diesen Quellen gewonnene Gesamtbild der Anforderungen wird in einem zweiten Schritt auf das zuvor entwickelte Humankapitalportfolio bezogen. Dafür wird versucht, für jede der sechs Komponenten des Humankapitalportfolios anzugeben, ob sie für die Ausübung des jeweiligen Berufes vergleichsweise „wichtig", „hilfreich" oder „unwichtig" sind. Zudem werden die Qualifikationen nach ihrer Wichtigkeit sortiert, d. h. Rangplätze bestimmt.

Verkürzt dargestellt wird folgendes Verfahren zur Ableitung der Transferierbarkeit verschiedener Humankapitalportfolios bzw. der Migrationsneigung verwendet: Aus den Folgerungen zur Relevanz jedes Bestandteiles des Humankapitalportfolios und der gewählten Rangfolge wird die Bedeutung der einzelnen Qualifikationen für einen Beruf ermittelt und durch jeweils einen (Sub-) Index abgebildet. Je höher sein Wert, desto wichtiger ist die zugrundeliegende Qualifikation. Deren spezifische Transferierbarkeit (hier: von Polen nach Deutschland) wird ausgedrückt durch weitere Kennziffern, die jeweils mit den oben ermittelten Subindizes multipliziert werden. Die Summe der Produkte über alle Qualifikationen ergibt einen Index, der die Transferierbarkeit berufsspezifischer Humankapitalportfolios widerspiegelt. Der Index soll folgende Eigenschaften auf sich vereinen: Positive Werte deuten auf eine gute bzw. überdurchschnittliche, negative auf eine schlechte bzw. unterdurchschnittliche Transferierbarkeit des Humankapitalstocks hin. Der Wertebereich sollte nicht zu klein sein, um „auf den ersten Blick" belegen zu können, ob eine (sehr) hohe oder eine (sehr) niedrige Transferierbarkeit der Qualifikationen zu erwarten ist. Andererseits sollte der Wertebereich

---

42 Beispielsweise Kenntnisse der Metallverarbeitung im Berufsfeld „Metall".

43 http://www.arbeitsamt.de/hst/services/bsw/biz/biz_online/bkb/index.html [Stand: 20.8.2001].

nicht zu groß sein, weil neutrale Einschätzungen sich in einem Wert nahe Null zeigen sollten. Zur Ableitung des Wanderungsanreizes werden in einem letzten Schritt weitere Indikatoren hinzugezogen. Zu den Details:

- Zur differenzierten Ermittlung der Bedeutung jeder Qualifikation (j) für einen Beruf werden sowohl die Wichtigkeit (W_j) als auch die dabei vergebenen Ränge (R_j) berücksichtigt. Es drängt sich zunächst die Frage der Gewichtung der Aussagen „wichtig", „hilfreich" und „unwichtig" auf. Logisch scheint, daß die als wichtig erachteten Qualifikationskomponenten höher gewichtet werden müssen als die als hilfreich bezeichneten und jene wiederum höher als die zur Ausübung eines Berufes als unwichtig eingeschätzten Qualifikationen. Ferner ist es plausibel, unwichtige und somit für die Ausübung des Berufes belanglose Komponenten unberücksichtigt zu lassen, d. h. unabhängig von ihrer spezifischen Entwertung mit Null zu gewichten. Offen bleibt, wie stark sich die Unterscheidung zwischen „wichtigen" und lediglich „hilfreichen" Qualifikationen in den Gewichten niederschlagen soll. Vorgeschlagen wird, hilfreiche Qualifikationen mit dem Faktor Eins und wichtige mit Zwei zu bewerten. Zur Begründung dieses Vorgehens sind Informationen nötig, die in den nächsten Spiegelpunkten vermittelt werden, so daß die Gründe im Anschluß daran genannt werden.

- Ferner muß entschieden werden, wie die Information des Rangplatzes (R_j) in die Bewertung einfließt. Zum einen könnte der Rangabstand gleichgewichtet werden. Entsprechend würde beim ersten Rang mit Eins multipliziert, beim zweiten mit 5/6, beim dritten mit 4/6 usw. Zum anderen könnte dem Prinzip abnehmenden Grenznutzens folgend die Bedeutung der Ränge überproportional zunehmen, z. B. indem mit dem Kehrwert des Ranges multipliziert wird. Bei Rang Drei würde dann z. B. mit 1/3, bei Rang Zwei mit 1/2 und beim ersten Rang mit Eins gewichtet werden. Beide Möglichkeiten haben Vor- und Nachteile. Während bei der erstgenannten Option das ökonomische Prinzip abnehmenden Grenznutzens unberücksichtigt bleibt, besteht bei der zweiten Option die Gefahr, daß im Falle zweier gleich wichtiger Qualifikationen auf den Rängen Eins und Zwei ein völlig übertriebener Bewertungsunterschied vom Faktor zwei resultieren würde. Die Ergebnisse würden dann stärker verfälscht als im ersten Fall, so daß die erste Möglichkeit gewählt wird. Das Gewicht der Ränge (R^*_j) nimmt mithin beginnend mit Eins für den ersten mit jedem Rang um ein Sechstel ab.

- Die relative Wichtigkeit jeder Humankapitalkomponente (W_j) für die Ausübung eines Berufs wird mit dem jeweiligen Ranggewicht (R^*_j) multipliziert. Das Produkt (Q_j) ist der Subindex für die Bedeutung einer Qualifikation für einen bestimmten Beruf. Es muß in einem weiteren Schritt mit einer Kennziffer für die Transferierbarkeit der jeweiligen Qualifikationen (T_j) multipliziert werden.

- Diese Kennziffern für die spezifische Transferierbarkeit von Qualifikationen werden aus den Überlegungen des vierten Kapitels abgeleitet. Die einzelnen Komponenten des Humankapitalportfolios werden mit Punkten versehen: Zwei Minuspunkte werden Qualifikationen zugeordnet, die schwer von Deutschland nach Polen übertragbar sind und die Migrationsneigung mithin eindeutig hemmen (betriebsspezifische, kommunikative und ggf. berufsfachliche Qualifikationen). Komponenten, für die schwächere Tendenzen in die eine oder in die andere Richtung abgeleitet werden konnten, erhalten einen Minus- (Allgemeinbildung, ggf. berufsfachliche Qualifikationen) oder einen Pluspunkt (persönlichkeitsbezogene Qualifikationen, ggf. berufsfachliche Qualifikationen). Zwei Pluspunkte werden angesetzt für die einfach transferierbaren Bestandteile des Humankapitalportfolios, deren Dominanz die stärkste Wanderungsneigung nach sich zieht (unspezifische Qualifikationen). Angesichts der bisweilen sehr unscharf messenden Indikatoren (vgl. Kap. 4.3) drängt sich eine Diskussion über eine feinere Differenzierung der Kennziffern nicht auf. Hinsichtlich der berufsfachlichen Qualifikationen muß der Grad ihrer Übertragbarkeit geprüft werden. Nach den oben gewonnenen Erkenntnissen (Satz 3d in Kap. 4.3.4.4) müssen hierfür die institutionellen Barrieren und die in Polen und Deutschland eingesetzten Produktionstechnologien untersucht werden. Wenn institutionelle Barrieren existieren, führt dies zu einem Minuspunkt[44], ihre Abwesenheit führt zu einer neutralen Bewertung. Je nach Grad der Unterschiedlichkeit der eingesetzten Produktionstechnologie werden null Punkte, ein Plus- oder ein Minuspunkt vergeben. Insgesamt eröffnet sich demnach für die berufsfachlichen Qualifikationen ein Wertebereich von minus Zwei bis plus Eins.

- Die Summe der Produkte von Qualifikationssubindizes und den jeweiligen Transferkennziffern über alle Qualifikationen wird als „Qualifikationstransfer-Index" (QTI) bezeichnet. Er kann Werte zwischen –10,7 und +7 annehmen.

$$(5.1) \quad QTI = \sum_{j=0}^{J} Q_j T_j \quad \text{mit } Q_j = W_j R^*_j$$

mit
- QTI = Qualifikationstransfer-Index
- Q_j = Subindex für die Bedeutung einer Qualifikation j für einen Beruf
- T_j = Transferierbarkeit der Qualifikation j von Polen nach Deutschland
- W_j = Arithmetisches Mittel des Indikators „Wichtigkeit der Qualifikation j"
- R^*_j = Gewicht des Indikators „Rang der Qualifikation j" (R_j) .

---

44 Für Migranten aus Quellräumen, für die keine Arbeitnehmerfreizügigkeit existiert, wären zwei Minuspunkte angezeigt. Hier wird aber im Sinne eines „worst case Szenarios" zunächst von voller Freizügigkeit ausgegangen.

Negative Werte deuten auf eine geringe Transferierbarkeit der beruflichen Qualifikationen hin, positive Werte hingegen auf eine hohe. Der QTI gibt somit einen wichtigen Hinweis auf die berufsspezifische Migrationsneigung. Der negative Wertebereich ist größer als der positive. Dies läßt sich darauf zurückführen, daß die Mehrzahl der Qualifikationen schlecht zwischen Polen und Deutschland transferierbar ist.

- Wie in Kapitel 3 gezeigt, sind die (erwarteten) Einkommensdifferenzen keine hinreichende Bedingung für die Realisierung rein ökonomisch motivierter Wanderungen. Hinzukommen müssen positive Aussichten darauf, überhaupt einen Arbeitsplatz im eigenen oder einem angestrebten Beruf zu bekommen. Deswegen müssen die berufsspezifischen Arbeitsmarktaussichten im Quell- und im Zielraum ebenfalls Berücksichtigung finden. Wenn es die Datenlage zuläßt, werden deswegen berufsspezifische Arbeitslosenquoten (nach IAB 2001) und berufsspezifische Lohndifferentiale berücksichtigt, um das auf Grundlage des QTI gewonnene Bild zu vervollständigen.

Nachzutragen bleibt die Begründung für die zur Unterscheidung zwischen „wichtigen" und lediglich „hilfreichen" Qualifikationen gewählten Gewichte (Zwei bzw. Eins):

- Wenn für die Ausprägung „hilfreich" der Wert Eins vergeben wird, so kommen für „wichtig" prinzipiell alle Gewichte größer Eins in Frage. Je stärker die wichtigen gegenüber den lediglich hilfreichen Qualifikationen berücksichtigt werden, desto stärker läuft das Ergebnis der intendierten Differenzierung der Qualifikationen zuwider. Die zu diesem Zwecke eigens eingeführte Antwortmöglichkeit „hilfreich" und die Differenzierungsmöglichkeiten, die sich aus den Rangfolgen ergeben, nähmen immer weniger Einfluß auf den Index. Der Verfasser hält vor diesem Hintergrund eine maximale Gewichtung der wichtigen Qualifikationen mit dem Faktor Drei als gerade noch vertretbar. Allerdings werden die wichtigen Qualifikationen bei Berücksichtigung der Rangplätze faktisch sogar höher als dreifach gewichtet, so daß Bedenken angebracht sind.

- Faktoren kleiner als 1,5 bieten nach Auffassung des Verfassers nicht an, weil die Unterschiede zwischen „hilfreichen" und „wichtigen" Qualifikationen verschwimmen würden. Dabei entscheiden Letztgenannte als Schlüsselqualifikationen über die Einstellung einer Person und sollten deswegen stärker Berücksichtigung finden.

- Wird der Faktor 1,5 gewählt, steigt die Wahrscheinlichkeit, daß der Index Werte annimmt, die optisch nahe Null erscheinen und somit der gewünschten „instinktiven Interpretierbarkeit" des QTI zuwiderlaufen. Seine Wertebereiche wachsen von –8 bis +5,25 bei einem Gewichtungsfaktor von 1,5 auf –16 bis +10,5 bei einem Faktor von Drei an.

- Der Verfasser hat den QTI für alle vier betrachteten Berufe mit Gewichten zwischen 1,5 und Vier berechnet. Es zeigen sich keine Vorzeichenwechsel, so daß sich der Index zumindest in diesem Bereich als ausreichend widerstandsfähig gegenüber Gewichtsverschiebungen erweist. Deswegen könnte generell jedes dieser Gewichte gewählt werden. Weil der Faktor Zwei die wesentlichen Anforderungen am ehesten erfüllt, erfolgen die Berechnungen für die auszuwählenden Berufe auf dieser Grundlage.

Die Berufsauswahl wiederum orientiert sich an folgenden Zielen:

1. Erklärung: es soll geprüft werden,

   a) ob sich die beobachteten berufsspezifischen Migrationswahrscheinlichkeiten humankapitaltheoretisch begründen lassen. Hierfür wird exemplarisch jeweils ein Beruf, für den eine hohe bzw. eine niedrige Emigrationsbereitschaft nachgewiesen worden ist, herausgegriffen.

   b) warum Menschen, die im Zuge der Migration etwa aufgrund nicht transferierbarer Qualifikationen zu einem Berufswechsel gezwungen werden, bestimmte Berufe wählen und andere nicht.

   Notwendige Bedingung für die Auswahl der Berufe ist die Verfügbarkeit von Anforderungsprofilen und Berufsbeschreibungen. Ferner werden eng abgrenzbare bzw. mit der Klassifikation des Statistischen Bundesamtes kompatible Berufsbezeichnungen bevorzugt, weil dafür die spezifische Arbeitsmarktsituation nachgewiesen wird.

2. Prognose:
   Aus allokationstheoretischer und gesamtwirtschaftlicher Sicht wären Migrationsbewegungen in solchen Berufen erwünscht, in denen das heimische Arbeitsangebot zur Deckung der hiesigen Arbeitsnachfrage nicht ausreicht. Auf der anderen Seite ist es auch im Kontext der operativen These wichtig zu wissen, ob die Konkurrenz in Berufen mit starkem inländischen Angebotsüberschuß durch Immigration weiter anwachsen könnte. Für beide Fälle – Berufe mit heimischen Angebots- und Nachfrageüberschuß – soll dies anhand jeweils eines Beispiels geprüft werden. Die gewählten Berufe sollen sich durch extreme Unterschiede zwischen Angebot und Nachfrage auszeichnen. Ferner sollen es quantitativ[45] bedeutende Berufe sein, um

---

[45] Die Bedeutung kann anhand der sozialversicherungspflichtig Beschäftigten für die Berufsordnungen geschätzt werden; sie werden vom Institut für Arbeitsmarkt- und Berufsforschung (IAB 2001) jährlich ermittelt. Für die Berufsklassen wird die Gesamtbeschäftigung nicht erhoben, die Bundesanstalt für Arbeit (BA 2001a) weist jedoch den Bestand der Arbeitslosen aus, woraus vage Rückschlüsse auch auf die mengenmäßige Bedeutung der Berufsklasse gezogen werden können.

eine politische bzw. gesellschaftliche Relevanz der abgeleiteten Aussage zu gewährleisten. Schließlich müssen ausreichende Informationen zum Beruf vorliegen.

Die Prognose für einzelne Berufe birgt den Vorteil in sich, daß sich die Diskussion um eine vermeintliche Beschäftigungslücke in Deutschland von groben Kategorien ablösen kann. Eine Orientierung daran führt, wie Scharpf (1999, S. 457) am Beispiel der Dienstleistungen verdeutlicht, aufgrund ihrer Heterogenität (öffentliche vs. private bzw. qualifizierte vs. nicht-qualifizierte Dienstleistungen) nicht weiter. Wie die empirischen Untersuchungen zur Verteilung der Ausländer auf verschiedene Berufe bzw. Sektoren gezeigt hat, bestehen diesbezüglich große Unterschiede innerhalb des Sektors.

5.3.2 Beruf im Quellraum und Migrationsneigung

Der empirische Befund zeigt eine geringe Wanderungsneigung bei Dienstleistern mit Ausnahme der im privaten und häuslichen Bereich Tätigen, bei den im Handel und Verkehr Beschäftigten, bei Organisationsberuflern und Kaufleuten sowie der Selbständigen. Hohe Wanderungsneigungen sind unter den land- und forstwirtschaftlichen Berufen, Technikern, Beschäftigten in Produktionsberufen sowie bei den Fach- und Hilfsarbeitern beobachtbar (vgl. Kap. 5.2).

5.3.2.1 Geringe Migrationsneigung: Kaufleute

Unter den erwähnten Berufen mit geringer Migrationsneigung ist eine relativ enge Tätigkeitsabgrenzung allenfalls bei den Kaufleuten möglich – und selbst dort gestaltet sie sich nicht einfach. Es existieren mehrere Berufsgruppen mit Kaufleuten. Stellvertretend erwähnt seien die Gruppen 68 (Warenkaufleute), 69 (Bank- und Versicherungskaufleute), 70 (andere Dienstleistungskaufleute), 77 (Rechnungskaufleute) und 78 (Bürofach- und -hilfskräfte). Entsprechend gibt es unwesentlich mehr kaufmännische Berufsordnungen und noch mehr -klassen. Viele Kaufleute, die nicht Verkäufer sind und auch nicht hauptsächlich anderen Tätigkeiten nachgehen (Personalkaufleute) werden in der Berufsgruppe 681 (Groß- und Einzelhandelskaufleute, Einkäufer) zusammengefaßt. Die konkrete Wahl fällt hier auf die quantitativ bedeutendste Berufsklasse – die Einzelhandelskaufleute (6812); sie wird im folgenden behandelt.

Gemäß der „Berufskundlichen Kurzbeschreibung" des Arbeitsamtes (BA 1993 o. S.) gehören der Verkauf von Waren, Kundenberatung, Wareneinkauf, Warenannahme, Lagerung, Qualitätsprüfung, Marktbeobachtung, Sortimentsgestaltung, Werbung, Verkaufsförderung, Abrechnung, Buchhaltung und Inventur zu den Tätigkeiten von Einzelhandelskaufleuten. Wichtige Arbeitsmittel sind die Waren des jeweiligen Fachbereichs, Warenlisten, Kassensysteme, Lagersysteme sowie Geräte der modernen Bürokommunikation und Computer/EDV. Hitschfel und Zimmer (1999, S. 66) heben Kontaktfreudigkeit, Sprachgewandtheit, höfliche und sichere Umgangsformen, Geduld und Interesse an wirtschaftlichen Zusammenhängen als wichtige persönliche Voraussetzung hervor. Hablitzel (2000, S. 228f.) nennt daneben gute Rechen- und Deutschkenntnisse und Gewissenhaftigkeit als wesentliche Eignungsmerkmale. An formaler Ausbildung reicht ein Hauptschulabschluß, was auf eine geringe Relevanz der Allgemeinbildung schließen läßt.

Die seitens Chaberny, Parmentier und Schnur (1991, S. 25f.) befragten Experten sollten unterscheiden zwischen der Wichtigkeit bestimmter Eigenschaften und Fähigkeiten und der Bedeutung verschiedener beruflicher Kenntnisse und Fertigkeiten. Werden im ersten Befragungsbereich häufig die Antworten „(sehr) wichtig" gegeben, so zeugt dies prinzipiell von einer hohen Relevanz der überbetrieblichen Qualifikationen (außer den berufsfachlichen Qualifikationen). Welche Kategorien genau wichtig sind, bedarf einer erneuten Prüfung. Werden hingegen viele Items bei der Abfrage der beruflichen Kenntnisse als „(sehr) wichtig" eingeschätzt, deutet dies auf eine hohe Bedeutung der berufsfachlichen Qualifikationen hin. Es zeigt sich, daß Einzelhandelskaufleute mehr persönliche als berufliche Kenntnisse benötigen. Sechs von vierzehn Items werden als sehr wichtig eingeschätzt, es sind dies im Einzelnen sprachliches Ausdrucksvermögen, Verhandlungsgeschick, Befähigung zum Umgang mit Menschen, Einfühlungsvermögen, Teamfähigkeit und ein gepflegtes Äußeres. An beruflichen Kenntnissen werden lediglich drei von 19 Items als sehr wichtig angesehen nämlich Kundenberatung, Verkauf und Produktkunde. Für eine moderate Bedeutung der berufsfachlichen Qualifikationen spricht ferner, daß überdurchschnittlich viele Einzelhandelskaufleute in andere Berufe wechseln (vgl. Chaberny/Müller/Parmentier 1992, S. 266).

Für die Transferierbarkeit der berufsfachlichen Fähigkeiten müssen bekanntlich die institutionellen Hindernisse und die Bedeutung bzw. die Unterschiedlichkeit der Produktionstechnologie abgeschätzt werden. Schafer und Schenk (1995, S. 110f.) schreiben, daß Aussiedlern die Anerkennung von kaufmännischen Berufsabschlüssen verweigert worden ist. Entsprechend wird ein Minuspunkt für die institutionellen Hürden vergeben. Stapel (2001b, S. 6) zufolge bestehen im Sektor „Handel" zwischen Deutschland und Polen große Produktivitätsunterschiede, so daß eher von unterschiedlichen Technologien ausgegangen werden muß, die bei der Ausübung kaufmännischer Tätigkeiten in beiden Räumen zum Einsatz kommen. Insbesondere kann vermutet werden, daß ERP-Software (enterprise resource planning) in Polen und Deutschland unterschiedlich verbreitet ist. Insoweit wird auch für die Produktionstechnologie ein Minuspunkt angesetzt. Insgesamt gestaltet sich der Transfer berufsfachlicher Qualifikationen für polnische Kaufleute nach Deutschland relativ schwierig, so daß insgesamt zwei Minuspunkte vergeben werden.

Den gewonnenen Erkenntnissen zufolge scheint unspezifischen Qualifikationen keine große Bedeutung beizukommen. Lediglich die Tatsache, daß der Beruf überwiegend im Stehen ausgeführt wird, schränkt die Beschäftigungschancen für körperlich behinderte Personen ein (vgl. Hitschfel/Zimmer 1999, S. 67).

Betriebsspezifischem Humankapital kommt lediglich im Rahmen der als sehr wichtig erachteten Kenntnis der Produkte eine gewisse Bedeutung zu. Weitere Hinweise können über einen analytischen Umweg gewonnen werden. Bekanntlich ist der betriebsspezifische Arbeitsmarkt stark nach außen abgeschottet. Dies bedeutet, daß offene Stellen kaum ausgeschrieben, sondern intern (neu) besetzt werden. Gleichzeitig kann es aufgrund von Betriebsschließungen oder seltener im Zuge von Rationalisierungsmaßnahmen dazu kommen, daß Angehörige des betriebsspezifischen Segmentes freigesetzt werden. Jene werden in der Arbeitslosenstatistik unter ihrem letzten Beruf (Berufsordnungen) als Arbeitsuchende gemeldet. Die berufsspezifische Arbeitslosenquote wird vom IAB (2001) berechnet und setzt die Arbeitsuchenden ins Verhältnis zu den sozialversicherungspflichtigen Arbeitnehmern. Daneben werden der Bestand an Arbeitslosen in einem Beruf und die entsprechenden gemeldeten offenen Stellen statistisch erfaßt (vgl. BA 2001a). Auch hier läßt sich eine Quote berechnen, indem die Arbeitsuchenden und die offenen Stellen zueinander in Beziehung gesetzt werden (im folgenden „Bewerberquote[46]" genannt).

Wenn für beide Fälle ein Mittelwert über alle Berufe berechnet wird, läßt sich ablesen, in welchem Ausmaß die beiden Quoten vom Mittelwert abweichen. Für den Fall, daß die berufsspezifische Bewerberquote den Durchschnitt für alle Berufe übersteigt und gleichzeitig die berufsspezifische Arbeitslosenquote den entsprechenden deutschen Durchschnitt (wiederum auf Basis der sozialversicherungspflichtig Beschäftigten) unterschreitet, kann auf ein abgeschottetes Arbeitsmarktsegment geschlossen werden. Wenn sich die entsprechenden Quoten ähneln, kommt den betriebsspezifischen Qualifikationen vermutlich eine geringere Bedeutung zu.

Für die Einzelhandelskaufleute (Berufsklasse 6812) muß aufgrund der eingeschränkten Datenlage die entsprechende Berufsordnung (681: Groß- und Einzelhandelskaufleute, Einkäufer/innen) betrachtet werden. Die Bewerberquote liegt im Jahr 2001 bei 13,23 und damit höher als ihr Mittelwert über alle Berufe (7,87). Die berufsspezifische Arbeitslosenquote liegt im Jahr 2000 (letztverfügbare Quote) bei 14,1 Prozent – ebenfalls höher als die deutsche Arbeitslosenquote von 11,5 Prozent (vgl. IAB 2001). Von daher bestätigt sich der Eindruck, daß Einzelhandelskaufleute dem betriebsspezifischen

---

[46] Um saisonale Schwankungen zu berücksichtigen, wird aus den entsprechenden Werten für Januar und Juli ein arithmetisches Mittel gebildet.

Segment typischerweise nicht angehören und die entsprechenden Qualifikationen nicht von überragender Bedeutung sind.

Hinsichtlich der überbetrieblichen Qualifikationen kommt der Allgemeinbildung abgesehen von gesicherten Grundkenntnissen der Mathematik keine gesteigerte Bedeutung zu. Anders hingegen verhält es sich mit den kommunikativen und persönlichkeitsbezogenen Qualifikationen wie dem sprachlichem Ausdrucksvermögen und dem Umgang mit Menschen, deren Relevanz häufig betont wird. Berufsfachliche Anforderungen sind demgegenüber von nachrangiger Bedeutung. Der Verfasser errechnet auf Grundlage dieser Überlegungen einen QTI von -7,3, der von einer schlechten Übertragbarkeit der Qualifikationen von Kaufleuten von Polen nach Deutschland zeugt und sich negativ auf die Migrationsbereitschaft polnischer Kaufleute auswirkt (Tab. 13). Die empirische Beobachtung im Rahmen des Kapitels 5.2 findet somit eine eindrucksvolle theoretische Erklärung.

Tab. 13: Kaufleute – Qualifikationsprofil

Qualifikationen	betriebsspezifisch	kommunikativ	Allgemeinbildung	berufsfachlich	Persönlichkeit	unspezifisch
W_j	1	2	1	2	2	0
R_j	4	1	5	2	3	6
T_j	-2	-2	-1	-2	1	2
QTI	-7,3					

W_j = Arithmetisches Mittel des Indikators „Wichtigkeit der Qualifikation j".
R_j = Median des Indikators „Rang der Qualifikation".
R^*_j = Gewicht des Indikators „Rang der Qualifikation j" (R_j).
T_j = Transferierbarkeit der Qualifikation j von Polen nach Deutschland.

QTI = Qualifikationstransfer-Index = $\sum_{j=0}^{J} W_j R^*_j T_j$ mit einem Wertebereich [-10,7; 7].

QTI < (>) 0 → schlechte (gute) Transferierbarkeit des Humankapitalportfolios.

Quelle: Eigene Darstellung.

Die berufsspezifische Arbeitslosenquote liegt überdurchschnittlich hoch (s. o.) und dürfte den Migrationswillen weiter dämpfen. Die Vergütung westdeutscher Einzelhandelskaufleute beträgt im Jahr 2000 für die mittleren Gruppen durchschnittlich ca. 1.162 Euro (vgl. WSI 2001b, o. S.). Im polnischen Handelssektor werden 2001 durchschnittlich umgerechnet ca. 603 Euro ausgezahlt, was etwa dem polnischen Durchschnittslohn in Höhe von ca. 624 Euro entspricht (vgl. PSP 2001, o. S.; www.wechselkurse.de). Die Lohndisparitäten entsprechen für Kaufleute in etwa denen zwischen Polen und Deutschland insgesamt. Von daher kann kein überdurchschnittlicher Wanderungsdruck abgeleitet werden. Gleiches gilt auch im Lichte der Neuen Migrationstheorie, weil aus den Daten keine relative Verarmung polnischer Kaufleute abzuleiten ist.

5.3.2.2 Hohe Migrationsneigung: Landwirtschaftliche Berufe

Von den Berufen, für die empirisch eine hohe Migrationsneigung festgestellt worden ist, drängen sich die landwirtschaftlichen Berufe für eine Untersuchung auf. Denn jene verteilen sich auf lediglich zwei Berufsordnungen, die Landwirte (011) und die Landarbeitskräfte (041), deren Tätigkeiten nachfolgend beschrieben werden. Von der Gruppe der landwirtschaftlichen Hilfsarbeiter, deren (unspezifische) Tätigkeiten im Rahmen des Kapitels 5.3.3 betrachtet werden, wird an dieser Stelle abgesehen.

Die Berufskundliche Kurzbeschreibung des Arbeitsamtes (BA 1995, o. S.) und das Berufswahllexikon (Hablitzel 2000, S. 253) nennen vier Tätigkeitsbereiche. Im Rahmen der Feldwirtschaft- und Grünlandwirtschaft zählen hierzu die Bodenbearbeitung (z. B. Einarbeiten von Dünger, Pflügen), das Aussäen und Pflanzen, die Kontrolle, Wachstumspflege und Ernte der Pflanzen sowie die Heugewinnung. In der landwirtschaftlichen Waldwirtschaft müssen Bäume entastet und gefällt werden. Bei der Tierwirtschaft werden das Füttern und Tränken der Nutztiere (Groß- und Kleinvieh), ihre Pflege und Betreuung (u. a. Melken bei Milchviehbeständen) und die Reinigung der Ställe aufgezählt. Schließlich muß die wachsende Anzahl der benötigten Maschinen und Geräte gewartet und instandgehalten sowie alle Erzeugnisse aufbereitet, gelagert und vermarktet werden. Zu den benötigten Arbeitsmitteln zählen Saat- und Pflanzgut, Dünger, Futter- und Pflanzenbehandlungsmittel, Schlepper, Pflüge, Fräsen, Eggen, Dünge- und Erntemaschinen, Mähdrescher, Futterautomaten, Transportbänder, Spritzgeräte sowie Kleinwerkzeug (Feilen, Zangen etc.). Arbeitsorte sind landwirtschaftliche Betriebe mitsamt ihrer Freiflächen.

Wesentliche Eignungsmerkmale sind neben einer robusten körperlichen Gesundheit und einem gewissen technischen Verständnis insbesondere eine Vorliebe für das Landleben und die Unempfindlichkeit gegenüber den Witterungsbedingungen. Eine besondere formelle Vorbildung ist über das Wissen, welches im Rahmen der Schulpflicht gelehrt wird, abdingbar. Im Rahmen einer zwei bis dreijährigen Berufsausbildung werden die benötigten Fähigkeiten vermittelt. Beispielhaft seien (chronologisch sortiert) genannt die Einführung in die Pflege der Lagerräume und die Bedienung der Maschinen, was bei der Euterpflege zu beachten ist, wie einfache Reparaturen vorzunehmen, welche Zuchtziele zu erreichen sind und welche Qualitätsnormen hierfür existieren.

Einschätzungen von Experten über die benötigten Fähigkeiten und Kenntnissen liegen für landwirtschaftliche Berufe nicht vor, ersatzweise werden die Auskünfte für die verwandten Forstwirte untersucht. Als sehr wichtig werden vier von elf persönlichen Eigenschaften sowie drei von 18 Kenntnissen angesehen. Diese niedrigen Werte deuten prinzipiell auf eine untergeordnete Bedeutung der Allgemeinbildung, persönlichkeitsbezogener und kommunikativer Qualifikationen hin. Innerhalb der Fähigkeiten zählen Flexibilität, Teamfähigkeit sowie Körperkraft und Fingerfertigkeit dazu, wobei insbesondere die letztgenannten Eigenschaften den unspezifischen Qualifikationen zuzurechnen sind. Die wenigen als sehr wichtig erachteten Kenntnisse beziehen sich auf berufsfachliche Qualifikationen, wie die Arbeitssicherheit, den Umweltschutz und die Holzbe- und Holzverarbeitung (vgl. Charberny/Parmentier/Schnur 1991, S. 388f.).

Für die berufsfachlichen Qualifikationen muß erneut geprüft werden, ob es sich um einen reglementierten Beruf handelt oder nicht und wie stark die eingesetzte Technologie zwischen Deutschland und Polen variiert. Spezielle Anerkennungsrichtlinien existieren für den Ausbildungsberuf „Landwirt" nicht, so daß sich hinsichtlich der institutionellen Hürden eine neutrale Bewertung ableitet (vgl. EU 2001a, o. S.). Die Betrachtung der eingesetzten Arbeitsmittel sowie der Tätigkeitsbeschreibungen läßt auf den ersten Blick bedeutende Anpassungsschwierigkeiten nicht erwarten. Andererseits werden überdurchschnittliche Produktivitätsunterschiede zwischen der polnischen und der deutschen Landwirtschaft nachgewiesen (vgl. Tab. 9). Dies deutet auf Unterschiede in der eingesetzten Produktionstechnologie hin. Jene resultieren insbesondere aus der kleinbäuerlichen Struktur der privaten Landwirtschaft in Polen, deren Anteil im Jahre 1997 bei 82,9 Prozent liegt. Die Mechanisierung und die technische Ausstattung dieser Kleinbetriebe bleibt hinter der in Deutschland weit zurück, auch die Marketingfähigkeiten vieler polnischer Landwirte werden als unzureichend bezeichnet (vgl. Droth/Grimm/Haase 2000, S. 64). Die Produktionstechnologie bzw. die berufsfachlichen Kenntnisse sind demnach allenfalls teilweise übertragbar. Entsprechend wird diesbezüglich eine neutrale Bewertung vergeben, was in diesem Fall auch dem Wert für die berufsfachlichen Fähigkeiten insgesamt entspricht.

Im Falle der Arbeitslosigkeit stellen Chaberny/Müller/Parmentier (1992, S. 2) eine stark überdurchschnittliche Abwanderung in andere Berufe, namentlich in die Lagerverwaltung, den Landverkehr und in die Wachberufe fest. Dies könnte wiederum darauf hindeuten, daß den unspezifischen Qualifikationen eine große Bedeutung zukommt. Die Arbeitslosenquote liegt mit 32,8 Prozent (Berufsordnung 011) bzw. 20,7 Prozent (Berufsordnung 041) weit über dem Durchschnitt, die Bewerberquote mit 10,6 leicht darüber. Auf eine große Bedeutung des betriebsspezifischen Humankapitals kann daher nicht geschlossen werden. Bei den landwirtschaftlichen Berufen kommt hinzu, daß die Quoten mit Vorsicht zu genießen sind, weil vor allem in dieser Berufsordnung sowohl nicht versicherungspflichtige Personen als auch Selbständige tätig sind (vgl. Chaberny/Müller/Parmentier 1992, S. 2).

Die vorliegenden Informationen deuten nach Interpretation des Verfassers darauf hin, daß Personen, die in landwirtschaftlichen Berufen tätig sind, überwiegend unspezifische und berufsfachliche Qualifikationen für ihre Tätigkeit benötigen. Insgesamt errechnet sich mit einem Wert von 3,7 ein QTI, der prinzipiell auf eine hohe Migrationsneigung hindeutet (Tab. 14):

Tab. 14: Landwirte – Qualifikationsprofil

Qualifikationen	betriebsspezifisch	kommunikativ	Allgemeinbildung	berufsfachlich	Persönlichkeit	unspezifisch
W_j	1	0	0	2	1	2
R_j	4	5	6	2	3	1
T_j	-2	-2	-1	0	1	2
QTI	3,7					

W_j = Arithmetisches Mittel des Indikators „Wichtigkeit der Qualifikation j".
R_j = Median des Indikators „Rang der Qualifikation".
R^*_j = Gewicht des Indikators „Rang der Qualifikation j" (R_j).
T_j = Transferierbarkeit der Qualifikation j von Polen nach Deutschland.

QTI = Qualifikationstransfer-Index = $\sum_{j=0}^{J} W_j R^*_j T_j$ mit einem Wertebereich [-10,7; 7].

QTI < (>) 0 → schlechte (gute) Transferierbarkeit des Humankapitalportfolios.

Quelle: Eigene Darstellung.

Die genannten, weit überdurchschnittlich hohen Arbeitslosenquoten im Zielraum dürften sich auf den Migrationswillen der Landwirte weiter mäßigend auswirken[47]. Jene dürfen aber weder hinsichtlich der Anforderungen noch hinsichtlich der Arbeitsmarktsituation mit landwirtschaftlichen Hilfsarbeitern und Erntehelfern (Berufsklasse 4117) verglichen werden. Die hier Beschäftigten verrichten stärker unspezifische Tätigkeiten, und es herrscht ein ausgeprägter Arbeitskräftemangel, was die extrem niedrige Bewerberquote von 0,13 belegt. Landwirtschaftliche Hilfsarbeiten, z. B. bei der Ernte, werden schon heute sehr häufig, gestützt durch staatliche Programme, durch ausländische Saisonarbeiter ausgeführt (vgl. Treichler 1998, S. 113f.). Die Attraktivität dieser von den Deutschen verschmähten Tätigkeit für Migranten ist Gegenstand des folgenden Kapitels.

[47] Dies gilt insbesondere für Landwirte mit eigenem Grund.

5.3.3 Berufe im Zielraum, Berufswechsel

Die empirischen Untersuchungen haben gezeigt, daß wenige Migranten in Deutschland in geistes- und sozialwissenschaftlichen Berufen sowie in kaufmännischen Berufen eine Anstellung gefunden haben. Daß Migranten in kaufmännischen Berufen nicht unterkommen, verwundert nach den im vorangegangenen Unterkapitel gewonnenen Erkenntnissen nicht. Für die geistes- und sozialwissenschaftlichen Berufe dürfte eine Analyse der benötigten Qualifikationen bzw. des Humankapitalportfolios ähnliche Ergebnisse zu Tage fördern. An dieser Stelle interessiert die Erklärung der beobachteten Verteilung auf bestimmte Berufe im Zielraum der Migration. Die meisten Immigranten arbeiten in Deutschland im unspezifischen Segment, d.h. als (landwirtschaftliche) Hilfsarbeiter, persönliche und häusliche Dienstleister, in Pflege- und Reinigungsberufen sowie in arbeitsintensiven Produktionsberufen und auf dem Bau (vgl. Abb. 8). Ein Grund dafür könnte darin liegen, daß die Lohnrelationen im unteren Bereich der Qualifikationsskala zwischen Deutschland und Polen überdurchschnittlich groß sind (ausgedrückt in Kaufkraftstandards 4,1 (Westdeutschland-Polen) bzw. 3,3 (Ostdeutschland-Polen)), was sich positiv auf den Migrationsanreiz auswirkt (vgl. Sinn et al., S. 43 u. 46). Biffl (1991, S. 5) zeigt jedoch für Migranten in Österreich, daß sie oft un- bzw. halbqualifizierte Arbeiten verrichten, die „very often below their actual skill level" liegen. Nachfolgend wird die Präferenz der Berufswechsler allgemein für das unspezifische Segment erklärt.

Ohne weiteres scheint es nachvollziehbar, daß gering qualifizierte Arbeitnehmer Arbeiten im unspezifischen Sektor suchen und sie sich durch eine hohe Lohnelastizität der Migration auszeichnen. Erklärungsbedürftig bleibt hingegen, warum auch Arbeitnehmer wandern, deren Humankapitalportfolio sich schwerpunktmäßig aus anderen – insbesondere nicht transferierbaren – Komponenten zusammensetzt oder denen die Anerkennung ihrer beruflichen Befähigungsnachweise im Zielraum vorenthalten bleibt. Sie haben wenig Aussicht auf Einstellung in ihrem Beruf und werden zu mehr oder weniger großen Humankapitalinvestitionen in Deutschland gezwungen. Ein Berufswechsel ohne weitere Ausbildungsinvestitionen (vgl. Kap. 4.2) führt in aller Regel zu einer inadäquaten Nutzung des Humankapitalstocks. Dies gilt um so mehr, je weniger der neue Beruf dem alten gleicht bzw. je höher der Spezialisierungsgrad der Beschäftigten ist (vgl. Velling/Pfeiffer 1997, S. 199). Entweder nehmen solche Migranten unspezifische Arbeiten an, oder sie führen weitere Humankapitalinvestitionen durch, die einen höheren Marktwert versprechen (vgl. Sjaastad 1962, S. 88). Ein Berufswechsel lohnt sich nach Bender, Haas und Klose (1999, S. 4) nur dann, „wenn die (Opportunitäts-) Kosten für die neue Ausbildung oder Einarbeitung von den (erwarteten) Erträgen mindestens kompensiert werden." Aber selbst bei Ausschluß der Investitionsoption wie im Rahmen des gewählten statischen Ansatzes (vgl. Kap. 4.2) können Wanderungen unter Aufgabe des aktuellen Berufes zugunsten einer Tätigkeit im unspezifischen Segment im vorgestellten Modellrahmen begründet werden: Migration kann trotz einer deutlichen Entwertung des Humankapitals rational sein, wenn der Gegenwartswert des im Zielraum mit den unspezifischen erzielbaren kumulierten Einkommens unter Berücksichtigung der Migrationskosten größer ist, als das Einkommen, das im Quellraum unter Einsatz des gesamten, ungeschmälerten Humankapitalportfolios zu erzielen ist.

Allgemein lautet das Kalkül für Personen mit überwiegend unspezifischen Qualifikationen wie folgt:

$$(5.2) \quad \sum_{t=0}^{T} [(w_{tz}^{KKS} H_u) - (w_{tq}^{KKS} H)] / (1+r)^t > C_M$$

Diese Option dürfte vor allem für junge Menschen in Betracht gezogen werden, was Velling und Pfeiffer (1997, S. 203) empirisch belegen und was aufgrund der längeren Amortisationsdauer der Migrationskosten (und ggf. von neuen Humankapitalinvestitionen) auch theoretisch nachvollziehbar ist.

5.3.4 Matching auf dem deutschen Arbeitsmarkt

5.3.4.1 Berufe mit Arbeitsplatz- bzw. -kräfteknappheit

Wie in Kapitel 5.3.1 angekündigt, wird nun für jeweils einen Beruf mit heimischen Arbeitsangebots- und -nachfragemangel geprüft, ob Migration zu einer Linderung der Matchingprobleme auf dem deutschen Arbeitsmarkt beitragen kann. Hinsichtlich der Auswahl der Beispiele soll neben der berufsspezifischen Arbeitsmarktsituation wiederum die quantitative Bedeutung des Mangels für die Auswahl der zu analysierenden Beispiele beachtet werden. Schließlich müssen berufskundliche Informationen in ausreichender Zahl vorliegen. Selbstverständlich lassen sich aus den Ergebnissen keine verallgemeinernden Schlüsse ziehen. Sollte für einen Beruf mit Arbeitskräftemangel festgestellt werden, daß für Polen in diesem Beruf keine Migrationshemmungen bestehen, so kann es für einen anderen durchaus zu entgegengesetzten Schlußfolgerungen kommen

Die erste Frage stellt sich nach der Arbeitsmarktlage für verschiedene Berufe. Sie ist ablesbar an der berufsspezifischen Arbeitslosenquote und an der Bewerberquote. Ihre relativen Höhen (jeweils gemessen an den durchschnittlichen Quoten) können dabei deutlich voneinander abweichen. Dies könnte mit der Dominanz interner Arbeitsmärkte und mit der Bedeutung nicht sozialversicherungspflichtiger Beschäftigung erklärt werden. Wichtiger scheint aber das Phänomen freiwilliger Arbeitslosigkeit. Auf jene kann regelmäßig dann geschlossen werden, wenn in einem quantitativ bedeutenden Beruf die Bewerberquote sehr gering ist oder die Arbeitsnachfrage das Arbeitsangebot sogar übersteigt und die Arbeitslosenquote gleichzeitig sehr hohe Werte annimmt. Wenn also die berufsspezifischen Arbeitslosenquoten für die Auswahl zugrundegelegt werden, besteht die Gefahr, von Arbeitsmarktproblemen zu sprechen, die aufgrund der Freiwilligkeit der Arbeitslosigkeit nicht als solche zu bezeichnen sind. Deswegen orientiert sich die Auswahl in erster Linie an der Bewerberquote. Trotzdem soll die Arbeitslosenquote ergänzend mit berücksichtigt werden. Wenn beide Quoten gemessen am Durchschnitt über alle Berufe sehr hoch bzw. sehr niedrig liegen, kann auf unfreiwillige Arbeitslosigkeit bzw. auf Arbeitskräftemangel geschlossen werden, der nicht durch Politik zur Aktivierung von Arbeitslosen zu beheben wäre. Weil die Arbeitslosenquoten lediglich bis zu Berufsordnungen ermittelt werden, muß sich die Auswahl darauf beschränken[48].

Die zweite Frage stellt sich hinsichtlich der arbeitsmarktlich relevanten Menge an (gemeldeten) Arbeitslosen im Falle des Arbeitsangebotsüberschusses bzw. an offenen Stellen im Falle der Arbeitskräfteknappheit. Die jeweiligen Bestände werden von der Bundesanstalt für Arbeit für jeden Monat ausgewiesen. Um saisonale Einflüsse zu eliminieren, werden die Bestände der Monate Januar und Juli arithmetisch gemittelt. Wenn der Arbeitslosenpool bzw. die offenen Stellen 5000 übersteigt, wird von arbeitsmarktlich relevanten Größe ausgegangen. Damit sind etwa zwanzig Prozent der Berufsordnungen erfaßt. Werden zusätzlich nur die Berufe mit den 25 höchsten bzw. niedrigsten Bewerberquoten betrachtet, bleiben zehn Berufsordnungen übrig. Darunter befinden sich sieben Berufsordnungen mit Arbeitskräftemangel (in absteigender Reihenfolge: Landarbeitskräfte; Werbefachleute; Datenverarbeitungsfachleute; Hilfsarbeiter o.n.T.; Krankenschwestern, -pfleger, Hebammen; Friseure; Handelsvertreter, Reisende) und drei mit Stellenmangel (darstellende Künstler; Pförtner/Hauswarte; Bergmänner).

Unter diesen Berufen sollen jene ausgeschlossen werden, die häufig selbständig ausgeübt werden (hier: die darstellenden Künstler), und solche, die bereits vorgestellten Berufsbildern ähneln. Dies sind die Landarbeitskräfte und Hilfsarbeiter o.n.T., die sich unter die unspezifischen Tätigkeiten subsumieren lassen. Beides sind Berufe mit einer extrem geringen Bewerberquote (0,46 bzw. 2,42), im Falle der Landarbeitskräfte übersteigt die Anzahl der offenen Stellen sogar die der Arbeitslosen. Insbesondere die Nachfrage nach (bezahlbaren) unqualifizierten Arbeitnehmern für „dirty jobs", die von Inländern nicht mehr angeboten werden, liegt auf einem hohen Niveau (vgl. Eichengreen 1994, S. 9). Die Tatsache, daß die Arbeitslosenquoten in diesem Segment über-

---

[48] Die jeweils 25 höchsten und niedrigsten Bewerberquoten sind nachrichtlich für Berufsordnungen, -klassen und -gruppen im Anhang aufgeführt.

durchschnittlich hoch sind, läßt auf freiwillige Arbeitslosigkeit der Einheimischen schließen. Im vorangehenden Kapitel ist gezeigt worden, daß unter den unspezifischen Berufen eine hohe Migrationsneigung bzw. gute Beschäftigungsmöglichkeiten bestehen, so daß es in Abwesenheit von Mindestlohnvorschriften zu einer Entspannung auf dem Arbeitsmarkt kommen sollte. Cornetz und Schäfer (1999, S. 554) weisen generell darauf hin, daß das Hauptproblem auf dem deutschen Arbeitsmarkt eher im Fehlen von „good jobs" als in einem Defizit an wenig produktiven und gering bezahlten „bad jobs" liegt.

Schließlich müssen solche Berufe gewählt werden, für die umfassende Berufsdokumentationen vorliegen. Dies sind typischerweise Ausbildungsberufe. Folgende Tabelle gibt Auskunft über die Verfügbarkeit von Informationen über die acht verbleibenden Berufe:

Tab. 15: Verfügbarkeit berufskundlicher Information

BO	Kurzbezeichnung	BKB (div. Jg.)	Hitschfel/Zimmer (1999)	Hablitzel (2000)	Chaberny et al. (1991)	Charberny et al. (1992)
071	Bergmänner	ja	nein	ja	nein	ja
441	Pförtner	nein	nein	nein	nein	ja
687	Vertreter	(ja)	nein	nein	nein	nein
703	Werbefachleute	ja	ja	ja	nein	ja
774	Datenverarb.	ja	ja	ja	ja	ja
853	Krankenpflege	ja	ja	nein	nein	nein
901	Frisör	ja	ja	ja	ja	ja

Quelle: eigene Darstellung.

In den ersten beiden der in Tabelle 15 aufgeführten Berufsordnungen herrscht Arbeitsplatzmangel, in den übrigen Arbeitskräfteknappheit. Weil für jede Gruppe zumindest in einem Beruf die Migrationsneigung geprüft werden soll, werden die Bergmänner aus den Berufen mit Arbeitsplatzmangel gewählt. Für sie liefern zumindest drei Quellen berufsbezogene Informationen. Aus der anderen Gruppe werden Datenverarbeitungsfachleute und Friseure in allen fünf Quellen berücksichtigt. Die entsprechenden Bewerberquoten lauten 2,16 bzw. 2,63, die Arbeitslosenquoten (2000) 5,2 bzw. 10,2 Prozent. Der Bestand an offenen Stellen liegt für die erstgenannte Berufsordnung bei ca. 13.000, für die Friseure bei ca. 5.400. Somit herrscht unter den Datenverarbeitungsfachleuten eine höhere Verknappung des Arbeitsangebotes. Freiwillig arbeitslose Datenverarbeitungsfachleute sind zudem im Gegensatz zu den Friseuren aufgrund ihrer generell höheren Löhne schwerer durch politische Maßnahmen zu aktivieren, die die Arbeitsaufnahme im Vergleich zum Bezug von Versicherungs- oder Sozialleistungen attraktiver machen (z. B. Kombilöhne). Ferner sind unter den Datenverarbeitungsfachleuten mehr als doppelt so viele Arbeitsplätze unbesetzt, so daß sich diese Gruppe für die Analyse empfiehlt. Schließlich scheint die politische Relevanz eher gegeben zu sein, was sich in der Vergabe von Green Cards für Angehörige dieses Berufes zeigt.

5.3.4.2 Mangel an Datenverarbeitungsfachleuten

Kann der Mangel an Datenverarbeitungsfachleuten durch Einwanderung gelindert werden? Zur Beantwortung dieser Frage wird nach dem bekannten Muster vorgegangen. Zunächst erfolgt die Analyse des Berufsbildes, bevor aus den gewonnenen Informationen Humankapitalportfolios bzw. Qualifikationsprofile abgeleitet werden, die hinsichtlich der Migrations- bzw. Erfolgswahrscheinlichkeit auf dem deutschen Arbeitsmarkt bewertet werden.

Der „Berufskundlichen Kurz-Beschreibung“ (vgl. BA 1998, o. S.) und dem „Handbuch der Berufswahl“ (vgl. Hitschfel/Zimmer 1999, S. 88f.) folgend, umfaßt das Tätigkeitsfeld der Datenverarbeitungsfachleute (bzw. der EDV Fachberater) vielfältige Arbeitsbereiche. Dazu zählt die Koordination diverser Anwendungen im Tagesgeschäft sowie die Unterstützung der Anwender bei der Handhabung und dem Einsatz der zu verwendenden Softwareprodukte. Ferner müssen Systemanforderungen im Betrieb analysiert und die Entwicklung von Anwendungen koordiniert werden. Dazu gehört u. a. die Beobachtung des Marktes von Standardsoftware. Eine weitere wichtige Aufgabe umfaßt die Schulung der Systembenutzer und die Erstellung von Hilfe-Dokumentationen. Schließlich müssen technische Dienste durchgeführt werden. Hierzu zählen der Hardware-Support, die Unterstützung der Instandhaltung, PC-Installationen sowie die Betreuung der Peripherie-Geräte. Datenverarbeitungsfachleute können somit als Programmierer, Sachbearbeiter oder Operateur in Fachabteilungen verschiedenster Branchen (z. B. Industriebetriebe, Versicherungen, öffentliche Verwaltung) tätig sein.

Bei der Ausbildung zum EDV-Fachberater/zur EDV-Fachberaterin handelt es sich um eine zumeist einjährige (Vollzeitäquivalent) berufliche Fortbildung, die an Fachschulen durchgeführt wird. Als Zugangsvoraussetzung reicht in der Regel ein mittlerer Bildungsabschluß aus. Je nach Art der Weiterbildung können eine Berufsausbildung in der Datenverarbeitung, im kaufmännischen oder im technischen Bereich vorausgesetzt werden. Die Lehrinhalte unterscheiden sich je nach gewählten Schwerpunkt. Stets werden Grundlagen der Datenverarbeitung, die Funktionsweise von PC-Hardware, Betriebssystemen und Anwendungssystemen vermittelt. Wichtiger Bestandteil der Ausbildung ist das Erlernen von Computer-Englisch. Daneben werden kundenorientierte Kommunikation, Vertriebstraining oder betriebswirtschaftliche Kenntnisse vermittelt. Mit dem „Europäischen Computer-Führerschein“ kann ein internationales

Zertifikat erworben werden. Zum Erhalt des europaweit anerkannten Prüfzertifikats, welches bis zum Jahr 2000 bereits etwa 180.000 mal vergeben worden ist, sind sieben Teilprüfungen vonnöten. Dies sind Grundlagen der Informationstechnik, Computernutzung und Betriebssystemfunktion, Textverarbeitung, Tabellenkalkulation, Datenbanken, Präsentation sowie Information und Kommunikationsnetzwerke (vgl. Hablitzel 2000, S. 135f.).

An persönlichen Anforderungen heben Hitschfel und Zimmer (1999, S. 88) den Sinn für Zahlen sowie analytisches und logisches Denken, Konzentrationsfähigkeit und Belastbarkeit hervor. Die von Chaberny, Parmentier und Schnur (1991, S. 62f.) befragten Expertenaussagen beziehen sich auf Datenverarbeitungskaufleute. Die Anforderungen an die beruflichen Fertigkeiten können somit nicht übertragen werden, weil kaufmännische Kenntnisse als die wichtigsten angesehen werden. Insoweit müssen die Tätigkeitsbeschreibungen der „Berufskundlichen Kurz-Beschreibung" für eine Beurteilung ausreichen. Hinsichtlich der persönlichen Fähigkeiten werden die Planungs- und Organisationsfähigkeit, die Umstellungsfähigkeit, das Denken in Zusammenhängen sowie Teamfähigkeit und Streßresistenz sehr hoch eingeschätzt. Hablitzel (2000, S. 136 u. 162) ergänzt mathematische und technische Begabung, Englischkenntnisse sowie Geduldigkeit und Zuverlässigkeit. Die Aussagen von Hitschfel und Zimmer werden ansonsten bestätigt.

Weil EDV-Kenntnisse in verschiedensten Bereichen benötigt werden, konstatieren Chaberny, Müller und Parmentier (1992, S. 308) eine „sehr hohe Verwertbarkeit des erlernten Berufes im Vergleich zum Durchschnitt", insbesondere als Bürofach- und -hilfskräfte. Abgesehen von der Untergruppe der Datenverarbeitungs*kauf*leute benötigen Datenverarbeitungs*fach*leute kaum betriebsspezifische Fähigkeiten. Auch die Bewerber- (2,16) und die Arbeitslosenquote (5,2%), die beide unterdurchschnittlich hoch sind, weisen nach der o.a. Argumentation auf eine geringe Bedeutung des betriebsinternen Segmentes hin, für den ein hoher Anteil betriebsspezifischen Humankapitals konstituierend ist. Unspezifische Qualifikationen spielen ebenso eine stark untergeordnete Rolle wie die Allgemeinbildung, was neben der Berufsbeschreibung daraus geschlossen werden kann, daß ein mittlerer Bildungsabschluß für den Beginn der Fachausbildung ausreicht. Kommunikative Qualifikationen werden benötigt, wenn es um die Schulung bzw. die Anweisung der Anwender sowie die Kommunikation im Team geht, um Software für ein Unternehmen zu konzipieren oder weiterzuentwickeln. Ein Sonderfall liegt in der Bedeutung der Computerenglisch-Kenntnisse. Sie sind in diesem Fall den berufsfachlichen Kenntnissen zuzuordnen, denen offensichtlich eine große Bedeutung zukommt, was sich darin zeigt, daß sie in den Fachabteilungen verschiedenster Branchen und Unternehmen eingesetzt werden.

Für das berufsfachliche Humankapital muß wiederum geprüft werden, ob institutionelle Schranken existieren und wie stark sich die Technologien zwischen Polen und Deutschland unterscheiden. Spezielle Anerkennungsrichtlinien gibt es für diesen Beruf nicht (vgl. EU 2001a, o. S.). Im Gegenteil müssen z. B. die ausländischen Green Card Spezialisten keinerlei Befähigungsnachweise vorlegen. Allein die Tatsache, daß die Bundesrepublik seit 2001 mit der Vergabe der sog. „Green Cards" sogar aktiv um EDV-Spezialisten aus allen Ländern (auch außerhalb der Europäischen Union) wirbt, zeugt davon, daß die institutionellen Barrieren nicht über reine Verwaltungsroutine hinausgehen (neutrale Bewertung). Ferner kann daraus geschlossen werden, daß von einer hohen Transferierbarkeit des berufsfachlichen Wissens ausgegangen wird. Angesichts der Tatsache, daß weltweit nur wenig verschiedene Betriebssysteme existieren und die Programmiersprache international ist, scheint diese Annahme nicht wirklichkeitsfremd. Für die „Produktionstechnologie" wird demnach ein Pluspunkt vergeben. In der Summe kann von einer problemlosen Transferierbarkeit der berufsfachlichen Qualifikationen ausgegangen werden, sie gehen mit einem Pluspunkt in die Berechnungen ein (Tab. 16):

Tab. 16: Datenverarbeitungsfachleute – Qualifikationsprofil

Qualifikationen	betriebsspezifisch	kommunikativ	Allgemeinbildung	berufsfachlich	Persönlichkeit	unspezifisch
W_j	0	1	1	2	2	0
R_j	4	3	5	1	2	6
T_j	-2	-2	-1	1	1	2
QTI			**2,0**			

W_j = Arithmetisches Mittel des Indikators „Wichtigkeit der Qualifikation j".
R_j = Median des Indikators „Rang der Qualifikation".
R^*_j = Gewicht des Indikators „Rang der Qualifikation j" (R_j).
T_j = Transferierbarkeit der Qualifikation j von Polen nach Deutschland.

QTI = Qualifikationstransfer-Index = $\sum_{j=0}^{J} W_j R^*_j T_j$ mit einem Wertebereich [-10,7; 7].

QTI < (>) 0 → schlechte (gute) Transferierbarkeit des Humankapitalportfolios.

Quelle: Eigene Darstellung.

Ein QTI von Zwei zeugt von einer neutralen bis schwach positiven Wanderungsneigung; demnach sind Datenverarbeitungsfachleute nicht generell wanderungsunwillig, sondern eher indifferent. Von Seiten der Humankapitaltheorie muß demnach festgehalten werden, daß es in diesem Mangelberuf nicht automatisch zu Emigration aus Polen in einem Ausmaß kommen wird, wie dies volkswirtschaftlich wünschenswert wäre. Ein aktives Werben um sie würde jedoch einen Pullfaktor darstellen, der sie zur Migration bewegen könnte; die Menschen würden kein finanzielles Risiko eingehen, weil sie im günstigsten Falle bereits einen Arbeitsvertrag vorliegen haben.

Andererseits muß festgehalten werden, daß vergleichsweise sichere und relativ wie absolut gut bezahlte Arbeitsmöglichkeiten in Polen einer Wanderung entgegenstehen. Entsprechend gering ist auch die Resonanz polnischer Datenverarbeitungsfachkräfte auf die Green Card Initiative der Bundesregierung ausgefallen. Aber auch unter den Arbeitsnachfragern stößt die Initiative nicht auf ungeteilte Zustimmung. Im Gegenteil zeigt eine Umfrage unter deutschen Unternehmen der IT-Branche, daß nur knapp die Hälfte der Arbeitgeber daran denkt, „Green Card Experten“ einzustellen. Unter denjenigen, die keine Einstellung ausländischer Spezialisten erwägen, bemängeln die meisten jedoch nicht die „unklare Geschäftsprozeßkompetenz“ sondern in erster Linie die zeitliche Begrenzung der auf maximal fünf Jahre beschränkten Green Cards (vgl. Beugel 2000, S. 61). Ferner erweist sich die Auflage als einstellungshemmend, daß auch an Fachkräfte ohne formalen Qualifikationsnachweis Gehälter von mindestens 100.000 DM (ca. 51.130 Euro) gezahlt werden müssen (vgl. IW 2001, S. 4). Die Arbeitnehmerfreizügigkeit für Beschäftigte der Beitrittsländer wird den Arbeitgebern diese Sorgen nehmen und zumindest nachfrageseitig den Weg für eine Beschäftigung von mehr polnischen Datenverarbeitungsfachkräften freimachen.

5.3.4.3 Stellenmangel für Bergmänner

Wird sich die Situation auf dem Arbeitsmarkt für Bergmänner durch Immigration von Angehörigen dieser Berufsordnung verschärfen? Zunächst folgen erneut die Fakten zur Ableitung des Humankapitalportfolios.

Der „Berufskundlichen Kurzbeschreibung“ (vgl. BA 1995, o. S.) und dem „Berufswahllexikon“ (vgl. Hablitzel 2000, S. 109f.) folgend, haben Bergmänner Ausübungsmöglichkeiten beim Streckenvortrieb der Gewinnung von mineralischen Rohrstoffen an der Erdoberfläche oder unter Tage (insbesondere im Kali-, Steinsalz- und Erzbergbau) sowie im untertägigen Transportwesen. Im einzelnen gehören zu ihren Tätigkeiten das Vorbereiten von Bohrlöchern für Sprengarbeiten, das Verladen und der Abtransport des beim Sprengvorgang anfallenden Haufwerks, die Sicherung der entstandenen Hohlräume, das Offenhalten der Streckenquerschnitte, die maschinelle Gewinnung mineralischer Rohstoffe, Einbau und Wartung von Einrichtungen der Wetterführung. Bergmechaniker haben unter Tage Grubenbauten herzustellen und instandzuhalten sowie die eingesetzten Maschinen zu warten. Hierzu zählen die Versorgung der Gewinnungs- und Vortriebsbetriebe mit dem erforderlichen Material, die Einrichtung, Bedienung und Instandhaltung von Förder- und Transportsystemen sowie von Rohr- und Schlauchleitungen für Wasserhaltungsmaßnahmen und die Energiezufuhr.

Bergmänner müssen mit den Maschinen, dem Werkzeug und Sicherheitsanlagen vertraut sein, die Rohstoffe (z. B. Kohle, Metallerze, Salze oder Kalkstein) kennen und Zeichnungen und Pläne (z. B. Grundrisse von Schächten und Strecken, Montagezeichnungen oder Sprengbilderskizzen) lesen können. Daneben wird ihnen während der zweijährigen Berufsausbildung vermittelt, wie man Flächen und Werkstücke prüft und bearbeitet, wie Holzverbindungen und Durchbrüche gebaut werden, wie die Rohstoffe gewonnen, gelöst, geladen und befördert werden und schließlich, was für die eigene Sicherheit unter Tage zu beachten ist.

Zur Aufnahme der Ausbildung muß lediglich die Schulpflicht absolviert worden sein. Das wichtigste Eignungsmerkmal für Bergmänner ist die Grubentauglichkeit, die eine sehr gute körperliche Verfassung voraussetzt. Ferner helfen Teamfähigkeit, handwerkliches Geschick, Umsicht, Verantwortungsbewußtsein, Reaktionsvermögen und Aufmerksamkeit, um den Beruf auszuüben (vgl. Hablitzel 2000, S. 109f.).

Die Aufnahmefähigkeit des Arbeitsmarktes dieser Berufsordnung ist von Chaberny, Müller und Parmentier schon 1992 als überdurchschnittlich gering bezeichnet worden. S. 14). Die in der Ausbildung erworbenen berufsfachlichen Kenntnisse können kaum in anderen Berufen verwertet werden, so daß arbeitslose Bergmänner insbesondere in Wachberufen, als Lagerarbeiter oder im Landverkehr unterkommen, was jedoch zumeist mit einem beruflichen Abstieg verbunden ist (vgl. Chaberny, Müller und Parmentier (1992, S. 14). Für eine hohe Bedeutung berufsfachlichen und eine niedrige Bedeutung betriebsspezifischen Humankapitals spricht die Tatsache, daß die wesentlichen Qualifikationen in großem Ausmaß räumlich transferierbar sind. Dies zeigt sich darin, daß der Anteil ausländischer Arbeitskräfte deutlich über dem Durchschnitt liegt und insbesondere im Ruhrgebiet zu Beginn des 20. Jahrhunderts viele Bergmänner aus Polen rekrutiert worden sind (vgl. Chaberny, Müller und Parmentier 1992, S. 14).

Für das berufsfachliche Humankapital muß wiederum geprüft werden, ob institutionelle Schranken bestehen und wie stark sich die Technologien zwischen Polen und Deutschland unterscheiden. Spezielle Anerkennungsrichtlinien existieren für diesen Beruf nicht (vgl. EU 2001a, o. S.). Auch Schafer und Schenk (1995, S. 110f.) konstatieren, daß die Ausbildungsabschlüsse von Bergmännern aus den mittel- und osteuropäischen Ländern und der GUS anerkannt werden. Entsprechend ergibt sich hinsichtlich der institutionellen Schranken eine neutrale Bewertung. Aus den Beschreibungen der Tätigkeiten und verwendeten Hilfsmittel (Maschinen, Werkzeug) ist abzuleiten, daß die Technologieintensität gering ist und ihr nur eine geringe Bedeutung für den Beruf zukommt (ein Pluspunkt). Für die berufsfachlichen Fähigkeiten ergibt sich die Summe von (plus) Eins.

Wie die kommunikativen Qualifikationen spielt auch die Allgemeinbildung eine untergeordnete Rolle, was neben der Berufsbeschreibung daraus geschlossen werden kann, daß kein besonderer Schulabschluß für den Beginn der Fachausbildung benötigt wird. Hinweise auf die Bedeutung kommunikativer Qualifikationen gibt es, abgesehen von der Arbeit in Teams, kaum. Die wesentliche Voraussetzung für den Beruf ist die Grubentauglichkeit, die eine sehr gute körperliche Verfassung voraussetzt; jene ist unter den unspezifischen Qualifikationen zu subsumieren. Umsicht, Verantwortungsbewußtsein, Reaktionsvermögen und Aufmerksamkeit sind daneben auch teilweise den persönlichkeitsbezogenen Qualifikationen zuzuordnen. Insgesamt muß aber von einer Dominanz der unspezifischen und der berufsfachlichen Qualifikationen ausgegangen werden.

Im Lichte der vorangegangenen Überlegungen ermittelt der Verfasser einen QTI von Fünf, der für eine hohe Lohnelastizität der Migration polnischer Bergmänner mit Wanderungsabsichten nach Deutschland spricht (Tab. 17):

Tab. 17: Bergmänner – Qualifikationsprofil

Qualifikationen	betriebsspezifisch	kommunikativ	Allgemeinbildung	berufsfachlich	Persönlichkeit	unspezifisch
W_j	1	0	0	2	1	2
R_j	4	5	6	1	3	2
T_j	-2	-2	-1	1	1	2
QTI	5,0					

W_j = Arithmetisches Mittel des Indikators „Wichtigkeit der Qualifikation j".
R_j = Median des Indikators „Rang der Qualifikation".
R^*_j = Gewicht des Indikators „Rang der Qualifikation j" (R_j).
T_j = Transferierbarkeit der Qualifikation j von Polen nach Deutschland.

QTI = Qualifikationstransfer-Index = $\sum_{j=0}^{J} W_j R^*_j T_j$ mit einem Wertebereich [-10,7; 7].

QTI < (>) 0 → schlechte (gute) Transferierbarkeit des Humankapitalportfolios.

Quelle: Eigene Darstellung.

Die schlechten Beschäftigungschancen, abzulesen an der extrem hohen Bewerber- (276) und Arbeitslosenquote (19%), schmälern ihrerseits den Migrationsanreiz. Indes dürfte auch angebotsseitig die Migrationsneigung zumindest unter jenen Bergmännern, die einen Arbeitsplatz in Polen haben, gering sein. Denn sie zählen in Polen zu den bestverdienenden Menschen. Ihr Gehalt von umgerechnet durchschnittlich 910 Euro übersteigt das polnische Mittel um knapp 50 Prozent (vgl. PSP 2001, o. S.). Ähnlich wie in Deutschland steht der polnische Bergbau aber in einem Anpassungsprozeß, der sich an einer wachsenden Zahl von Entlassungen zeigt. Dem polnischen Amt für Statistik zufolge ist „the decrease of employment [...] the biggest in mining and quarrying" (PSP 2001, o. S.). Die sich noch immer in staatlicher Hand befindlichen Zechen beschäftigen etwa 170.000 Menschen (vgl. Guz 2000, o. S.). Eine bislang aus gesellschaftspolitischen Gründen unterlassene Privatisierung des Bergbaus wird zu weiteren erheblichen Freisetzungen in diesem Sektor führen und den Migrationsanreiz verstärken. Entschließen sich diese Bergmänner zur Einwanderung nach Deutschland, könnte sich die Arbeitsmarktsituation für die deutschen Bergmänner zusätzlich verschärfen und negative Effekte auf den deutschen Arbeitsmarkt nach sich ziehen.

5.4 Zwischenfazit

Auf Grundlage allgemeiner Feststellungen hinsichtlich der Transferierbarkeit der Komponenten des Humankapitalportfolios von Polen nach Deutschland (Kap. 4.3) und berufsspezifischer Qualifikationsprofile sind qualitative Aussagen über die Transferierbarkeit des Humankapitals zwischen den beiden Räumen abgeleitet worden. Die Ergebnisse werden mittels eines Index der Transferierbarkeit von Qualifikationen (QTI) abgebildet. Unter Berücksichtigung der Arbeitsmarktbedingungen lassen sich Aussagen über den Migrationsanreiz für bestimmte Berufsgruppen ableiten. Ihre Auswahl orientiert sich an zwei Zielen. Einerseits soll die beobachtete Verteilung der Migranten auf bestimmte Berufe bzw. die Migrationsneigung von Angehörigen verschiedener Berufe erklärt werden. Die Wahl fällt auf Kaufleute und Landwirte. Unter der erstgenannten Gruppe finden sich empirisch wenig Emigranten, unter letztgenannter hingegen ist die Wanderungsneigung hoch. Die ermittelten QTI vermögen, die empirischen Beobachtungen humankapitaltheoretisch zu untermauern. Anschließend wird die Präferenz zur Arbeitsaufnahme in Berufen, für deren Ausübung unspezifische Qualifikationen besonders wichtig sind, erläutert. Das zweite Ziel liegt in der Prognose der Migrationsneigung von Arbeitnehmern, die in Bereichen tätig sind, in denen Arbeitsmarktungleichgewichte zu beobachten sind. Der Mangel an Datenverarbeitungsfachleuten könnte demnach durch die Einführung der Arbeitnehmerfreizügigkeit für Polen gemildert werden, sobald die heute noch geltenden und für Arbeitgeber unattraktiven Green Card Bedingungen für die Einstellung ausländischer Arbeitnehmer im Zuge der Einführung der Arbeitnehmerfreizügigkeit entfallen. Die angespannte Situation auf dem Arbeitsmarkt für Bergmänner hingegen dürfte sich tendenziell verschärfen, weil ihre Wanderungsneigung aufgrund einer guten Übertragbarkeit der benötigten Qualifikationen prinzipiell als hoch zu bezeichnen ist. Gleichwohl gibt es zur Zeit wenig monetären Anreiz auszuwandern, weil Bergmänner in Polen gut verdienen. Sobald die Privatisierung des Bergbaus in Polen beginnt, ist mit erheblichen Freisetzungen zu rechnen. Die Arbeitslosigkeit dürfte sich positiv auf den Migrationsanreiz auswirken, die angespannte Arbeitsmarktsituation in Deutschland hingegen negativ.

Allgemeine Aussagen können weder hinsichtlich der Verschärfung der Konkurrenz für deutsche Arbeitnehmer in Berufen mit Arbeitsangebotsüberschuß noch hinsichtlich der Linderung der Arbeitskräfteknappheit in bestimmten Berufen abgeleitet werden. Vielmehr muß dies für jeden einzelnen Beruf einzeln geprüft werden. An dieser Stelle besteht weiterer Forschungsbedarf. Wie in Kapitel vier abstrakt und hier anhand der vorgestellten Berufe beispielhaft gezeigt, sind die berufsspezifischen Wanderungsneigungen unterschiedlich einzuschätzen.

Vor allem für die Ableitung politischer Empfehlungen wäre es wünschenswert, das Verfahren auch auf die übrigen Beitrittsstaaten anzuwenden. Dafür muß, wie in Kapitel 4.3.4 für Polen geschehen, die Abwertung der überbetrieblichen Qualifikationen bei Wanderungen aus den verschiedenen Ländern nach Deutschland untersucht werden. Ferner sollten berufsspezifische Migrationswahrscheinlichkeiten für alle Berufsordnungen ermittelt werden. Vereinfachend können Cluster von Berufen entwickelt werden, die sich hinsichtlich der benötigten Qualifikationen ähneln. Allerdings muß für jede Berufsordnung die Übertragbarkeit der berufsspezifischen Qualifikationen ermittelt werden, weil diese maßgeblich von den verwendeten Produktionstechnologien und den Anerkennungsverfahren abhängt. Schließlich ist generell eine statistische Erfassung der Berufe von Migranten im Quell- und im Zielraum der Wanderungen zu wünschen, um die theoretisch begründeten Aussagen überprüfen zu können.

C. Wie wirkt sich Migration auf den deutschen Arbeitsmarkt aus?

„Sprüche wie ‚da kommen die Polacken, die drücken den Lohn' [...] machen deutlich, daß Vorbehalte bei allen Beschäftigten [...] vorhanden sind" (DGB 1998, S. 17).

Die Untersuchung der Auswirkungen räumlicher Mobilität der Arbeit beschäftigt zahlreiche wirtschafts- und sozialwissenschaftliche Disziplinen. Das Erkenntnisziel divergiert naturgemäß. Volkswirte und Wirtschaftsgeographen interessieren vorrangig die Einkommens- und Beschäftigungswirkungen in den beteiligten Räumen. Ihnen eröffnen sich prinzipiell zwei Untersuchungsräume, der Quell- und der Zielraum von Migration. Für jeden Raum sind kurz- bis mittelfristige Effekte von mittel- bis langfristigen Effekten zu unterscheiden. Erstgenannte sind einer komparativ-statischen Analyse zugänglich und beziehen sich auf Veränderungen von Bestandsgrößen, Letztgenannte beziehen sich auf Veränderungen der Stromgrößen und müssen analytisch als dynamischer Prozeß verstanden werden. In quantitativer, allokativer und distributiver Hinsicht können jeweils folgende Aspekte diskutiert werden (vgl. Fischer/Martin/Straubhaar 1997a, S. 107):

- Arbeitsmarkteffekte (Auswirkungen auf Löhne und Beschäftigung),
- Budgetinzidenz (Wirkungen auf öffentliche Kassen und Sozialversicherung),
- Effekte von Remittenzen (Transfer von Geld und von Sachkapital) sowie
- Handelseffekte (Veränderungen der Nachfrage und der relativen Preise).

Mittel- bis langfristig können demographische Folgen,Wachstumseffekte und Veränderungen der Wirtschaftsstruktur untersucht werden. Die beiden letztgenannten Aspekte beeinflussen ihrerseits die Produktionsstruktur des Wirtschaftsraumes.

Das Erkenntnisinteresse dieser Arbeit gilt den Arbeitsmarktwirkungen im Zielraum der Migration, weshalb die Betrachtung sich im folgenden auf sie beschränkt. Im anschließenden sechsten Kapitel werden zunächst die arbeitsmarktlichen Allokations- und Distributionseffekte erörtert, die unabhängig vom betrachteten Zielraum aus verschiedenen Theorien abgeleitet werden können. Dann werden empirisch gewonnene Erkenntnisse für den deutschen Arbeitsmarkt präsentiert. Das nachfolgende siebte Kapitel analysiert theoretisch die Auswirkungen von Migration auf den deutschen Arbeitsmarkt anhand eines weiterentwickelten Insider-Outsider-Modells. Die Ergebnisse werden schließlich mit denen des sechsten Kapitels verglichen. Das achte Kapitel thematisiert die spezifischen Herausforderungen des polnischen Beitritts auf die Arbeitsmärkte im ostdeutschen Grenzraum.

6 Allokations- und Distributionseffekte von Migration auf den Arbeitsmarkt im Zielraum: Stand der theoretischen und empirischen Forschung

„an almost unanimous verdict: migrants do not take natives' jobs or reduce their incomes" (Ghatak/Levine/Price 1996, S. 182)

Eine der meistdiskutierten Fragen ist, ob Immigration zu sinkenden Löhnen und zur Substitution einheimischer Arbeitnehmer führt (vgl. Greenwood/McDowell 1986, S. 1767). Eine aufgrund ihrer Einfachheit und Plausibilität verbreitete Auffassung begreift Migration (bei funktionierenden Marktstrukturen) als Mechanismus, der räumliche Faktor- und damit Güterpreisdifferenzen ausgleicht: liegt das Lohnniveau in Raum A höher als in einem anderen Raum B, so führt Arbeitsmigration von B nach A über die Verknappung des Arbeitsangebotes in B und die Zunahme des Arbeitsangebotes in A ceteris paribus zu sinkenden Löhnen in A und steigenden Löhnen in B (vgl. Polachek/Horvath 1977, S. 105 und Kap. 3.1). Diese These wird im folgenden einer Prüfung unterzogen.

In der politischen und wissenschaftlichen Debatte prallen hinsichtlich der Wirkung von Arbeitsmigration im Zielraum zwei extreme Sichtweisen aufeinander. Einerseits wird argumentiert, daß keine negativen Auswirkungen für die heimischen Arbeitsmärkte zu erwarten seien, weil von den Migranten ausschließlich Tätigkeiten angenommen werden, die Einheimische aus unterschiedlichen Gründen ablehnen. Andererseits wird die Substitution der einheimischen Arbeiter befürchtet. So stellte die United States Immigration Commission auf ihren Treffen zwischen 1907-1911 fest, daß „immigration was responsible for many of the poor working conditions", was dann auch zu restriktiver Migrationspolitik in den frühen zwanziger Jahren geführt hat (zit. in Greenwood/McDowell 1986, S. 1745). Dem hält William S. Bernard (1953, S. 57) entgegen: „job opportunities in any society are not fixed at any particular level but expand with a rising population". Borjas kommentiert: „these extreme views reflect a fundamental misunderstanding of the basic economic principles at work" (Borjas 1989, S. 477).

Auch innerhalb der Wissenschaft finden sich die beiden gegensätzlichen Grundpositionen. Der Replacement-Hypothese (Briggs 1975, zit. in Greenwood/McDowell 1986, S. 1746) folgend führt insbesondere die illegale Einwanderung zu einer Absenkung des Lohnniveaus. Einheimische Arbeitnehmer und Migranten werden damit als Substitute aufgefaßt. Elliott und Franklin Abrams (1975, zit. in Greenwood/McDowell 1986, S. 1747) vermögen unter Zugrundelegung ihrer Segmentationshypothese keine Nachteile für die Einheimischen abzuleiten. Piore (1979, S. 17) geht weiter und hält Einwanderung gerade in fortgeschrittenen Industriegesellschaften für notwendig, weil bestimmte sozial unerwünschte und prestigearme Jobs von Einheimischen nach und nach verlassen und nicht mehr angeboten werden (vgl. auch Kap. 3.1). Einheimische Arbeitnehmer und Migranten wären in diesem Fall perfekt komplementär. Die Klassiker der Nationalökonomie bescheinigen der Migration einen negativen Einfluß auf den Zielraum, da der Produktionsfaktor Boden begrenzt ist und das Wachstum des Kapitalstocks sowie der technische Fortschritt durch sie ausgeklammert bzw. vernachlässigt werden. Seitens der Neoklassiker wird unter Zugrundelegung von Wachstumstheorien der fünfziger und sechziger Jahre ähnlich argumentiert. Bei Unterstellung einer konstanten Sparquote sind positive Effekte nur bei Existenz steigender Skalenerträge oder technischen Fortschritts denkbar, der allerdings nur exogen als Dummy in die Modelle Eingang gefunden hat (vgl. Felderer 1994, S. 73).

Im folgenden werden die Wirkungen der Einwanderung in ökonomischen Modellen untersucht.

6.1 Neoklassisches Migrationsmodell

Zunächst soll der einfachste Fall mit homogenem Faktor Arbeit betrachtet werden. Zusammen mit einem (zumindest kurzfristig) international immobilen Faktor Kapital soll ein nicht grenzüberschreitend handelbares Gut produziert werden. Unter diesen Annahmen lassen sich insbesondere für den Dienstleistungssektor Aussagen ableiten. Weiter wird unterstellt, das Arbeitsangebot und die Arbeitsnachfrage der Einheimischen seien elastisch und das Arbeitsangebot der Migranten unendlich elastisch zu einem Lohn, der unter dem im Zielland bezahlten liegt. Die Gütermarktpreise seien flexibel und die Produktion erfolge mit konstanten Skalenerträgen. Auch die letztgenannten Annahmen lassen Annäherungen insbesondere für den deutschen Arbeitsmarkt für Dienstleistungen zu, während die Gültigkeit für den Industriesektor zumindest in Frage gestellt werden muß. Unter den genannten Voraussetzungen läßt sich der Arbeitsmarkt wie in Abbildung 9 darstellen (vgl. Straubhaar 1994a, S. 95).

In der Ausgangssituation sind auf dem heimischen Arbeitsmarkt L_0 Personen zu einem Lohnsatz w_0 beschäftigt. Bei perfekter Mobilität würden $\overline{0L_M}$ Migranten einwandern und damit den Lohnsatz auf ihren Reservationslohn w_M senken. Folgende Allokations- und Distributionswirkungen sind festzustellen:

- Die Gesamtbeschäftigung würde um $\overline{L_0L_M}$ auf L_M steigen. $\overline{L_HL_0}$ Inländer würden substituiert, weil sie zum nun herrschenden Lohn w_M keine Arbeit mehr anbieten.
- Die Lohnsumme wächst um die Fläche L_0ACL_M abzüglich der Fläche ABD, die verteilbaren Renten steigen um ACD an. Der gesamtwirtschaftliche Rentenzuwachs läßt sich damit erklären, daß die Lohnsumme der Migranten unter ihrem Grenzwertprodukt liegt.

Abb. 9: Migration und Arbeitsmarktwirkungen im neoklassischen Modell

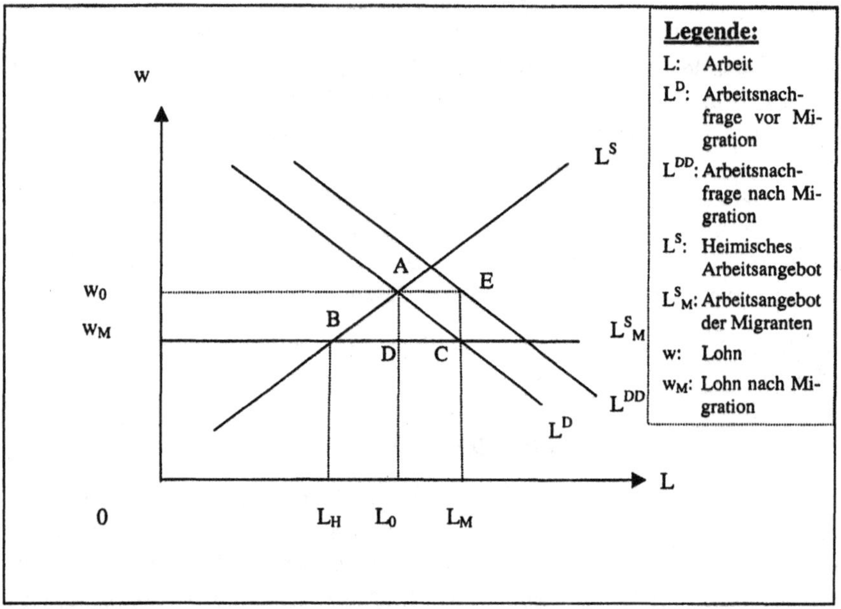

Quelle: Eigene Darstellung.

- Allerdings wird dieser Zuwachs unter einer größeren Anzahl von Personen verteilt werden, so daß das Einkommen der Inländer möglicherweise vermindert wird.
- Dies ist insbesondere für die einheimischen Arbeitnehmer anzunehmen. Denn die Rente w_0w_MAB – in der Ausgangssituation die Konsumentenrente – fällt nach der Einwanderung, wie auch der gesamtwirtschaftliche Rentenzuwachs ABC, den Produzenten bzw. den Kapitaleignern zu. Diese aber „sind primär in Westdeutschland, nicht in Ostdeutschland ansässig", so daß sich das West-Ost-Gefälle in Deutschland verschärfen könnte (Ragnitz 2002, S. 44).
- Davon unberührt besteht die Möglichkeit, diese Rente in die politisch gewollte Richtung umzuverteilen.
- Die Größenordnung aller untersuchten Veränderungen hängt maßgeblich von den Lohnelastizitäten auf dem Arbeitsmarkt ab. Prinzipiell gilt, daß die beschriebenen Effekte um so deutlicher eintreten, je elastischer die Arbeitsnachfrage und je unelastischer das Arbeitsangebot angenommen werden.

Dieses Modell bildet aufgrund der hohen Anforderungen an die Funktionsfähigkeit des Arbeitsmarktes und der Annahme perfekter Mobilität einen Extremfall ab, der in der

Realität nie beobachtet wird. Ferner wird unterstellt, daß den Migranten keine Transaktionskosten entstehen und sie über die Lohndifferentiale voll informiert sind. Die Effekte, die sich aus der zusätzlichen Güternachfrage durch die Migranten für die Arbeitsnachfrage ergeben, werden ebenso vernachlässigt. Unter anderen Annahmen ist auch folgender Fall zu modellieren: Wenn die Löhne (z. B. infolge von Flächentarifverträgen wie in Deutschland üblich) mittelfristig starr sind und Migration in bescheidenerem Maßstab als $\overline{0L_M}$ stattfindet (z. B. im Ausmaß $\overline{L_0L_M}$) und darüber hinaus Nachfrageeffekte, dargestellt als Verschiebung der Arbeitsnachfrage von L_D auf L_{DD}, berücksichtigt werden, so ergibt sich ein vollkommen anderes Resultat:

- Bei konstantem Lohnniveau w_0 würde kein einheimischer Arbeitnehmer substituiert,
- Es würden $\overline{L_0L_M}$ Migranten nachgefragt,
- die Produzentenrente würde ähnlich stark wie im zuvor betrachteten Fall steigen und
- der volkswirtschaftliche Output würde um AEC stärker als zuvor steigen. Ohne Berücksichtigung der Nachfrageeffekte würde es bei starren Löhnen nicht zu Allokationsgewinnen, sondern zu wachsender Arbeitslosigkeit kommen (vgl. Zimmermann 1995, S. 55).

Die Aufgabe der Annahme international immobilen Kapitals hat Auswirkungen auf die Distributionseffekte. Wie gezeigt, erhöht sich die Produzentenrente bei Immigration. Dies hat eine Erhöhung der Kapitalrendite zur Folge und führt ceteris paribus zu Kapitalimporten, wodurch Druck auf die Gewinne der Kapitaleigner ausgeht. Wenn die Kapitalintensität und die Arbeitsproduktivität im Zielraum der Migration höher sind als im Quellraum – was auf die in dieser Arbeit betrachteten Räume Deutschland und Polen zutrifft – „ist dies eine hinreichende Bedingung dafür, daß Kapitalmobilität die Lohnsenkung nur abschwächt und nicht etwa überkompensiert" (Steineck 1994a, S. 51).

6.2 New Economic Geography und Neue Wachstumstheorie

Im Gegensatz zum neoklassischen Paradigma rücken die Neue Handelstheorie und die New Economic Geography von der Annahme konstanter Skalenerträge ab und unterstellen steigende Skalenerträge (vgl. Krugman 1991, S. 6; einen Überblick aus Sicht der Wirtschaftsgeographie vermitteln Osmanovic 2000 und Sternberg 2001). Diese sind theoretisch aus Unteilbarkeiten der Produktionsfaktoren, Fixkostendegression und Änderungen der Produktionstechnologie bei größeren Produktionsmengen abzuleiten. Während die letztgenannten Argumente unmittelbar einleuchten, bedarf das Erstgenannte einer kurzen Erklärung: Wird dem Produktionsprozeß ein weiterer, unteilbarer

Inputfaktor hinzugefügt, bestehen zunächst meist Überkapazitäten. Bei steigenden Produktionsmengen wird der Faktor ausgelastet, die durchschnittlichen Produktionskosten sinken (vgl. Felderer 1989, S. 20). Empirische Schätzungen der Skalenerträge stützen diese Annahme für das produzierende Gewerbe. Die Werte werden für eine einprozentige Steigerung der Produktion zwischen 1,05 und 1,3 ausgewiesen (vgl. Steineck 1994a, S. 61).

Die Annahme konstanter Skalenerträge unterschätzt den Nutzen der Immigration für die Volkswirtschaft und überzeichnet die Risiken für die Einheimischen. Steigende Skalenerträge implizieren, daß die Beschäftigung eines zusätzlichen Immigranten Effizienzsteigerungen nach sich zieht, weil Erhöhungen des Inputs überproportionale Veränderungen des Outputs bewirken bzw. der Lohn oder der Zins unter den Grenzerträgen der anderen Produktionsfaktoren liegen. Die positiven Allokationseffekte verstärken sich dadurch selbst. In den Zuwanderungsräumen kommt es zu einer Ballung wirtschaftlicher Aktivitäten, die auf Agglomerationsvorteile und Heimmarkteffekte zurückgeführt werden.

Unter Heimmarkteffekten werden die Möglichkeiten verstanden, die sich aus der Größe des lokalen Absatzmarktes ergeben (vgl. Sternberg 2001, S. 163). Vor allem die Konzentration der Nachfrage spielt dabei eine große Rolle, weil sie die Standortentscheidungen von Unternehmen maßgeblich beeinflußt (vgl. Krugman 1991, S. 98). Agglomerationsvorteile lassen sich in externe und interne Ersparnisse aufteilen. Letztgenannte bezeichnen innerbetriebliche Skaleneffekte, Erstgenannte unterteilen sich in Lokalisations- und Urbanisationsvorteile. Lokalisationsvorteile resultieren aus der Konzentration von Unternehmen der gleichen Branche und zeigen sich u. a. in einer größeren Verfügbarkeit von (einschlägig qualifizierten) Arbeitskräften. Urbanisationsvorteile folgen aus einer Ballung von Betrieben verschiedener Branchen und bewirken eine bessere Infrastrukturausstattung und ein höheres Ausmaß an Arbeitsteilung (vgl. Schätzl 2001, S. 34f.).

Reallohnunterschiede induzieren Arbeitsmigration in die Ballungsräume, die wiederum die Agglomerations- und Heimmarkteffekte verstärkt. Steigende Skalenerträge, Wissensakkumulation, Lerneffekte und Agglomerationsvorteile stehen mithin in einem engen Zusammenhang und bewirken Wachstum insbesondere in wirtschaftlichen Aktivräumen (vgl. Sternberg 2001, S. 160f.). In Passivräumen fehlt die Basis für eine rasche Verbreiterung einzelner Wachstumsimpulse; etwaige komparative Vorteile, die sich aus Faktorpreisunterschieden ergeben, können aufgrund von Agglomerations- und Heimmarkteffekten in den Ballungsräumen sowie durch Transport- bzw. Transaktionskosten neutralisiert werden. Durch die Abwanderung von Arbeitskraft wird weniger konsumiert, was zu sinkenden internen Ersparnissen führt, die wiederum Betriebsschließungen nach sich ziehen können. Hieraus resultiert eine geringere Menge lokal produzierter Produktvarianten, wodurch Produktdifferenzierungsvorteile geschmälert werden. In der Folge können entsprechend weniger Renten an die Arbeitnehmer ausgezahlt werden. Das Reallohnniveau sinkt und verstärkt wiederum den Anreiz für die Arbeitskräfte auszuwandern (vgl. Sternberg 2001, S. 163).

Migration bewirkt in ihrem Zielraum eine Steigerung der Nachfrage bzw. eine Verstärkung des Heimmarkteffektes, wodurch Unternehmen und mit ihnen Kapital angezogen wird. In dynamischer Perspektive verstärkt Zuwanderung also die relative Attraktivität des Zielraumes im Wettbewerb um Arbeitskräfte und Kapital, was wiederum die Zuwanderung steigert, weil die Migranten vorrangig wirtschaftliche Ballungsräume wählen: Für Deutschland zeigt Bucher (1993, S. 260ff.), daß sich in den achtziger Jahren 88 Prozent der Wanderungsgewinne auf die großen deutschen Verdichtungsräume bzw. Räume mit Verdichtungsansätzen konzentrierten. Auf diese Regionen entfällt ein im Vergleich zu ihrem Bevölkerungsanteil um ca. 18 Prozent höherer Anteil des gesamten Mengeneffektes der Migration. 40 Prozent der Migranten lassen sich in den Kernstädten nieder, die ihrerseits lediglich 3 Prozent der Fläche Deutschlands ausmachen (vgl. Bucher 1993, S. 260ff.). Ein ähnliches Bild zeigt sich auch bei ausschließlicher Betrachtung ausländischer Migranten: sie bevorzugen in Deutschland hochverdichtete, insbesondere westdeutsche Regionen und dort wiederum Orte hoher Zentralität (vgl. BBR 2001, S. 16). Die siedlungsstrukturellen Ungleichgewichte werden folglich durch Außenwanderungen verstärkt.

Für den Extremfall, daß Migranten kein (Sach-) Kapital mit sich führen, kommt es zu einer Kapitalverdünnung und die Kapitalausstattung per capita geht zurück. Damit ist Kapital relativ knapper geworden, was steigende Renditen nach sich zieht und die Investitionstätigkeit abermals steigert. Der Polarisationsprozeß hat seine Schranken in den durch ihn hervorgerufenen Ballungseffekten, die sich insbesondere auf dem Wohnungsmarkt manifestieren. Die steigende Nachfrage nach knappem Wohnraum in den Städten wirkt sich auf die Wohnkosten preistreibend aus, was die realen Einkommensdisparitäten zunehmend egalisiert. Darüber hinaus ist zu beachten, daß bei vielen Dienstleistungen die Erzielbarkeit positiver Skaleneffekte begrenzt ist. Ferner wirkt die Existenz nicht handelbarer Güter mäßigend auf die Konzentration der wirtschaftlichen Aktivität. Ebenso sind nicht alle Produktionsfaktoren hinreichend mobil, um zu einer unbegrenzten Konzentration zu führen (vgl. Straubhaar 1997, S. 57f.).

Wachstumshemmende Effekte sind denkbar, wenn eine positive Korrelation zwischen Kapitalintensität und technischem Fortschritt unterstellt wird. Obgleich Migration absolut gesehen zu einer Erhöhung des Kapitalstocks führt, ist zu bezweifeln, ob die Pro-Kopf-Ausstattung im Zielraum wieder auf ihr ursprüngliches Niveau ansteigt. Dies hängt von der Sparrate der Migranten ab, die durch die Präferenzen und das Einkommen der Migrantenhaushalte determiniert wird. Wenn die nach Deutschland wandernden Polen ärmer sind als die Deutschen – wovon auszugehen ist –, wird deren Sparquote voraussichtlich geringer sein und die Kapitalausstattung pro Kopf unter ihrem Ausgangsniveau verharren. Im Ergebnis würde die deutsche Wirtschaft tendenziell arbeitsintensiver bzw. weniger kapitalintensiv produzieren, was über eine abnehmende Rate des technischen Fortschrittes zu einer Verlangsamung des Wirtschaftswachstums pro Kopf führt (vgl. Steineck 1994a, S. 82f.). Gleichwohl scheint es gewagt, von der Kapitalausstattung der Migranten auf das Aggregat ‚deutsche Wirtschaft' zu schließen. Romer (1987) und Lucas (1988) begreifen den technischen Fortschritt als Funktion des Humankapitals und jenes wiederum als ein eigenes, mittels vorhandenem Humankapital und eines Teils der Sachgüterproduktion produzierbares Gut (vgl. Kromphardt/Scheidt 1997, S. 4274). Wenn diese Annahmen zutreffen, fördert Immigration nur dann das Wachstum und somit auch die Beschäftigung, wenn entweder ein Großteil der Migranten qualifiziert ist oder Produktionsprozesse überwiegen, in denen qualifizierte durch unqualifizierte Arbeitnehmer substituiert werden können.

6.3 Das Chiswick-Modell

Am Schluß des vorangegangenen Absatzes ist implizit die Annahme homogener Arbeitnehmer fallengelassen worden. Sie ist von allen Annahmen des neoklassischen Migrationsmodells am wenigsten mit der Wirklichkeit auf dem Arbeitsmarkt in Einklang zu bringen, denn Arbeitskräfte sind ihrer Natur nach inhomogen. Die Aufgabe der Annahme homogener Arbeitnehmer bietet sich nicht nur für mikroanalytische Migrationsmodelle an. Auch und gerade in der Weltsystemtheorie stehen heterogene Arbeitnehmer im Mittelpunkt der Analysen, nämlich im Zusammenhang mit der Herausbildung eines informellen Sektors – dem „ethnic business" als Ausdruck fragmentierter Arbeitsmärkte in den industrialisierten Metropolen (vgl. Blaschke 1994, S. 34). Auch die Humankapitaltheorie und die Segmentationstheorien fußen auf der Annahme heterogener Arbeitnehmer (vgl. Kap. 4.1.1 und 4.1.2).

Im folgenden wird überprüft, ob sich die Wirkungen der Immigration auf die Faktoreinkommen und die Beschäftigung verändern, wenn anstelle homogener Arbeitnehmer heterogene zugrundegelegt werden. Die analytisch einfachste Möglichkeit zeigt Chiswick (1982) auf, der zwei Arten von Arbeit – qualifizierte und unqualifizierte – neben Kapital in der Produktionsfunktion berücksichtigt. Wie im zuvor untersuchten Fall kommt es zu einem Einkommenszuwachs, der wiederum ungleich verteilt ist. Nun profitieren aber nicht nur die Kapitaleigner von der Zuwanderung, sondern auch diejenige Gruppe von Arbeitnehmern, die weniger stark von Migration betroffen ist. Plausibel wird diese Annahme bei Unterstellung einer linear-homogenen Produktionsfunktion, die eine Komplementarität der Produktionsfaktoren impliziert. Dann verringert Immigration, wie im Grundmodell, bei flexiblen Arbeitsmärkten das Grenzprodukt und damit die Löhne der Einheimischen mit gleicher Qualifikation. Das Grenzprodukt bzw. die Entlohnung der beiden anderen Produktionsfaktoren, Kapital und Arbeitnehmer mit anderen Qualifikationen, steigen, weil ihr Angebot auf dem Markt relativ knapper geworden ist. Der Theorie dualer Arbeitsmärkte folgend, die voneinander abgeschottete Teilarbeitsmärkte unterstellt, wären zunächst keine negativen Auswirkungen für die Einheimischen zu erwarten. Denn die Migranten würden zunächst im sekundären Segment unterkommen und wenn überhaupt erst später die Möglichkeit haben, in das primäre Arbeitsmarktsegment vorzustoßen und zu den dort beschäftigten (qualifizierten und unqualifizierten) Einheimischen in Konkurrenz treten.

Im folgenden sei aber von dualen Arbeitsmärkten abgesehen und eine generelle Offenheit einzelner Arbeitsmärkte unterstellt. In Deutschland besteht für wenig qualifizierte Tätigkeiten ein inländischer Arbeitsangebotsüberhang (vgl. Straubhaar 1994c, S. 199). Wenn angenommen wird, daß Migranten weniger qualifiziert sind als der Durchschnitt der einheimischen Arbeitnehmer, ist eine Steigerung der durchschnittlichen Einkommen sowohl der Kapitaleigner als auch der qualifizierten Arbeitnehmer zu erwarten. Verlierer sind dann die gering qualifizierten Einheimischen, die niedrigere Löhne erhalten oder durch Migranten substituiert werden (vgl. Steineck 1994a, S. 53). Dies hat allerdings zur Folge, daß die relativen Preise der Produkte, zu deren Herstellung vorrangig unqualifizierte Arbeit benötigt wird, sinken. Die infolgedessen zu erwartende höhere Nachfrage nach diesen Gütern bewirkt eine höhere Nachfrage auf dem Arbeitsmarkt für Geringqualifizierte, so daß die Löhne hier wieder etwas ansteigen werden. In dynamischer Sicht sind ferner Substitutionseffekte zwischen Kapital und unqualifizierter Arbeit denkbar mit der Folge, daß die Löhne der Geringqualifizierten weiter ansteigen und der Kapitalzins fällt, weil Kapital wieder relativ reichlicher vorhanden ist. Allerdings kann dies wiederum zur Substitution der Qualifizierten durch Kapital führen, was zu sinkenden Löhnen der Qualifizierten führt. Pugliese (1992, S. 176) spricht von einem „displacement-wage effect". Der Gesamteffekt für die Entlohnung der drei Produktionsfaktoren hängt dann davon ab, ob die Substitutionselastizität zwischen Arbeit und Kapital oder die Nachfrageelastizität der Produktion dominiert (vgl. Greenwood/McDowell 1986, S. 1748f.). Mittelfristig ist zu berücksichtigen, daß Migranten aufgrund von Humankapitalakkumulation an Qualifikation gewinnen, was sich in steigenden Löhnen für sie bemerkbar macht. Dann aber verknappt sich das Angebot an geringqualifizierten Arbeitnehmern, was wiederum Lohnsteigerungen auch für sie nach sich zieht. Chiswick (1977, S. 380) vermutet, daß sich die Abkömmlinge der Migranten hinsichtlich ihrer Qualifikation nur sehr wenig von Einheimischen unterscheiden.

Mit anderen Worten sind die distributiven Wirkungen selbst im für Deutschland ungünstigsten Fall einer negativen Selektion – Zuwanderung Unqualifizierter bei einheimischem Angebotsüberhang in diesem Segment (vgl. Borjas 1989, S. 468 sowie Kap. 3.3.2.1) – nicht klar negativ zu beurteilen. Für die Einwanderer aus Polen ist die Annahme einer negativen Selektion jedoch nicht haltbar. Dafür liegt das Bildungsniveau in Polen auf einem viel zu hohen Niveau. Dies ergibt sich aus den Ausführungen im Rahmen des Kapitels 4.3.4.2. Wenn nun für die Einwanderer eine mit Deutschland vergleichbare Qualifikationsstruktur unterstellt wird, relativieren sich die negativen distributiven Effekte für die geringqualifizierten Einheimischen abermals. Tabelle 18 faßt die Ergebnisse der theoretischen Überlegungen zusammen.

Tab. 18: Arbeitsmarktliche Effekte der Immigration im Zielraum

Modellannahmen	Lohneffekt	Beschäftigungseffekt
Neoklassisches Modell: ein Sektor, Homogenität von Gütern, Arbeit und Kapital	niedrigere Löhne	höhere Arbeitslosigkeit
New Economic Geography: Steigende Skalenerträge, Agglomerationsvorteile, Spillovers	zunächst Lohneinbußen später geringe oder positive Lohneffekte	zunächst Arbeitslosigkeit später keine negativen Auswirkungen auf die Beschäftigung
Chiswick-Modell: Differenzierung der Einheimischen in Hoch- und Niedrigqualifizierte, Einwanderung Niedrigqualifizierter (Hochqualifizierter)	Lohneinbußen für die Niedrig- (Hoch-) qualifizierten Lohnzuwächse für die Hoch- (Niedrig-) qualifizierten	höhere Arbeitslosigkeit der Niedrigqualifizierten geringere Arbeitslosigkeit der Hochqualifizierten
Duale Arbeitsmärkte: Duale (abgeschottete) Teilarbeitsmärkte. Aufstiegsmöglichkeiten nach gesellschaftlicher Assimilation	zunächst kein Effekt später Lohneinbußen im primären Segment	zunächst kein Effekt später steigende Arbeitslosigkeit im primären Segment
Mobiles Sachkapital: Wie oben; zusätzlich Kapitalverschiebung in den Sektor, der mehr Migranten beschäftigt (displacement-wage-effect)	Lohneinbußen im Sektor, der mehr Migranten beschäftigt Später auch Lohneinbußen im anderen Sektor	steigende Arbeitslosigkeit
Humankapitalakkumulation: Migranten akkumulieren Humankapital	zunächst Lohneinbußen für die Niedrigqualifizierten Später Lohnzuwächse für die Niedrig- und Lohneinbußen für die Hochqualifizierten	zunächst steigende Arbeitslosigkeit der Niedrigqualifizierten später steigende Arbeitslosigkeit der Hochqualifizierten

Quelle: verändert nach Ichino 1993, S. 150.

Es wird deutlich, daß sich die Effekte von Immigration auf den Arbeitsmarkt des Zielraumes einer eindeutigen theoretisch fundierten Prognose entziehen. Positive und negative Beurteilungen halten sich je nach den getroffenen Annahmen die Waage. Eine generalisierende „Grand Theory" steht ebenso aus wie eine befriedigende Theorie mittlerer Reichweite. Zumindest steht fest, daß „economic theory does not unambiguously support the view often shared by politicians and policymakers, according to which migration inflows have mainly undesirable effects on the native economy" (Ichino 1993, S. 160). Bevor empirische Arbeiten herangezogen werden, um neue Erkenntnisse hinsichtlich der Wirkung von Immigration auf den heimischen Arbeitsmarkt zu gewinnen, soll angesichts der aktuellen politischen Diskussion[49] untersucht werden, welche Bedeutung den demographischen Verhältnissen für die Beurteilung der Arbeitsmarktwirkungen von Immigration zukommt.

6.4 Immigration vor dem Hintergrund der demographischen Entwicklung in Deutschland

In Deutschland besteht das Problem der Überalterung der Gesellschaft. Dies führt unter den gegebenen Institutionen der sozialen Sicherung zu steigenden Belastungen der Arbeitgeber und der Arbeitnehmer infolge steigender Sozialbeiträge, v.a. für die Kranken- und Rentenversicherung. Denn immer weniger Menschen im erwerbsfähigen Alter haben eine immer größer werdende Schar von Rentnern zu finanzieren. Dies führt zu steigenden Sozialbeiträgen (Lohnnebenkosten). Weil jene in Deutschland zwischen den Arbeitnehmern und den Arbeitgebern geteilt werden, steigt damit auch der Preis der Arbeit. Die Nachfrage wird entsprechend sinken. Zuwandernde Arbeitsmigranten würden die Zahl der Beitragszahler erweitern und die Sozialversicherungsbeiträge jedes Arbeitnehmers zunächst senken. Der Reallohn der Arbeitnehmer würde steigen, die effektiven Lohnkosten für die Arbeitgeber sinken. Dies zöge nach allgemeinem Verständnis positive Beschäftigungseffekte nach sich. Dem stehen jedoch mindestens zwei bedeutende Einwände gegenüber. Zum einen müßte die Zuwanderung erhebliche Ausmaße annehmen, um einen nachhaltigen Einfluß auf die Sozialversicherungsbeiträge auszuüben und darüber hinaus das Bevölkerungswachstum zu stimulieren. Ferner ist ein permanenter Zustrom vonnöten, um die Alterung der Gesellschaft aufzuhalten. Denn ein einmaliger Einwanderungsschub würde zwar die Bevölkerungszahl beein-

---

[49] Im Zuge der Diskussion um die Reform des Staatsbürgerschaftsrechts 1998 und hinsichtlich der absehbaren Überalterung der Gesellschaft, ist von der Bundesregierung eine unabhängige Kommission unter dem Vorsitz von Rita Süssmuth eingesetzt worden. Sie hat am 4. Juli 2001 ihren Bericht vorgelegt, der als Grundlage der politischen Debatte über ein Zuwanderungsgesetz diente, die am 22. März 2002 mit einer tumultartigen Zustimmung des Bundesrates zum Gesetz ihr vorläufiges Ende gefunden hat.

flussen, nicht aber deren Wachstumsrate (vgl. Steineck 1994a, S. 99). Dabei üben ältere Immigranten keinen Einfluß auf die Reproduktionsrate der Gesamtbevölkerung aus und melden darüber hinaus nach einigen Jahren ihrerseits Versorgungsansprüche an. Bei den jüngeren Immigranten steht zu befürchten, daß sich ihr generatives Verhalten an das der Deutschen anpassen wird. Damit ist der Einfluß auf die Gestalt der Bevölkerungspyramide und mithin für die Lösung der Probleme einer alternden Gesellschaft gering (vgl. Straubhaar 1997, S. 60). Gleichwohl sind die kurz- bis mittelfristigen Alterseffekte um so positiver, je jünger die Zuwanderer sind.

Berechnungen des Institutes für Arbeitsmarkt- und Berufsforschung deuten darauf hin, daß eine Nettozuwanderung von jährlich 500.000 Personen vonnöten wäre, allein um die Einwohnerzahl Deutschlands bis zum Jahr 2040 zu stabilisieren (vgl. Fuchs/Thon 1999). Die Vereinten Nationen kommen in ihrer Studie „Replacement Migration" zu dem Ergebnis, daß in den nächsten fünfzig Jahren jährlich nach Deutschland

- 344.000 Personen einwandern müßten, um die Wohnbevölkerung konstant zu halten,
- 486.000 Personen einwandern müßten, um die Erwerbsbevölkerung konstant zu halten und gar
- jährlich 3,63 Millionen Personen einwandern müßten, um den Altersquotienten konstant zu halten (vgl. Rürup 2000, S. 530).

Für die vorliegende Untersuchung ist in diesem Zusammenhang der Aufbau der polnischen Bevölkerung von Interesse. Je jünger die Personen im erwerbsfähigem Alter sind, desto höher ist nach den Überlegungen des Kapitels 3.3.2.3 ihre Migrationsneigung und desto positiver die demographische Wirkung in Deutschland.

Die demographische Situation in Polen stellt sich im europäischen Vergleich außerordentlich gut dar: Noch immer weist das Land ein natürliches Bevölkerungswachstum auf, allerdings mit fallender Tendenz. Im Jahr 1994 wird mit 0,25 Prozent der niedrigste Wert seit dem Zweiten Weltkrieg erreicht. Dies wird zu einem minimalen Wachstum der Bevölkerung von knapp 38,7 Millionen Einwohnern im Jahre 1999 auf 39,1 Millionen im Jahre 2025 führen (vgl. DSW 1999, S. 93). Die Struktur des Altersaufbaus ist unregelmäßig. Wie in Deutschland haben auch in Polen die Weltkriege demographische Auswirkungen hinterlassen. Nach dem Zweiten Weltkrieg setzte ein Babyboom ein. Der Zeitraum zwischen den fünfziger und den siebziger Jahren des vergangenen Jahrhunderts war von einem Rückgang der Fruchtbarkeitsraten geprägt. Danach stiegen sie wieder leicht an, bevor mit Beginn der wirtschaftlichen Transformation ein deutlicher Rückgang der Geburten festzustellen ist. Der Anteil der über 65jährigen hat zwar in den letzten zwei Jahrzehnten deutlich zugenommen, der Alterslastquotient liegt mit 16,1 Prozent (1993) jedoch weit unter dem deutschen (23,3%). Die Alterskohorte der Personen, die heute zu Beginn ihres Erwerbslebens stehen (die Gruppe der 15 bis 20jährigen) ist die zahlenmäßig stärkste (vgl. Statistisches Bundesamt 1996, S. 30ff.). Die Jahrgänge zwischen 1974 und 1986 sind mit 600.000 bis 700.000 Menschen vertreten (vgl. Droth/Grimm/Haase 2001, S. 27). In Kapitel 3.3.2.3 ist gezeigt worden, daß die Migrationsbereitschaft bei genau dieser Gruppe der unter 24jährigen (auch in Polen) am stärksten ausgeprägt ist. Damit verfügt Polen über eine im europäischen Vergleich große Gruppe solcher Menschen, deren Immigration – bei allen genannten Vorbehalten – den bedeutendsten Beitrag zur Verbesserung der demographischen Situation in Deutschland leistet. Aber nicht nur in Polen, sondern auch in den übrigen mitteleuropäischen Beitrittskandidaten reicht das Erwerbspersonenpotential bei weitem nicht aus, um allein den deutschen Bedarf zu decken und die Sozialversicherungsbeiträge nachhaltig zu senken.

6.5 Arbeitsmarktliche Allokations- und Distributionseffekte von Migration – Empirischer Befund für Deutschland

Die meisten empirischen Untersuchungen zu arbeitsmarktlichen Effekten der Migration befassen sich mit der Lohnwirkung und stammen aus den Vereinigten Staaten (z. B. Reder 1963; Thomas 1973; Hill 1975; Butcher/Card 1991; LaLonde/Topel 1991; Borjas 1993; Winegarden/Khor 1993; Greenwood/Hunt/Kohli 1997). In den 1990er Jahren haben auch für den europäischen und insbesondere den deutschen Raum empirische Untersuchungen stattgefunden. Im Gegensatz zu den Amerikanern verzichten deutsche Wissenschaftler auf eine explizite Modellierung einer Produktionsfunktion und schätzen die finale Form der optimalen Faktornachfrage der Unternehmen. Dabei wird der Ausländeranteil an der Gesamtbeschäftigung einer Industrie oder Region als zusätzliches Explanans in die herkömmliche Lohngleichung aufgenommen. Mittels Schätzung der Koeffizienten dieser Variablen aus dem verfügbaren Datenmaterial werden dann Rückschlüsse auf Lohneffekte der Migration gezogen. Für Deutschland eignen sich Daten, die aus der Beschäftigtenstatistik der Bundesanstalt für Arbeit hervorgehen (vgl. Bauer 1998, S. 151). Bei allen Schätzungen der Arbeitsmarkteffekte ergeben sich insbesondere zwei methodische Probleme: Zum einen kann der Ausländeranteil einer Region oder einer Industrie nicht als exogene Variable aufgefaßt werden, weil Migranten ihr Ziel auch nach interregionalen bzw. -industriellen Lohndifferentialen und Beschäftigungsmöglichkeiten wählen. Immigration und Arbeitsmarktperformance bedingen sich mithin gegenseitig, was eine Prognose erschwert. Zum anderen sind spillover-Effekte zu berücksichtigen, die sich aus einem erhöhten Arbeitsangebot in einer Region oder Industrie ergeben (vgl. Kap. 6.2). Ökonometrische Modelle, welche die Arbeitsmarktwirkungen von Immigration (z. B. regionale Lohnelastizitäten der Migration) für Deutschland regional differenziert abschätzen, existieren nach Kenntnis des Verfassers nicht. Schließlich wird die Einschätzung der arbeitsmarktlichen Effekte erschwert durch die Außenhandelsverflechtungen, die ihrerseits die Arbeitsnachfrageelastizitäten beeinflussen (vgl. Boeri/Brücker 2000, S. 86). In soweit sind alle nachfolgend aufgeführten Schätzungen mit Vorsicht zu interpretieren, weil sie stets nur einen Teil der Gesamtwirkungen von Immigration abzubilden in der Lage sind.

6.5.1 Lohneffekte

Die Tabellen dieses und des folgenden Unterkapitels stellen einschlägige empirische Untersuchungen synoptisch dar. Zeilenweise sind die Autoren der Untersuchungen aufgeführt, spaltenweise ihre Ergebnisse sowie stichwortartig Bemerkungen zu den Studien. Im Anschluß an die Tabellen werden die wichtigsten Befunde zusammengefaßt und die Ergebnisse einiger Studien spezifiziert.

Tab. 19: Effekte von Immigration auf Löhne der Beschäftigten in Deutschland

++	+	0	-	--	Bemerkungen
		Gang/Rivera-Batiz 1994			Humankapitaltheoretischer Ansatz
			De New/ Zimmermann 1994		Je nach Berufserfahrung, Arbeitsverhältnis und Industriesektor
	Pischke/ Velling 1994				Differenzierend nach Herkunft der Immigranten
			Hatzius 1994		Differenzierend nach Art der Einwanderung
			Zimmermann 1995		leicht positive Lohnwirkungen für Angestelle, insgesamt aber leicht negative.
	Haisken-De New/Zimmermann 1996				Berücksichtigung des Gesamteinkommens (Handelseffekte)
			Bauer 1998		Je nach Gruppierung und beruflicher Disaggregation
			Boeri/Brücker 2000		leicht negative Effekte für Arbeiter.

++: Stark positive Effekte; +: schwach positive Effekte; 0: kaum Effekte; - schwach negative Effekte; --: stark negative Effekte.

Quelle: eigene Darstellung.

Obgleich die Ergebnisse durchaus als heterogen zu bezeichnen sind, gelangt kein Autor zu dem Schluß, daß Immigration erheblich positive oder erheblich negative Auswirkungen auf die Löhne der Einheimischen ausübt (vgl. Tab. 19). Zumeist werden entweder keine signifikanten Effekte oder nur kleine Effekte konstatiert.

Bauer (1998) disaggregiert seine Aussagen nach Stellung der Einheimischen im Beruf. Methodisch unterstellt er sowohl eine herkömmliche Lohngleichung als auch eine Produktionsfunktion wie im angelsächsischen Raum üblich. Er selbst weist dabei darauf hin, daß die Aussagen aufgrund restriktiver Annahmen, v.a. hinsichtlich der Schätzung des Anteiles qualifizierter und unqualifizierter Arbeitnehmer anhand des Mikrozensus, vorsichtig interpretiert werden müssen (vgl. Bauer 1998, S. 70 und 151). Er stellt nur vernachlässigbar kleine Effekte der Zuwanderung auf den Lohn der einheimischen Bevölkerung fest. Die möglichen Effekte eines einprozentigen Arbeitskräftezustroms auf die Bruttotageslöhne belaufen sich auf -0,15 bis +0,12 Prozent. Die Ergebnisse weisen eine starke Sensibilität hinsichtlich Methodik und der Gruppierung der Migranten auf. Während bei Unterstellung einer homogenen Gruppe von Migranten substitutive Beziehungen überwiegen, ergeben sich bei Disaggregation nach der Stellung im Beruf unterschiedliche Ergebnisse hinsichtlich der produktionstechnischen Beziehung zwischen Migranten und Einheimischen. Entsprechend sei die Behandlung von Migranten und Einheimischen als getrennte Produktionsfaktoren angezeigt (vgl. Bauer 1998, S. 150f.). Die insgesamt bedeutsamsten Lohneinbußen erleiden ungelernte ausländische Arbeiter bei Immigration der gleichen Gruppe: Eine einprozentige Zuwanderung führt hier zu einer Lohnreduktion von 0,255 Prozent (vgl. Bauer 1998, S. 147f.). Unter den deutschen Arbeitnehmern haben ungelernte Arbeiter bei Einwanderung ausländischer Angestellter die höchsten Opfer zu tragen. Der positivste Effekt auf die Löhne der Einheimischen zeigt sich bei der Gruppe der Angestellten bei Immigration ungelernter Arbeiter. Tabelle 20 zeigt die Faktorpreiselastizitäten für sechs Personengruppen.

Tab. 20: Lohnwirkungen von Immigration in Deutschland (Faktorpreiselastizitäten)

1%ige Zuwanderung von → **Wirkung auf Bruttolöhne von ↓**	**Ungelernten**	**Facharbeitern**	**Angestellten**
Ungelernte Deutsche	+0,035	+0,015	-0,021
Deutsche Facharbeiter	-0,008	+0,001	+0,003
Deutsche Angestellte	+0,02	+0,000	-0,008
Ungelernte Ausländer	-0,255	-0,047	-0,013
Ausländische Facharbeiter	-0,1	-0,071	+0,141
Ausländische Angestellte	-0,035	+0,178	-0,178

Quelle: Bauer 1998.

Die Extremwerte weichen von der oben genannten Spanne ab, weil hier einerseits lediglich zwischen unqualifizierten Arbeitern und Facharbeitern bzw. Angestellten unterschieden wird (und nicht weiter nach Alter, Schuljahren etc.) und andererseits auch die Wirkungen auf die bereits ansässigen Migranten berücksichtigt sind.

Die Untersuchungen von De New/Zimmermann (1994) und Haisken-De New/Zimmermann (1996) basieren auf den sozioökonomischen Panels der Jahre 1984 bis 1989 bzw. der Jahre 1984 bis 1992. In beiden Studien wird Immigration über den Ausländeranteil in verschiedenen Industriebranchen operationalisiert. Die ermittelten Faktorpreiselastizitäten sind höher als bei Bauer (1998). Die erstgenannte Arbeit betrachtet ausschließlich männliche deutsche Arbeitnehmer ohne Berücksichtigung des öffentlichen Dienstes. Es wird zwischen Arbeitern und Angestellten mit niedriger (< 20 Jahre) und hoher (> 20 Jahre) Berufserfahrung differenziert. Die Schätzungen auf dem Signifikanzniveau von 5 Prozent ergeben, daß die Lohnänderungen Einheimischer bei einprozentiger Erhöhung des Ausländeranteils zwischen -0,441 Prozent für Arbeiter mit niedriger und +0,354 Prozent für Angestellte mit niedriger Berufserfahrung liegen. Die Autoren unterscheiden zusätzlich zwischen verschiedenen Wirtschaftssektoren. Die negativsten Effekte finden sich im Investitionsgütersektor, wo Lohnelastizitäten von -0,56 ermittelt werden. Negative Effekte überwiegen auch bei den übrigen betrachteten Sektoren[50]. Ausnahmen sind der Einzelhandel (0,027) sowie der Transport (0,07). Eine stärker disaggregierende Betrachtung zeigt, daß einzig die Angestellten mit langer Berufserfahrung in keinem Industriesektor Lohneinbußen erleiden. Arbeiter verlieren in allen Sektoren überproportional (vgl. De New/Zimmermann 1994, S. 183ff.). Insgesamt gibt die Untersuchung Hinweise auf negative Lohneffekte der Einwanderung auf die Löhne der Deutschen, was sich in einer Lohnelastizität der Immigration von -0,33 (gewichteter Durchschnitt) manifestiert. Die Betroffenheit fällt indes je nach Industriezweig und Erfahrung des Beschäftigten unterschiedlich stark aus. Allerdings konnten die Autoren „not find a case in which a „higher“ experienced or qualified job group received a disproportionately stronger positive effect than a negative effect received by a „lower“ job group, even disaggregating to the industry level“ (De New/Zimmermann 1994, S. 191).

Während sich die Autoren bei ihrer Analyse des Jahres 1994 auf die Lohneffekte bei männlichen deutschen Arbeitnehmern beschränken, berücksichtigen sie bei ihrer Folgeuntersuchung (Haisken-De New/Zimmermann 1996) die Gesamteinkommenseffekte aller in Deutschland beschäftigten Männer. Die empirische Basis ist durch Miteinbeziehung der nächsten zwei Wellen des sozioökonomischen Panels erweitert worden. Ferner werden Daten der Bundesanstalt für Arbeit berücksichtigt, mit deren Hilfe eine Differenzierung der Arbeitnehmer nach regionenspezifischen Ausländeranteilen für 33

---

50 Primärer Sektor, Energie, Investitionsgüter, Konsumgüter, Konstruktion, Handel, Transport, Finanzwesen, Gastronomie, sonstige Dienstleistungen.

verschiedene Industriesektoren ermöglicht wird. Darüber hinaus wird versucht, die Einkommenseffekte zu trennen, die sich aus dem internationalen Güterhandel ergeben (vgl. Haisken-De New/Zimmermann 1996, S. 8). Die Ergebnisse unterschieden sich deutlich von denen der ersten Untersuchung: ein hoher Anteil an Ausländern übt einen positiven Einfluß auf die Löhne aus – zumindest auf das gesamte Sample bezogen: „there is no effect on low-skilled wages. Migrants do not affect wages of white collar workers much, but have a positive impact on high-skilled blue collar workers" (Haisken-De New/Zimmerman 1996, S. 9). Die negativen Effekte, die in der vorangegangenen Studie ermittelt worden sind, scheinen vielmehr auf die Außenhandelsstruktur zurückzuführen zu sein: „male wages are negatively affected by the trade deficit ratio [...] In contrast, immigration has no effect on low-skilled workers, but a positive effect on the wages of the high-skilled". Die bei sektoraler Disaggregation beobachteten Unterschiede der Einkommenswirkung bei Zuwanderung sind demnach dadurch zu erklären, daß in Sektoren, die in harter Importkonkurrenz stehen, mehr Migranten beschäftigt sind als in exportstarken Sektoren (Haisken-De New/Zimmermann 1996, S. 10).

Pischke und Velling (1994) legen ihrer Arbeit eine andere Definition des Ausländeranteils zugrunde. Sie nutzen Daten der Bundesforschungsanstalt für Landeskunde und Raumordnung (1984-1989) und arbeiten hinsichtlich der Veränderung des Ausländeranteils mit regionenspezifischen Bevölkerungsanteilen anstatt mit nationalen Beschäftigungsanteilen wie die zuvor erwähnten Studien. Die Verfasser leiten positive Lohneffekte für die Einheimischen aus ihrer Untersuchung ab. Eine einprozentige Erhöhung des Ausländeranteils führt demnach zu Lohnsteigerungen der Einheimischen von bis zu 3,29 Prozent. Für die Immigration von Türken errechnen die Autoren einen Anstieg im Ausmaß von 1,88 Prozent. Allerdings werden keine Aussagen über die spezifischen Wirkungen von Einwanderern verschiedener Qualifikationen auf verschiedene Gruppen von deutschen Arbeitnehmern ermöglicht.

Methodisch im Ganzen vergleichbar mit der vorangegangenen Studie, jedoch mit Daten des Sozioökonomischen Panels für die Periode zwischen 1984 und 1991, arbeitet Hatzius (1994). Indes unterschiedet der Autor hinsichtlich der Einwanderer zwischen Gastarbeitern, Aussiedlern und Übersiedlern. Dadurch ergibt sich hinsichtlich der Auswirkungen auf die Löhne der Deutschen ein differenzierteres Bild: Gastarbeiter scheinen eher Substitute darzustellen – die Löhne der Deutschen sinken deutlich um sieben Prozent bei einprozentiger Zuwanderung. Während für die Immigration der Aussiedler keine Effekte nachgewiesen werden, scheinen die Übersiedler als Komplemente zu den Deutschen auf dem Arbeitsmarkt aufzutreten – die Verdienste der Deutschen korrelieren positiv mit der Zuwanderung von Übersiedlern: eine einprozentige Zuwanderung erhöht die Löhne um zwei Prozent (vgl. Hatzius 1994, S. 24f.).

Die Ergebnisse von Zimmermann (1995) deuten darauf hin, daß Immigration die Verteilung der Einkommen beeinflußt. Benachteiligt sind die Arbeiter, deren Löhne sinken, vorteilhaft stellt sich die Situation für die Angestellten dar, deren Löhne steigen. Der Gesamteffekt für Deutschland wird leicht negativ eingeschätzt, für die USA hingegen wird ein negativerer Effekt für die einheimischen Arbeitsanbieter konstatiert; hier profitieren vor allem die Kapitaleigner von Zuwanderung (vgl. Zimmermann 1995, S. 54f.). Ähnlich präsentieren sich die Ergebnisse eines internationalen Forschungskonsortiums unter Leitung des Deutschen Instituts für Wirtschaftsforschung (DIW). Auf Grundlage von Mikrodatensätzen aus Österreich und Deutschland, ermitteln die Autoren nach einprozentiger Zuwanderung einen Lohndruck von 0,26 Prozent (Österreich) bzw. 0,6 Prozent (Deutschland), der sich auf die Arbeiter beschränkt. Die Auswirkungen auf Angestellte sind leicht positiver oder neutraler Natur (vgl. Boeri/Brücker 2000, S. 84).

Gang und Rivera-Batiz (1994) sowie Licht und Steiner (1994) wählen einen methodisch völlig unterschiedlichen Ansatz. Sie fassen Migranten und Einheimische nicht als per se unterschiedliche Produktionsfaktoren auf, sondern differenzieren alle Arbeitsanbieter je nach ihrem Humankapitalportfolio, das sich aus Jedermannsqualifikationen („unskilled labor"), Schulausbildung („education") und Berufserfahrung („experience") zusammensetzt. Die Arbeitgeber fragen demnach stets ein „bundle of those characteristics" nach (Gang/Rivera-Batiz 1994, S. 160; vgl. hierzu auch Kap. 4 dieser Arbeit). Während das Erkenntnisinteresse von Licht und Steiner auf einen Test der Assimilation ausländischer Arbeitnehmer in Deutschland gerichtet ist, fragen Gang und Rivera-Batiz nach dem Einfluß der Immigration auf die Einkommen der Einheimischen. Die von den erstgenannten Autoren anhand der ersten Welle des Sozioökonomischen Panels ermittelten Humankapitalausstattungen ergänzen die von Gang und Rivera-Batiz geschätzten Ergebnisse, die auf den Eurobarometern der Jahre 1986 bis 1989 basieren. Die Studien unterscheiden sich also hinsichtlich der verwendeten Datenquellen und der „inherent difficulties in measuring endowments of education and experience [making] such estimates subject to variability and unreliability" (Gang/Rivera-Batiz 1994, S. 168). In einem Folgeschritt werden durchschnittliche, länderspezifische Humankapitalausstattungen ermittelt, um die Faktorpreiselastizitäten bei Zuwanderung zu ermitteln. Im Ergebnis finden die Autoren für Deutschland nur sehr geringe Lohneffekte. Die größten Lohnelastizitäten werden bei Immigration griechischer (+0,114 nach Licht/Steiner 1994) bzw. portugiesischer Arbeitnehmer (-0,046 nach Gang/Rivera-Batiz 1994) ermittelt. Während Licht und Steiner mit Elastizitäten zwischen 0,044 und 0,114 durchweg positive Lohnwirkungen der Zuwanderung feststellen, fallen die Ergebnisse bei Gang und Rivera-Batiz mit einer Ausnahme (Immigration von Iren: +0,011) mit Elastizitäten zwischen -0,006 und -0,046 negativ aus (vgl. Gang/Rivera-Batiz 1994, S. 171). Im Lichte des vierten Kapitels muß jedoch bei beiden Studien bezweifelt werden, daß formal gleiche Humankapitalausstattungen in verschiedenen Staaten vergleichbare Produktivität entfalten.

6.5.2 Beschäftigungseffekte

Neben den Lohneffekten sind für die Beurteilung der Arbeitsmarkteffekte auch Beschäftigungseffekte von Relevanz. Diese sind insbesondere in Ländern mit vergleichsweise starren Löhnen wie Deutschland zu erwarten. Selbst wenn sich das Lohngefüge der Einheimischen kaum verändert, ist denkbar, daß Migranten die einheimischen Beschäftigten unterbieten und substituieren. Die Folge wäre eine gestiegene Anzahl deutscher Arbeitsloser.

Auch hinsichtlich der Beschäftigungswirkungen der Immigration im Zielraum liefert die Empirie vordergründig widersprüchliche Ergebnisse. Zwar gibt es für gravierende Auswirkungen keine Belege, jedoch kommen die Autoren sowohl zu leicht positiven als auch zu leicht negativen Einschätzungen hinsichtlich der Wirkung auf die Beschäftigungssituation der Einheimischen (vgl. Tab. 21). Die einzige Ausnahme bildet die Arbeit von Wehrmann (1989), der stark negative Beschäftigungswirkungen der Ausländerarbeit ableitet. Dieser „Ausreißer“ wird zunächst näher analysiert, um dann seine Irrelevanz aufzuzeigen. Anschließend werden die Ergebnisse der übrigen Untersuchungen skizziert.

Wehrmann beschäftigt sich zwar nicht vorrangig mit den Folgen der Immigration auf den (deutschen) Arbeitsmarkt, aber er stellt bei seiner Analyse von Daten der Bundesanstalt für Arbeit fest, daß die bereits vorhandenen Ausländer die Arbeitsmarktchancen der Deutschen erheblich schmälern und eine Ausweisung der ausländischen Beschäftigten zu einer Reduktion der Gesamtarbeitslosenquote um 25 Prozent führen würde. Er folgert: „Die Auffassung, Ausländer- und Inländerbeschäftigung seien weitgehend komplementär [...] steht somit im krassen Widerspruch zu der eingangs aufgestellten und im Untersuchungsablauf bestätigten These, daß umgekehrt gerade ein rückläufiges Ausländerkontingent die inländische Erwerbsbevölkerung auf den Vollbeschäftigungspfad zurückführt“ (Wehrmann 1989, S. 148). Überträgt man diesen Ansatz auf die Wirkungen von Immigration, so käme der Autor zu einer stark negativen Einschätzung der Beschäftigungswirkungen. Selbst ohne die Berücksichtigung der Stillen Reserve, die allerdings als zyklisch reversible Veränderung der effektiven Erwerbsbeteiligung bei Projektionen des Arbeitskräftepotentials in die Analyse einbezogen werden müßte, stünden knapp zwei Millionen registrierten deutschen Arbeitslosen fast 1,6 Millionen beschäftigte Ausländer gegenüber. Würden die Ausländer das Land verlassen „und die inländischen Arbeitslosen übernehmen die freigewordenen Arbeitsplätze, dann reduziert sich die gesamte Arbeitslosenzahl auf 0,4 Millionen Inländer“. Dies impliziere geringere Beiträge zur Arbeitslosenversicherung, die in Form höheren

Konsums bzw. höherer Löhne der Wirtschaft zugute kämen. Mithin werde „ein reiner Umschichtungsprozeß ohne Kreislaufverluste" induziert, „der das gesamte Nachfragepotential nicht verändert". Im Resultat führe dies „zu einer Entspannung auf dem Arbeitsmarkt" (Wehrmann 1989, S. 96).

Tab. 21: Effekte von Immigration auf Arbeitslosigkeit der Beschäftigten in Deutschland

++	+	0	-	--	Bemerkungen
		Bhagwati/Schatz/ Wong 1984			Gastarbeitersystem
				Wehr-mann 1989	Bei Transfer auf Immigration
	Smolny 1991				Bis 1973: +; ab 1974: 0
	Barabas et al. 1992				Konjunkturabhängig
		Koll/Ochel/Vogler -Ludwig 1993b			Kurzfristig negative Effekte, mittelfristig keine
			Zimmermann/ Winkelmann 1993		Zunahme friktionaler Arbeitslosigkeit; Gesamteffekt nur für Arbeiter leicht negativ
			De New/ Zimmermann 1994		1984-1989 sektorabhängig
		Mühleisen/ Zimmermann 1994			1984-1989 keine Auswirkungen
	Hatzius 1994				1984-1991 leicht positiv bei Aus- und Übersiedlern
		Zimmermann 1995			Bedeutung der Lohnflexibilität
		Boeri/Brücker 2000			Entlassungsrisiken steigen
	Angrist/ Kugler 2002				Untersuchung für Westeuropa; Effekte korrelieren mit Rigidität der Arbeitsmärkte

++: Stark positive Effekte; +: schwach positive Effekte; 0: kaum Effekte; - schwach negative Effekte; --: stark negative Effekte.

Quelle: Eigene Darstellung.

Dieses Modell der Ausländersubstitution ist aus mehreren Gründen nicht haltbar: Einerseits läßt der Autor die Konsumquoten von In- und Ausländern vollständig außer acht. Jene determinieren jedoch unter anderem den Unternehmensertrag und damit auch die auszahlbare Lohnsumme. Ferner bleibt der Nachfrageausfall durch die ausgewiesenen Ausländer unberücksichtigt. Gravierender noch ist die implizite Unterstellung einer vorgegebenen Menge an Arbeit, was nicht zuletzt mit der Auffassung von Arbeitnehmern als nahezu homogenem Produktionsfaktor zusammenhängt. Denn das Modell funktioniert nur dann, wenn vollständige Substitutionalität zwischen Ausländern und Inländern unterstellt wird und nicht nur, daß „beide Gruppen nicht durch ein ausschließlich komplementäres Verhältnis zueinander gekennzeichnet sind" (Wehrmann 1989, S. 98). Wenn aber Heterogenität und Komplementarität der Arbeitnehmer nicht ausgeschlossen sind, kann die Menge an nachgefragter Arbeit in einer Volkswirtschaft nicht fix sein. Vielmehr hängt sie positiv vom Arbeitsangebot ab.

Für das Deutschland der 1960er und 1970er Jahre zeigen Bhagwati, Schatz und Wong (1984), daß Immigration keine negativen Auswirkungen auf die einheimischen Beschäftigten hatte, weil in der Ausgangssituation die Arbeitsnachfrage das Arbeitsangebot überstieg (vgl. Bhagwati/Schatz/Wong 1984, S. 291). Ein bis zwei Dekaden später hat sich die Arbeitsmarktsituation in Deutschland verändert und von einem Arbeitsnachfrageüberschuß kann keine Rede mehr sein; vielmehr zeigt sich in vielen Arbeitsmarktsegmenten das Phänomen der Arbeitslosigkeit. Zusätzlich stieg das Arbeitskräfteangebot im Zeitraum zwischen 1988 und 1991 durch Aus- und Übersiedler deutlich an (vgl. Alecke/Untiedt 2001b, S. 338). Eine nach dem Höhepunkt dieser Einwanderungswelle seitens des Rheinisch-Westfälischen Instituts für Wirtschaftsforschung (RWI) (Barabas et al. 1992) erstellte Studie findet aber keine Hinweise auf eine erhebliche Verdrängung (west-) deutscher Arbeitnehmer durch die Immigranten. Die Essener Autoren konstatieren für den Zeitraum zwischen 1988 und 1991 vielmehr eine „expansive Beschäftigungsentwicklung", zu der die Zuwanderer durch den „Abbau struktureller Engpässe auf dem ‚etablierten' Arbeitsmarkt beigetragen und diesen dadurch insgesamt stimuliert haben" (Barabas et al. 1992, S. 139). Zu einem ähnlichen Fazit gelangt Rudolph (1996, S. 162). Sie versteht die Migranten als „Reservearmee" des Arbeitsmarktes, die „das Funktionieren des Arbeitsmarktes [verbessert], ohne die Einkommensverteilung – besonders das Lohnniveau und die Lohnstruktur – wesentlich zu verschieben." Allerdings wird betont, daß auch makroökonomische Nachfrageeffekte dazu beigetragen haben, daß es kaum zu Verdrängungseffekten auf dem Arbeitsmarkt gekommen ist und sich in konjunkturell ungünstigen Zeiten ein anderes Bild ergeben könnte (vgl. Barabas et al. 1992, S. 143). Hingegen vermuten von Loeffelholz und Köpp (1998), daß sich Migranten in diesem Fall insbesondere dem informellen Arbeitsmarkt zuwenden oder geringfügige, sozialversicherungsfreie (Teilzeit-) Beschäftigungen aufnehmen. Die Autoren führen den Anstieg der teilzeit- und geringbeschäftigten Arbeitnehmer Mitte der neunziger Jahre mit darauf zurück (vgl. von Loeffelholz/Köpp 1998, S. 126).

Zimmermann (1995) stellt komplementäre Beziehungen zwischen Migranten und einheimischen Arbeitnehmern insbesondere im Dienstleistungssektor fest. Diese führen bei flexiblen Löhnen zu einer Erhöhung der Produktivität der im produzierenden Gewerbe tätigen Arbeitnehmer, wodurch sich insgesamt positive Beschäftigungswirkungen ergeben. Allerdings sind die Löhne auf dem deutschen Arbeitsmarkt nach unten starr, weswegen sich die Effekte nicht einstellten und insgesamt kaum positive Auswirkungen auf die Arbeitslosigkeit beobachtbar seien (vgl. Zimmermann 1995, S. 53ff.).

Die kurzfristigen Lohn- und Preisrigiditäten berücksichtigt Smolny (1991) bei seiner Simulation mittels eines makroökonomischen Ungleichgewichtsmodells. Er gelangt für Deutschland zwischen 1962 und 1988 zu einer insgesamt positiven Einschätzung der Immigrationswirkung auf den Arbeitsmarkt. Den Untersuchungszeitraum teilt er in zwei Perioden ein. Der Arbeitsmarkt im Zeitraum bis 1973 ist von angebotsseitigen Engpässen gekennzeichnet. Eine hohe Zuwanderung von Gastarbeitern bewirkt einen steigenden Güteroutput und steigende Beschäftigung, während die Inflation gebremst bleibt. Demgegenüber konstatiert er für den Zeitraum seit 1974 steigende Arbeitslosigkeit infolge des Ölschocks und folgert, daß der Arbeitsmarkt in dieser Situation maßgeblich von der erwarteten Güternachfrage bestimmt worden ist. Hinsichtlich der Auswirkungen von Zuwanderung in dieser Situation stellt er aber nur geringe Effekte fest: „an increase of labour supply during a situation of high unemployment hardly affects employment“ (Smolny 1991, S. 399).

Signifikante, aber leicht negative Beschäftigungseffekte weisen Zimmermann und Winkelmann (1993) für die Arbeiter in Deutschland nach. Ausgehend von einer Analyse der Mobilitätsbereitschaft anhand eines Sampels von 1.244 Deutschen und 586 Gastarbeitern für den Zeitraum zwischen 1974 und 1984 stellen die Autoren fest, Immigration zu einer Zunahme der friktionalen Arbeitslosigkeit führt: „The share of foreign labour affects only the unemployment frequency of Germans significantly, where the increase can be substantial“, nämlich bis zum Faktor vier (Zimmermann/Winkelmann 1993, S. 282). So zwingt Immigration vor allem die Arbeiter, häufiger als vorher ihre Arbeitsstelle zu wechseln. Bei Angestellten, insbesondere des öffentlichen Dienstes, kommt es indes nicht zu erhöhter Fluktuation (vgl. Zimmermann/Winkelmann 1993, S. 271). Wer zu einer Erhöhung der räumlichen Mobilität und zu Weiterbildungsmaßnahmen nicht bereit ist, bliebe in einem Zuwanderungsszenario ohne Beschäftigung. In diese Richtung können auch die Ergebnisse des „European Integration Consortium“ unter Federführung des DIW interpretiert werden. Nach Auswertung von Mikrodatensätzen aus Deutschland und Österreich konstatieren sie zwar ein schwach wachsendes individuelles Entlassungsrisiko im Umfang von 0,8 Prozentpunkten in der österreichischen und von 1,6 Prozentpunkten in der deutschen

Stichprobe (vgl. Boeri/Brücker 2000, S. 84). Allerdings müssen diese Zahlen nicht gleichbedeutend sein mit einer Erhöhung der Arbeitslosenquoten der Einheimischen, weil es im Entlassungsfall bei o. g. Verhalten der Freigesetzten lediglich zu friktionaler Arbeitslosigkeit kommen wird.

De New und Zimmermann (1994) stellen für die Jahre 1984 bis 1989 uneinheitliche Arbeitsmarktwirkungen der Zuwanderung fest. Wenn die oben bereits erwähnten sektorspezifischen Lohnelastizitäten der Zuwanderung zugleich die Substitutionseffekte auf dem Arbeitsmarkt zwischen Einheimischen und Migranten widerspiegeln, wären insbesondere der Industrie- und Investitionsgütersektor benachteiligt, während im Einzelhandels- und Transportsektor positive Beschäftigungseffekte abgeleitet werden könnten (vgl. De New/Zimmermann 1994, S. 190f.). Mühleisen/Zimmermann (1994, S. 800) finden hingegen – gestützt auf ein Sample von 1982 Personen des Sozioökonomischen Panels 1984 (Alter: mindestens 19 Jahre) bis 1989 (Alter höchstens 59 Jahre) – keine negativen Effekte der Immigration auf die Beschäftigung der Einheimischen. Sie führen dies darauf zurück, daß die Löhne in Deutschland flexibler sind, als in den Schätzungen von De New und Zimmermann angenommen. Ähnlich resümiert auch Hatzius (1994, S. 24): „there appears to be a considerable degree of wage flexibility with respect to immigration since otherwise one should find a substantial effect on native unemployment". Hiervon zeugen auch die ermittelten Lohneinbußen (s. o.). Für die Immigration von Aus- und Übersiedlern weist der Autor sogar leicht positive Effekte auf den deutschen Arbeitsmarkt nach.

Angrist und Kugler (2002, S. 28) leiten aus ihren Modellrechnungen für den Europäischen Wirtschaftsraum zwischen 1983 und 1999 ab, daß eine einprozentige Zuwanderung unter den Einheimischen geringe Beschäftigungseinbußen in Höhe von 0,02 bis 0,07 Prozent nach sich zieht. Dabei zeigen sich um so negativere Effekte, je inflexibler die Arbeitsmärkte sind.

6.6 Zwischenfazit

Insgesamt hält das zu Beginn des Kapitels aufgeführte Zitat „an almost unanimous verdict: migrants do not take natives' jobs or reduce their incomes" (Ghatak/Levine/Price 1996, S. 182) der theoretischen und empirischen Analyse stand. Damit ist auch die dritte zentrale Fragestellung der Arbeit beantwortet. Im einzelnen lassen sich die Ergebnisse wie folgt zusammenfassen:

Die Theorie deutet auf durchweg positive Allokationseffekte der Migration hin, die aus einer kostenminimierenden räumlichen Verteilung der Produktionsfaktoren resultieren. Mittelfristig tragen Migranten zum Abbau von Marktunvollkommenheiten und von Arbeitsmarktrigiditäten bei. Im Ergebnis wächst der volkswirtschaftliche Output im Vergleich zur Situation ohne Einwanderung. Allerdings muß dieser dann unter einer größeren Anzahl von Personen verteilt werden. Unabhängig von den Allokationseffekten treten Distributionsffekte auf: Die Kapitaleigner profitieren von der Zuwanderung, die Situation für die Arbeitnehmer stellt sich nicht eindeutig dar. Einige Gruppen von Arbeitnehmern erleiden durch die Immigration Nachteile. Andererseits profitieren alle aufgrund steigender Konsumentenrenten, die aus einer Vergrößerung der Produktpalette und den im Zuge steigender Produktionseffizienz tendenziell preiswerteren Gütern erwachsen (vgl. Biffl 1991, S. 5). Diese reichen aber vermutlich nicht aus, um immigrationsbedingte Lohneinbußen oder die Nachteile aus dem Verlust des Arbeitsplatzes bei den betroffenen Gruppen zu kompensieren.

Die Beschäftigungssicherheit und Lohnwirkungen hängen neben den Lohnelastizitäten der Arbeitsnachfrage bzw. des Arbeitsangebotes und den Arbeitsmarktrigiditäten vom Grad der Substituierbarkeit der Einheimischen durch Migranten ab. Während die Beschäftigungs- und Lohneffekte für die komplementären Arbeitnehmer positiver Natur sind, sind bei den anderen Arbeitnehmern neutrale oder negative Effekte zu erwarten. Für diese Personengruppe hängt der Gesamteffekt von der Produktionsfunktion, von der Stärke der Wachstums- und Nachfrageeffekte, vom ausgeübten Beruf, von der eigenen Qualifikation und der der Migranten ab. Im Optimalfall kommt es nicht zu einer Substitution der Einheimischen, sondern zu Neueinstellungen von Migranten und auch von Inländern.

Die empirischen Ergebnisse für Deutschland unterscheiden sich zwar, jedoch besteht ein Grundkonsens darüber, daß von Immigration weder besonders positive noch besonders negative Auswirkungen auf die Beschäftigung und das Lohnniveau der Einheimischen insgesamt ausgehen. Felderer (1994, S. 81) zufolge lösen sich die vermeintlichen Widersprüche bei Unterscheidung zwischen kurzfristigen (bis drei Jahre) und langfristigen Studien (bis 15 Jahre) auf. Dann zeigt sich, daß die unterschiedlichen Ergebnisse den Anpassungsprozeß auf den Arbeitsmärkten widerspiegeln: „Empirical studies [...] reach different conclusions [...] there is no real contradiction between these results. [...] An initial reduction of the capital-labor ratio and producitvity is succeeded by a period of capital accumulation until a new expansion path is reached [...] which is superior to the old path without immigration.“ Ursächlich hierfür zeichnen die Charakteristika der Migranten, namentlich ihre rasche Humankapitalakkumulation und ihre vergleichsweise hohe Sparquote (vgl. Felderer 1994, S. 79f.). Diese Aussage wird in Simulationen des ifo Institutes für Wirtschaftsforschung von 1993 bekräftigt. Während für die ersten fünf Jahre mit einer Zunahme der Arbeitslosenquote bei einprozentiger Zuwanderung ermittelt wird, ergeben sich für alle Folgejahre positive Beschäftigungseffekte (vgl. Koll/Ochel/Vogler-Ludwig 1993a, S. 13).

Tendenziell finden sich mehr Hinweise auf drohende moderate Lohneinbußen für bestimmte Gruppen von Einheimischen als auf Substitution ihrer Arbeitskraft. Dabei haben ungelernte Arbeiter am ehesten mit Nachteilen in Form von Lohneinbußen zu rechnen, wobei jene für Deutsche recht gering ausfallen. Dies könnte mit der Institution des Tarifvertrages und dem Lohnabstandsgebot zusammenhängen; beide wirken dahingehend, daß die Löhne nach unten relativ stark abgesichert sind. Die Gruppe der bereits immigrierten Personen scheint am ehesten Nachteile durch verstärkte Zuwanderungen zu erleiden, insbesondere in Form höherer Arbeitslosigkeit. Dies könnte für die Existenz segmentierter Arbeitsmärkte sprechen. Schließlich finden sich Hinweise auf einen Anstieg der friktionalen Arbeitslosigkeit. Benachteiligt werden dann vor allem solche Arbeitnehmer, die zu Weiterbildungsmaßnahmen und erhöhter räumlicher Mobilität nicht bereit sind.

Mittel- bis langfristig dürfte sich die Arbeitslosenquote nicht verändern, weil nach Integration der Migranten ein höherer Wachstumspfad im Einwanderungsland erreicht wird. Migration dient als Beleg für die relative Attraktivität Deutschlands im globalen Wettbewerb um Arbeitskräfte. Zuwanderung führt zu einer Erhöhung des verfügbaren Humankapitals, was eine Erhöhung der Kapitalrentabilität nach sich zieht und positive Impulse für das Wirtschaftswachstum generiert. Wie in einer dynamischen Sicht von Seiten der Neuen Wirtschaftsgeographie und Neuen Wachstumstheorie ausgeführt, verstärken sich diese Impulse selbst.

Wünschenswert wäre es, die theoretisch und empirisch ermittelten arbeitsmarktlichen Implikationen von Migration für den Zielraum in Abhängigkeit des Quellraumes und der Berufsstruktur von Migranten zu untersuchen. Bislang besteht die Tendenz, zielraumbezogene Aussagen für Migranten unabhängig von ihrer Herkunft zu treffen. Die Einwanderer selbst werden bislang allenfalls danach differenziert, ob sie unqualifiziert oder qualifiziert sind.

Bis hierhin zeigt die Untersuchung in Bezug auf die operative These, daß die Osterweiterung der EU ohne Übergangsfristen Arbeitsmigrationsströme aus Polen nach Deutschland auslösen wird, die sich aber in Abhängigkeit von der Transferierbarkeit der Qualifikationen unterschiedlich auf verschiedene Berufe verteilen. In einigen Berufen wird also die Konkurrenz durch Migranten zunehmen. Das vorliegende Kapitel zeigt, daß die Betroffenen in erster Linie mit Lohndruck rechnen müssen. Weniger Hinweise finden sich darauf, daß sie Arbeitslosigkeit zu befürchten haben. Allerdings werden die Anforderungen an die Mobilität der einheimischen Bevölkerung wachsen, wenn sie im Falle ihrer Freisetzung eine neue Arbeitsstelle finden wollen.

7 Polnische Migranten als Outsider auf dem deutschen Arbeitsmarkt

„Thou shalt not steal jobs from thy comrades by underbidding their wages“
(Lindbeck 1991a, S. 2)

Im folgenden Abschnitt sollen jenseits der Komplementaritätsvermutung mit Hilfe eines modifizierten mikroökonomischen Arbeitsmarktmodells Erklärungen für den empirischen Befund gefunden werden, dem zufolge Migranten möglicherweise nur in unwesentlichem Ausmaß deutsche Arbeitnehmer substituieren werden und der Einfluß auf das Lohnniveau vergleichsweise stärker ausfällt.

Der vom Internationalen Währungsfonds (IMF) herausgegebene „World Economic Outlook“ widmet in seiner 1999er Ausgabe den europäischen Arbeitsmärkten eines seiner vier Kapitel. Es ist mit dem Titel „Chronic Unemployment in the Euro Area: Causes and Cures“ versehen. Bei der Erklärung der Arbeitsmarktphänomene in Deutschland (und weiten Teilen Europas) wird einer Theorie große Bedeutung zugemessen: Die Analysten bezeichnen die Entwicklungen dieser Arbeitsmärkte als „consistent with the ‚insider-outsider‘ model of unemployment“ (IMF 1999, S. 105). Jenes zeigt, wie ein hohes Lohnniveau und ein Überangebot an Arbeitskräften gleichzeitig existieren können. Die Insider-Outsider-Theorie wird im folgenden um Migranten als Arbeitsanbieter erweitert und für deutsche Arbeitsmarktinstitutionen spezifiziert.

7.1 Insider und Outsider

Arbeitslose (und Migranten) könnten versuchen, durch Unterbietung des Lohnes der Einheimischen einen Arbeitsplatz in Deutschland zu finden. Daß dies offensichtlich nicht immer gelingt, ist darauf zurückzuführen, daß der Arbeitsmarkt kein Markt wie jeder andere ist, sondern sogar „really different“ (Solow 1990, S. 3). Dies zeigt sich u. a. daran, daß die Löhne nicht solange fallen, bis sich ein Gleichgewicht zwischen Angebot und Nachfrage einstellt. Statt dies auf ein imaginäres biblisches Gebot zurückzuführen, versucht die Insider-Outsider-Theorie, dies „on the basis of optimizing microeconomic activities“ der Marktteilnehmer zu erklären (Lindbeck/Snower 1987a, S. 407). Unter den drei existierenden Versionen der Insider-Outsider-Theorien[51] wird

[51] Neben dem hier gewählten Ansatz existieren Kollektivverhandlungsmodelle von Olson (1982) und von Blanchard und Summers (1987). Der Olsonsche Kollektivverhandlungsansatz analysiert die rentensuchenden Aktivitäten gesellschaftlicher Gruppen im Hinblick auf für sie vorteilhafte staatliche Regulierungen. Die Variante von Blanchard und Summers ist arbeitsmarktspezifischer. Sie bezieht sich auf kollektive Lohnverhandlungen auf gesamtwirtschaftlicher Ebene. Demnach sind Arbeitslose tarifpolitisch abgekoppelt und einflußlos (vgl. Belke/Kösters 1992, S. 18; Möller 1991, S. 333).

dem Ansatz von Lindbeck und Snower gefolgt. Jene stellen die Fluktuationskosten in den Vordergrund. Der Grundgedanke besagt, daß Unternehmen bei ihren Beschäftigungsentscheidungen neben den Löhnen auch solche Kosten berücksichtigen, die ihnen beim Austausch von Arbeitnehmern entstehen. Aufgrund dieser Kosten werden die Arbeitgeber von den alteingesessenen Arbeitnehmern erpreßbar, so daß Letztgenannte höhere Löhne durchsetzen können (vgl. Lindbeck 1991b, S. 86). Sowohl bei nicht kollektiv ausgehandelten Löhnen als auch bei kollektiven Lohnverhandlungen gelingt es den Insidern, sich zusätzliche Renten auf Kosten der Unternehmen und der Outsider anzueignen (vgl. Belke/Kösters 1992, S. 18f.).

Die Insider-Outsider-Theorie unterstellt im Gegensatz zum neoklassischen Referenzmodell keinen direkten Zusammenhang zwischen Lohnhöhe und Produktivität. Vielmehr lautet die Hauptannahme, daß die Substitution alteingesessener Arbeitnehmer (Insider) durch lohnunterbietende Konkurrenz aus dem Pool der Arbeitslosen (Outsider) den Unternehmen erhebliche Kosten verursacht, die als Fluktuationskosten (C_F) subsumiert werden (vgl. Lindbeck/Snower 1986, S. 235). Zu ihnen zählen „alle Kosten [...], die den Unternehmen durch Mitarbeiterwechsel entstehen“ (Möller 1991, S. 334), z. B. Anwerbungskosten und Abfindungszahlungen. Die Kostenersparnis durch Nichtfluktuation kann in Lohnverhandlungen von den Beschäftigten abgeschöpft werden. Als Folge ergibt sich ein Lohnniveau, bei dem Arbeit zwar noch angeboten, jedoch nicht mehr nachgefragt wird (vgl. Sesselmeier/Blauermel 1998, S. 176).

In der Insider-Outsider-Theorie werden drei homogene Gruppen von Arbeitsanbietern unterschieden (vgl. Lindbeck/Snower 1986, S. 236; Lindbeck/Snower 1988c, S. 2f.):

1. Im Unternehmen beschäftigte ‚Insider‘, deren Arbeitsplätze durch hohe Fluktuationskosten (betriebsspezifische Ausbildung, Einstellungs- und Ausbildungskosten, bei Entlassung anfallende Kosten) geschützt sind;

2. ‚Outsider‘, unter denen die Arbeitslosen subsumiert werden, wobei von einer Beschäftigung im informellen Sektor abgesehen wird;

3. neueingestellte Arbeitnehmer (‚Entrants‘), deren Arbeitsplätze in der Anfangsphase, während der sie angelernt werden, außer den Kosten einer neuen Einstellung durch keine weiteren Fluktuationskosten geschützt sind (z. B. aufgrund kostenloser Freisetzung nach einer Probezeit).

Die Unterscheidung zwischen Insidern und Entrants ist lediglich für die Einstellungsperiode relevant, so daß es für die Analyse von Migranten als neue, bislang nicht beschäftigte Arbeitnehmer, die zu Insidern werden möchten, „plausibel erscheint, [...] Insider als im Unternehmen Beschäftigte“ zu definieren und analytisch lediglich von den arbeitslosen Outsidern zu trennen (Holden 1990, S. 45). In dieser Arbeit werden die Outsider später heterogenisiert. Einerseits werden arbeitslose Deutsche, andererseits

Migranten unterschieden. Letztere reisen nach Deutschland ein und sind zunächst ohne Beschäftigung. Wie zu zeigen sein wird, unterscheidet sich ihr Arbeitsangebot von dem der deutschen Outsider. Auch die Arbeitsnachfrage nach Migranten unterscheidet sich von der nach einheimischen Outsidern. Dies wird im Lichte der Überlegungen zur unvollkommenen Transferierbarkeit von Humankapital im Rahmen des vierten Kapitels plausibel.

Die Insider-Outsider-Theorie fußt auf fünf zentralen Annahmen, die sie vom neoklassischen Referenzmodell unterscheidet (vgl. Lindbeck/Snower 1988c, S. 3f.):

1. Insider verfügen aufgrund der Fluktuationskosten über Marktmacht.
2. Insider nutzen ihre Marktmacht in den Lohnverhandlungen, ohne die Interessen der Outsider zu beachten.
3. Outsider verfügen über weniger Marktmacht als Insider.
4. Entlassene Insider werden sofort zu Outsidern.
5. Der Gegenwartswert der unternehmerischen Lohnkosten ist positiv vom Insiderlohn abhängig. Diese Annahme deckt sich mit dem neoklassischen Referenzmodell.

Ohne die erste und die dritte Annahme wären nicht-markträumende Löhne nicht durchzusetzen. Ohne die zweite und die vierte Annahme würden die Insider höhere als markträumende Löhne nicht fordern. Ohne die fünfte Annahme würden zu hohe Löhne keine Arbeitslosigkeit nach sich ziehen.

7.2 Fluktuationskosten

Bevor die Implikationen der Fluktuationskosten für die Arbeitsnachfrage untersucht werden, ist zunächst der Begriff der Fluktuationskosten zu konkretisieren. Hier können drei Gruppen unterschieden werden:

1. Direkte Fluktuationskosten: Sie entstehen den Unternehmen durch unvermeidbare („indispensable") und vermeidbare („dispensable") Arbeitskosten (Lindbeck/Snower 1986, S. 236). Zu Erstgenannten zählen die Anbahnungskosten (C_a) – z. B. Such-, Anwerbungs-, Verhandlungs- und Verwaltungskosten – sowie Ausbildungs- und Einarbeitungskosten (C_h). Diese Kosten sind im weiteren Sinne notwendig für die Produktion und werden im folgenden als Einstellungskosten bzw. ‚hiring costs' (C_E) bezeichnet. Zu den „dispensable labor costs" zählen Abfindungs- und Sozialplankosten, Kosten für Rechtsstreitigkeiten und Reputationsverlust der Unternehmen, die bei Entlassungen der Arbeitnehmer gegen ihren Willen entstehen (vgl. Möller 1991, S. 334). Diese Kosten sind zumeist Folge der institutionellen Rahmenbedingungen, die wiederum politisch durch die Insider und ihre

Interessenvertretungen beeinflußbar sind (vgl. Lindbeck 1991b, S. 81). Sie werden im folgenden Kündigungskosten oder ‚firing costs' (C_K) genannt.

2. Kosten durch Kooperationsentzug: Diese Kosten sind durch die Insider generierbar. Unter der Annahme, daß die Einweisung neuer Arbeitskräfte in ihren Arbeitsplatz überwiegend durch die Insider erfolgt, zeichnen jene für die Vermittlung betriebsspezifischen Humankapitals mitverantwortlich, womit sie vorhandene Produktivitätsdifferentiale aufrechterhalten können (vgl. Lindbeck/Snower 1988a, S. 177).

3. Implizite Kosten: Hierbei wird unterstellt, daß sich eine hohe Umschlagrate negativ auf die Moral der Beschäftigten und somit auf das Betriebsergebnis auswirkt (vgl. Lindbeck/Snower 1988b, S. 454).

Die „basic implication of the existence of non-infinitesimal turnover costs for labour is that they generate two different demand curves for labour – one for insiders and one for outsiders" (Lindbeck 1991b, S. 81). Dies wird nun anhand der Wirkungen der einzelnen Fluktuationskosten auf die Arbeitsnachfrage gezeigt und nachfolgend in einem Arbeitsmarktdiagramm konsolidiert dargestellt.

7.2.1 Direkte Fluktuationskosten

Kündigungskosten geben den Insidern die Macht, Löhne durchzusetzen, die ihre Grenzproduktivität übersteigen, und sich einen Teil der Produzentenrente anzueignen (vgl. Möller 1991, S. 334). Sie wissen, daß die Arbeitgeber mit drohenden Kündigungskosten erpreßbar sind, und zwar so lange, wie die marginalen Kündigungskosten (C'_K) größer sind als die über die Grenzproduktivität (L'_I) hinausgehende Lohnforderung. Die Kündigungskosten beeinflussen also das Lohndifferential zwischen Insidern und Outsidern bei gleichbleibenden Produktivitätsdifferentialen (vgl. Sesselmeier/Blauermel 1998, S. 176). Die Summe aus Grenzproduktivität der Arbeit und marginalen Kündigungskosten stellt das für die Insider unbedingt zu beachtende absolute Rentabilitätskriterium (ARK) dar, „the locus of wage-employment points at which the absolute profitability of the marginal insider is zero" (Lindbeck/Snower 1988a, S. 177).

(7.1) $w_I\,(\text{max.}) = ARK = L'_I + C'_K$.

Graphisch entspricht das ARK einer Parallele der ursprünglichen Arbeitsnachfragekurve im Abstand C'_K nach oben. Würden die Insider Löhne fordern, die darüber hinaus gehen, würden sie für das beschäftigende Unternehmen unprofitabel und müßten mit ihrer Entlassung rechnen.

Neben den Kündigungskosten zählen die Einstellungskosten zu den direkten Fluktuationskosten. Sie fallen bei Einstellung eines Outsiders an und setzen sich bei Marginalbetrachtung aus Grenzanbahnungskosten (C'_a) und Grenzausbildungskosten (C'_h) („marginal hiring and training costs for labour") (Lindbeck 1991b, S. 81) zusammen.

Diskrepanzen bezüglich der Grenzproduktivitäten zwischen Insidern und Outsidern sind Thema zahlreicher humankapitaltheoretischer Publikationen. Bei Arbeitslosigkeit entwertet sich ein Teil des persönlichkeitsbezogenen Humankapitals z. B. in Form des Verlernens von Grundfertigkeiten wie Motivation, Disziplin oder Pünktlichkeit. Dadurch wird die erneute Aneignung betriebsspezifischen Humankapitals erschwert (vgl. Pfahler 1994, S. 28). Tatsächlich kann gezeigt werden, daß sich das Nachfrageverhalten der Arbeitgeber nach Langzeitarbeitslosen zu deren Lasten verändert (vgl. Berthold 1992, S. 65). Wenn Investitionen in betriebsspezifische Ausbildung der Insider getätigt werden, so ergeben sich weitere Produktivitätsunterschiede, weil betriebsspezifisches Humankapital bei Wechsel des Arbeitgebers ex definitione verfällt (vgl. Kap. 4.1.1).

Bezeichnet man das (nur von Insidern akkumulierbare) betriebsspezifische Humankapital als H_S, die restlichen Humankapitalkomponenten als H_A, das arbeitslosigkeitsbedingte Dequalifizierungsquantum als d sowie und nimmt man einfachheitshalber an, die Grenzproduktivität hänge direkt vom Humankapitalstock ($L' = f\,(H_A + H_S)$) ab, so ergibt sich eine Differenz der Grenzproduktivitäten zwischen Insidern (Index I) und Outsidern (Index O) in Höhe von $H_S + d$:

(7.2a) $L'_I = H_A + H_S$,

(7.2b) $L'_O = H_A - d$.

Die Migranten (Index M) erleiden infolge der unvollständigen Transferierbarkeit des überbetrieblichen Qualifikationen eine weitere Einbuße ihrer Produktivität (vgl. Kap. 4). Wenn der daraus resultierende Verlust an Humankapital als v bezeichnet wird, kann ihre Produktivität als

(7.2c) $L'_M = H_A - d - v$

beschrieben werden.

Die Einstellungskosten (C_E) werden nun weiter konkretisiert. Da es gute Gründe gibt anzunehmen, daß Arbeitgeber und Arbeitnehmer sich die Kosten für die Vermittlung der betriebsspezifischen Ausbildung teilen, so geht lediglich der Teil (γ) der Ausbildungskosten (C_h) in die Einstellungskosten ein, der vom Arbeitgeber in späteren Perioden nicht vom Lohn abgezogen wird (vgl. Hashimoto 1981, S. 476). Die Zusammensetzung der Einstellungskosten läßt sich dann in der Marginalbetrachtung ausdrücken als:

(7.3) $C'_E = C'_a + \gamma\ C'_h$.

Diese Kosten sind nach erfolgter Einstellung für die Unternehmen versunken und damit bezüglich der Insider nicht mehr entscheidungsrelevant (vgl. Berthold 1992, S. 64). Die Grenzproduktivität (Löhne) der Outsider und Migranten hingegen ist im Vergleich zur neoklassischen Arbeitsnachfragekurve um die Grenzeinstellungskosten gemindert (vgl. Lindbeck 1991b, S. 81):

(7.4a) $w_O = L'_O - C'_E$ bzw.

(7.4b) $w_M = L'_M - C'_E$.

7.2.2 Kosten durch Kooperationsentzug

Im Gegensatz zu Hashimoto gehen Lindbeck und Snower davon aus, daß nicht die Unternehmer, sondern die Insider für die Vermittlung betriebsspezifischen Humankapitals verantwortlich sind. Neben der Vermittlung dieses Humankapitals können die Insider auch auf anderen Gebieten den Outsidern die Kooperation entsagen, untereinander jedoch bedingungslos kooperieren. In Kenntnis dieser Zusammenhänge lehnt die Volkswagen AG „absichtliches Zurückhalten von arbeitsnotwendigen Informationen oder sogar Desinformation“ explizit in den Grundsätzen ihrer Betriebsvereinbarung ab (vgl. DGB 1998, S. III-1-1 des Anhangs). Diese Art der Diskriminierung folgt aus Vorbehalten der Belegschaft gegenüber Neulingen, die aus Konkurrenzängsten und allgemeinen Stereotypen erwachsen (vgl. DGB 1998, S. 16). Das Verhalten führt einerseits dazu, daß das Produktivitätsdifferential zwischen Insidern und Outsidern aufgrund schleppender Vermittlung betriebsspezifischen Humankapitals länger bestehen bleibt. Daneben tritt andererseits ein „insider-entrant cooperation differential A“, welches sich die Insider in den Lohnverhandlungen zusätzlich aneignen können (Lindbeck/Snower 1988a, S. 177).

Im Ergebnis ähnliche Überlegungen stellt Becker (1971, zit. in Golder 1999, S. 97ff.) an. Demnach führen Vorurteile einer Majoritätengruppe (Insider) gegenüber einer Minorität wie (polnischen) Arbeitsmigranten zu Nutzeneinbußen für die Arbeitgeber. Die Wirkungskette unterscheidet sich allerdings von der Lindbecks und Snowers: Die Insider wollen vermeiden, mit den Angehörigen der Minoritätengruppe zusammenzuarbeiten. Für den Fall ihrer Einstellung fordern sie für sich einen Lohnaufschlag, der sich für die Arbeitgeber in Zusatzkosten niederschlägt. Entsprechend führt Becker eine „arbeitnehmerspezifische Diskriminierungskomponente“ ein, um die zwecks Ausgleich der Mehrkosten der Minoritätenlohn geschmälert wird (Golder 1999, S. 100).

Festzuhalten bleibt, daß Insider die direkten Fluktuationskosten erhöhen können und somit weitere Marktzutrittsbarrieren für Outsider schaffen, indem die Grenzproduktivität der Outsider um A', dem Grenzkooperationsdifferential, gemindert wird (vgl. Otani 1991, S. 85). Aufbauend auf (7.2b und 7.2c) ergibt sich für die Grenzproduktivität der Outsider bzw. Migranten nunmehr:

(7.5a) $L'_O = (H_A - d) - A'$ bzw.

(7.5b) $L'_M = (H_A - d - v) - A'$.

7.2.3 Implizite Fluktuationskosten

Hinsichtlich der impliziten Fluktuationskosten wird einerseits wie in Effizienzlohntheorien argumentiert (vgl. Lindbeck/Snower 1988b, S. 455): Unternehmen können demnach die Bemühungen der Arbeitnehmer nicht vollständig beobachten und zahlen zum Anreiz höhere Löhne. Andererseits werden die Ausstrahlungswirkungen von Entlassungen auf die verbliebenen Insider berücksichtigt. Dabei sind zwei Reaktionen möglich. Zum einen kann eine steigende Fluktuationsrate zu verminderter Anstrengung bzw. zu nachlassender Arbeitsmoral der Arbeitnehmer führen (Substitutionseffekt). Grund hierfür wäre die sinkende Wahrscheinlichkeit, für die erbrachte Leistung wie erwartet entlohnt zu werden. Zum anderen kann die Leistung des Arbeitnehmers steigen (Einkommenseffekt), um seine Entlassungswahrscheinlichkeit zu verringern (vgl. Sesselmeier/Blauermel 1998, S. 177f.). Wenn – wie Lindbeck und Snower annehmen – der Substitutionseffekt den Einkommenseffekt überwiegt, kommt es zu einem „adverse effect of turnover on effort" (Lindbeck/Snower 1986, S. 238). Der adverse Effekt auf die Anstrengungen der Insider hängt insbesondere von der Wahrscheinlichkeit der eigenen Nichtentlassung ab, die wiederum auch von den Fluktuationskosten abhängig ist (vgl. Lindbeck/Snower 1988b, S. 454).

Ein weiterer Aspekt der impliziten Fluktuationskosten ist der Reputationsverlust, der den Unternehmen bei Entlassungsaktionen entsteht. Das Image, unsichere Arbeitsplätze anzubieten, führt zu erhöhten Suchkosten bei zukünftigen Einstellungen (vgl. Möller 1991, S. 334). Den Grenzwert der impliziten Fluktuationskosten (C_i) können sich die Insider wiederum aneignen. Das absolute Rentabilitätskriterium (7.1) verschiebt sich demnach um C'_i und es gilt:

(7.6) $w_I\,(max.) = ARK = L'_I + C'_K + C'_i$.

7.3 Arbeitsnachfrage im Insider-Outsider-Modell

Für die Ableitung der Arbeitsnachfrage im Insider-Outsider-Modell wird die neoklassische Funktion unter Berücksichtigung der Fluktuationskosten modifiziert und damit der Realität angenähert. Die Arbeitsnachfragegleichung muß bei Differenzierung der Arbeitsnachfrage nach Insidern, deutschen Outsidern und Migranten wie folgt modifiziert werden:

(7.7a) $L^D{}_I = L^D (w_I{}^{(-)})$,

(7.7b) $L^D{}_O = L^D (w_O{}^{(-)})$ und

(7.7c) $L^D{}_M = L^D (w_M{}^{(-)})$.

Werden w_I, w_O bzw. w_M durch die Gleichungen (7.6) und (7.4a und 7.4b) ersetzt, leitet sich für die jeweilige Arbeitsnachfrage folgendes ab:

(7.8a) $L^D{}_I = L^D (L'_I + C'_K + C'_i)$,

(7.8b) $L^D{}_O = L^D (L'_O - C'_E)$ und

(7.8c) $L^D{}_M = L^D (L'_M - C'_E)$.

Nun werden $L'_{I,O,M}$ durch die jeweiligen Konkretisierungen nach (7.2a) bzw. (7.5a und 7.5b) und C'_E durch (7.3) ersetzt:

(7.9a) $L^D{}_I = L^D [(H_A + H_S) + C'_K + C'_i]$,

(7.9b) $L^D{}_O = L^D [((H_A - d) - A') - (C'_a + \gamma\ C'_h)]$ und

(7.9c) $L^D{}_M = L^D [((H_A - d - v) - A') - (C'_a + \gamma\ C'_h)]$.

Die Insider können also im Vergleich zur neoklassischen Nachfragefunktion mit homogenen Arbeitnehmern einen um

(7.10a) $H_S + C'_K + C'_i$

erhöhten Lohn durchsetzen[52]. Graphisch entspricht die Arbeitsnachfragekurve nach Insidern ($L^D{}_I$) einer um (7.10) nach außen parallelverschobenen Arbeitsnachfragekurve ($L^D{}_{nk}$) (Abb. 10).

Die Outsider werden zu Löhnen nachgefragt, die um

(7.10b) $d + A' + C'_a + \gamma\ C'h$

unter den Löhnen des neoklassischen Modells liegen.

Graphisch wird die Arbeitsnachfragekurve nach Outsidern ($L^D{}_O$) durch Parallelverschiebung der neoklassischen Arbeitsnachfragekurve um (7.10b) nach links unten ermittelt (Abb. 10).

---

52 Voraussetzung hierfür ist, daß die Produzentenrente die aus der Bezahlung der inframarginalen Arbeitnehmer resultierenden Verluste übersteigt. Mittelfristig kommt es unter diesen Bedingungen – wie sich auch in Deutschland zeigt – zu einer Substitution von Arbeit durch Kapital.

Die Nachfrage nach Migranten beginnt bei Löhnen, welche die neoklassische Nachfrage um

(7.10.c) $v + d + A' + C'_a + \gamma C'h$

bzw. die Nachfragekurve nach Outsidern um v unterschreiten. Im Modell wird die Arbeitsnachfragekurve nach Migranten ($L^D{}_M$) durch Parallelverschiebung der neoklassischen Arbeitsnachfragekurve um (7.10c) nach links unten abgebildet (Abb. 10). Das Vorgehen orientiert sich an Lindbeck und Snower (1988a, S. 177), die explizit unterschiedliche Produktivitäten der Arbeitnehmer in ihrem Modell berücksichtigen (vgl. S. 173). In dieser Arbeit wird diesbezüglich zusätzlich zwischen deutschen Outsidern und Migranten differenziert. Dies impliziert, daß sich die gewählte Bezeichnung der Abszisse („Arbeit") auf nicht-homogene Arbeitnehmer bezieht. Ansonsten dürften Produktivitätsdifferenzen nicht in die Graphik eingezeichnet werden.

Die Insiderlöhne können also um die Gesamtheit der marginalen Fluktuationskosten (C'_F)

(7.11) $C'_F = h + C'_K + C'_i + d + v + A' + C'_a + \alpha C'_h$

über den Migrantenlöhnen liegen, ohne daß Insider durch Migranten substituiert würden (vgl. Lindbeck 1991b, S. 81). Je größer also die Fluktuationskosten, desto höher der Lohn der Insider, den sie – bei Respektierung des ARK (7.6) – ohne Entlassungsrisiko durchsetzen können (vgl. Lindbeck/Snower 1988c, S. 4).

Graphisch ergeben sich insgesamt drei Arbeitsnachfragekurven – eine für Insider, eine für Outsider und eine für Migranten. Letztgenannte verläuft parallel im Abstand C'_F von jener der Insidernachfrage (Abb. 10). Für die Gesamtarbeitsnachfrage ergibt sich eine am jeweiligen Beschäftigungsniveau (hier L^*) doppelt geknickte Arbeitsnachfragefunktion (vgl. Lindbeck 1991b, S. 82).

Bewegt man sich auf der Arbeitsnachfragekurve von links oben nach rechts unten, sind in Abhängigkeit vom Lohn drei Beschäftigungsszenarien zu beobachten: zunächst ist die Arbeitsnachfrage lohnelastisch. Steigt der Lohn über w_I, kommt es zu Entlassungen von Insidern. Sinkt der Lohn aber von w_I in Richtung w_O, bleibt die Beschäftigung konstant in Höhe von L^*, die Arbeitsnachfrage ist also starr. Erst wenn der Lohn von w_I über das Ausmaß der Fluktuationskosten hinaus unter w_O sinkt, kommt es zu Einstellungen von Outsidern. Migranten werden erst dann ab einem Lohn kleiner oder gleich w_M eingestellt. Festzuhalten bleibt generell, daß Fluktuationskosten das Beschäftigungsniveau tendenziell stabilisieren und zwar in beide Richtungen: Ausgehend von einem Lohnniveau w_{nk} bleibt die Beschäftigung sowohl bei Änderungen des Lohnes als auch bei kleineren Schwankungen der Grenzproduktivität der Arbeit konstant bei L^* (vgl. Lindbeck 1991b, S. 83).

Abb. 10: Arbeitsnachfrage im Insider-Outsider-Modell

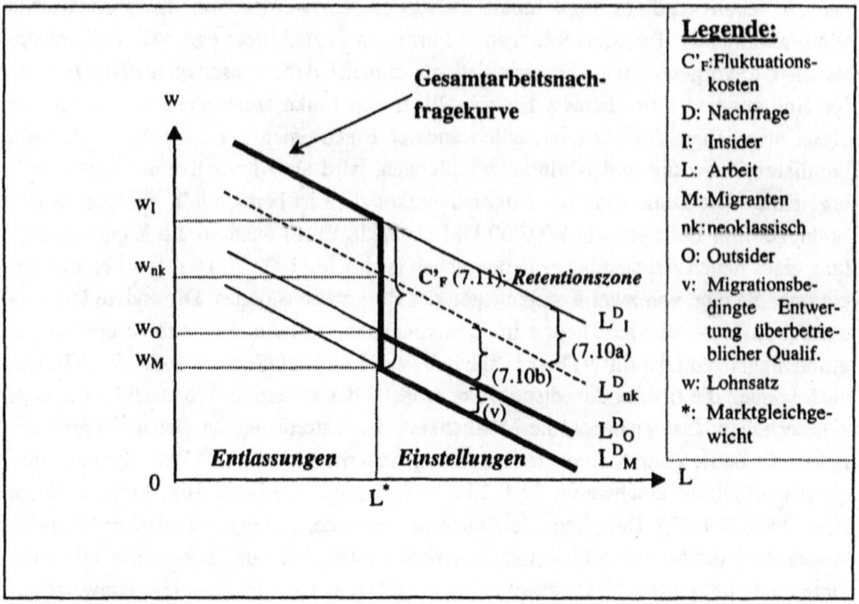

Quelle: eigene Darstellung.

7.4 Arbeitsangebot im Insider-Outsider-Modell

7.4.1 Grundaussagen

Das Arbeitsangebot in der Insider-Outsider-Theorie wird als exogene Größe betrachtet (vgl. Lindbeck/Snower 1988a, S. 249f.). Die Darstellung des aggregierten Arbeitsangebotes erfolgt entweder als Horizontale, d.h. unendlich elastisch in Höhe des Reservationslohnes[53] (vgl. Lindbeck 1991b, S. 87), oder als steigende Funktion, die allerdings weit außerhalb des für die Analyse relevanten Bereiches verläuft, in dem wiederum der Reservationslohn (w^R) als Schwelle für das Arbeitsangebot dient (vgl. Lindbeck/Snower 1990, S. 289):

(7.12) $L^S = L^S (w^R)$.

---

[53] Bei Zahlung des Reservationslohnes „ist ein Akteur indifferent zwischen einer Beschäftigung zu diesem Lohn und der nächstbesten Alternative“ (Wagner/Jahn 1998, S. 288). Bei geringeren Löhnen nehmen Outsider (Migranten) keine Arbeit an.

Um Arbeitslosen, Arbeitsunfähigen oder in ihrer Arbeitsfähigkeit geminderten Personen ein lebenswürdiges Einkommen zu garantieren, werden von den europäischen Wohlfahrtsstaaten Transferzahlungen in Form von Sozialhilfe, negativer Einkommensteuer o. ä. vorgenommen. Ferner existieren zumeist Arbeitslosenversicherungen, die für eine gewisse Zeit ehemals Erwerbstätigen ein Einkommen sichern. Die Summe dieser staatlichen Transfers zuzüglich anderer Einkommen z. B. aus Schwarzarbeit, familiärer Sicherung und Abfindungszahlungen, wird als Alternativeinkommen (w^{Al}) bezeichnet. Die Dimension der Alternativeinkommen ist beträchtlich. So können Abfindungen mit Beträgen um 200.000 DM (102.258 Euro) nahe an die Kapitalausstattung eines neuen Arbeitsplatzes heranreichen (vgl. Klös 1997, 76f). Das Alternativeinkommen ist eine von zwei Komponenten des Reservationslohnes. Die andere läßt sich aus der Insider-Outsider-Theorie im Zusammenhang mit der dem Arbeitsangebot zugrundeliegenden Disutility-Theorie ableiten (vgl. Lindbeck/Snower 1986, S. 237). Danach können die Insider die ‚disutility of work' – das erwartete Arbeitsleid – der Outsider erhöhen: Insider haben die Möglichkeit, den unterbietenden Neueinsteigern das Leben im Betrieb durch Kooperationsentzug, Diskriminierung und Belästigung (Mobbing) deutlich zu erschweren (vgl. Lindbeck/Snower 1988a, S. 169; kritisch hierzu Fehr 1996, S. 10ff.). Dem liegt die Annahme zugrunde, daß der Arbeitgeber Kooperationsentzug und Mobbing nicht mit Sicherheit beobachten kann, sondern lediglich der Output erkennbar ist (vgl. Lindbeck/Snower 1988a, S. 169). Bescheidene Hinweise auf dieses Verhalten gibt eine EMNID-Umfrage unter 1.041 Beschäftigten.

Demnach „hängt Mobbing ganz offenbar auch mit der Betriebszugehörigkeit zusammen: Bei Beschäftigten, die bis zu zwei Jahren im Unternehmen tätig sind, klagen 50 Prozent über Mobbing". Nach über zweijähriger Betriebszugehörigkeit sinkt der Anteil auf 43 Prozent (vgl. Jobware 2001, o. S.). Wurde durch entsprechendes Verhalten der Insider in der Vergangenheit ein negatives Image aufgebaut, so werden interessierte Outsider das bei Einstellung zu erwartende ‚Leiden' antizipieren und nur bei ausreichender Kompensation, d. h. einem höheren Lohnsatz, zur Arbeitsaufnahme in diesem Unternehmen bereit sein (vgl. Lindbeck/Snower 1988a, S. 167f.). Insbesondere Ausländer dürften sich derlei Anfeindungen seitens der deutschen Beschäftigten und möglicherweise auch seitens eines bedeutenden Teils der deutschen Population ausgesetzt fühlen.

Der Deutsche Gewerkschaftsbund (DGB) widmet einen Band der „Migrationspolitischen Handreichungen" der Diskriminierung am Arbeitsplatz. Eine Befragung der Autoren unter Beschäftigten und Vorgesetzten erhärtet allgemeine Stereotype wie „sie fordern, aber wollen von den Pflichten nichts wissen" oder „sie machen häufiger krank und drücken sich vor Verantwortung" (DGB 1998, S. 14). Dies führt u. a. dazu, daß Urlaubswünsche häufiger abgelehnt werden und ihr Zugang zu innerbetrieblichen Informationen häufig verwehrt wird. Ferner werden Migranten bei der gerade für wenig qualifizierte Mitarbeiter wichtigen Durchführung von innerbetrieblichen Qualifizierungsmaßnahmen seltener berücksichtigt (vgl. DGB 1998, S. 14). Eine bereits in Kapitel 7.2.2 beschriebene Folge dessen ist eine niedrigere Produktivität mit entsprechenden Auswirkungen auf die Arbeitsnachfrage (vgl. Kap. 7.3). Ferner werden Migranten somit von betrieblichen Aufstiegsprozessen ausgeschlossen. Zum andern erhöhen diese Aktivitäten den Reservationslohn der Outsider bzw. der Migranten um die „disutility from being harassed by the insiders" (Lindbeck/Snower 1988a, S. 171). Beispiele für die Mobbingaktivitäten, die von Ignoranz, verdeckter Ablehnung bis hin zu offenen Anfeindungen reichen, sind Diskriminierungen in Pausenräumen oder auf den Toiletten. Daneben treten fremdenfeindliche Witze und abfällige Bemerkungen die Herkunft oder die Religion betreffend (vgl. DGB 1998, S. 15).

Hinsichtlich des Reservationslohnes sei im folgenden angenommen, er setze sich aus der Summe von Alternativeinkommen und Mobbingkompensation (w^m) zusammen:

(7.13) $w^R = w^{Al} + w^m$.

Abb. 11: Arbeitsangebot im Insider-Outsider-Modell

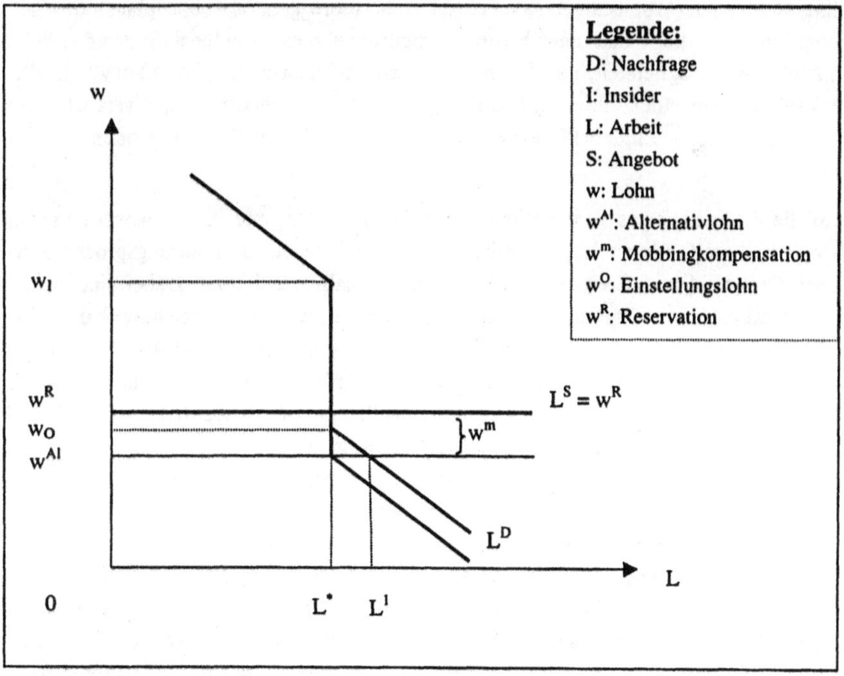

Quelle: eigene Darstellung.

In der Abbildung 11 ist der Extremfall abgebildet, in dem zusätzlich zum Beschäftigungsniveau L^* hinaus kein Outsider eingestellt wird. Die Insider erhalten dabei eine maximale Vergütung in Höhe von w_I (ARK). Zum Alternativlohn w^{AI} würde zusätzlich noch von $\overline{L^*L^I}$ Menschen Arbeit angeboten und von den Arbeitgebern (im Falle der Outsider) auch nachgefragt.

Wenn die Outsider hingegen mit Ausgrenzung und Anfeindung rechnen, verlangen sie hierfür eine finanzielle Kompensation in Höhe von w^m. Der Reservationslohn steigt auf w^R, zu dem ihre Arbeit seitens der Arbeitgeber nicht mehr nachgefragt wird. Es bleibt beim Beschäftigungsniveau L^*. Wieso die Insider abgesehen von dumpfen Ressentiments gegenüber Ausländern ein generelles Interesse am Aufbau eines entsprechend abschreckenden Images haben könnten, wird im Rahmen des Kapitels 7.5.1 verdeutlicht.

Um das Modell für Deutschland unter Berücksichtigung einer Arbeitsangebotserhöhung durch polnische Arbeitsmigranten anzunähern, wird das Arbeitsangebot im folgenden modifiziert. Lindbeck und Snower selbst bemerken am Ende ihres Werkes ‚The Insider-Outsider Theory of Employment and Unemployment', die Unterstellung einer steigenden Arbeitsangebotskurve sei eine „more general – and plausible – assumption" als die eines unendlichen Arbeitsangebotes (Lindbeck/Snower 1988c, S. 250). Eine Möglichkeit, um die Insider-Outsider-Theorie aus „its infancy" zu führen, sei „among other things [...] to incorporate into the theory an analysis of labor supply decisions" (Lindbeck/Snower 1988c, S. 268). Dies soll im folgenden geschehen.

Auf die Bedeutung des Reservationslohnes für die Aufnahme bzw. Ausweitung von Arbeit ist bereits hingewiesen worden. Er ist durch einen Optimierungsprozeß zwischen Grenzleid und Grenznutzen der Arbeitsaufnahme ableitbar. Dabei sind neben den charakterlichen Eigenschaften der Arbeitnehmer wie der Arbeitsmoral u. a. das Alter, die Zeitpräferenzrate, die Risikobereitschaft, das Qualifikationsniveau und vor allem der bei Arbeitslosigkeit zu erwartende Alternativlohn des Arbeitnehmers für die Höhe des individuellen Reservationslohnes maßgeblich (vgl. Berthold 1987, S. 71). Der Alternativlohn soll im folgenden berücksichtigt werden. Dafür muß die Ausgestaltung der spezifischen Institutionen der sozialen Sicherung in der Bundesrepublik Deutschland in das Modell integriert und der enge Rahmen der Insider-Outsider-Theorie, der durch die Annahme homogener Outsider gegeben ist, verlassen werden. Die Wirkungskanäle der Institutionen sozialer Sicherung auf das Arbeitsangebot sind vielfältig. So kann z. B. die Ausbildungsneigung durch das Ausmaß der sozialen Sicherung beeinträchtigt werden (vgl. Lorz 1998, S. 80f.). Außerdem könnten hoch ausgebildete Individuen mit speziellen Kenntnissen „may be reluctant to take jobs that do not permit them to use their specific skills, and thus they may have a high reservation wage" (Lindbeck/Snower 1988c, S. 250).

Im folgenden wird ein anderer Wirkungskanal näher untersucht und in das Modell integriert: die bei Arbeitslosigkeit zu erwartenden Zahlungen – etwa aufgrund der wohlfahrtsstaatlichen Institutionen – stellen einen bedeutenden Teil des Alternativlohnes und damit auch des Reservationslohnes dar. Liegt der Alternativlohn relativ hoch, werden die Anstrengungen der Outsider, einen Arbeitsplatz zu finden – und damit auch die Wettbewerbsintensität für die Insider – gering sein (vgl. Berthold/Fehn 1997, S. 419). Die Empirie zeigt „als wichtigstes Resultat [...], daß die Arbeitslosenunterstützung einen stark negativen Einfluß auf die Rate, Arbeitslosigkeit zu verlassen, ausübt" (Stobernack 1991, S. 258): „The higher the unemployment benefits [...] the more people will in the long run choose to stay unemployed" (Lindbeck 1995, S. 483). Schätzungen ergeben, daß der Reservationslohn bei Arbeitslosigkeit zunächst um 7 Prozent über dem letzen Lohn angesetzt wird (vgl. Stobernack 1991, S. 254). Wären Arbeitnehmer von der Erwirtschaftung eines eigenen Einkommens abhängig, so würden sie – sieht man vom Schritt in die Selbständigkeit ab – ihr Arbeitsangebot bei jedem positiven Lohn solange ausdehnen, bis ihr autonomer Konsum sichergestellt ist.

7.4.2 Institutionen der sozialen Sicherung in Deutschland

In der Bundesrepublik Deutschland existieren verschiedene Institutionen, die helfen, die Härten der Arbeitslosigkeit oder sozialer Not zu vermindern. Die wichtigsten sind die Arbeitslosenversicherung und die Sozialhilfe. Sie werden im folgenden skizziert.

Abhängig Beschäftigte mit einem Bruttomonatseinkommen von unter 4.448,24 Euro (Stand: 2001) sind in der Arbeitslosenversicherung pflichtversichert. Im Falle der Arbeitslosigkeit zahlt der Versicherungsträger, die Bundesanstalt für Arbeit, 67 Prozent bzw. 60 Prozent (mit/ohne Kinder) des letzten Nettoentgeltes („Nettoersatzrate") (§ 129 SGB III). Die Anspruchsdauer ist gestaffelt nach der Dauer des versicherungspflichtigen Arbeitsverhältnisses und nach dem Lebensalter. Sie schwankt zwischen einem halben Jahr (zwölfmonatiges Arbeitsverhältnis) und zweieinhalb Jahren (64monatiges Arbeitsverhältnis bei gleichzeitiger Vollendung des 57. Lebensjahres) (vgl. § 127 SGB III). Ferner werden durch einen differenziert ausgestalteten Bemessungszeitraum des Arbeitslosengeldes (vgl. §§ 131ff. SGB III) u. a. Anreize zur Aufnahme eines Arbeitsverhältnisses auf Probe erhöht, indem das Risiko niedrigerer Ansprüche an die Arbeitslosenversicherung bei Nichtübernahme eliminiert wird. Diese Gefahr besteht im Lichte der Insider-Outsider-Theorie z. B. aufgrund permanenter Nichtkooperation seitens der sich bedroht fühlenden Insider oder nur kurzfristigen Bedarfs des Arbeitgebers (vgl. Kromphardt 1992, S. 220).

In den meisten Fällen wird das Arbeitslosengeld über einen Zeitraum von einem Jahr gezahlt; dies trifft auf Arbeitnehmer unter 45 Jahren und vorausgegangenem Versicherungspflichtverhältnis von einer Dauer von mindestens 24 Monaten zu. Ist der Bezieher von Arbeitslosengeld nach Ablauf des Anspruchszeitraumes weiter ohne Beschäftigung, so wird für die Dauer von in der Regel einem Jahr (steuerfinanzierte) Arbeitslosenhilfe (§§ 191ff. SGB III) gezahlt. Diese Zahlungen sind mit Nettoersatzraten von in der Regel 57 Prozent bzw. 53 Prozent (mit/ohne Kinder) jedoch geringer als das Arbeitslosengeld. Abweichungen können sich aus den Paragraphen 199ff. SGB III ergeben, auf die hier nicht näher eingegangen wird. Ein weiterer Unterschied zum Arbeitslosengeld ist, daß für den Bezug von Arbeitslosenhilfe Bedürftigkeit nachgewiesen werden muß (vgl. §§ 190 Abs. 1 SGB III). Findet der Bezieher von Arbeitslosenhilfe nach Ablauf des Anspruchszeitraums noch immer keine Anstellung, endet die Zahlungsverpflichtung der Arbeitslosenversicherung und es wird Sozialhilfe gezahlt. Diese tritt also meistens nach zwei Jahren Arbeitslosigkeit in Kraft.

Die Institution der Sozialhilfe ist 1961 als Rechtsanspruch auf Hilfe zur Sicherung des Lebensunterhaltes und als Hilfe in besonderen Lebenslagen eingeführt worden. Bei der Sozialhilfe handelt es sich nicht um Zahlungen aus den Beiträgen in die Arbeitslosenpflichtversicherung, sondern um steuerfinanzierte Zuwendungen des Staates. Sie leiten sich aus dem Grundgesetz der Bundesrepublik Deutschland ab. In den Artikeln 20 Abs. 1 und 28 Abs. 1 ist das Sozialstaatsprinzip verankert. Demnach ist die Bundesrepublik Deutschland ein „demokratischer und sozialer Bundesstaat" (Art. 20 Abs. 1 GG) und auch „die verfassungsmäßige Ordnung in den Ländern muß den Grundsätzen des [...] sozialen Rechtsstaates" (Art. 28 Abs. 1 GG) entsprechen. Nach herrschender Meinung ist dies eine Aufforderung, den Schwächeren zu helfen und „jedermann ein menschenwürdiges Dasein zu gewährleisten" (Zacher 1989, S. 28). Die Höhe der Sozialhilfe erfolgt entsprechend pauschaliert zur Sicherung der Existenz (Bedarfsdeckungsprinzip) und bemißt sich im Gegensatz zur Arbeitslosenversicherung nicht nach dem letzten Arbeitseinkommen (Versicherungsprinzip).

Der Sozialhilfesatz berechnet sich aus dem Regelsatz von 287,35 Euro zuzüglich 230,08 Euro für jeden weiteren im Haushalt lebenden Volljährigen. Hinzu kommen die Kosten für die Unterkunft, alleinerziehende Frauen erhalten darüber hinaus einen Mehrbedarfszuschlag. Hiervon abgezogen wird ein Großteil der Einkommen: Kindergeld, Renten, Erwerbseinkünfte, sonstige Einkünfte (vgl. Schwarz 2001, S. 25). Sozialhilfeempfänger dürfen bis zu 138,05 Euro monatlich hinzu verdienen, ohne daß der Anspruch auf Sozialhilfe geschmälert wird (vgl. Klös 1998, S. 5). Überschreiten die Verdienste jedoch diesen Freibetrag (Absetzungsbetrag), so wird jeder zusätzlich verdiente Euro vom Sozialhilfeanspruch abgezogen, die Grenzbelastung beträgt damit 100 Prozent. Daraus resultieren schwerwiegende Anreizprobleme, denn „das Arbeitsangebot hängt maßgeblich von der Grenzbelastung des Erwerbseinkommens [...]

ab“ (Klopfleisch/Sesselmeier/Setzer 1997, S. 25). Entsprechend ist die Neigung der Arbeitsaufnahme bei Sozialhilfeempfängern gering. Das „Einkommensintervall mit einem kumulierten Steuer- und Transferentzugssatz von 100 Prozent“ wird als „Armutsfalle“ (Boss 1997, S. 193) bezeichnet. Das bedeutet, daß sich das Nettoeinkommen der Sozialhilfeempfänger trotz Arbeitseinkommens nicht erhöht. Für das Jahr 1996 bestand die Armutsfalle für einen alleinstehenden Sozialhilfeempfänger ohne Kind bei einem Erwerbseinkommen zwischen 588 und 869 Euro je Monat, bei Anspruchsberechtigten mit Ehepartner und Kindern erhöht sich die Spanne nach oben (vgl. Boss 1997, S. 193f.). Seitdem dürfte sich die Spanne aufgrund von Anpassungen der Sozialhilfebezüge geringfügig nach oben verschoben haben.

Im März 2002 trat das sog. „Sonderprogramm Mainzer Modell“ bundesweit in Kraft. Das Modell richtet sich an Personen im Einkommensbereich von 325 bis 897 Euro[54], die eine sozialversicherungspflichtige Beschäftigung im Umfang von mindestens 15 Wochenstunden aufnehmen möchten. Es sieht degressiv ausgestaltete Zuschüsse der Sozialversicherungsbeträge vor, die von 66,28 Euro für Bezieher von Einkommen bis zu 447 Euro auf 20 Euro für Einkommen ab 777 Euro sinken (vgl. BMAS 2002, o. S.). Die Zuschüsse werden nicht auf die Sozialhilfe angerechnet, so daß das Programm geringe Auswirkungen auf die untere Grenze der Armutsfalle hat. Für Sozialhilfeempfänger wachsen die Anreize für die Aufnahme einer Beschäftigung bis zu einer Entlohnung in einer Größenordnung von etwa 635 Euro[55] geringfügig. Spätestens ab diesem Betrag beginnt wiederum die Armutsfalle mit der bekannten Obergrenze von umgerechnet ca. 869 Euro. Innerhalb dieser Einkommensspanne führt die Aufnahme einer Beschäftigung trotz des Sonderprogrammes lediglich zu einem monatlichen Mehrverdienst von ca. 165 Euro[56], der kaum zu einer Aufnahme einer Beschäftigung im Umfang von mindestens 15 Wochenstunden führen dürfte. Dies belegt die Erfahrung aus dem ersten Monat nach Einführung des Sonderprogramms: Lediglich 24 Personen haben sich daran beteiligt (vgl. Holzner 2002, S 13).

Anspruch auf Arbeitslosengeld und Arbeitslosenhilfe haben indes nicht alle in Deutschland lebenden Erwerbspersonen. Für Personen, die in der EU ihr Freizügigkeitsrecht ausüben, gelten – wie voraussichtlich auch für die Polen nach Aufnahme in

---

[54] Die Zahlen gelten wiederum für ledige Beschäftigte ohne Kinder.

[55] Der Betrag errechnet sich aus der bekannten Untergrenze der Armutsfalle (ca. 1.150 DM bzw. 590 Euro) zzgl. 45 Euro Zuschuß (gilt für Einkommen zwischen 567,01 und 597 Euro) (vgl. BMAS 2002, o. S.).

[56] Der Wert setzt sich aus dem nicht anzurechnenden Zuverdienst zur Sozialhilfe in Höhe von 138 Euro (270 DM) und den Sozialversicherungszuschüssen (in der Armutsfalle zwischen 20 und 30 Euro) zusammen.

die EU – die folgenden Bestimmungen: Es ist nicht möglich, Arbeitslosengeld in einem Land zu beantragen (z. B. in Deutschland), in dem man nicht unmittelbar vor Eintritt der Arbeitslosigkeit versichert war. Wenn ein Unionsbürger in Deutschland Arbeit sucht und in seiner Heimat Anspruch auf Arbeitslosenunterstützung hat, so kann sein Anspruch auf Zahlungen nach polnischem Recht nur unter restriktiven Bedingungen auf einen anderen Wohnort übertragen werden. Er muß vor der Abreise während mindestens vier Wochen nach Beginn der Arbeitslosigkeit als Arbeitsuchender gemeldet gewesen sein und muß dieser Behörde zur Verfügung gestanden haben. Innerhalb von sieben Tagen nach der Ausreise muß man in Deutschland als Arbeitsuchender im Arbeitsamt vorstellig geworden sein und sich den hiesigen Kontrollvorschriften unterwerfen. Der (polnische) Leistungsanspruch würde dann für drei Monate aufrechterhalten werden können (vgl. EU 2001b, o. S.).

Anders gestaltet sich die Rechtslage hinsichtlich des Anspruchs auf Sozialhilfe, der dem Wohnsitzlandprinzip folgt. Das bedeutet, daß die Ansprüche im Gegensatz zur Arbeitslosenunterstützung nicht in das Zielland der Migration transferierbar sind[57]. Vielmehr genießen alle Ausländer, die sich rechtmäßig in Deutschland befinden (dies wird für Polen nach der EU-Osterweiterung regelmäßig der Fall sein) und deren Einreise nicht mit dem Ziel erfolgt, Sozialhilfe zu beziehen, das Recht auf Sozialhilfe (§ 120, Abs. 1 und 3 BSHG). Die Überprüfung der Einreiseabsicht dürfte sich allerdings schwierig gestalten. Eindeutig stellt sich die Absicht nur bei nicht arbeitsfähigen Personen dar. Aber selbst wenn die Einreise mit der Absicht erfolgt, in Deutschland Sozialhilfe zu erlangen, kann der Sozialhilfeträger nach seinem Ermessen trotzdem Sozialhilfe gewähren (BVerwG vom 10.12.1987). Grundsätzlich dürfen aber nur diejenigen Ausländer nach Deutschland einreisen und sich dort aufhalten, die ihren Lebensunterhalt durch eigene Mittel oder Unterhaltsansprüche sichern können (§ 26 Abs. 2 Nr. 2 AuslG). Ferner müssen eine Aufenthalts- und eine Arbeitserlaubnis vorliegen (vgl. § 27 AuslG in Verbindung mit § 24 AuslG).

Polen erhalten zur Zeit zwar zumeist problemlos eine Aufenthaltserlaubnis, eine Arbeitserlaubnis hingegen wird abgesehen von Ausnahmen für die sog. „neuen Gastarbeiter", worunter Kontingente an Saisonarbeitern, Werkvertragsarbeitnehmern, Gastarbeitnehmern (insbesondere Krankenschwestern) und Grenzgängern zählen, nicht ausgesprochen (vgl. Rudolph 1996, S. 175ff.). Wenn Polen die Arbeitnehmerfreizügigkeit nach dem Beitritt des Landes zur Europäischen Union genießen, würden sie nach heutigem Recht sofort die Arbeitserlaubnis erhalten. Ein Nachweis, daß die Einreise lediglich erfolgt, um Sozialhilfe zu beziehen, dürfte dann nicht mehr problemlos wie z. B. im Urteil des OVG Münster vom 27. 11. 1997 - 8 A 7050/95 zu führen sein;

[57] Eine Darstellung der polnischen Sozialhilfe erfolgte im Rahmen des Kapitels 3.3.2.4.

lediglich körperliche Einschränkungen ließen vermuten, daß der Bezug von Sozialleistungen die Migrationsintention prägt. Andererseits wird die Aufenthaltserlaubnis nur dann unbefristet verlängert, wenn sich Ausländer – auch Unionsbürger – im Falle der Arbeitslosigkeit ihren Lebensunterhalt aus eigenem Vermögen oder sonstigen Mitteln sichern können (§ 24 Abs. 1 und 2 S. 1 Nr. 1 AuslG). Wenn der Lebensunterhalt nach drei Jahren immer noch nicht aus eigener Erwerbstätigkeit gesichert werden kann, so kann eine unbefristete Aufenthaltserlaubnis nachträglich zeitlich beschränkt werden (§ 24 Abs. 2 S. 2 AuslG). Diese Möglichkeit bleibt indes für das hier untersuchte Arbeitsangebot der nach der Osterweiterung neu einreisenden Polen ohne Bedeutung.

7.4.3 Heterogenisierung der Arbeitsanbieter

Im folgenden wird versucht, aus den sozialstaatlichen Institutionen in Deutschland Arbeitsangebotskurven für deutsche und für polnische Outsider abzuleiten. Der Alternativlohn ergibt sich für Deutsche ceteris paribus aus der Höhe der Leistungen der Bundesanstalt für Arbeit bzw. der Sozialhilfe. Für Empfänger von Versicherungsleistungen (Arbeitslosengeld und Arbeitslosenhilfe) hängt er vom letzen Lohn ab. Vormals hochbezahlte Arbeitnehmer haben deswegen einen höheren Reservationslohn als Schlechterbezahlte. Modelliert man den gesamten Arbeitsmarkt, so leitet sich für diese Gruppe eine steigende Arbeitsangebotskurve ab.

Die Gruppe der Sozialhilfeempfänger hingegen empfängt einheitliche Leistungen, so daß gesamtwirtschaftlich ceteris paribus ein identischer Reservationslohn angenommen werden kann. Er liegt aufgrund der geschilderten hohen Grenzbelastung bei Arbeitsaufnahme deutlich über dem Sozialhilfesatz. Graphisch läßt sich die Arbeitsangebotskurve für diese Gruppe dementsprechend als Horizontale in Höhe des Reservationslohnes darstellen, was dem Lindbeck/Snower´schen Fall entspräche. Die Gruppe der Bezieher von Versicherungsleistungen ist indes weit größer als die Gruppe arbeitsfähiger Sozialhilfebezieher. Von den im Jahre 1999 gezählten ca. 2,8 Millionen Sozialhilfeempfängern befanden sich lediglich knapp 1,6 Millionen im erwerbsfähigen Alter zwischen 15 und 65 Jahren (vgl. Statistisches Bundesamt 2001, S. 482). Nach Bereinigung um solche Personen, bei denen zwingende Gründe (z. B. Ausbildung, Gesundheit) oder eine besondere soziale Situation (z. B. Sucht, Kinder) einer Erwerbstätigkeit entgegenstehen, ergibt sich nach Schätzungen des Sachverständigenrates lediglich ein Nettoarbeitspotential von ca. 800.000 Sozialhilfeempfängern (vgl. SVR 2001, Rn. 427). Die Zahl der Bezieher von Arbeitslosengeld bzw. -hilfe hingegen liegt aktuell bei reichlich 3,1 Millionen Erwerbspersonen, mithin gut vier mal so hoch (vgl. BA 2001a, o. S.). Somit scheint es angebracht, die Arbeitsangebotskurve der Deutschen zur Vereinfachung und in Abgrenzung zu den Immigranten mit positiver Steigung zu modellieren.

Das Alternativeinkommen der polnischen Immigranten liegt unabhängig von ihrem letzten Einkommen in Höhe ihrer pauschalen Arbeitslosenunterstützung[58] bzw. auf dem Niveau der deutschen Sozialhilfe: Ausgehend von einer durchschnittlichen Lohnhöhe von umgerechnet ca. 625 Euro errechnen sich bei Zugrundelegung des polnischen Regelbetrages Zahlungen in einer Größenordnung von 225 Euro, die unter dem Niveau der deutschen Sozialhilfe liegen (vgl. PSP 2001, o. S.). Die Kaufkraftbereinigung, die beim Vergleich der Löhne zwischen Deutschland und Polen ansonsten vorgenommen wird, muß hier entfallen, weil von diesem Geld das Leben in Deutschland bestritten werden muß. Wenn die Versicherungsleistungen unter dem im Bundessozialhilfegesetz und den aus ihm hervorgegangenen Verordnungen festgelegten soziokulturellen Existenzminimum liegen, werden sie durch die Sozialhilfe aufgestockt (vgl. Lampert 1998, S. 307). Damit erhalten auch polnische Empfänger von Versicherungsleistungen aus ihrer Heimat in Deutschland stets ein Einkommen, das mindestens in Höhe des Sozialhilfeniveaus liegt. Das polnische Arbeitsangebot wird deswegen als Horizontale abgebildet. Es beginnt bei etwas höheren Löhnen als das deutsche, weil der zweite Bestandteil des Reservationslohnes, die Mobbingkompensation w^m, für Polen aufgrund der Diskriminierung von Immigranten höher angesetzt werden sollte. Vor dem Hintergrund der „Armutsfalle“ ist frühestens bei Bruttoeinkünften von etwa 869 Euro mit einer nennenswerten Arbeitsaufnahme durch auszugehen; bei verheirateten Personen und solchen mit Kindern verschiebt sich die Grenze deutlich nach oben. Die Heterogenisierung der Arbeitsanbieter kommt graphisch in einer steigenden Arbeitsangebotskurve der Deutschen ($L^S{}_D$) und einer horizontalen ($L^S{}_M$) der polnischen Immigranten zum Ausdruck (vgl. Abb. 14).

7.5 Der Arbeitsmarkt

Das Arbeitsangebot und die Arbeitsnachfrage treffen auf dem Arbeitsmarkt zusammen. Welche gleichgewichtigen Lohnhöhen und welche Beschäftigung sich im Insider-Outsider-Modell im Gegensatz zum neoklassischen Referenzmodell ergeben, wird zunächst für den Fall ohne Zuwanderung dargestellt, anschließend für den Fall mit Immigration. Zuvor wird dargestellt, wie der Lohn im Modell bestimmt wird und ob Modifikationen hinsichtlich des Lohnverhandlungsregimes in Deutschland nötig sind.

[58] Die Höhe der polnischen Arbeitslosenunterstützung orientiert sich im Gegensatz zu Deutschland nicht am letzten erzielten Einkommen. Vielmehr werden feste Beträge gezahlt, die zwischen 28 und 86,5 Prozent des nationalen Durchschnittseinkommens im abgelaufenen Quartal schwanken. Der Regelsatz beläuft sich bei 36 Prozent. Abschläge müssen Schulabgänger hinnehmen, höhere Zuwendungen erhalten Arbeitslose in ökonomischen Krisenregionen (52%) oder solche, die Opfer von Massenentlassungen sind, 20 bis 25 Jahre (geschlechtsabhängig) gearbeitet haben und zwei Jahre vor ihrer Verrentung stehen (75%). Zuschläge in Höhe von 15% werden für alle gezahlt, die sich in Weiterbildungsmaßnahmen befinden (vgl. Góra/Schmidt 1997, S. 4ff.).

7.5.1 Arbeitsmarktgleichgewicht vor Immigration

Für die Bestimmung des Arbeitsmarktgleichgewichts muß geprüft werden, wie der Lohn bestimmt wird. Beim neoklassischen Referenzmodell ergibt sich der Lohn aus Angebot und Nachfrage. Im Insider-Outsider-Modell scheitert eine diesbezügliche Herleitung aufgrund der Marktmacht der Insider, die sich aus den Fluktuationskosten ergibt (vgl. Lindbeck/Snower 1987b, S. 158). Jene beeinflussen maßgeblich den gezahlten Lohn.

Wie in Kapitel 7.2.1 gezeigt, müssen die Insider bei ihren Lohnforderungen zunächst das absolute Rentabilitätskriterium (ARK) beachten, um für ein Unternehmen profitabel zu bleiben. Ebenso ist deutlich geworden, daß sie – bei Beachtung des ARK – einen um die Gesamtheit der Fluktuationskosten höheren Lohn durchsetzen können als die Outsider. Nicht minder bedeutend für die Insider ist der Reservationslohn der Outsider, da jener maßgeblich das Risiko ihrer Substitution durch lohnunterbietende Outsider beeinflußt und so die Verhandlungsmacht der Insider beschränkt. Wenn ihre Lohnforderungen zwar unter dem ARK bleiben, die Differenz des geforderten Lohnes zum Reservationslohn der Outsider jedoch größer ist als die marginalen Fluktuationskosten, so werden die Insider durch Outsider ersetzt. Diese Beschränkung wird als relatives Rentabilitätskriterium (RRK) bzw. ‚relative profitability constraint' bezeichnet: „the insider remains at least as profitable as the marginal entrant" (Lindbeck/Snower 1988a, S. 174):

(7.14) $RRK = w^R_O + C'_F$.

Graphisch wird das RRK durch horizontale Aggregation der Summanden dargestellt, d. h. als Parallele zum Reservationslohn im Abstand C'_F. Lohndumping durch Outsider ist nur dann möglich, wenn ihr Reservationslohn den zur Einstellung führenden Lohn w_O nicht übersteigt und die Differenz zum herrschenden Insiderlohn größer oder gleich den Fluktuationskosten ist.

Dies soll anhand von Abbildung 12 für den einfachen Fall mit homogenem Arbeitsangebot, mithin vor Immigration verdeutlicht werden. Es wird klar, wieso die Insider ein generelles Interesse an unkooperativem Verhalten gegenüber Outsidern haben könnten. Wiederum seien im Referenzfall L^* Insider zum Lohnsatz $\underline{w_I}$ beschäftigt. Hier wirkt das ARK für sie als obere Lohngrenze, das RRK ließe für $\overline{0L^{RRK}}$ Insider sogar den Lohn w^3 zu, ohne daß es zur Substitution von Insidern durch Outsider kommt. Sollte aber dieser Lohn gefordert werden, würden die Arbeitgeber mit der Freisetzung von $\overline{L^{RRK}L^*}$ Insidern reagieren. Im Fall ohne Mobbing wäre der Alternativlohn gleichbedeutend dem Reservationslohn der Outsider und damit für das Arbeitsangebot maßgeblich. Die Insider wären dann nicht mehr nur durch das ARK, sondern durch das RRK in ihren Lohnforderungen beschränkt, weil w_I offensichtlich das ‚RRK ohne

Mobbing' übersteigt. Sie könnten in dieser Situation maximal w^2 durchsetzen, ohne daß sie Gefahr liefen, durch lohnunterbietende Outsider substituiert zu werden. Darüber hinaus würden in diesem Szenario noch $\overline{L^*L^1}$ Outsider nachgefragt.

Abb. 12: Reservationslohn und relatives Rentabilitätskriterium

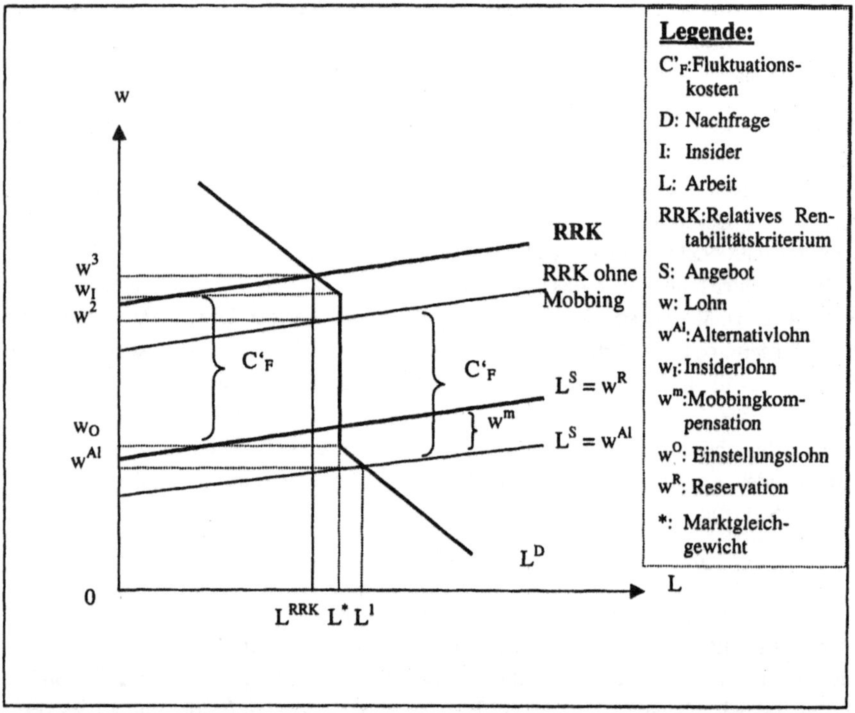

Quelle: eigene Darstellung.

Mittels Mobbingaktivitäten können Insider also Marktzutrittsschranken aufbauen, weil Mobbingaktivitäten den Reservationslohn der Outsider von w^{AI} um w^m auf w^R erhöhen. Dann gibt es keinen Lohn, der „both induces firms to hire outsiders and induces outsiders to work" (Lindbeck/Snower 1988a, S. 168). Wählen die Insider w_I, so sind die Arbeitgeber allenfalls bereit, zu w_O einen Outsider einzustellen. Unter Berücksichtigung der Mobbingaktivitäten liegt dieser Lohn jedoch unter dem zur Aufnahme von Arbeit geforderten w^R.

Die Analyse folgt der Annahme, daß die Insider über vollkommene Marktmacht verfügen (die sog. „Right-to-manage-Annahme") (vgl. Lindbeck/Snower 1987a und 1988a). Diese besagt, daß zunächst die Outsider ihren Reservationslohn und die Insider ihren Lohn setzen, bevor die Arbeitgeber im zweiten Schritt die Beschäftigung entsprechend des ARK anpassen (vgl. Lindbeck/Snower 1990, S. 279).

Hinsichtlich des Lohnverhandlungsregimes sind jedoch weitere Varianten denkbar. Zum einen könnte die Lohnsetzung durch Verhandlungen einzelner Insider mit den Unternehmen erfolgen (vgl. Lindbeck/Snower 1990). Zum anderen könnten – wenn die Tarifautonomie wie in Deutschland sogar mit Verfassungsrang (Art. 9 Abs. 3 GG) institutionalisiert ist – Gewerkschaften mit den Arbeitgebern bzw. deren Verbänden stellvertretend für einen bedeutenden Teil der Arbeitnehmerschaft über Lohnhöhe und Beschäftigung verhandeln. Seitens der Politikwissenschaften bzw. der politischen Soziologie gibt es Versuche, Art und Umfang der Beteiligung von Interessenverbänden bei der Generierung verbindlicher Entscheidungen – z. B. über die Arbeitsbedingungen – zu bestimmen.

Schmitter (1974, S. 93ff.) unterteilt die denkbaren Regime danach, ob Interessenverbände vom Staat als Verhandlungspartner anerkannt, kontrolliert oder lizensiert werden und nach ihrer Konkurrenz untereinander. Wenn gesellschaftlichen Akteuren eine bedeutende Rolle zukommt, wird von einem neokorporatistischen System gesprochen (im Unterschied zum (monistischen) Korporatismus mit monopolisierten Vertretungsbefugnissen und dem Pluralismus bzw. dem Syndikalismus mit stärker fragmentierten und weniger mächtigen Interessenvertretungen). Der Korporatismusbegriff wird hingegen unterschiedlich verwendet (vgl. Lehmbruch 1982, S. 2ff.). Im Folgenden sei unter (Neo-) Korporatismus stets die Ausprägung des Neokorporatismus nach Schmitter (1974) verstanden. Hinsichtlich des Arbeitsmarktes versuchen Crouch (1985) und Tarantelli (1986), das Ausmaß des (Neo-) Korporatismus auf verschiedenen Arbeitsmärkten zu ermitteln. Beide Untersuchungen bestätigen Deutschland eine (neo-) korporatistische Struktur. Demnach zeichnet sich das deutsche Arbeitsmarktsystem durch eine enge Verflechtung und Zusammenarbeit zwischen Regierung und Verbänden aus (vgl. Schmidt 1996, S. 108). Den Tarifvertragsparteien kommt eine zentrale Rolle bei der Herstellung, Umsetzung und Kontrolle verbindlicher Entscheidungen zu (Beispiele finden sich im nächsten Unterkapitel). Sie sind kompetitiv (es gibt mehrere) und vom Staat anerkannt (vgl. z. B. § 1 des Tarifvertragsgesetzes, TVG).

Eine Untersuchung des gewerkschaftlichen Kalküls ist somit dringend geboten, um die Lohnbildung für Deutschland adäquat im Insider-Outsider-Modell abzubilden. Zwar siedeln Lindbeck und Snower die Lohnverhandlung vorrangig zwischen dem einzelnen Arbeitnehmer und dem Unternehmen an; dennoch gehen auch sie u. a. in späteren Kapiteln des Gesamtkompendiums „The Insider-Outsider Theory of Employment and Unemployment“ auf die Präsenz der Gewerkschaften ein (Lindbeck/Snower 1988c).

Gewerkschaften sind eine „Vertretung der fachlich qualifizierten Arbeitnehmer" (Schellhaaß 1996, S. 74). In der Präferenzskala der Gewerkschaften stehen hohe Löhne weit oben (vgl. Funke 1991, S. 541). Um ihre eigene Existenz zu sichern, berücksichtigen sie bei ihren Entscheidungen auch ihre eigene Mitgliederzahl und damit die Gesamtbeschäftigung. Die Aussage, daß eine Gewerkschaft in hohem Maße die „more senior workers" bei der Lohnverhandlung berücksichtigt, aber „still cares about growth in its membership" (Doiron 1993, S. 27), trifft das gewerkschaftliche Kalkül recht gut. Als Nutzenfunktion der Gewerkschaften (U_G) kann entsprechend abgeleitet werden (vgl. Schnabel 1990, S. 235):

(7.15) $U_G = U_G(w^{(+)}, L^{(+)})$ unter der Nebenbedingung

(7.16) $L^D = L^D(w^{(-)})$.

Aufgrund unvollkommener Substituierbarkeit von Beschäftigung und Lohn verlaufen die gewerkschaftlichen Indifferenzkurven konvex zum Ursprung (vgl. Schnabel 1990, S. 236).

Die beiden wichtigsten Modelle zur Abbildung von gewerkschaftlichem Verhalten sind das Monopolmodell und das Modell effizienter Verhandlungen (vgl. Abb. 13). Ihnen gemein ist die Annahme risikoaverser und homogener Arbeitnehmer, die allesamt gewerkschaftlich organisiert sind. Im Monopolmodell wird die Right-to-manage-Annahme getroffen. Danach ist die Gewerkschaft als Arbeitsangebotsmonopolist stark genug, einen als optimal erachteten Lohnsatz ohne Verhandlungen festzusetzen. Die Unternehmer sind in einer passiven Rolle und beschränken sich auf die quantitative Anpassung der Belegschaft entsprechend ihrer Arbeitsnachfragefunktion (vgl. Schnabel 1990, S. 235).

Unter diesen Bedingungen liegt der Optimallohn am Tangentialpunkt der Arbeitsnachfragekurve und einer gewerkschaftlichen Indifferenzkurve (Punkt B in Abb. 13). Der so ermittelte Optimallohn ist höher als der Wettbewerbslohn (Punkt A in Abb. 13), führt zu geringerer Beschäftigung und zu unfreiwilliger Arbeitslosigkeit. Der Lohn liegt zwischen Vollbeschäftigungslöhnen und der Grenzproduktivität des ersten Arbeitnehmers (vgl. Schnabel 1990, S. 236).

Im Modell effizienter Verhandlungen hingegen ergeben sich Lösungen, die jenseits der Arbeitsnachfragekurve liegen, graphisch gesehen links unterhalb der Monopollösung (in Abb. 13 innerhalb der Fläche BCDE). Die Ergebnisse effizienter Verhandlungen zeichnen sich dadurch aus, daß mindestens eine Partei besser gestellt wird, ohne daß die andere schlechter gestellt wird. Zwar übersteigen die Löhne das Grenzprodukt der Arbeit, sie sind aber für die Unternehmen im Vergleich zur Monopollösung nicht mit Gewinneinbußen verbunden. Denn infolge der Verhandlungen über Lohn und Beschäftigung weiten die Unternehmen ihre Belegschaft zwar über ihr ursprüngliches

Optimum hinaus aus, zahlen aber für alle dann Beschäftigten niedrigere Löhne als vorher. Die Unternehmen sind dabei annahmegemäß indifferent gegenüber Kombinationen von Lohn und Beschäftigung, die den gleichen Gewinn nach sich ziehen (in Abb. 13 z. B. B, D oder E) (vgl. Schnabel 1990, S. 237).

Abb. 13: Lohnfindung zwischen Unternehmen und Gewerkschaften

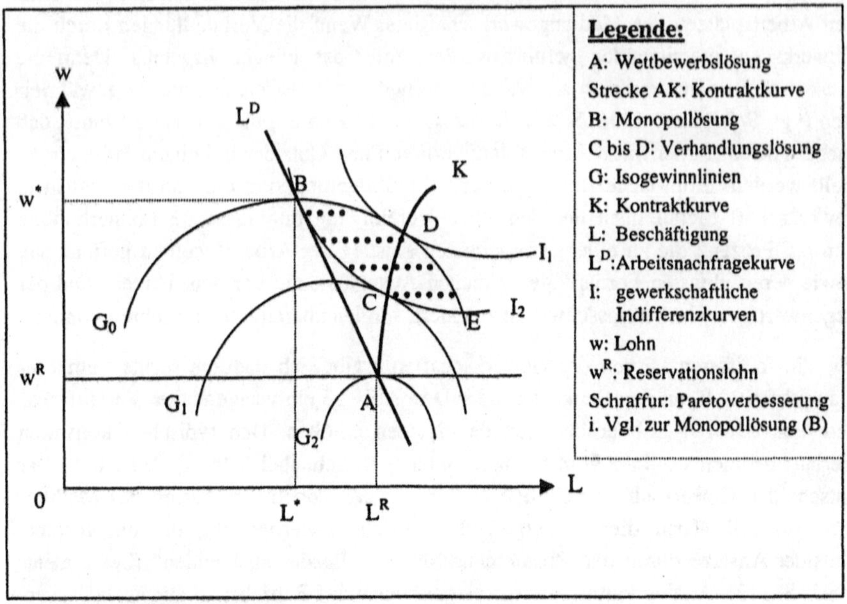

Quelle: Schnabel 1990, S. 238.

Die Kombinationen, die zum gleichen Gewinn führen, werden als Isogewinnkurven bezeichnet, die geometrische Verbindung ihrer Maxima konstituiert die Arbeitsnachfragekurve. Effiziente Löhne existieren an den Tangentialpunkten von Isogewinnkurven und gewerkschaftlichen Indifferenzkurven. Die Verbindung der Tangentialpunkte wird analog zur Wohlfahrtstheorie als Kontraktkurve bezeichnet. Welcher Lohn auf der Kontraktkurve gewählt wird hängt von der Verhandlungsmacht der Parteien sowie analog zum Monopolmodell von der gewerkschaftlichen Präferenz ab (vgl. Schnabel 1990, S. 238). Im Beispiel der Abbildung 13 würden Lösungen zwischen C (hohe Verhandlungsmacht der Unternehmen) und D (hohe Verhandlungsmacht der Gewerkschaften) realisiert. Unter den Voraussetzungen, daß

- die Gewerkschaftsentscheidungen Ergebnis einer internen Mehrheitswahl sind und der Mediangewerkschaftler[59] somit über das Ergebnis entscheidet,
- die Mehrheit der Gewerkschaftler alteingesessene Insider sind und
- alteingesessene Insider zuletzt entlassen werden,

orientieren sich die Gewerkschaften bei ihren Lohnforderungen an den hochproduktiven Arbeitsplätzen des Mediangewerkschaftlers. Wenn die Verhandlungen durch die Gewerkschaftsvorsitzenden geführt werden, folgt das gleiche Ergebnis. Denn die Funktionäre orientieren sich am Medianmitglied, um ihre Wiederwahl zu gewährleisten (vgl. Schellhaaß 1996, S. 25). In rezessiven Phasen implizieren diese Löhne, daß ‚neue' Arbeitnehmer ihren Arbeitsplatz verlieren und Outsider in keinem Falle eingestellt werden. Empirische Belege dieser Schlußfolgerung sind die von der Industriegewerkschaft Metall nach der deutschen Vereinigung durchgesetzte Lohnerhöhung von 6,5 Prozent, die zu einem gravierenden Anstieg der Arbeitslosigkeit geführt hat, sowie deren jüngsten Forderungen gleichen Ausmaßes, die vor dem Hintergrund der gegenwärtigen Wachstumsschwäche zu einem vergleichbaren Resultat führen könnten.

Für die Indifferenzkurven der Gewerkschaften ergibt sich dadurch rechts vom Medianwähler (z. B. an den Punkten C oder D in Abb. 13 ein waagerechter Verlauf, was bedeutet, daß nur Lohnerhöhungen den Nutzen erhöhen. Den typischen konvexen Verlauf nehmen sie links vom Medianwähler (vgl. Schnabel 1990, S. 237). Offenbar entscheiden Gewerkschaften ähnlich wie die Insider, „doch thematisiert das Medianwählermodell genau diese innergewerkschaftliche Heterogenität, die die Insider-Outsider-Ansätze durch den Zusammenschluß der Insider ausblenden" (Sesselmeier 1992, S. 112). Analog kann diese Überlegung auch auf Betriebsräte angewendet werden (vgl. Sesselmeier/Blauermel 1998, S. 180).

Gewerkschaften sind – anders als der einzelne Insider – in der Lage, auf politischer Ebene eine Erhöhung der Fluktuationskosten durchzusetzen (vgl. Lindbeck/Snower 1986, S. 238). Denkbar sind konkret Lobbying in Bezug auf die Ausweitung der Systeme sozialer Sicherung oder Einflußnahme auf das Wahlvolk (vgl. Pfahler 1994, S. 35). Dies gelingt besonders in Wohlfahrtsstaaten wie Deutschland, die sich durch ein „System kommunizierender Röhren" (Belke 1996, S. 15) zwischen Arbeitsmarktpolitik und Sozialpolitik auszeichnen. Gewerkschaften können bei ausreichender Verhandlungsmacht auch den Einstellungslohn für Outsider festlegen, indem sie z. B. Allgemeinverbindlichkeitserklärungen oder Mindestlöhne durch den Gesetzgeber durchsetzen (vgl. Lindbeck 1991b, S. 87). Die Existenz von Mindestlöhnen schützt die Insi-

---

[59] Analog zur neuen politischen Ökonomie ist dies der bei Mehrheitsentscheidungen entscheidende, „mittlere Wähler, der genau gleich viel Stimmen über wie unter sich hat" (Blankart 1994, S. 109).

der zudem auf indirektem Wege: Bei Unternehmensgründungen besteht die Insider-Outsider-Problematik nicht; der Neuunternehmer kann allen Beschäftigten den Reservationslohn zahlen und realisiert somit ceteris paribus einen Kostenvorteil gegenüber den seit längerer Zeit bestehenden Unternehmen. Dies führt zu Preisdruck auf den Gütermärkten mit der Folge, daß die Produktivität der Arbeitnehmer in den „alten" Unternehmen fällt und Lohnzurückhaltung zum Erhalt des Arbeitsplatzes notwendig wird. Gesetzliche Mindestlöhne entschärfen dieses „Problem" der Insider. Ein weiteres wirksames Mittel der Gewerkschaften, um Fluktuationskosten und damit die Lohnspielräume der Insider zu erhöhen, sind die Bestrebungen, einen verbesserten Kündigungsschutz zu erwirken (vgl. Blien 1986, S. 192).

Daß politischer Erfolg von der Art des Umganges mit den Insidern abhängt, zeigen der Sieg Jacques Chiracs bei der Präsidentschaftswahl in Frankreich nach Ankündigung höherer Mindestlöhne und die Wahlniederlage der schwedischen Sozialdemokraten nach Senkung der Lohnersatzleistungen von 90 auf 80 Prozent des Einkommens (vgl. Belke 1996, S. 17). Auch der Wahlerfolg der deutschen SPD bei der Bundestagswahl 1998 nach Ankündigung der Aufhebung von Einschnitten in das soziale Netz durch die christlich-liberale Koalition kann in diesem Zusammenhang gesehen werden.

Manche Autoren behaupten, daß die Art der Lohnverhandlung – individuell durch Insider oder kollektiv durch Gewerkschaften – im Insider-Outsider-Modell bezüglich der Beschäftigungswirkung bedeutungslos sei und den Gewerkschaften somit keine entscheidende Rolle bei der Lohnfindung zukomme. Das Ergebnis sei stets, daß kein Outsider beschäftigt wird (vgl. Holden 1990, S. 43f.). Während sich die zweite Aussage zunächst bestätigt, erweist sich die erste Aussage als zu kurz gedacht. Die Marktmacht sowohl der einzelnen Insider als auch der Gewerkschaften basiert zwar auf den Fluktuationskosten, so daß beide Löhne durchsetzen können, die nicht markträumend sind. Die Gewerkschaften haben jedoch wegen der Möglichkeit des Streiks und der politischen Einflußnahme „more bargaining power than any of their individual members" (Lindbeck/Snower 1988c, S. 143). Dies ermöglicht es den Insidern, sich zu Lasten der Outsider und der Unternehmen noch höhere Renten anzueignen, als dies bei individuellen Lohnverhandlungen ohnehin möglich ist.

Zusammenfassend ist Lindbeck und Snower (1987a, S. 413) vor diesem Hintergrund auch für Deutschland zuzustimmen, wenn sie die Annahme vollkommener Marktmacht der durch die Gewerkschaften vertretenen Insider als „convenient simplification [...] not necessary for the subsequent analysis" bezeichnen. „It would be sufficient to assume that the insiders receive some part of the rent generated by the turnover costs and that the greater these costs, the greater are their wages". Für den weiteren Verlauf der Arbeit scheint es legitim, als Approximation für das Ergebnis der Lohnsetzung bzw. Lohnverhandlung zu unterstellen, daß die Insider gemäß der Right-to-manage-Annahme Löhne in Höhe des RRK durchsetzen, wenn das ARK dies zuläßt. Die Analyse der verschiedenen Varianten der Lohnsetzung legt diese Annahme nahe, weil die Löhne in allen Fällen um diesen Wert schwanken. Für den Fall individueller Verhandlungen wird das RRK tendenziell unterschritten, in den in Deutschland dominierenden Fällen gewerkschaftlicher Verhandlungen wird es tendenziell überschritten, was das Ergebnis der Analyse jedoch nicht zugunsten der Outsider verändert. Eher das Gegenteil ist der Fall.

7.5.2 Arbeitsmarktgleichgewicht nach Immigration

Welche Lohnspielräume sich für die Insider nach Immigration ergeben, wird im folgenden vor dem Hintergrund der Ergebnisse der Analyse des Lohnsetzungsverhaltens untersucht. Dafür wird ein Angebotsschock modelliert (Abb. 14). Neben die deutschen Erwerbspersonen, deren Arbeitsangebotskurve ($L^S{}_D$) nach den in Kapitel 7.4.3 angestrengten Überlegungen eine positive Steigung aufweist, treten nunmehr polnische Migranten als Arbeitsanbieter. Ihr Arbeitsangebot ($L^S{}_M$) ist nach Einführung der Arbeitnehmerfreizügigkeit aus den in Kapitel 7.4.2 genannten Gründen unendlich elastisch zu ihrem Reservationslohn zu modellieren, der in Höhe des deutschen Sozialhilfesatzes liegt. Die Arbeitsnachfrage nach deutschen Outsidern ($L^D{}_O$) und nach Migranten ($L^D{}_M$) unterscheidet sich nach Kapitel 7.3 um den Wert des entwerteten Humankapitals. Der Lohnspielraum, der sich für die Insider eröffnet, ist wiederum durch das ARK und durch das RRK beschränkt. Letzteres ergibt sich wie im vorangegangenen Abschnitt ausgeführt aus der Summe der Fluktuationskosten und dem Reservationslohn.

Aus dem deutschen Arbeitsangebot erwächst eine Beschränkung der Insiderforderungen auf RRK_O. Die Grenzproduktivität der Migranten unterscheidet sich von dem der deutschen Outsider um den Wert des bei Grenzüberschritt entwerteten Humankapitals v (Gleichungen 7.2b und 7.2c bzw. Abb. 10). Das Ausmaß der Abwertung wiederum differiert von Quellraum zu Quellraum (vgl. Kap. 4.3.4). Die Fluktuationskosten, die bei Substitution eines Insiders durch einen Polen anfallen, sind wegen höherer Anlernkosten größer als bei Einstellung eines Deutschen. Seitens polnischer Migranten sind die Insider in ihren Lohnforderungen durch RRK_M beschränkt.

Abb. 14: Insider-Outsider-Modell mit Deutschen und Migranten

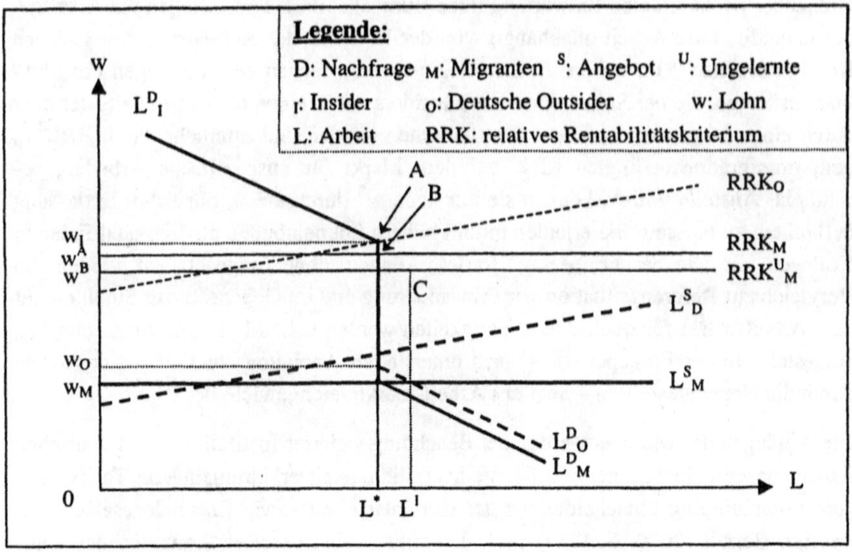

Quelle: eigene Darstellung.

Im Arbeitsmarktgleichgewicht vor Einwanderung (A) sind annahmegemäß wiederum $\overline{0L^*}$ Insider zum Lohn w_I, der dem RRK_O entspricht, beschäftigt. Die verbleibenden Deutschen sind nicht bereit, ihre Arbeitskraft zum Lohn w_O, der zu ihrer Einstellung führen würde, anzubieten. Polnische Immigranten hingegen offerieren ihre Arbeitskraft zum Lohn w_M, den die Arbeitgeber auch zu zahlen bereit sind. Wenn die Insider bei ihren Lohnforderungen von w_I bleiben, werden sie entlassen und durch Polen ersetzt. Um dies zu verhindern, müssen die Insider Lohnzugeständnisse machen und können maximal einen Lohn in Höhe des RRK_M (w^A) fordern. In diesem Fall wird kein Migrant eingestellt. Der Stock der deutschen Arbeitnehmer bleibt unverändert, sie haben jedoch geringe Lohneinbußen in Höhe von $\overline{w_I w^A}$ hinnehmen müssen. Der Arbeitsmarkt findet in B sein neues Gleichgewicht.

Die im Rahmen des sechsten Kapitels präsentierten Ergebnisse empirischer Untersuchungen über die Arbeitsmarktwirkungen der Immigration in Deutschland erfahren damit eine eindrucksvolle arbeitsmarkttheoretische Fundierung. Auch die Beobachtung, daß unqualifizierte Arbeitnehmer höhere Lohneinbußen hinnehmen müssen als ihre qualifizierten Kollegen, läßt sich vor dem Hintergrund des vierten Kapitels im Rahmen des modifizierten Insider-Outsider-Modells erklären. Dafür muß die plausible Annahme getroffen werden, daß unspezifische Qualifikationen einen Großteil des Humankapitalportfolios der Unqualifizierten ausmachen. Wie im Rahmen des vierten

Kapitels gezeigt, erleiden Polen mit vorwiegend unspezifischen Qualifikationen bei Grenzübertritt kaum eine Entwertung ihres Humankapitals. Somit fragen die Arbeitgeber unqualifizierte Arbeit unabhängig von der Herkunft der Anbieter zu den gleichen Konditionen nach. Im unspezifischen Segment entsprechen sich deswegen die Fluktuationskosten, die bei Substitution eines Insiders durch einen deutschen Outsider oder durch einen Migranten anfallen. Die deutschen Insider sind nunmehr durch RRK^U_M, dem immigrationsbedingten RRK auf dem Markt für unspezifische Arbeiten, beschränkt. Anstelle von w_I können sie nur noch w^B durchsetzen, ohne ihre Entlassung befürchten zu müssen. Sie erleiden mithin höhere Lohneinbußen als ihre qualifizierten Kollegen, die wie beschrieben w^A fordern können, ohne freigesetzt zu werden. Im Vergleich zur Referenzsituation vor Einwanderung und im Gegensatz zur Situation auf dem Arbeitsmarkt für qualifizierte Tätigkeiten werden $\overline{L^*L^1}$ Migranten zum Lohn W_M eingestellt. In der Folgeperiode – nach unterstellter Aneigung der Fluktuationskosten durch die Neueingestellten – liegt das Arbeitsmarktgleichgewicht bei C.

Die Aussagen des Modells werden bei Beachtung weiterer Institutionen des deutschen Arbeitsmarktes, insbesondere Allgemeinverbindlichkeitserklärungen von Tarifverträgen, Lohndumping-Entscheidungen der Gerichtsbarkeit sowie Entsendegesetzen, bekräftigt. Berndt (2000, S. 1587) resümiert hinsichtlich der Regulierungen des deutschen Arbeitsmarktes allgemein, daß „the marginalised and the forgotten losers of these processes are the relatively unskilled and the unemployed". Dies wird nun im Rahmen des Insider-Outsider-Modells anhand der o. a. Institutionen verdeutlicht.

Tarifverträge werden in Deutschland zwischen den Vertragsparteien (Gewerkschaften, einzelne Arbeitgeber und Arbeitgebervereinigungen) zumeist einer Branche für bestimmte Regionen oder Unternehmen abgeschlossen (vgl. Abraham 1996, S. 69f.). Sie regeln die Rechte und Pflichten der Tarifvertragsparteien und enthalten Rechtsnormen, die den Inhalt (insbesondere die Vergütung der Arbeit), den Abschluß und die Beendigung von Arbeitsverhältnissen sowie betriebliche und betriebsverfassungsrechtliche Fragen ordnen (vgl. § 1, Abs. 1 TVG). Die Verträge sind während ihrer Laufzeit von zumeist einem bis zwei Jahren für alle Vertragsparteien und für alle Betriebe, deren Arbeitgeber tarifgebunden sind, bindend (§ 3, Abs. 1 und 2 TVG). Das Tarifvertragsgesetz sieht darüber hinaus vor, daß Tarifverträge durch eine Rechtsverordnung der Regierung für allgemeinverbindlich erklärt werden können, wenn dies im öffentlichen Interesse liegt oder wenn soziale Notstände vorliegen. Voraussetzung ist allerdings, daß die tarifgebundenen Arbeitgeber nicht weniger als 50 Prozent der unter den Geltungsbereich fallenden Arbeitnehmer beschäftigen. Formal geschieht die Erklärung auf Antrag einer Tarifpartei durch den Bundesarbeitsminister im Einvernehmen mit einem aus je drei Vertretern der Spitzenorganisationen der Arbeitgeber und der Arbeitnehmer bestehenden Tarifausschuß (§ 5, Abs. 1 TVG). Als Folge der Allgemeinverbindlichkeitserklärung finden die Rechtsnormen des Tarifvertrages für alle unter seinen räumlichen und sachlichen Geltungsbereich fallenden Arbeitgeber und Arbeitnehmer Anwendung, unabhängig davon, ob sie tariflich gebunden sind oder nicht (§ 5, Abs. 4 TVG). Die Allgemeinverbindlichkeit endet mit dem Ablauf des Tarifvertrages (§ 5, Abs. 5 TVG).

Gelingt es den Gewerkschaften, Tarifverträge von der Politik als allgemeinverbindlich erklären zu lassen und somit faktisch die Einführung eines w_M übersteigenden Mindestlohnes zu erwirken, so verschiebt sich das RRK_M entsprechend nach oben. Damit werden Arbeitsmarktgleichgewichte zwischen A und B realisierbar. Zur Zeit sind in Deutschland von den rund 55.000 als gültig in das Tarifregister eingetragenen Tarifverträgen 517 allgemeinverbindlich (vgl. BMAS 2001, S. 2). Betroffen sind in einzelnen oder in allen Regionen die Wirtschaftsbereiche Garten-, Landschafts- und Sportplatzbau, Steine und Erden, Metall und Elektro, Holz, Leder, das bayrische Schuhmacherhandwerk, Textil, Bekleidung, Nahrung und Genuß, Bau, Handel, Straßenbau, das private Omnibusgewerbe, Gaststätten, Reinigung und Körperpflege, Wissenschaft und Publizistik sowie das Wach- und Sicherheitsgewerbe (vgl. BMAS 2001, S. 6ff.).

Tab. 22: Auswahl allgemeinverbindlicher Monatstariflöhne der untersten Lohn- bzw. Gehaltsgruppe im Jahr 2000 (DM)

Branche	West[1]	Ost[1]
Garten-, Landschafts- und Sportplatzbau	1.780	1.620
Gebäudereinigung	1.855	-
Metallindustrie	1.966[2]	2.279[3]
Einzelhandel	2.117	2.056[4]
Steine-Erden-Industrie	2.183	1.846
Hotel- und Gaststättengewerbe	2.204	1.887
Bauhauptgewerbe	2.281	2.038
Groß- und Außenhandel	2.362	2.074
Textilindustrie	2.395	2.086
Bekleidungsindustrie	2.479	
Holz- und Kunststoffverarbeitung	2.968	2.681

[1] ganzes Gebiet oder Teile.

[2] Nordrhein-Westfalen.

[3] Sachsen.

[4] Berlin-Ost.

Quelle: wsi 2001a.

Wie oben ausgeführt, dürfte sich der Reservationslohn der Polen aktuell auf ein Monatsgehalt ca. von 869 Euro (1.700 DM) belaufen. Offensichtlich liegen Entgelte der untersten allgemeinverbindlich erklärten Tariflöhne über dem Reservationslohn der Migranten (vgl. Tab. 24). Aufgrund der Fluktuationskosten ist jedoch nicht in nen-

nenswertem Umfang mit Neueinstellungen oder gar Substitutionen der Insider zu rechnen. Eine Ausnahme ist der Garten-, Landschafts- und Sportplatzbau in Ostdeutschland, in dem die Löhne unter dem Reservationslohn liegen. In diesem Bereich wird nach Einführung der Arbeitnehmerfreizügigkeit vermutlich kaum Arbeit von Migranten angeboten.

Ähnlich wie allgemeinverbindlich erklärte Tarifverträge wirkt das Arbeitnehmer-Entsendegesetz (AEntG). Dieses richtet sich nicht direkt gegen Arbeitsmigranten nach Definition in dieser Arbeit, sondern gegen Arbeitgeber, die ihren Sitz im Ausland haben und in Deutschland überwiegend im Baugewerbe Arbeitnehmer beschäftigen. Demnach gelten insbesondere die Mindestentgeltsätze und die Urlaubsbestimmungen eines einschlägigen, für allgemeinverbindlich erklärten Tarifvertrages für alle in seinem Geltungsgebiet tätigen Arbeitnehmer (§1, Abs. 1 AEntG). Dies gilt auch für Leiharbeitnehmer (§ 1, Abs. 2a AEntG). Ein Verstoß gegen das Gesetz wird als Ordnungswidrigkeit geahndet und kann mit einer Geldbuße von bis zu einer Million Mark (511.291,88 Euro) sanktioniert werden (§ 5, Abs. 3 AEntG). Gültige und für allgemeinverbindlich erklärte bzw. aufgrund des Arbeitnehmer-Entsendegesetzes verbindliche Mindestlohn-Tarifverträge gibt es zur Zeit in den Bereichen Baugewerbe und Dachdeckerhandwerk. Der Tarifvertrag über ein Mindestentgelt in den Elektrohandwerken ist mit Ablauf des 31. August 2001 außer Kraft getreten (vgl. BMAS 2001, S. 4). Wenn unterstellt wird, daß die in den beiden betroffenen Bereichen tätigen Arbeitnehmer insbesondere unspezifische Qualifikationen in ihre Arbeit einbringen, so sind die Bemühungen um das Entsendegesetz und um Allgemeinverbindlichkeitserklärungen der betreffenden Tarifverträge vor dem Hintergrund des Insider-Outsider-Modells besonders gut nachzuvollziehen. Denn wie gezeigt, sind die Insider gerade in diesen Bereichen empfindlich durch das RRK der Migranten in ihrem Lohnspielraum eingeengt. Mittels der genannten Arbeitsmarktinstitutionen gelingt es ihnen, w_I allgemeinverbindlich für Ihre Branche zu zementieren, wodurch ein Unterbieten durch Migranten und mithin ihre Einstellung unterbunden wird.

Das AEntG stellt eine Umsetzung der Entsenderichtlinie 96/71 EG der Europäischen Gemeinschaft dar. Jene ist nicht auf eine bestimmte Branche beschränkt, obgleich auch sie die Baubranche gesondert hervorhebt. Sie beinhaltet einerseits eine Verpflichtung, andererseits eine Ermächtigung zur zwingenden Anwendung des inländischen Arbeitsrechts: Wenn in einem Mitgliedstaat zwingende Lohnregelungen existieren, so müssen sie auch ausländischen Firmen gewährt werden. Wenn keine zwingenden Lohnregelungen existieren, so dürfen solche nicht für ausländischen Firmen erlassen werden (vgl. Artikel 3 sowie die Beweggründe für die Verabschiedung der Richtlinie).

Auch in Bereichen außerhalb des Baugewerbes und in Bereichen ohne allgemeinverbindliche Tarifverträge ist Lohndumping nicht unbeschränkt möglich. Denn bei Abwesenheit kollektiv- oder arbeitsvertraglicher Regelungen gelten die gesetzlichen Bestimmungen. Artikel 4 der Europäischen Sozialcharta verlangt ein „gerechtes und angemessenes Entgelt" der Arbeitsleistungen. Obgleich keine gesetzlichen Festlegungen der Lohnhöhe existieren, wird seitens der Rechtsprechung aus dem § 138[60] des Bürgerlichen Gesetzbuches (BGB) eine „sittliche Lohnuntergrenze" abgeleitet (Hanau/Adomeit 2000, Rn. 749). Wird diese unterschritten, ist „die Entgeltvereinbarung wegen Sittenwidrigkeit nichtig". In diesem Falle greift der § 612 Abs. 2 des BGB, der „auf die Höhe der üblichen (=tariflichen) Vergütung verweist" (Hanau/Adomeit 2000, Rn. 750). Der Bundesgerichtshof (BGH v. 22.4.1997) faßt das tarifliche Entgelt als „eine Orientierungshilfe für den Wert der Arbeitsleistung" auf und sieht eine Bezahlung „von etwa 1/3 unter Tarif" als einen nach § 302 StGB strafbaren Lohnwucher an (Schaub 2000, S. 550).

Vor diesem Hintergrund stellen sich für die Insider zwei Fragen. Zum einen ist es wichtig zu wissen, ob polnische Migranten zu einem den Tariflohn um ein Drittel unterschreitenden Entgelt überhaupt Arbeit anbieten. Wenn dem so sein sollte lautet die entscheidende Frage, ob die Fluktuationskosten ein Drittel des Tariflohnes (Insiderlohnes) ausmachen.

Wie oben beschrieben dürfte der Reservationslohn der Migranten aktuell bei einem Monatsgehalt von etwa 869 Euro liegen. Berücksichtigt man, daß Arbeitsanbieter nicht unter zwei Dritteln des herrschenden Tariflohnes angestellt werden dürfen, müßte der Tariflohn etwa 1.297 Euro (2.537 DM) betragen, um sicherzustellen, daß sich die Arbeitgeber bei Einstellung eines Migranten zu ihrem Reservationslohn nicht strafbar machen. Bei geringeren Löhnen sinkt der absolute und relative Unterbietungsspielraum der Migranten bis zum Reservationslohn sukzessive ab und die Gefahr der Ausbootung durch Lohndumping verringert sich entsprechend.

Für Insider, deren Entgelte über dieser Schwelle liegen, steigt das Risiko der Substitution durch lohnunterbietende Migranten. Qualifizierte Insider, also solche, deren Humankapitalstock sich überwiegend aus betriebsspezifischen und überbetrieblichen Qualifikationen zusammensetzt, sind bekanntlich über die Fluktuationskosten hinaus durch den Wert der aus dem Grenzübertritt resultierenden Humankapitalentwertung der Migranten geschützt. Dadurch sind sie weniger bedroht als ihre unqualifizierten Kollegen, die gegen Lohndumping lediglich in Höhe der Fluktuationskosten gesichert sind. „Gefahr" besteht also überwiegend für unqualifizierte Arbeitnehmer in solchen

---

[60] § 138: „Ein Rechtsgeschäft, das gegen die guten Sitten verstößt, ist nichtig."

Branchen, in denen die untersten Lohngruppen ein vergleichsweise hohes Entgelt erhalten und deren Entlohnung nicht allgemeinverbindlichen Tarifverträgen folgt. Die betreffenden Beschäftigten haben mit den vergleichsweise höchsten Lohneinbußen zu rechnen, wenn sie ihre Substitution durch Beachtung des RRK^U_M vermeiden möchten.

Tab. 23: Auswahl nicht allgemeinverbindlicher Monatstariflöhne der untersten Lohn- bzw. Gehaltsgruppe im Jahr 2000 (DM)

Branche	Deutschland	West	Ost
Friseurhandwerk		1.475	924
Landwirtschaft		1.658	1.815
Fleischerhandwerk		1.949	1.563
Kfz-Gewerbe		1.972	2.497
Maler- und Lackiererhandwerk		2.066	1.916
Steinkohlenbergbau		2.124	
Eisen- und Stahlindustrie	2.135		
Feinkeramische Industrie		2.166	1.847
Deutsche Bahn AG		2.303	2.027
Transport- und Verkehrsgewerbe		2.315	1.732
Tischlerhandwerk		2.354	2.100
Gebäudereinigerhandwerk	2.584		
Süßwarenindustrie		2.520	2.533
Papierverarbeitung		2.541	2.152
Papiererzeugung		2.554	1.848
Reisebüros	2.565		
Druckindustrie		2.587	2.550
Volkswagen AG		2.684	
Deutsche Lufthansa	2.687		
Deutsche Telekom AG Angestellte	2.732		
Wohnungswirtschaft	2.740		
Öffentlicher Dienst Angestellte		2.759	2.401
Deutsche Post Angestellte		2.768	2.602
Braunkohlenindustrie			2.884
Deutsche Telekom AG Arbeiter	2.889		
Öffentlicher Dienst Arbeiter		2.918	2.538
Deutsche Post Arbeiter		2.926	2.751
Privatrundfunkanstalten		3.038	
Energieversorgung		3.051	2.704
Bankgewerbe	3.064		
Chemische Industrie		3.263	2.691
Brauereien		3.267	3.268
Mineralölverarbeitung	3.271		
Versicherungen	3.476		

Quelle: wsi 2001a.

Tabelle 23 gibt einen Überblick über Tarife der untersten Lohngruppen in verschiedenen Branchen, deren Tarifverträge nicht allgemeinverbindlich erklärt worden sind. Unqualifizierte Arbeitnehmer in den Branchen, die in der nach aufsteigenden (West-)

Löhnen sortierten Tabelle weit unten rangieren, sehen sich demnach dem höchsten Bedrohungspotential gegenübergestellt. Insbesondere Beschäftigte der unteren Lohngruppen, die in privaten Rundfunkanstalten, in der Energieversorgung, Bankgewerbe, chemischen Industrie, Brauereien, Mineralölverarbeitung und in Versicherungen tätig sind, haben demnach mit erheblichem Lohndruck durch Migranten zu rechnen. Daß sich jene in Form absoluter Einbußen zeigen, ist weniger zu erwarten. Eher wird es in diesen Kreisen zwecks Wahrung des Tarif- oder Betriebsfriedens zu unterdurchschnittlichen Einkommenszuwächsen kommen, die immerhin in Reallohnverlusten münden können. Ob es dazu kommt, hängt stets davon ab, ob die Einsparmöglichkeiten, die sich durch Bezahlung eines um ein Drittel niedrigeren Lohnes ergeben, die bei Substitution anfallenden Fluktuationskosten übersteigen oder nicht. Ohne eine schwierig zu konkretisierende Bezifferung dieser Kosten ermöglicht die Analyse lediglich Tendenzaussagen wie die eben getroffenen. Seitens der Wissenschaft sollten Anstrengungen unternommen werden, die Fluktuationskosten konkret zu beziffern und ihren tatsächlichen Einfluß auf das Verhalten der Arbeitgeber zu ermitteln.

7.6 Zwischenfazit

Die im Rahmen des sechsten Kapitels aufgezeigten empirischen Befunde hinsichtlich der arbeitsmarktlichen Wirkungen von Migration auf den Zielraum lassen sich mittels einer modifizierten Arbeitsmarkttheorie trefflich erklären. Dazu ist das Insider-Outsider-Modell in zweierlei Hinsichten modifiziert worden. Einerseits werden die Outsider heterogenisiert (deutsche Arbeitslose und polnische Migranten), andererseits die Institutionen des Arbeitsmarktes und der sozialen Sicherung in Deutschland in die Analyse einbezogen. Mittels dieser Modifikationen wird es plausibel, warum Migranten nur wenige Einheimische von ihren Arbeitsplätzen verdrängen, das Lohnniveau jedoch im Vergleich zum Zustand vor der Einwanderung in einigen Arbeitsmarktsegmenten sinkt.

Vor dem Hintergrund der Ergebnisse des vierten Kapitels wird begründet, wieso sich die Arbeitsnachfrage nach deutschen Arbeitslosen und nach Migranten unterscheidet. Dies folgt aus der unvollständigen grenzüberschreitenden Transferierbarkeit von Humankapital. In Abhängigkeit der Zusammensetzung des Humankapitalportfolios variiert das Ausmaß der Entwertung. Wenn überwiegend Komponenten eingebracht werden, die gut transferierbar sind – dies ist z. B. im unspezifischen Arbeitsmarktsegment möglich – , so unterscheidet sich die Arbeitsnachfrage nach Migranten nicht von der nach deutschen Outsidern. In diesen Fällen ist mit einer größeren Konkurrenz für die Einheimischen zu rechnen und die Löhne kommen vergleichsweise stärker unter Druck. Die Lohn- und Beschäftigungswirkungen sind jedoch geringer als vermutet werden könnte, weil die Beschäftigten, der Insider-Outsider-Theorie folgend, aufgrund verschiedener Fluktuationskosten, die bei der Substitution von Personal anfallen, geschützt sind.

Die deutschen Institutionen der sozialen Sicherung bedingen, daß der Reservationslohn der Migranten auf einem recht hohem Niveau liegt. Wenn sich Migranten mit Arbeitserlaubnis (also auch Polen nach Einführung der Arbeitnehmerfreizügigkeit) nach ihrer Einreise erfolglos um Arbeit bemühen, haben sie Anspruch auf Sozialhilfe in Deutschland. Die Ausgestaltung der Sozialhilfe hemmt die Neigung, gering bezahlte Arbeit aufzunehmen. Zwar liegt das absolute Niveau der Sozialhilfezahlungen deutlich niedriger als das Lohnniveau, jedoch steigt der Transferentzugssatz ab einem Hinzuverdienst von 138,05 Euro stark an. Dies führt dazu, daß auch Migranten erst bei Bruttoeinkünften in Höhe von ca. 869 Euro zur Arbeitsaufnahme neigen werden. In soweit bleibt das Unterbietungspotential angebotsseitig beschränkt. Nachfrageseitig beschneiden die Institutionen des Arbeitsmarktes die Möglichkeiten der Arbeitgeber, Migranten zu deutlich niedrigeren als den herrschenden Löhnen einzustellen. Das ausgeprägte Tarifvertragswesen begrenzt die Freiheiten der organisierten Arbeitgeber. Im Falle einer durch das Bundesarbeitsministerium erfolgten Allgemeinverbindlichkeitserklärung sind die Tariflöhne gar für alle Arbeitsmarktakteure bindend. Auch wenn keine Tarifverträge existieren, garantiert die höchstrichterliche Rechtsprechung unter Berufung auf die guten Sitten, daß die Tariflöhne nicht um mehr als ein Drittel unterschritten werden.

Mit Blick auf die operative These der vorliegenden Arbeit bestätigt sich die Erkenntnis des vorangegangenen Kapitels, daß die polnischen Migrationsströme nicht zu einer Verschärfung der Arbeitslosigkeit in Deutschland führen werden. Die Arbeitnehmer, die mit Konkurrenz durch Immigranten zu rechnen haben (vgl. Kap. 5.4), müssen sich in erster Linie auf eine Reduzierung ihrer Löhne einstellen (vgl. Kap. 6.6). In diesem Kapitel ist mikroökonomisch dargestellt worden, wieso die Lohnzugeständnisse nur gering ausfallen werden.

Die Berücksichtigung arbeitsmarktlicher Institutionen ermöglicht es, die Aussagen zu konkretisieren: Unter den Personen in Berufen, in denen mit Zuwanderung zu rechnen ist, müssen Personen mit Lohndruck rechnen, die nach Tarifverträgen bezahlt werden, die nicht allgemeinverbindlich sind und ein vergleichsweise hohes Lohnniveau festlegen.

Dies trifft für folgende Tarifverträge zu: Braunkohlenindustrie, Deutsche Telekom AG Arbeiter, Öffentlicher Dienst Arbeiter, Deutsche Post Arbeiter, Privatrundfunkanstalten, Energieversorgung, Bankgewerbe, Chemische Industrie, Brauereien, Mineralölverarbeitung und Versicherungen. Dabei ist der Lohndruck unter den überwiegend unspezifisch qualifizierten Personen am größten. Stärker als die Arbeitnehmer in tarifgebundenen Unternehmen werden diejenigen mit Lohneinbußen zu rechnen haben, die in tariflich ungebundenen Unternehmen der o. g. Branchen arbeiten.

Damit konnten die bereits im Rahmen der letzten Kapitel gefundenen Antworten auf die zweite und dritte zentrale Frage an diese Arbeit ergänzt werden.

8 Erweiterungsbedingte Herausforderungen für die ostdeutschen Arbeitsmärkte an der polnischen Grenze

„die Zuwanderung wird sich vor allem auf die Ballungszentren Westdeutschlands richten." (Ragnitz 2002, S. 41).

Wie an verschiedenen Stellen angedeutet, ist damit zu rechnen, daß Arbeitsmigranten in Deutschland aufgrund der besseren Einkommens- und Beschäftigungsperspektiven vor allem die ökonomischen Aktivräume in Westdeutschland als Ziel wählen. Ostdeutschland ist aufgrund niedriger Lohnsätze und hoher Arbeitslosigkeit für Migranten weniger attraktiv. Die Analyse der Arbeitsmarktwirkungen förderte insgesamt keine besorgniserregenden Ergebnisse zutage. Gleichwohl werden sich im Zuge der Erweiterung der Europäischen Union um Polen für die Arbeitsmärkte in den ostdeutschen Grenzregionen Herausforderungen ergeben. Sie resultieren aus dem Pendlerwesen, der Niederlassungsfreiheit und der dortigen Wirtschaftsstruktur, auf die im folgenden eingegangen wird.

8.1 Besonderheiten der Wirtschaftsstruktur im ostbrandenburgischen Grenzraum

Die Wirtschaftsstruktur der ostdeutschen Grenzregionen unterscheidet sich deutlich von der gesamtdeutschen. Die Industriedichte ist im Vergleich zu Gesamtdeutschland unterdurchschnittlich, der Bausektor sowie der primäre Sektor sind überdurchschnittlich vertreten. Die Produktivität der ostdeutschen Unternehmen liegt wie an anderer Stelle ausgeführt bei etwa zwei Dritteln der westdeutschen. Auch das Ausmaß der weltwirtschaftlichen Integration unterscheidet sich deutlich zwischen west- und ostdeutschen Unternehmen: Der Anteil der Warenausfuhr (im Verarbeitenden Gewerbe und dem Bergbau) am westdeutschen Bruttoinlandsprodukt (Exportquote) liegt mit 37,4 Prozent im Jahr 2000 deutlich über dem ostdeutschen Wert (21,6%) (vgl. Statistisches Bundesamt 2001, S. 199f.). Aus diesen Werten läßt sich bereits auf eine im Vergleich zum Westteil geringere Wettbewerbsfähigkeit der ostdeutschen Wirtschaft schließen. Dies wird durch Analyse der RCA-Werte[61] untermauert. Dabei zeigt sich, daß Produkte, die international besonders wettbewerbsfähig sind, in Westdeutschland relativ mehr produziert werden als in den neuen Bundesländern (vgl. Ribhegge 2000, S. 14). In Sektoren mit Wettbewerbsvorteilen liegt der Beschäftigtenanteil in ostdeutschen Grenzregionen lediglich bei einem Viertel des Bundesdurchschnitts (vgl.

---

[61] Revealed Comparative Advantage (RCA)-Werte zeigen industrielle Spezialisierungsmuster. Sie setzen die Ausfuhr/Einfuhr-Relation bei einer bestimmten Produktgruppe zur Ausfuhr/Einfuhr-Relation der gesamten Industriewaren in Beziehung (vgl. Coenen 1997, o. S.).

Scharr/Untiedt 2001, S. 203). Eine Analyse der Faktoreinsatzproportionen zeigt, daß das Verarbeitende Gewerbe der ostdeutschen Grenzregionen in Hinblick auf den Wettbewerb mit Polen ungünstig strukturiert ist: Ein hoher Beschäftigtenanteil arbeitet in lohnkostensensiblen Branchen (insbesondere in der Bauwirtschaft, wo die Beschäftigtenanteile die westdeutschen Werte um 80% überschreiten), Fertigungstätigkeiten werden überdurchschnittlich, Forschungs- und Entwicklungstätigkeiten unterdurchschnittlich oft ausgeführt, so daß die endogenen Potentiale zur Schaffung von Wettbewerbsvorteilen als vergleichsweise gering einzuschätzen sind (vgl. Scharr/Untiedt 2001, S. 203 u. 226ff.).

Etwa vier Fünftel der Transfers, die jährlich in einer Größenordnung von bis zu 90 Milliarden Euro in die ostdeutschen Bundesländer fließen, werden einer Untersuchung von Boss und Rosenschon (1996, S. 29f.) zufolge konsumtiv verwendet. Dies schafft Anreize für die Produktion lokaler Güter, die von internationalem Wettbewerb abgeschottet sind. So konzentrieren sich die ostdeutschen Unternehmen vor allem auf die regionalen Absatzmärkte und verfolgen eine Nischenstrategie (vgl. Ribhegge 2000, S. 16). Dabei haben sie sich auf ein Marktsegment spezialisiert, das „eher dem Angebotsspektrum von Unternehmen aus den Beitrittsländern entspricht" (Ragnitz 2002, S. 42). Die Güter aber können dort weit kostengünstiger hergestellt werden, so daß der beitrittsbedingte Wettbewerbsdruck vor allem für die ostdeutschen Anbieter spürbar werden wird. Eine verstärkte weltwirtschaftliche Ausrichtung der Produktion könnte diesen Druck lindern. Allerdings überwiegen in Ostdeutschland die kleinen und mittleren Unternehmen, ein Stammsitz eines multinationalen Unternehmens findet sich dort nicht. Dies dürfte die weltwirtschaftliche Integration erheblich erschweren, weil sich der (intra-) industrielle Handel vorrangig über fest etablierte Netzwerke multinationaler Unternehmen vollzieht, in die ostdeutsche Firmen kaum eingebunden sind (vgl. Ribhegge 2000, S. 20). Die genannten Aspekte deuten auf eine überdurchschnittliche Herausforderung für die ostdeutschen Unternehmen durch die Osterweiterung hin, die sich – unabhängig von immigrierenden Polen – negativ auf die ostdeutschen Arbeitsmärkte niederschlagen dürfte.

Die meisten der an Polen grenzenden deutschen Kreise liegen in Brandenburg, das mit dem Nachbarland über eine 250 Kilometer lange Grenze verbunden ist. Viele seiner Landkreise sind auf Berlin zugeschnitten, um zu gewährleisten, daß möglichst viele Kreise vom „Speckgürtel" rund um Berlin profitieren. Drei dieser Kreise, Barnim, Märkisch-Oderland und Oder-Spree grenzen gleichzeitig auch an Polen. Die übrigen Grenzkreise sind die Uckermark im Norden sowie Spree-Neiße, der Niederschlesische Oberlausitzkreis und Löbau-Zittau im Süden. In unmittelbarer Grenznähe befinden sich außerdem die kreisfreien Städte Frankfurt an der Oder, Cottbus und Görlitz. In diesen Gebieten leben etwa 1,3 Millionen Menschen (vgl. Statistik Regional 2001 (CD-ROM)). Die Arbeitslosigkeit in den brandenburgischen Grenzregionen liegt schon heute mit Arbeitslosenquoten zwischen 17,5 und 24,1 Prozent auf einem absolut und relativ gesehen hohem Niveau (vgl. Tab. 24).

Tab. 24: Brandenburgische Grenzkreise: Beschäftigung und Verarbeitendes Gewerbe

Kreis	Bevölkerung	Alle Wirtschaftszweige 1998			Verarbeitendes Gewerbe[1] 1999		
		I Beschäftigte[2]	Erwerbstätigenquote[3]	Arbeitslosenquote (2000)	Betriebe	II Beschäftigte[2]	Beschäftigtenanteil (II/I)
Barnim	163.937	57.975	43,9%	18,0%	60	4.241	7,3%
Cottbus	114.872	43.028	47,0%	18,4%	36	3.966	9,2%
Görlitz	62.076	19.926	43,0%	24,1%	24	2.963	14,9%
Frankfurt/Oder	75.710	28.077	46,2%	19,4%	16	1.089	3,9%
Löbau-Zittau	159.172	51.956	42,0%	22,1%	86	6.082	11,7%
Märkisch-Oderland	182.968	65.272	43,0%	18,1%	68	3.515	5,4%
Niederschlesicher Oberlausitzkreis	112.107	39.097	44,2%	21,8%	58	3.733	9,5%
Oder-Spree	196.655	70.765	43,5%	17,5%	89	8.083	11,4%
Spree-Neiße	155.773	53.119	43,6%	20,6%	65	8.957	16,9%
Uckermark	155.723	53.078	44,4%	24,0%	58	5.226	9,8%
Grenzregionen	1.378.993	482.293	43,4%	20,1%	560	47.855	9,9%

[1] Ohne Baugewerbe, Energie- und Wasserversorgung.

[2] Sozialversicherungspflichtig Beschäftigte.

[3] Nur sozialversicherungspflichtig Beschäftigte und Arbeitslose geteilt durch die Gesamtbevölkerung.

Quelle: Statistik Regional 2001 (CD-ROM).

Die Daten unterzeichnen die Dramatik der Situation auf den grenznahen Arbeitsmärkten, weil die Kreise „sozioökonomisch de facto zweigeteilt sind: in einen im engeren Verflechtungsraum [Berlin] liegenden, weitaus stabileren Teil und einen tatsächlich und unmittelbar von den Problemen des deutsch-polnischen Grenzraumes tangierten Teil" (Schuldt 2001, o. S.). In einer dynamischen Perspektive sind deutliche Beschäftigungsverluste nachzuweisen: Zwischen 1993 und 1999 ging z. B. im Landkreis Spree-Neiße sowie in Görlitz und Cottbus etwa ein Fünftel der Arbeitsplätze verloren. Einzig Märkisch-Oderland verzeichnete in diesem Zeitraum einen geringen Beschäftigungsgewinn in Höhe von 3,8 Prozent; allerdings ist seit 1998 auch dort ein Rückgang der Beschäftigung zu verzeichnen (vgl. MASGF Brandenburg 2001, S. 46f.). In einer kleinräumigeren Betrachtung zeigt sich eine Verschärfung der o. a. Disparitäten innerhalb der Grenzkreise: Während die östlichen Gebiete zwischen 1993 und 1999 über 35.000 Arbeitsplätze verloren gingen, gewann das Berliner Umland etwa 42.000 (vgl. Seitz 2000, S. 10).

Wirtschaftsgeographisch gesehen liegen alle diese Gebiete in einer Randlage, weil die Staatsgrenze als EU-Außengrenze wirtschaftliche Verflechtungen erschwert. Die Wirtschaftsstruktur ist, wie schon für Ostdeutschland insgesamt konstatiert, ungünstig: Das Baugewerbe sowie die Land- und Forstwirtschaft sind deutlich überrepräsentiert. Die Beschäftigtenanteile im Verarbeitenden Gewerbe (ohne das dominierende Baugewerbe und den zumeist öffentlichen Versorgungsunternehmen) sind im Vergleich zum Bundesgebiet mit 9,9 Prozent aller sozialversicherungspflichtig Beschäftigten sehr gering. Innerhalb des Verarbeitenden Gewerbes liegen die Schwerpunkte (in absteigender Rangfolge) in allen Grenzkreisen auf den Wirtschaftsabteilungen DI26 (Glasgewerbe, Keramik, Verarbeitung von Steinen und Erden), DJ28 (Herstellung von Metallerzeugnissen), DA15 (Ernährungsgewerbe) sowie DK29 (Maschinenbau). Im Landkreis Löbau-Zittau findet sich darüber hinaus ein Schwerpunkt auf dem Textilgewerbe (DB17) Die übrigen Wirtschaftsabteilungen sind in den Kreisen nicht oder nur mit jeweils fünf oder weniger Betrieben vertreten.

Insgesamt existieren 1999 im Grenzraum 560 Betriebe mit zusammen 47.855 Beschäftigten, die sich wie in Tabelle 24 ersichtlich auf die Kreise verteilen (vgl. Statistik Regional 2001 (CD-ROM). Die Betriebsgrößenstruktur zeigt eine „Konzentration auf Kleinst- und Kleinbetriebe" (vgl. MASGF Brandenburg 2001, S. 54). In den brandenburgischen Grenzregionen befinden sich zwei Oberzentren (Cottbus und Frankfurt an der Oder) sowie als größere Mittelzentren Eisenhüttenstadt, Görlitz und Schwedt. Frankfurt beherbergt mehrere Universitäten sowie einige Industriebetriebe, überwiegend der Metall- und Elektrobranche, die allerdings im Schrumpfen begriffen sind. Cottbus ist Universitätsstadt und verfügt über eine Messe mit vorwiegend regionalen Kleinveranstaltungen. Größere Unternehmen existieren nicht. Dagegen ist Görlitz ist von zwei größeren Unternehmen des Maschinen- und Fahrzeugbaus geprägt. In Schwedt finden sich größere Betriebe der Mineralöl- und Papierindustrie (u. a. PCK und Haindl), Eisenhüttenstadt ist Standort des größten Industriebetriebes von Brandenburg (EKO Stahl GmbH) mitsamt seiner vor- und nachgelagerten Unternehmen (vgl. Cottbus 2002; Eisenhüttenstadt 2002; Görlitz 2002; Frankfurt/Oder 2001; Schuldt 2001; jeweils o. S.).

Die intraregionale Zweiteilung, die oben in Bezug auf den Arbeitsmarkt festgestellt worden ist, zeigt sich auch hinsichtlich der Bevölkerungsverteilung und -entwicklung. Der nördliche Grenzraum Brandenburgs ist dünn besiedelt und überwiegend ländlich-agrarisch beschaffen. Der Süden ist von einigen industriellen Standorten sowie dem

Braunkohlebergbau geprägt; hier liegt die Bevölkerungsdichte (114 Einwohner pro km^2) leicht über dem (im Bundesvergleich kleinen) Brandenburgischen Mittel von 88 Einwohnern pro Quadratkilometer. Ebenso unterscheidet sich die Bevölkerungsentwicklung innerhalb der Kreise: Die westlichen Gebiete nahe Berlin profitieren von Suburbanisierungstendenzen, aus den grenznahen, östlichen Teilen wandert die Bevölkerung in bisweilen dramatischem Ausmaß ab: Guben, Schwedt, Eisenhüttenstadt, Frankfurt/Oder und Cottbus verzeichnen seit der Vereinigung Verluste zwischen 14 und 22 Prozent.

Ungünstig gestaltet sich dabei die Altersstruktur: Die Bevölkerung im erwerbsfähigem Alter mitsamt ihrer Kinder wandert ab, der Anteil der Personen über 65 Jahren wächst entsprechend. Es ergibt sich eine paradoxe Situation dahingehend, daß die Arbeitslosigkeit in diesen Regionen auch im Vergleich zum Landesdurchschnitt (18,3%) sehr hoch liegt, daß aber gleichzeitig ein Mangel an Ausbildungsbewerbern prognostiziert wird (vgl. Statistik regional 2001 (CD-ROM); Schuldt 2001, o. S.). Diesbezüglich könnte sich die Situation mit Einführung der Arbeitnehmerfreizügigkeit für die Beitrittsländer durch Pendler entspannen, weil die Alterskohorte der 15 bis 25jährigen, wie in Kapitel 6.4 gezeigt, stark besetzt ist. Andererseits dürften vom Pendelwesen insgesamt negative Auswirkungen auf die ohnehin angespannten Arbeitsmärkte der brandenburgischen Grenzkreise ausgehen, wie im folgenden Abschnitt gezeigt wird.

8.2 Polnische Pendler

Mit Einführung der Arbeitnehmerfreizügigkeit eröffnet sich den Unionsbürgern im ganzen Unionsgebiet die Möglichkeit, unabhängig von ihrem Wohnsitz eine Arbeit aufzunehmen. Nach Einführung der Arbeitnehmerfreizügigkeit werden Unionsbürger den Inländern bei einer Arbeitsaufnahme gleichgestellt, unabhängig von ihrem Wohnsitz. Die durchschnittliche Lohnrelation zwischen Deutschland und Polen erhöht sich somit von 3,8 bzw. 2,7 (West- bzw. Ostdeutschland – Polen, ausgedrückt in Kaufkraftstandards) auf 10,1 bzw. 7,3 (Relation ausgedrückt in Wechselkursen), weil die Pendler weiter günstig in ihrer polnischen Heimat leben (vgl. Sinn et al. 2001, S. 46). Mithin verwundert es nicht weiter, daß 31,3 Prozent der von Hintermann befragten Polen sich vorstellen können, nach Deutschland einzupendeln aber nur 16,6 Prozent zu emigrieren[62] (vgl. Hintermann 1998, S. 131 u. 233). Gegenwärtig dürfen polnische Pendler nach § 6, Abs. 1 der Anwerbestopausnahmeverordnung zwei Tage pro Woche

---

62 Dabei muß berücksichtigt werden, daß sich die beiden Potentiale zu einem großen Teil überlappen (vgl. Hintermann 1998, S. 233). In Kapitel 2.2 ist bereits darauf hingewiesen worden, daß das tatsächliche Potential – diejenigen, die konkrete Vorbereitungen getroffen und um eine Arbeitserlaubnis angehalten haben – nur einen Bruchteil des allgemeinen Potentials ausmacht.

in einem 50 Kilometer tiefen Grenzstreifen entlang der Grenze in Deutschland arbeiten. Allerdings werden die Arbeitserlaubnisse unter Inländervorrang gestellt.

Im Zuge der Arbeitnehmerfreizügigkeit entfallen diese rigiden Bestimmungen und polnische Pendler dürfen unbeschränkt in Deutschland Arbeit anbieten, unabhängig von ihrem Wohnsitz. Dabei müssen sie zwar zu deutschen Tariflöhnen beschäftigt werden. Die Mehrheit der Betriebe (80% im Verarbeitenden Gewerbe) in den ostdeutschen Regionen ist jedoch nicht tarifvertraglich gebunden (vgl. DIW 1999, S. 436). Die Entlohnung hat sich dann am örtlichen Vergleichslohn zu orientieren (vgl. Kap. 7.5.2). Der aber könnte das durch die Pendler erhöhte Arbeitsangebot in den Grenzregionen unter Druck kommen (vgl. Alecke/Untiedt 2001c, S. 390). Dem sind jedoch durch den „richterlichen Mindestlohn" Grenzen gesetzt, wonach bekanntlich der Tariflohn nicht um mehr als ein Drittel unterschritten werden darf (vgl. Kap. 7.5.2). Trotzdem ergibt sich für polnische Pendler insbesondere aufgrund der für sie hohen Einkommensdisparitäten von etwa 1:7 ein hoher Anreiz, in Ostdeutschland zu arbeiten. Die Auswirkungen lassen sich wiederum im Insider-Outsider-Modell zeigen (Abb. 15):

Abb. 15: Insider-Outsider-Modell mit Deutschen, Migranten und Pendlern

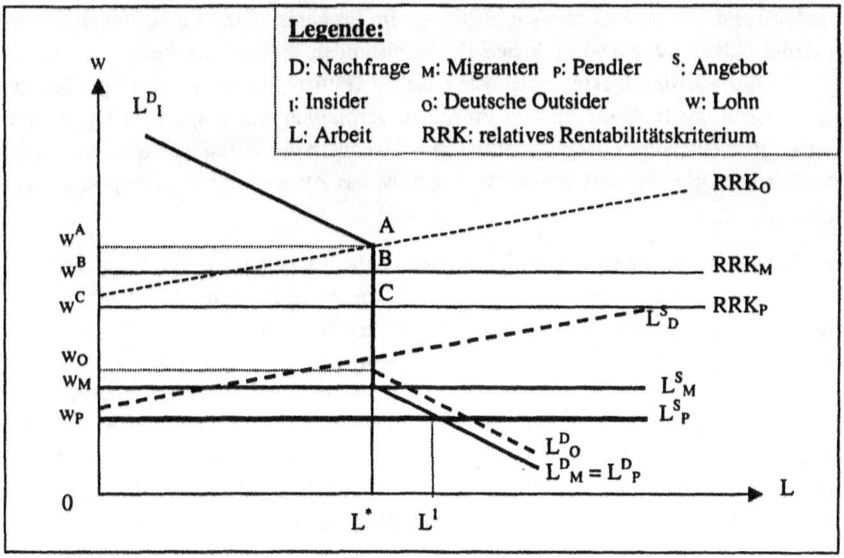

Quelle: eigene Darstellung.

Analog zu Abbildung 14 stellt A wiederum das Gleichgewicht auf dem Arbeitsmarkt vor Immigration dar: L^* Inländer sind zu einem Lohnsatz von w^A beschäftigt. In B findet der Arbeitsmarkt nach Immigration sein Gleichgewicht. Am Stand der Beschäftigung ändert sich nichts, die Insider haben allerdings Lohnzugeständnisse machen müssen und erhalten nunmehr lediglich w^B. Blieben sie bei ihren alten Forderungen, würden sie durch Migranten substituiert. Neu in der Abbildung 15 sind das Arbeitsangebot der Pendler (L^S_P) sowie das zugehörige von den Insidern zu beachtende relative Rentabilitätskriterium RRK_P. Der Reservationslohn der Pendler (w_P) liegt nach den Ausführungen des Kapitels 7.4.2 sowohl unter dem der Inländer als auch unter dem der Migranten. Denn die beiden letztgenannten Gruppen erhalten zumindest die deutsche Sozialhilfe, während Pendler aufgrund ihres Wohnsitzes in Polen keinen Anspruch auf sie haben. Die Leistungen des polnischen Systems sozialer Sicherung sind bekanntlich deutlich niedriger als die deutschen (vgl. Kap. 3.3.2.4). Eine Arbeitsaufnahme lohnt entsprechend schon bei vergleichsweise geringen (deutschen) Löhnen, solange sie über den polnischen liegen. Denn im Unterschied zu den Migranten erhöhen sich für die Pendler die Lebenshaltungskosten nicht.

Wenn Pendler ihre Arbeitskraft auf dem Arbeitsmarkt auf, so müssen die Insider Lohnzugeständnisse im Ausmaß $\overline{w^A w^C}$ machen, um ihren Arbeitsplatz nicht zu gefährden. Dieser Verzicht übersteigt den, der durch polnische Migranten hervorgerufen wird ($\overline{w^A w^B}$) um $\overline{w^B w^C}$. Die $\overline{0L^*}$ Insider behielten ihren Arbeitsplatz, $\overline{L^* L^T}$ Pendler würden zusätzlich zum Lohn w_P nachgefragt. Im Ergebnis könnten arbeitsintensiv hergestellte Güter, insbesondere lokale Dienstleistungen billiger angeboten werden, so daß die Wirtschaftssubjekte in den ostdeutschen Grenzregionen insgesamt profitieren. Andererseits dürfte dieser für den Einzelnen vermutlich wenig spürbare Vorteil den Unmut über fallende Löhne nicht aufwiegen. Nachdem die Wirkungen der Pendler auf den Arbeitsmarkt skizziert worden sind, gilt es, das Ausmaß der Pendlerströme abzuschätzen.

Die Pendlerströme hängen vom verfügbaren Arbeitsangebot im Quellraum und von der Aufnahmekapazität im Zielraum ab. Zunächst wird der erste Aspekt untersucht. Dabei stellt sich die Frage, welche Distanz (grenzüberschreitende) Pendler zurückzulegen bereit sind. Für die von Hintermann (1998) befragten polnischen Pendler zeigt sich diesbezüglich eine große Spannweite: Während etwa die Hälfte Entfernungen von bis zu 100 Kilometern zurücklegt, pendelt die andere Hälfte über 300, mit Abstand die meisten unter ihnen sogar über 500 Kilometer weit. Grundsätzlich sind drei Pendlertypen voneinander zu unterscheiden: Tagespendler, Wochenpendler und schließlich solche, die in unregelmäßigen Intervallen pendeln. Tages- und Wochenpendler wählen mehrheitlich Arbeitsorte, die nicht weiter als 100 Kilometer von ihrem Wohnort entfernt liegen. Distanzen von bis zu 50 Kilometern werden häufiger von Tagespendlern realisiert. Vermutlich finden sich unter den Personen, die über 300 Kilometer zurücklegen, viele Saisonarbeiter. Hinweise darauf finden sich bei Becker und Heller (2002, S. 79), die die regionale Verteilung der polnischen Saisonarbeiter nach Arbeitsamtsbezirken ausgewiesen haben. Demnach konzentrieren sie sich auf wenige, fast ausschließlich westdeutsche Regionen. Weil Saisonarbeiter überwiegend in der Landwirtschaft eingesetzt werden, finden sich die meisten unter ihnen in Regionen, wo Sonderkulturen (Altes Land, Raum Lüneburg, Niederrhein, Oldenburger Münsterland, Weser, Potsdam, Rheinebene, Hallertau) oder Wein (Mosel, Rheinhessen, Heilbronn, Kaiserstuhl, Bodensee) angebaut werden. Unter den insgesamt knapp 200.000 Saisonarbeitern dürfte ein großer Teil der Personen (73 Prozent) zu finden sein, die angeben, in unregelmäßigen Intervallen (und über 300 km weit) zu pendeln. 22,1 Prozent der polnischen Pendler sind Tagespendler und lediglich 4,9 Prozent Wochenpendler (vgl. Hintermann 1998, S. 223f.).

Die Pendelziele der befragten polnischen Pendler liegen ausschließlich in Deutschland. Die Arbeitsorte liegen zum einen in Grenznähe, zum anderen aber auch in Westdeutschland (vgl. Hintermann 1998, S. 222). Relevant für die ostdeutschen Grenzregionen ist jene Hälfte der Pendler, die bis zu 100 Kilometer zurücklegt. 89 Prozent unter ihnen – überwiegend Tagespendler – legen lediglich 50 Kilometer zurück. Mithin ist die größte Konzentration polnischer Pendler in den grenznahen ostdeutschen Regionen zu erwarten, was bei zunehmender Pendelaktivität angesichts der dortigen Wirtschaftsstruktur vermutlich zu weiteren Spannungen auf den ohnehin schwachen Arbeitsmärkten führen wird. Denn auch unter den potentiellen polnischen Tagespendlern geben 40,3 Prozent an, nur bis zu 50 Kilometern zurücklegen zu wollen, weitere ca. 20 Prozent können sich jeweils vorstellen, bis zu 100 bzw. 200 Kilometer weit zu pendeln. Unter den potentiellen Wochenpendlern sind mit 62,9 Prozent die meisten bereit, über 500 Kilometer zurückzulegen (vgl. Hintermann 1998, S. 245).

Die Mehrzahl der potentiellen Wochenpendler (und Migranten) lebt in zentralpolnischen Wojewodschaften, insbesondere Skiernievice (südwestlich von Warschau), der Hauptstadt selbst und den östlich bzw. südöstlich liegenden Regionen. Die meisten unter ihnen präferieren Berlin als Zielraum. Potentielle Tagespendler entstammen den polnischen Grenzregionen, insbesondere Szczecin und Zielona Góra, die zusammen allein knapp 1,7 Millionen Einwohner auf sich vereinen (vgl. Hintermann 1998, S. 238). Jene stellen die größte Herausforderungen für die ostdeutschen Grenzregionen dar. In den vier Wojewodschaften[63] entlang der deutsch-polnischen Grenze zzgl. Legnica wohnen 1998 mehr als 3,2 Millionen Einwohner, die sich wie folgt verteilen (vgl. Droth/Grimm/Haase 2000, S. 11) (Tab. 25):

---

[63] Die Angaben beziehen sich auf die Wojewodschaften vor der Verwaltungsgebietsreform 1999. Die alten Wojewodschaften sind zu größeren Gebieten zusammengefaßt worden, so daß die Zugrundelegung der schärferen alten Abgrenzungen naheliegt, zumal die verfügbaren Daten noch vergleichsweise aktuell sind.

Tab. 25: Bevölkerung in polnischen Grenzregionen 1999

Wojewodschaft	Einwohner	Hauptstadt	Einwohner	Entfernung[1] [km]
Szczecin	995.200	Stettin	416.700	15
Gorzów Wielkopolski	514.300	Landsberg	126.200	120
Zielona Góra	679.300	Grünberg	118.200	70
Legnica	525.600	Liegnitz	109.200	125
Jelenia Góra	523.100	Hirschberg	93.100	65
Summe	3.237.500		863.400	

[1] Entfernung zwischen der jeweiligen Hauptstadt und der deutsch-polnischen Grenze.

Quelle: Droth/Grimm/Haase 2000, S. 44; www.jeleniagora.pl/miasto/inf_og.htm [Stand: 27.3.2002].

Das Angebot an Arbeitnehmern ergibt sich bei Multiplikation der Bevölkerung in den polnischen Grenzregionen mit der Erwerbstätigenquote, die sich bekanntlich aus der Beschäftigungs- und der Arbeitslosenquote zusammensetzt. Die Beschäftigungsquote liegt in diesen Wojewodschaften zwischen 35 und 40 Prozent, die Arbeitslosenquote 2001 im Jahresdurchschnitt bei etwa 16 Prozent (und damit niedriger als in den ostdeutschen Grenzkreisen) (vgl. Droth/Grimm/Haase 2000, S. 79; PSP 2002, o. S.). Damit errechnet sich ein Arbeitsangebot in Höhe von etwa 1,4 Millionen Arbeitskräften.

1999 pendeln nach Aussagen der Bundesanstalt für Arbeit lediglich 3.150 Personen, davon 790 Polen, nach Deutschland. Die meisten Polen dürften dabei aus den grenznahen Wojewodschaften stammen (vgl. Alecke/Untiedt 2001c, S. 389); das entspricht einem Aufkommen im Promillebereich, obwohl wie o. a. schon heute rechtliche Möglichkeiten für Polen bestehen, bis zu zwei Tage pro Woche in Deutschland zu arbeiten. Allerdings bestehen noch immer erhebliche Transaktionskosten beim Grenzübertritt und infolge der notwendigen Anmeldung bei den Arbeitsämtern. Ferner werden die Arbeitserlaubnisse nur für eine Beschäftigung innerhalb eines engen (und zudem strukturschwachen) Grenzbereichs von 50 Kilometern Tiefe vergeben, so daß sich die Zahl der Pendler nach Gewährung der Arbeitnehmerfreizügigkeit durchaus deutlich erhöhen könnte. Insbesondere Berlin, das nicht zum Grenzraum nach der Ausnahmeverordnung zählt, wird – wie aus den Antworten der potentiellen Migranten hervorgeht – die größte Anziehungskraft auf die Pendler ausüben.

Mit der Analyse des tatsächlichen Pendlerpotentials aus diesen Regionen beschäftigt sich eine Studie von Alecke und Untiedt (2001c), deren Ergebnisse im folgenden dargestellt werden. Das Pendleraufkommen aus Polen wird anhand der Pendelbeobachtungen nach der Wiedervereinigung aus dem Gebiet der ehemaligen DDR nach Westdeutschland abgeschätzt. Die Autoren nehmen an, daß die Pendlermuster zwischen Polen und Deutschland mit denen zwischen den neuen und den alten deutschen Bundesländern zu vergleichen sind. Denn mit Öffnung der Grenze war die sofortige Arbeitnehmerfreizügigkeit hergestellt; zudem bestand ein deutliches Lohngefälle auf beiden Seiten der ehemaligen Grenze. Ferner wird ein maximaler Arbeitsweg von 250 Kilometern zugrunde gelegt. Diese Distanz ist vor dem Hintergrund der dargestellten Ergebnisse von Hintermann zumindest für die Tagespendler, die die größte Herausforderungen für die ostdeutschen Grenzregionen darstellen, etwas zu hoch angesetzt. Für die Pendler insgesamt (einschließlich Wochen- und unregelmäßigen Pendlern) ist sie aber vertretbar. Bei der Operationalisierung der Distanz weist die Studie Unschärfen auf: Auf polnischer Seite begreifen die Autoren jede der fünf Wojewodschaften als kreisförmige Räume, denen ein „hypothetisches Zentrum zugewiesen [wird], in der sich die Bevölkerung konzentriert". Auf deutscher Seite wird offenbar die kürzeste Straßendistanz zwischen der Grenze und den kreisfreien Städten zugrundegelegt. Für die Ermittlung des polnischen Einzugsgebietes wurden jene Wojewodschaften gewählt, deren (hypothetisches) Zentren nicht weiter als 250 Kilometer von der betrachteten deutschen Stadt entfernt liegen (Alecke/Untiedt 2001c, S. 403).

Die Verteilung der Pendler auf die ostdeutschen Raumordnungsregionen an der polnischen Grenze wird wie Tabelle 26 zu entnehmen prognostiziert. Das geschätzte Pendlerpotential von knapp 30.000 Polen entspricht ca. 2,1 Prozent des oben ermittelten Arbeitskräftepotentials in den fünf genannten grenznahen Wojewodschaften (vgl. Tab. 25). Das entspricht Pendlerströmen zwischen zwei und vier Prozent der Erwerbspersonen in den ostdeutschen Raumordnungsregionen an der polnischen Grenze. Dabei werden erhebliche Variationen zwischen den Regionen vorausgesagt. Sie hängen einerseits mit der Grenznähe der deutschen Agglomerationen und andererseits mit unterschiedlichen Bevölkerungsdichten in den angrenzenden polnischen Grenzregionen zusammen. Insbesondere die an weite Teile Brandenburgs angrenzenden Wojewodschaften Zielona Góra und Gorzów Wielkopolski weisen extrem niedrige Bevölkerungsdichten von 61 bzw. 76 Einwohnern je Quadratkilometer auf.

An der sächsisch- bzw. bayrisch-tschechischen Grenze stellt sich die Situation anders dar. Zum einen finden sich auf der deutschen Seite, v. a. in Sachsen größere Städte, deren Entfernung zur Grenze maximal 70 Kilometer beträgt, zum anderen sind die angrenzenden Regionen auf der tschechischen Seite relativ dicht besiedelt (vgl. Alecke/Untiedt 2001c, S. 409). Dennoch können die Pendlerströme auch in Brandenburg in grenznahen Doppelstädten wie Frankfurt an der Oder (Stubice), Guben (Gubín), Forst (Zasieki) oder Görlitz (Zgorzelec) bis zu zehn Prozent der Beschäftigen im Zielraum ausmachen. In den übrigen ostdeutschen Grenzregionen wird das Ausmaß indes aufgrund der geringen Bevölkerungsdichte, der relativ ungünstigen Wirtschaftslage und der längeren Fahrstrecken unter dem Mittelwert liegen (vgl. Alecke/Untiedt 2001c, S. 410).

Tab. 26: **Prognose der Pendelbewegungen zwischen Polen und Deutschland**

ROR[1]	Bevölkerung (1000)		Pendeldistanzen (km)		Pendler (Prognose)[4]
	Zielraum	Quellraum	D[2]	Polen[3]	
Vorpommern	521,8	1.508,4[5]	63	77	5.777
Uckermark-Barnim	317,4	1.508,4[5]	37	77	3.675
Oderland-Spree	451,9	2.186,2[6]	0	93	6.881
Lausitz- Spreewald	714,0	2.240,3[7]	26	91	10.646
Oberlausitz-Niederschlesien	719,8	2.575,3[8]	0	85	8.067[10]
Elbtal/ Osterzgebirge	1.027,9	2.533,4[9]	44	79	6.797[10]
Summe	3.752,8	3.237,5[11]			29.814

[1] Raumordnungsregion.

[2] Mittelwerte der Entfernungen von der deutsch-polnischen Grenze bis zur nächsten kreisfreien Stadt.

[3] Vom hypothetischen Zentrum der kreisförmig dargestellten Wojewodschaften bis zur Grenze.

[4] Szenario mit 150 Kilometern Pendelreichweite (einfache Distanz vom Wohn- zum Arbeitsort).

[5] Szczecin, Gorzów Wielkopolski.

[6] Szczecin, Gorzów Wielkopolski, Zielona Góra.

[7] Gorzów Wielkopolski, Zielona Góra, Legnica, Jelenia Góra.

[8] Zielona Góra, Legnica, Jelenia Góra (1.727.000 Personen) zzgl. sieben tschechischer Okresy (848.300 Personen).

[9] Legnica, Jelenia Góra (1.049.200 Personen) zzgl. 13 tschechischer Okresy (1.484.200 Personen).

[10] Heruntergerechnet auf polnische Pendler.

[11] vgl. Tab. 25.

Quelle: Alecke/Untiedt 2001c, S. 422; eigene Berechnungen.

Die Ziele der Pendler werden eher in größeren Städten als in ländlichen Räumen vermutet, in denen sich außer im landwirtschaftlichen Bereich kaum Beschäftigungsmöglichkeiten eröffnen. Für den Fall der polnisch-deutschen Pendelbewegungen kommen somit insbesondere die verkehrsmäßig gut angeschlossenen Städte Eberswalde, Berlin, Fürstenwalde, Frankfurt/Oder, Eisenhüttenstadt, Guben, Lübbenau, Cottbus, Görlitz und Dresden in Frage. Davon sollten lediglich Frankfurt/Oder, Cottbus und Görlitz als größere grenznahe Agglomerationsräume eine stärkere Anziehungskraft auf polnische Pendler ausüben. Außerhalb von Brandenburg liegt auch das aufgrund seiner Größe attraktive und gut erreichbare Berlin grundsätzlich noch im Erreichbarkeitsradius von Tagespendlern aus Polen (vgl. Alecke/Untiedt 2001c, S. 389).

Daneben hängt die Wahl der Pendelziele auch von der Wirtschaftsstruktur des Zielraumes ab. Denn die potentielle Pendelintensität variiert in Abhängigkeit der Berufe und Branchen, in denen die Menschen beschäftigt sind. Unter den Befragten, die schon heute pendeln, ist die Pendelintensität unter den Wissenschaftlern und Lehrern sowie unter den im Handel, Verkehr und verschiedenen Produktionsberufen Tätigen am höchsten (vgl. Hintermann 1998, S. 228). Der Anteil des Pendlerpotentials an bestimmten Berufen bzw. Branchen ist in Polen im Baugewerbe (74,3%) am höchsten, gefolgt von Hilfsarbeitern (48,7%), Metall- und Elektroberufen (48,4%) und Nahrungsmittelerzeugern (46,4%). Werte um 40 Prozent zeigen sich unter den Technikern, in den Bereichen Handel und Verkehr, Gesundheit, Unterricht und Wissenschaft, Büro und Verwaltung sowie unter den Selbständigen. Erstaunlich gering ist der Anteil potentieller Pendler im Dienstleistungsbereich sowie in der Land- und Forstwirtschaft (vgl. Hintermann 1998, S. 236). Räume, deren Berufs- bzw. Branchenstruktur jener der potentiellen Pendler ähnelt, sind für sie attraktiver als andere. Ein Vergleich mit der in Kapitel 8.1 skizzierten ostbrandenburgischen Wirtschaftsstruktur zeigt, daß der ländlich-agrarisch geprägte nördliche Grenzraum nur für wenige potentieller Pendler aus Polen attraktiv sein wird. Anders verhält es sich mit dem industrieller geprägten Süden. Insbesondere könnte sich wiederum Frankfurt/Oder, in dem zwei Drittel aller 555 Handwerksbetriebe dem Bau- und dem Elektro- und Metallgewerbe zuzuordnen sind, auch aufgrund seiner Wirtschaftsstruktur zu einem Anziehungspunkt für polnische Tagespendler entwickeln (vgl. Frankfurt/Oder 2002 o. S.). Für Metaller und Techniker ist aufgrund der EKO Stahl mitsamt seiner vor- und nachgelagerten Unternehmen Eisenhüttenstadt attraktiv. Cottbus hingegen dürfte mit seinem niedrigen Industriebesatz nur vergleichsweise wenige Pendler anziehen.

Die Prognosen des Pendlerpotentials von Alecke und Untiedt müssen, so räumen auch die Autoren ein, mehr oder minder stark nach unten revidiert werden. Die wesentlichen Argumente hierfür liegen in einer Unterschätzung der tatsächlichen Entfernung zwischen Herkunfts- und Zielregion, die sich am ehesten in Straßenkilometern approximieren läßt anstatt durch die Entfernung eines hypothetischen Zentrums kreisförmiger Räume wie sie bei den Schätzungen von Alecke und Untiedt zugrundegelegt werden. Ferner liegt es nahe, daß das polnische Pendlerpotential wegen kultureller und sprachlicher Barrieren bzw. unvollständiger Transferierbarkeit der Qualifikationen niedriger anzusetzen ist, als dies die anhand der deutsch-deutschen Pendelbewegungen gewonnenen Schätzparameter nahelegen (vgl. Alecke/Untiedt 2001c, S. 403ff.). Ferner wird die relative Arbeitsmarktsituation zwischen Polen und Ostdeutschland gleichgesetzt mit der zwischen den westlichen Grenzregionen der ehemaligen DDR und den alten Bundesländern, was aufgrund der Strukturschwäche der ostdeutschen Grenzregionen nur bedingt haltbar ist.

Dennoch wirkt das prognostizierte Pendlerpotential bescheiden. Im Verhältnis zur jeweiligen Erwerbsbevölkerung weichen die Schätzungen des polnischen Pendler- und Migrationspotentials allerdings deutlich voneinander ab: Die etwa 30.000 prognostizierten polnischen Pendler entsprechen einem Anteil von 1,1 bis 1,7 Prozent der Bevölkerung bzw. ca. 2 bis 4 Prozent der Erwerbspersonen in den deutschen Raumordnungsregionen an der polnischen Grenze. Dagegen errechnet sich für den Anteil polnischer Immigranten an der gesamten deutschen Arbeitsbevölkerung lediglich ein Wert von 0,72 Prozent[64]. Über gesonderte Maßnahmen sollte demnach, nicht zuletzt vor dem Hintergrund der Strukturschwäche der ostdeutschen Grenzregionen nachgedacht werden.

8.3 Niederlassungsfreiheit

Im Zuge der Osterweiterung werden Polen neben der Arbeitnehmer- auch in den Genuß der Niederlassungsfreiheit kommen und sich in Deutschland selbständig machen können. Schon heute ist dies auf Grundlage der Assoziierungsabkommen als Anbieter von Dienstleistungen möglich, die nicht persönlich vor Ort erbracht werden müssen (z. B. einige Bankdienstleistungen). Die meisten Dienstleistungen zeichnen sich aber dadurch aus, daß Produktion und Konsum räumlich zusammenfallen. Sie sind dadurch nur lokal bzw. regional handelbar. Dadurch werden die Dienstleister in den Grenzregionen erheblich stärkerem Wettbewerbsdruck ausgesetzt sein als diejenigen in grenzfernen Regionen. Der Wettbewerb wird sich entsprechend auf die deutsch- mitteleuropäischen Grenzregionen konzentrieren, weil der Anteil lokaler Güter und Dienstleistungen dort wie ausgeführt sehr hoch ist (vgl. Ribhegge 2000, S. 42). Dies wird insbesondere der Fall sein, wenn die Dienstleistungsfreiheit weit ausgelegt wird, weil dann Anreize zu Scheinselbständigkeit oder zu illegalen Praktiken von Entsendefirmen (vgl. Kap. 7.5.2) bestehen. Scheinselbständige bieten für deutsche oder polnische Unternehmen in Deutschland Dienste an, die typischerweise in abhängiger Beschäftigung erbracht werden. Beispiele sind selbständige Fahrer oder Maurer. Auch das Handwerk, dem in Ostdeutschland eine beschäftigungspolitische Schlüsselstellung zukommt, könnte stark unter Druck geraten. Denn Selbständige sind bei ihrer Preiskalkulation generell unabhängig, solange sie ihre Leistungen nicht unter ihrem Selbstkostenpreis anbieten, was als wettbewerbswidrig gilt.

---

64 1,83 Prozent (Schätzungen des IZA) der polnischen Bevölkerung (38,7 Mio.) multipliziert mit der polnischen Erwerbsquote in Höhe von 41,1 Prozent, bezogen auf 40,5 Millionen Erwerbspersonen in Deutschland (vgl. Bauer/Zimmermann 1999, S. 45; DIW Droth/Grimm/Haase 2000, S. 22 u. 78; Statistisches Bundesamt 2000a, S. 101).

Aus grenzüberschreitender Arbeitsteilung resultieren einerseits erhebliche Wohlfahrtsgewinne, die auf die Nutzung komparativer Kostenvorteile und auf Skalenerträge zurückzuführen sind. Der intensivere Wettbewerb senkt die Preise für lokale Güter, die zu Einkommenseffekten bei der örtlichen Bevölkerung und über günstigere Vorleistungen auch bei den lokalen Unternehmen führen (vgl. Scharr/Untiedt 2001, S. 228). Andererseits bestehen Arbeitsplatz- und Einkommensrisiken, insbesondere für Beschäftigte in regional ausgerichteten und arbeitsintensiven Betrieben in lohnkostensensiblen Bereichen, die überwiegend Dienste anbieten, die von Berufstätigen mit regional einfach transferierbaren Qualifikationen erbracht werden. Dies trifft vor allem auf den Bausektor zu, was die Erlassung des Arbeitnehmerentsendegesetzes erklären mag. In vielen anderen Bereichen aber wird für Polen die Möglichkeit bestehen, ihre Dienste als Selbständige anzubieten, womit eine Ausweitung des Entsendegesetzes ins Leere liefe. Generell aber können Dienstleistungen von polnischen Firmen erheblich billiger angeboten werden als von deutschen. Denn sowohl der Unternehmerlohn als auch der Lohn für die eigenen Arbeitnehmer haben sich weder an deutschen Tarifverträgen noch an dem „richterlichen Mindestlohn" zu orientieren, solange die Beschäftigten nur vorübergehen in Deutschland tätig werden (vgl. Ribhegge 2000, S. 43). Die Einkommensrisiken erwachsen aus der erhöhten Konkurrenz, die Arbeitsplatzrisiken aus betriebs- bzw. auftragsbedingten Freisetzungen oder Unternehmensschließungen.

Das Handwerk ist in Deutschland vergleichsweise stark reguliert, so daß die berufsfachlichen Qualifikationen nicht ohne weiteres aus Polen nach Deutschland transferiert werden können. Allerdings dürfen EU-Ausländer auch ohne einen Meisterbrief in Deutschland einen Handwerksbetrieb eröffnen, wenn sie in einem Unionsland mindestens sechs Jahre selbständig gewesen sind (vgl. Ribhegge 2000, S. 43).

Im Bereich der qualifizierten und unternehmensorientierten Dienstleistungen, für deren Erbringung landes- und regionalspezifisches Wissen vonnöten ist, wird die Erweiterung dagegen zu Wachstumsimpulsen führen. Zu diesen Dienstleistern zählen Architektur- und Ingenieurbüros, Unternehmens- und Rechtsberatungen sowie das Immobilienwesen. Allerdings sind jene in den ostdeutschen Grenzregionen im Vergleich zum Bundesdurchschnitt um etwa ein Drittel weniger stark vertreten, so daß hier hinsichtlich der gesamten Dienstleistungsbranche eine für den Wettbewerb mit den mittel- und osteuropäischen Staaten ungünstige Wirtschaftsstruktur vorherrscht. Für die im ostdeutschen Grenzraum relativ zahlreich vorhandenen Kantinen, Straßengüterverkehrsunternehmen, Kurier- und Schutzdienste, in Gebäudereinigungs-Unternehmen sowie im Baugewerbe und auch in prosperierenden Sektoren wie dem Gesundheitswesen sind infolge der Osterweiterung Lohndruck, Freisetzungen und Schließungen wahrscheinlich, wenn Unternehmen nicht vor den neuen Konkurrenten geschützt werden (vgl. Scharr/Untiedt 2001, S. 218ff.; Ribhegge 2000, S. 44).

Der Befund des vergangenen Unterkapitels wird nach den Überlegungen zur Dienstleistungsfreiheit untermauert. Es zeigt sich, daß neben den Arbeitnehmern auch die Dienstleister in Grenzregionen vermutlich stärkerem Konkurrenzdruck ausgesetzt sein werden als in grenzfernen Regionen. Damit besteht die Gefahr, daß in einigen Bereichen Arbeitsplätze abgebaut oder die Löhne unter Druck kommen werden, je nach Flexibilität der Arbeitsmärkte. Bei der Empfehlung zum Übergangsregime sollte die Dienstleistungsfreiheit entsprechend berücksichtigt werden.

8.4 Zwischenfazit

Die erweiterungsbedingten Herausforderungen für die ostdeutschen Regionen an der polnischen Grenze gehen eher vom Pendelwesen und der Niederlassungsfreiheit als von Migration aus. Ostdeutschland und insbesondere der über eine ca. 250 Kilometer lange Grenze mit Polen verbundene brandenburgische Grenzraum sind wirtschaftsgeographisch als strukturschwache Räume zu bezeichnen: Die Arbeitslosigkeit ist auch im Landesvergleich hoch, lohnkostensensible Branchen wie das Baugewerbe sind überdurchschnittlich stark vertreten, die meisten Beschäftigten im Verarbeitenden Gewerbe gehen Fertigungstätigkeiten nach, die hergestellten Güter sind international wenig wettbewerbsfähig und die weltwirtschaftliche Integration der Betriebe ist entsprechend gering. Das endogene Potential der zumeist kleinen Unternehmen muß vor dem Hintergrund der geringen Forschungs- und Entwicklungstätigkeiten als begrenzt bezeichnet werden. Im Dienstleistungsbereich sind unternehmensorientierte und qualifizierte Anbieter, für die im Zuge der Osterweiterung mit Wachstumsimpulsen gerechnet wird, deutlich unterrepräsentiert. Die Mehrzahl der Dienstleister ist ungünstig für den Wettbewerb mit polnischen Anbieten aufgestellt. Hier wird es im Zuge der Niederlassungsfreiheit zu Lohndruck und betriebsbedingten Kündigungen kommen.

Die prognostizierten Pendelraten in diese Räume übersteigen die Migrationsraten um mehr als das Doppelte. Die Pendelreichweiten liegen bei den für den Grenzraum relevanten Tagespendlern bei ca. 150 Kilometern. Aus den fünf grenznahen polnischen Wojewodschaften mit ihren insgesamt 3,2 Millionen Einwohnern läßt sich ein Potential in Höhe von ca. 30.000 Pendlern ableiten, die in den ostdeutschen Grenzregionen Arbeit anbieten werden. Darüber hinaus dürften viele Menschen nach Berlin einpendeln, das verkehrsmäßig gut erreichbar ist und im Gegensatz zu den brandenburgischen Grenzregionen zahlreiche Beschäftigungsmöglichkeiten eröffnet. Auf die grenznahen brandenburgischen Kreise werden sich die Pendler ungleichmäßig verteilen. In Abhängigkeit von der Agglomerationsgröße, der Wirtschaftsstruktur, den Entfernungen und der Verkehrsanbindung können die Pendler bis zu zehn Prozent der heimischen Arbeitskräfte ausmachen und die Spannungen auf den Arbeitsmärkten erhöhen.

D. Was ist zu tun?

„Die Pyrenäen sind etwas anderes als die Oder" (Verheugen 2001a, S. 70).

9 Zur Ausgestaltung des Übergangsregimes im Bereich der Arbeitnehmerfreizügigkeit in Deutschland

Um die letzte zentrale Frage der Arbeit zu beantworten, sollen in diesem Kapitel Hinweise zur Ausgestaltung des Übergangsregimes im Bereich der Arbeitnehmerfreizügigkeit gegeben werden. In Anlehnung an Fijalkowskis (1994, S. 114) Frage: „Wie hätten eine sowohl realistisch-zweckrationale als auch eine moralisch-wertrationale politische Orientierung und ein entsprechendes Verhalten gegenüber dem wachsenden Zuwanderungsinteresse auszusehen?" werden Hinweise aus mehreren Sichtweisen gesucht. Zunächst sollen Erkenntnisse der Ökonomie als ‚positiver' Wissenschaft berücksichtigt werden[65]. Das bedeutet, daß die Aussagen unabhängig davon Geltung besitzen, ob sie mit den Wertvorstellungen der Wissenschaftler oder anderer Personen vereinbar sind oder nicht. Weil es sich bei der Ausgestaltung der Arbeitnehmerfreizügigkeit um ein Politikum handelt, werden auch integrationspolitische und somit wertrationale (normative) Aspekte beachtet. Um zu vermeiden, daß Vorschläge erarbeitet werden, die politisch nicht umzusetzen sind, werden die institutionellen Aspekte einbezogen, welche die potentiellen Handlungsoptionen beschränken. Sie resultieren aus dem EU-Entscheidungsverfahren im Bereich der Erweiterung der Union. Anschließend werden die Positionen bzw. Vorschläge zur Ausgestaltung des Übergangsregimes im Bereich der Arbeitnehmerfreizügigkeit zusammengetragen. Dabei werden die Stellungnahmen der beteiligten Akteure sowie die Vorschläge aus der Wissenschaft umrissen. Vor dem Hintergrund der Ergebnisse dieser Arbeit wird schließlich ein eigener Vorschlag zur Ausgestaltung des Übergangsregimes abgeleitet.

9.1 Positive Aspekte und Optionen zur Begrenzung der Arbeitnehmerfreizügigkeit

Deutschland ist wie die meisten Unionsstaaten aus verschiedenen, teils demographischen, teils ökonomischen Gründen auf Einwanderung angewiesen. Auch für die EU als Ganzes stellt Immigration einen entscheidenden Faktor dar, um die Integration real zu vollenden.

Bekanntlich bietet Immigration ihrem Zielraum eine Reihe von Chancen. So können Beschäftigungslücken geschlossen werden, wenn einige Tätigkeiten nicht mehr von Einheimischen angeboten werden. Bei legaler Beschäftigung entlasten Einwanderer

---

[65] Zur Positiv-Normativ-Unterscheidung vgl. Erlei 1994 oder Kap. 2.2 bei Luks (1999).

die Sozialversicherungssysteme. Migranten können prinzipiell aufgrund niedrigerer Lohnforderungen die Produktionskosten der Unternehmen senken und tragen somit zur Stärkung ihrer internationalen Wettbewerbsfähigkeit bei. Die Konsumnachfrage seitens der Migranten sowie die damit verbundenen Steuereinnahmen führen zu einer Ausweitung der Produktion. Immaterielle Vorteile ergeben sich aus der kulturellen Öffnung der Gesellschaft (vgl. Angenendt 1999, S. 855 sowie Kap. 6).

Im Zentrum ökonomischer Betrachtungsweisen zur Ausgestaltung der Arbeitnehmerfreizügigkeit steht die Kosten-Nutzen-Analyse. Demnach sollte Immigration ohne Einschränkungen gewährleistet werden, solange die Grenzproduktivität der Migranten im Zielraum höher ist als die marginalen Integrationskosten. Übersteigen die marginalen Integrationskosten den Grenznutzen der Migration, sollen Mittel ergriffen werden, die ein höchstmögliches Effizienzniveau gewährleisten, d. h. die Zuwanderung nur so stark beschränken, bis die Gleichheit der marginalen Kosten und Erträge gewährleistet ist.

Die Integrationskosten resultieren vor allem aus der ungleichen Verteilung der Kosten und des Nutzens aus Immigration unter den Akteuren im Zielraum. Denn die Umverteilung von Renten könnte zu sozialen Spannungen führen, deren soziale Kosten in das ökonomische Kalkül Eingang finden müssen. Zu den Gewinnern werden insbesondere die Kapitaleigner zählen, die Arbeitnehmer insgesamt als Verlierer zu betrachten ist jedoch vor dem Hintergrund der vorangegangenen Kapitel falsch. Vielmehr haben nicht alle deutschen Arbeitnehmer nach Einführung der Arbeitnehmerfreizügigkeit eine stärkere Konkurrenz durch die Bewohner der Beitrittsländer zu befürchten. Für die betroffenen Gruppen wird es in erster Linie zu Lohndruck kommen, negative Auswirkungen auf ihre Beschäftigung werden eher die Ausnahme bleiben. Mittelfristig sind Vorteile für alle Beschäftigten zu erwarten. Gleichwohl prägen die potentiellen Verlierer die öffentliche Meinung. Je stärker sie polarisieren, desto größer werden die Vorbehalte und damit auch die Integrationskosten im Zielraum der Migration. Neben den Integrationskosten entstehen Kosten infolge einer höheren Nachfrage nach öffentlichen Gütern.

In der Vergangenheit hat sich gezeigt, daß die Angleichung von Faktorpreisen eher über den Handel von Gütern- und Dienstleistungen sowie über Kapitaltransfers erfolgt und weniger über Wanderungsbewegungen von Arbeitnehmern (vgl. Straubhaar 1994c, S. 210). Maßgeblich verantwortlich dafür sind Markteintrittshemmnisse für Migranten in Form administrativer Formalitäten, mangelnder Sprachkenntnisse, unterschiedlicher Bewerbungsverfahren sowie Diskriminierungen, die sowohl rationalen (vgl. Kap. 4 und 7) als auch irrationalen Erwägungen in Form einer diffusen Abneigung gegenüber Ausländern entstammen[66]. Insoweit wäre Handelspolitik, die den Handel zwischen den Wirtschaftsräumen fördert, die beste Migrationspolitik. Den Nutzen spüren alle Beteiligten, mögliche Risiken für einheimische Arbeitnehmer wirken hinreichend indirekt, so daß ein Zusammenhang zwischen Lohndruck oder Gefährdung des Arbeitsplatzes und der Osterweiterung für die Mehrzahl der Betroffenen nicht nachvollziehbar wäre (vgl. Eichengreen 1994, S. 14f.). Alternativ wären Investitionen in den Beitrittsländern wichtig, um das Migrationspotential zu verringern. Denn ohne umfassende Investitionen in den Kapitalstock bestehen für qualifizierte Menschen weniger Möglichkeiten, in ihrem Land angemessen beschäftigt zu werden (vgl. OECD 1997, S. 65).

Unter demographischen Gesichtspunkten wird in Deutschland ab den Jahren 2010 bis 2015 mit einem Zuwanderungsbedarf von etwa 400.000 Personen jährlich gerechnet (vgl. Kap. 6.4). Bei der Diskussion um den Einwanderungsbedarf sind indes die Qualifikationen der potentiellen Zuwanderer zu berücksichtigen. Verfügen Migranten nur über geringe Qualifikationen oder arbeiten sie an Arbeitsplätzen mit einem geringen Wertschöpfungsgrad, so belasten sie den Sozialstaat, weil sie insgesamt mehr (staatliche) Leistungen in Anspruch nehmen als sie erwirtschaften (vgl. Angenendt 1999, S. 852f.).

Generell bestehen fünf Möglichkeiten, die Arbeitnehmerfreizügigkeit auszugestalten (vgl. Europäische Kommission 2001b, S. 18ff.):

1. Sofortige, volle Implementierung der Arbeitnehmerfreizügigkeit
2. Sicherheitsklauseln
3. Flexible Übergangsbedingungen
4. Kontingentierung/Quotensystem
5. Temporäre Aussetzung der Arbeitnehmerfreizügigkeit.

Option eins muß unter ökonomischen Gesichtspunkten als „First-best-Lösung" bezeichnet werden, weil die Möglichkeiten der allokativen Verbesserung, die der gemeinsame Markt bietet, sofort und umfassend genutzt werden können. Illegale Beschäftigung würde vermindert und die Beitrittsverhandlungen beschleunigt. Nachteilig ist, daß keine Absicherung gegen arbeitsmarktliche Verwerfungen im Zielraum bestünden. Die in der Öffentlichkeit geäußerten Befürchtungen würden ignoriert, was die

---

[66] Dabei zeigt die Statistik, daß Arbeitslosigkeit nicht mit dem Ausländeranteil korreliert, eher im Gegenteil: diejenigen Länder Europas mit dem höchsten Ausländeranteil (Luxemburg, Schweiz) melden die geringste, jene mit dem niedrigsten Anteil (Spanien, Finnland) die höchsten Arbeitslosenquoten. Ein Umkehrschluß ist jedoch nicht angezeigt (vgl. OECD 1997, S. 38f.).

soziale Integration erschweren könnte (vgl. Europäische Kommission 2001b, S. 18ff.). Auch für die Beitrittsländer können Übergangsfristen von Vorteil sein. Denn im Lichte der New Economic Geography steht zu befürchten, daß sich die Gegensätze zwischen Zentrum (Deutschland) und Peripherie (Polen) bei einem freien Spiel der Marktkräfte weiter verstärken, was den wirtschaftlichen Aufholprozeß der Peripherie bremst (vgl. Kap. 6.2).

Sicherheitsklauseln erlauben die vorläufige Anwendung des Acquis mit all ihren allokativen Vorteilen. Gleichzeitig besteht die Möglichkeit, Maßnahmen zu ergreifen, wenn immigrationsbedingt nennenswerte Störungen auf dem Arbeitsmarkt auftreten bzw. aufzutreten drohen. Um Willkürakte zu vermeiden, könnte der Rückgriff auf die Sicherheitsklausel beschränkt werden. Möglich wäre eine vorherige Zustimmung oder Anhörung der Kommission. Sicherheitsklauseln erfordern eine permanente Beobachtung des Arbeitsmarktes und bergen aufgrund von „Timelags", die sich aus der Statistik und der Problemerkennung ergeben, das Risiko, Fehlentwicklungen zu spät entgegenzuwirken. Schließlich könnte ein Regime der zunächst völligen Freizügigkeit trotz Sicherheitsklauseln in der öffentlichen Meinung als zu weitreichend angesehen werden (vgl. Europäische Kommission 2001b, S. 19).

Flexible Übergangsbestimmungen erfordern bi- oder multilaterale, zeitlich befristete Vereinbarungen, die aufgrund ihrer inhärenten Möglichkeiten der Feinsteuerung attraktiv erscheinen. Die Unübersichtlichkeit, die sich aus einer Vielzahl unterschiedlicher Arrangements ergibt, muß jedoch als nachteilig bezeichnet werden. Denn integrationspolitisch ist zu bedenken, daß die EU als zentraler Bezugsrahmen an Bedeutung verliert. Eine Sektorialisierung der Verfahren reduziert die Möglichkeit, integrationsförderliche Verhandlungspakete zu schnüren; Gewinner und Verlierer sind bei eindimensionalen Verhandlungen eher auszumachen, wodurch die Akzeptanz der Union leiden würde. Die Suche nach funktional angemessenen, sektoriell und zeitlich begrenzten Teilabsprachen zwischen einigen Unionsstaaten, wird auch als ein „Europa à la carte" bezeichnet (Wessels/Jantz 1997, S. 358). Ex ante festgelegte Zeitpunkte von Überprüfungen der Bestimmungen bzw. eine zeitliche Befristung der Maßnahmen würde dazu beitragen, die Nachteile zu vermindern.

Eine Kontingentierung ließe die Einwanderung nach dem Prinzip des „first come, first served" solange zu, bis eine ex ante festgelegte Zahl von Immigranten erreicht ist. Die Festsetzung des Kontingents könnte (integrations-) politischen, ökonomischen, sozialen oder demographischen Erwägungen folgen. Quoten spezifizieren die Aufteilung des Kontingentes auf Wirtschaftsbereiche, Herkunfts- bzw. Zielregionen oder auf Berufe. In den USA orientieren sich die Quoten am Herkunftsland, im Commonwealth und in der ehemaligen Communauté française nach historisch-politischen Erwägungen, in Kanada und Großbritannien erfolgt eine Quotierung nach Berufen bzw. Berufsausbildungen. Dabei konzentriert sich die Einwanderung insbesondere unter dem Aspekt „ökonomischer Nützlichkeit als Reservearmee des Arbeitsmarktes" (Gusy, 1994, S. 230). Der wesentliche Vorteil von Kontingenten und Quotenregelungen liegt in der Vermittlung eines Gefühles der Sicherheit und Planbarkeit unter der Bevölkerung in den heutigen Unionsstaaten. Allerdings sind Quoten ein recht inflexibles Instrument, das überdies mit erheblichem administrativen Aufwand verbunden ist. Ferner steht ein Abgleiten der nicht mehr einwanderungsberechtigten Migranten in die Schattenwirtschaft zu befürchten (vgl. Europäische Kommission 2001b, S. 23). Trotz dieser Nachteile findet eine differenzierte Vorgehensweise, die auf Quoten, Branchen- oder Sektorenvereinbarungen basiert und an die Wirtschaftsentwicklung gekoppelt ist, insbesondere in der Wissenschaft Anklang (vgl. Duszczyk 2001, S. 71 oder Blaschke 1997, S. 36).

Die vollständige (temporäre) Aussetzung der Arbeitnehmerfreizügigkeit stellt die restriktivste Möglichkeit dar. Innerhalb einer bestimmten Frist dürften keine Arbeitnehmer aus den Beitrittsländern eine Beschäftigung im Raum der heutigen EU aufnehmen. Befürchtungen um Lohn und Arbeit innerhalb der Unionsbevölkerung wären somit zumindest temporär hinfällig. Ferner wäre diese Möglichkeit mit sehr geringen Verwaltungskosten verbunden (vgl. Europäische Kommission 2001b, S. 24). Jedoch muß insbesondere bei dieser Option auf die drohende Schwarzarbeit hingewiesen werden, die aus ihr erwachsen könnte. Ferner bringt sich der Zielraum der Migration um die ökonomischen Vorteile der Einwanderung, auf die bereits an anderer Stelle eingegangen worden ist (vgl. Kap. 6). Schließlich bestünde kein Anreiz, längst überfällige Arbeitsmarktinstitutionen zu überdenken und zu reformieren. Gusy (1994, S. 235) bemerkt in diesem Zusammenhang: „Das Menetekel der viel kritisierten ‚Festung Europa' [...] läßt sich auf Dauer nicht mit Einwanderungskontingenten und -quoten verhindern. Statt rein defensiver Problemfernhaltung ist hier offensive Problemlösung gefragt". Dies gilt um so mehr, als daß sich der wirtschaftliche Konvergenzprozeß zwischen den Unionsländern und den Beitrittsländern und damit auch die „Gefahr" der Immigration noch über mehrere Jahrzehnte hinziehen wird.

Generell implizieren restriktive Politiken zwar geringe von der Statistik ausgewiesene Migrantenströme. Über die absolute Anzahl der Einwanderer, die dann überwiegend in der Schattenwirtschaft Beschäftigung fände, läßt sich indes keine verläßliche Aussage treffen (vgl. Pugliese 1992, S. 169). Problematisch ist in diesem Zusammenhang, daß bestimmte Gruppen wie Kleinunternehmen und landwirtschaftliche Betriebe zu einer auch illegalen Beschäftigung von Ausländern neigen, die nur schwer umfassend zu kontrollieren wären (vgl. Biffl 1991, S. 6).

9.2 Normative Aspekte

Die Freizügigkeit der Arbeitnehmer besitzt einen ökonomischen, einen politischen und einen sozialen Aspekt (vgl. Duszczyk 2001, S. 70). Der ökonomische Aspekt ist im Verlauf dieser Arbeit bereits hinreichend erörtert worden. Selbst seitens der Wirtschaftswissenschaften wird aber die politisch-normative Dimension der EU-Osterweiterung erkannt: „Eastern enlargement is not really about transfers and narrowly defined economic benefits. Eastern enlargement is an essential pillar in Europes`s post-Cold War architecture" (Baldwin/Francois/Portes 1997, S. 168). Gusy (1994, S. 223) warnt davor, die Meinung der Ökonomen und Demographen über die der Bürger zu stellen. Migration und ihre Auswirkungen auf Wohnungen und Arbeitsmarkt seien als politische Fragen zu verstehen und als solche zu diskutieren.

Politisch steht Migration in einem Integrationsraum in einem Spannungsfeld, das auf der einen Seite durch „the main economic purpose of the postwar international order – to promote exchange" und andererseits durch „the national perquisites of sovereignty and citizenship" gekennzeichnet ist (Hollifield 1992, S. 568). Entsprechend sollten zwei wesentliche Prinzipien bei allen Maßnahmen berücksichtigt werden: Sie sollten zeitlich begrenzt sein und den gemeinsamen Acquis möglichst nicht nachhaltig entgegenlaufen (vgl. Europäische Kommission 2001b, S. 19). Die Extrema möglicher Übergangsregime, „vollständige Abschottung" und „laisser faire", werden mit Hinweis auf irreguläre Einwanderung und dem Geist des Binnenmarktes bzw. mit Hinweis auf gesellschaftliche Spannungen und Gewalt nicht als wünschenswert erachtet (vgl. Münz 1995, Abs. 4.3.1).

Grenzregionen können eine Vorreiterrolle in der Lösung praktischer Fragen des europäischen Integrationsprozeß einnehmen, wodurch ihnen eine besondere Bedeutung als Bindeglied zwischen neuen und alten Mitgliedstaaten zufällt (vgl. DGB 2001, S. 3). Die Überstrapazierung dieser Räume bzw. ihre Erwartung würde die Akzeptanz für die Erweiterung schmälern und aufgrund der Ausstrahlungswirkungen auf die jeweiligen Staaten und auch auf die Union die Integration nachhaltig lähmen. Hillman (1994, S. 286f.) geht weiter und sieht bei einer Erweiterung ohne Übergangsbestimmungen in einem für die Bürger sehr relevanten Politikbereich wie der Arbeitnehmerfreizügigkeit die Gefahr, daß „totalitarian movements may arise and the rule of law and democratic institutions may be threatened". In jedem Fall wirken sich die Konsequenzen verfrühter oder verfehlter Beitritte „nachhaltig auf die Funktionsfähigkeit und die Stabilität der Union aus". Dies liefe den Gründen für die Etablierung der EU und für ihre Erweiterung, nämlich die Zivilisierung von Konflikten bzw. die Stärkung politischer und wirtschaftlicher Transformation, zuwider (Wessels 2000, S. 39f.). Freudenstein und Tewes (2001, S. 4) äußern hinsichtlich befürchteter Anfeindungen der Migranten durch die Einwohner im Zielgebiet zuspitzend, „Übergangsfristen seien nicht dazu da, die deutschen Arbeitnehmer vor der EU-Osterweiterung zu schützen, sondern die EU-Osterweiterung vor den deutschen Arbeitnehmern".

Auch die soziale Dimension der Zuwanderung steht in einem Spannungsverhältnis, nämlich zwischen den Wünschen der Bevölkerung im Zielraum und denen der Migranten. Letztgenannte finden häufig nicht angemessen in der Diskussion Eingang, was mittel- bis langfristig sowohl seitens der Betroffenen als auch seitens der bereits in der Union lebenden Ausländer zu Ressentiments gegenüber den heutigen Unionsbürgern führen kann. Zumindest sollten Migranten die Möglichkeit haben, im Integrationsraum einer legalen Beschäftigung nachzugehen. Auch der Nachzug noch im Ausland lebender Familienmitglieder von Migranten, die in der Union eine Arbeitserlaubnis besitzen, sollte ohne Auflagen möglich sein. Andererseits darf die Immigration für die Bewohner des Zielraumes nicht mit unzumutbaren Einschränkungen verbunden sein. Unter diesen Bedingungen sollte die Integrationsfähigkeit in den Zielgebieten gewährleistet sein. Das Postulat, humanitäre Gründe bei der Migrationspolitik zu berücksichtigen, wie es Gusy (1994, S. 237) generell fordert, dürfte für die Staatsangehörigen der Beitrittsländer belanglos sein. Denn alle Staaten, die der EU beitreten, haben die Kopenhagener Kriterien zu erfüllen, zu denen Rechtsstaatlichkeit und das Demokratiegebot zählen.

Übergangsfristen sind ein oft eingesetztes Instrument der Gemeinschaftspolitik, die bereits bei früheren Erweiterungen in verschiedensten Politikbereichen zur Anwendung gekommen sind. Sie bedeuten keine Diskriminierung der davon betroffenen neuen Mitgliedstaaten. Sie sollen vielmehr sicherstellen, daß die Integration möglichst reibungslos verläuft. So haben die Bereiche des Arbeitsmarkts, in denen möglicherweise mit einem beträchtlichen Zustrom von Arbeitnehmern aus den neuen Mitgliedstaaten zu rechnen ist, Zeit, sich darauf einzustellen. Dies ist nicht zuletzt ein wichtiges Mittel, um die größtmögliche Akzeptanz der Erweiterung in der Öffentlichkeit sicherzustellen, auch in den Beitrittsländern: „Wenn die Kandidaten der Meinung wären, daß Übergangsfristen ein Europa erster und zweiter Klasse schaffen, würden sie ganz gewiss nicht 500 Anträge auf Übergangsfristen gestellt haben" (Verheugen 2001a, S. 69). Dennoch konzediert der für die Osterweiterung zuständige Staatsminister im Auswärtigen Amt, Christoph Zöpel, daß Übergangsfristen angesichts der heiklen innenpolitischen Debatte über ausländische Arbeitnehmer ein Beschwichtigungscharakter zufällt, um Ängste und Widerstände in der Bevölkerung abzubauen: „Besser ein Jahr längere Fristen als Demonstrationen in Frankfurt an der Oder" (zit. in Koch 2000, o. S.).

9.3 Institutionelle Aspekte

Obwohl schon die Vorbereitung und die Herstellung von politischen Entscheidungen auf der nationalstaatlichen Ebene nicht immer einfach zu erfassen ist und Dutzende von Büchern füllen, erscheinen sie im Vergleich zum politischen System der Europäischen Union ungleich einfach zu durchschauen. Ein Einstieg in die Diskussion liefert bereits die Frage nach dem Wesen der Europäischen Union. Einigkeit besteht lediglich darin, daß es sich bei der Union nicht um einen Staat im klassischen Sinne handelt. Vielmehr wird ihr ein „sui generis-Charakter" zugeschrieben (Isensee 1995, S. 567). Auf der Suche nach einem „Begriffsraster für ein Unikat" (Isensee 1995, S. 585) werden Etiketten wie „Staatenverbund" (Bundesverfassungsgericht 1994, Rn. 90), „Zweckverband" (Isensee 1995, S. 583) und Konkordanzsystem (Hrbek 1993, S. 85), Neologismen wie „Civitas Europea" (Schneider 1995, S. 677), und „quasi-state" (Wallace 1996, S. 451) oder Umschreibungen wie „less than a federation – more than a regime" und „post sovereign arrangement" (Schmitter 1996, S. 220) bemüht, um nur einige zu nennen. Die Zuordnungsprobleme erwachsen aus den staatlich geprägten Denkmustern: „Das eigentliche Defizit nicht nur der politikwissenschaftlichen Integrationsforschung besteht darin, daß sie über politische Ordnung und die kollektive Organisation des Allgemeinen jenseits der vertrauten Ordnungssysteme ‚Staat' und ‚Staatenwelt' nicht nachzudenken vermag, weil die Denkmuster in den Sozialwissenschaften wie in der Rechtswissenschaft in diesen in der Neuzeit geprägten Ordnungsstrukturen der Moderne eingefangen sind und ihnen deshalb schon die Begrifflichkeiten fehlen, ein Regieren jenseits der Staatlichkeit zu konzeptualisieren" (Jachtenfuchs/Kohler-Koch 1996, S. 30).

Die Verortung des politischen Entscheidungsprozesses „jenseits der Staatlichkeit in der Europäischen Union" (Jachtenfuchs/Kohler-Koch 1996, S. 39) deutet auf eine neue politische Organisationsform hin. Jene ist geprägt durch Regieren in einem „dynamischen Mehrebenensystem", das von einer Auflösung der „territorialen Kongruenz von politischer Herrschaft, Wirtschaftsorganisation, rechtlicher Verfassung und gesellschaftlicher Selbstdefinition" gekennzeichnet ist (Jachtenfuchs/Kohler-Koch 1996, S. 15 u. 34). Der politische Entscheidungsprozeß läßt sich nicht mehr einer einzigen (staatlichen) oder auf zwei Ebenen (in föderal organisierten Staaten), geschweige denn einem bestimmten Organ bzw. Akteur zuordnen. Vielmehr sind die Zuständigkeiten vertikal zwischen den Mitgliedstaaten und der Union sowie horizontal zwischen den EU-Organen vermischt bzw. „fusioniert" (Wessels 1999, S. 334). Aus den fusionierten Entscheidungsgewalten erwachsen politische Beschränkungen. Um jene zu identifizieren, müssen die Akteure, die bei der Herstellung von verbindlichen Entscheidungen mitwirken, identifiziert und die einschlägigen Entscheidungsverfahren zwischen den EU-Organen umrissen werden.

Auf der europäischen Ebene finden sich sowohl nationalstaatlich als auch supranational geprägte Organe. Erstgenannte vertreten erstrangig die Interessen der in der Europäischen Union zusammengeschlossenen Nationalstaaten, Letztgenannte sind nationenunabhängig und als im Dienste der Gemeinschaft stehend konzipiert. Zu den wesentlichen supranationalen Organen gehören das Europäische Parlament, die Europäische Kommission und der Europäische Gerichtshof. Letzterem kommt hinsichtlich der Erweiterung der Union allenfalls mittelbare Bedeutung zu, weswegen von einer Beschreibung abgesehen wird.

Das Europäische Parlament umfaßt 626 direkt von den Unionsbürgern gewählte Vertreter. Die Zahl der in jedem Mitgliedstaat gewählten Abgeordneten soll eine angemessene Vertretung der Völker sicherstellen (Art. 190 Abs. 2 EGV). Diese äußert sich in einer Vielfalt von (nationalen) Parteien, denen die Gewählten angehören. Ideologisch nahestehende nationale Parteien bilden auf europäischer Ebene neue Parteien. Jene „tragen dazu bei, ein europäisches Bewußtsein herauszubilden und den politischen Willen der Bürger der Union zum Ausdruck zu bringen" (Art. 191 EGV). Der EGV weist dem Europäischen Parlament eine nach Politikfeldern abgestufte (Co-) Legislativfunktion zu. Neben einer Kontroll- und Interaktionsfunktion nimmt das Europäische Parlament auch eine zwar generell eingeschränkte, im Lichte dieser Arbeit jedoch wichtige Systemgestaltungsfunktion wahr. Denn ohne Zustimmung des Parlamentes kann kein Staat der Union beitreten (vgl. Wessels 1999, S. 340; Art. 49 EUV).

Die Europäische Kommission setzt sich aus zwanzig Mitgliedern (Kommissaren) zusammen, von denen jeder Mitgliedstaat mindestens einen Kommissar stellt. Das Europäische Parlament muß dem Kollegium zustimmen. Dabei achtet es insbesondere darauf, daß die Kommissare „ihre Tätigkeit in voller Unabhängigkeit zum allgemeinen Wohl der Gemeinschaften aus[üben]" (Art. 213, Abs. 2 EGV). Die Kommission nimmt drei Hauptfunktionen wahr: Sie dient aufgrund ihres Initiativmonopols als Motor der Integration. Eine Kontrollfunktion kommt ihr bei der Überwachung der Verträge zu. Schließlich trifft sie im Rahmen ihrer Befugnisse als Exekutive verbindliche Durchführungsbeschlüsse und verhandelt im Auftrag des Rates internationale Abkommen (vgl. Wessels 1999, S. 336). Auch im Erweiterungsprozeß ist die Kommission eingebunden (vgl. Abb. 15).

Zu den Organen auf europäischer Ebene, die in erster Linie die Interessen der Mitgliedstaaten vertreten, zählen der Europäische Rat und der Rat der Europäischen Union.

In Erstgenanntem kommen die Staats- und Regierungschefs sowie der Präsident der Kommission zusammen. Sie werden von den Außenministern der Mitgliedstaaten und einem Kommissionsmitglied unterstützt. Der Europäische Rat wird im Abschnitt zu den Gemeinsamen Bestimmungen im Rahmen des EUV erwähnt und nicht im EGV. Er steht somit „oberhalb der Europäischen Gemeinschaft und damit außerhalb der konstitutionellen checks and balances durch Parlament und EuGH“ (Wessels 1999, S. 341). Dem EUV zufolge gibt der Europäische Rat „der Union die für ihre Entwicklung erforderlichen Impulse und legt die allgemeinen politischen Zielvorstellungen für diese Entwicklung fest“ (Art. 4 EUV). Die Freizügigkeit von Personen und die Einführung einer europäischen Staatsbürgerschaft bezeichnet der Europäische Rat 1990 auf dem Gipfel von Rom als primäre Aufgabe der Gemeinschaft (vgl. Angenendt 1999, S. 857). Tatsächlich wirkt der Europäische Rat als „konstitutioneller Architekt, als Leitliniengeber und als oberstes Entscheidungsgremium“ (Wessels 1999, S. 341). Letztgenannte Funktion meint, daß Beschlüsse über wichtige und kontroverse Sachverhalte insbesondere finanzieller und institutioneller Natur vom Europäischen Rat de facto selbst gefaßt werden. Für Fritzler/Unser (2001, S. 41) ist der Europäische Rat somit „inzwischen de facto das einflussreichste Gremium der Union“. De jure verbindliche Entscheidungen hingegen verabschiedet er für die Gemeinschaft in keinem Fall selbst.

Dies erfolgt im Legislativverfahren, in dem neben dem Europäischen Parlament maßgeblich der Rat der Europäischen Union involviert ist. Der Rat verfügt in den Politikfeldern der Europäischen Gemeinschaft zumeist über die endgültige Beschlußbefugnis. Er kann jedoch in der Regel nur auf Grundlage eines Kommissionsvorschlages tätig werden und muß seine Entscheidungsgewalt mehr oder minder stark mit dem Europäischen Parlament teilen. Daneben vereint das Gremium exekutive Befugnisse auf sich, die es entweder selbst ausüben kann oder der Kommission zur Durchführung überläßt (vgl. Art. 202 EUV). Der Rat besteht aus je einem Minister jedes Mitgliedstaates. In den meisten Fällen hat der Rat mit qualifizierter Mehrheit zu entscheiden. Für diesen Fall werden die Stimmen jedes Ministers nach einer machtpolitisch motivierten Arithmetik unterschiedlich stark gewichtet (vgl. Fritzler/Unser 2001, S. 52f.). In Bereichen, die als besonders wichtig gelten, entscheidet der Rat einstimmig. Entscheidungen von konstitutioneller Reichweite wie z. B. auch Beitrittsabkommen, müssen darüber hinaus in allen Mitgliedstaaten ratifiziert werden (vgl. Wessels 1999, S. 344).

Für die Erweiterung der Europäischen Union ist Artikel 49 EUV einschlägig (vgl. Abb. 16). Demnach können beitrittswillige Staaten einen Antrag an den Rat der Europäischen Union richten; „dieser beschließt einstimmig nach Anhörung der Kommission und nach Zustimmung des Europäischen Parlaments, das mit der absoluten Mehrheit seiner Mitglieder beschließt.“ Die Aufnahmebedingungen, z. B. die Arbeitnehmerfreizügigkeit betreffend, werden „durch ein Abkommen zwischen den Mitgliedstaaten [vertreten durch den halbjährlich rotierenden Ratsvorsitz] und dem antragstellenden Staat geregelt. Das Abkommen bedarf der Ratifikation durch alle Vertragsstaaten gemäß ihren verfassungsrechtlichen Vorschriften“.

Abb. 16: Erweiterung der Union (Verfahren in Anlehnung an Art. 49 EUV)

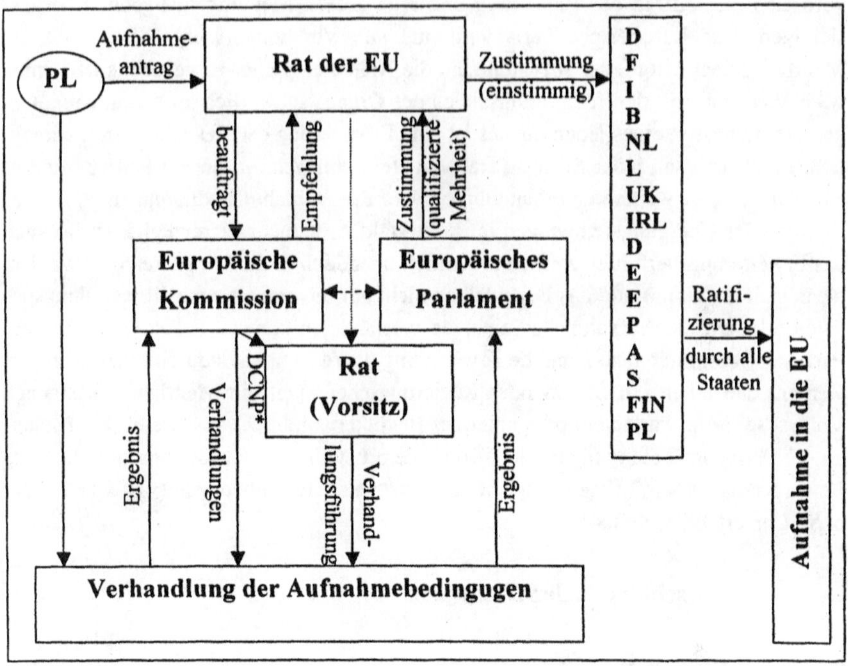

* Entwurf der gemeinsamen Verhandlungsposition (Draft Common Negotiation Position).

Quelle: eigene Darstellung.

In der Verfassungswirklichkeit wird die Kommission aufgewertet. Einerseits ist sie durch den Europäischen Rat aufgefordert worden, die Beitrittsreife der Bewerberländer zu prüfen. Andererseits wird sie durch den Rat ermächtigt, einen Großteil der Verhandlungen mit den Beitrittsländern zu führen. Dabei muß sich die Kommission innerhalb des gemeinsamen Standpunktes bewegen, der im Einvernehmen mit den nationalen Regierungen (vertreten durch den Ratsvorsitz) und nach Konsultation des Europäischen Parlamentes entwickelt wird. Indem der Rat die Grenzen dessen aufzeigt, was mit den Unionsstaaten machbar ist, wirkt er als Leitliniengeber für die gemeinsame Position. Der Kommission nimmt die Rolle des Ideengebers und Vermittlers ein.

Obgleich beide supranationalen Organe, die Kommission und das Europäische Parlament, in das Erweiterungsprozedere eingebunden sind, kommt den Nationalstaaten eine offensichtlich überragende Bedeutung bei der Erweiterung zu. Zwar erarbeitet die Kommission einen Entwurf der gemeinsamen Verhandlungsposition und verhandelt auch selbst mit den Mitgliedstaaten – die Verhandlungsführung bleibt allerdings bei ihnen, vertreten durch den semesterweise rotierenden Ratsvorsitz. Die Kommission wird also im Auftrag des Rates tätig und muß dessen Meinung maßgeblich berücksichtigen. Das Europäische Parlament muß den Verhandlungsergebnissen mit der Mehrheit seiner Mitglieder zuzustimmen, die Ablehnung einer Erweiterung der Union wäre allerdings mit den Integrationszielen des Organs schwerlich zu vereinbaren. Gegen die Interessen eines jeden Staates ist eine Erweiterung der EU schlechthin unmöglich: Zunächst kann jeder Staat im Rat sein Veto einlegen, in diesem Falle kommt es gar nicht erst zu weiteren Verhandlungen über die Aufnahmebedingungen, z. B. hinsichtlich der Übergangsregelungen im Politikfeld Arbeitnehmerfreizügigkeit. So kann das Erweiterungsverfahren zeitlich prinzipiell unendlich in die Länge gezogen werden, wenn sich die Union und das Beitrittsland nicht auf die gemeinsame Verhandlungsposition oder auf die Aufnahmebedingungen verständigen können. Selbst wenn Rat und Parlament zustimmen, so kann die Erweiterung überdies noch dadurch hinausgezögert werden, daß allein ein Staats- oder Regierungschef nicht die Mehrheit des eigenen Volkes, sei es im Parlament oder unter der Bevölkerung, hinter sich weiß. Denn solange die Aufnahmebedingungen nicht von jedem beteiligten Staat – einschließlich des Bewerberstaates – ratifiziert sind, bleibt Letztgenannter außen vor (vgl. EU 2001d, o. S.; Lippert 1998, S. 224).

9.4 Vorschläge in der Diskussion

9.4.1 Deutschland

In Kenntnis dieser Zusammenhänge versuchen viele EU-Staaten häufig bereits im Vorfeld der Erweiterung Junktims durchzusetzen, d. h. zwei Politikfelder, die eigentlich unabhängig voneinander zu behandeln sind, miteinander zu verknüpfen. Selbst wenn ein Unionsstaat also keine Nachteile nach Einführung der Arbeitnehmerfreizügigkeit erwartet, eröffnet sich ihm die Möglichkeit, aus einer starken Position heraus Verhandlungspakete zu schnüren. Das Europäische Parlament hebt in diesem Zusammenhang hervor, daß „der Beitritt nicht von Fragen abhängig gemacht werden darf, die derzeit zwischen den Mitgliedstaaten strittig sind“, weil „die Erweiterung wirtschaftliche und politische Vorteile bringen wird, die jeweils größer sind als die Haushaltskosten“ (EP 2001, Abs. 14).

Als Beispiel für ein Junktim seien die (erfolgreichen) Bemühungen Spaniens genannt, sich auch nach seinem Beitritt in die Europäische Währungsunion Gelder des Kohäsionsfonds über das Jahr 2000 hinaus zu sichern, obgleich das Ziel dieser Zahlungen, die Beitrittsfähigkeit zur Währungsunion zu beschleunigen, seit 1999 nachweislich erreicht ist. Die Zustimmung zu dem deutschen Wunsch nach einer Übergangsfrist im Bereich Arbeitnehmerfreizügigkeit (ein wesentlicher Bestandteil der gemeinsamen

Verhandlungsposition) wird verknüpft mit der Forderung einer Garantie der Zahlungen aus den Struktur- und Kohäsionsfonds über 2006 hinaus (vgl. Hoenig 2001, S. 8). Ähnlich verhalten sich Frankreich, das die gemeinsame Agrarpolitik zementieren möchte und Österreich, wo die regierende FPÖ sowie einige Landespolitiker des Koalitionspartners ÖVP verlauten lassen, ein Referendum über die Erweiterung zu beantragen, sollte das Atomkraftwerk Temelin in der Tschechischen Republik nicht stillgelegt werden. Bekannt ist dabei, daß die Mehrheit der österreichischen Bevölkerung die Schließung Temelins befürwortet und damit in letzter Konsequenz auch ein Beitrittsveto Österreichs erzwingen würde (vgl. Kattinger 2001, S. 5). Spanien gibt schließlich nach zunehmender Isolierung unter den Unionsländern nach und läßt verlauten, daß es den Erweiterungsprozeß nicht aufhalten werde (vgl. Koch/Proissl/Schäfer 2001, o. S.).

Konkrete Vorschläge zur Ausgestaltung des Übergangsregimes im Bereich der Arbeitnehmerfreizügigkeit seitens der EU-Mitgliedstaaten stammen von den vermeintlich am stärksten betroffenen Ländern Deutschland und Österreich, die sich insbesondere um die Beschäftigten in ihren Grenzregionen sorgen. In seiner Rede am 18. Dezember 2000 anläßlich einer Regionaltagung in Weiden (Oberpfalz) sagte Bundeskanzler Schröder: „Wenn man hier ist, wenn man mit Abgeordneten redet, dann merkt man auch, dass sich viele Sorgen wegen der Erweiterung machen, Handwerksmeister ebenso wie Arbeitnehmerinnen und Arbeitnehmer – Sorgen, auf die die Bundesregierung reagieren wird.“ Allerdings erkennt die Bundesregierung, daß ab dem Jahr 2010 eine demographisch bedingte Verringerung des Erwerbspersonenpotentials in Deutschland spürbar wird und insbesondere qualifizierte Menschen aus anderen Ländern benötigt werden: „Was jetzt also Druck auf den Arbeitsmarkt ausübt und was der eine oder andere als Belastung empfindet, wird ab 2010 bittere Notwendigkeit für uns sein, wenn wir unseren Wohlstand beibehalten wollen.“ (Schröder 2000, o. S.).

Noch vor der Bundesregierung haben die Grenzregionen Deutschlands, Österreichs und Italiens in zwei Konferenzen die Chancen und Herausforderungen der Osterweiterung erörtert. Aus der zweiten Konferenz am 24. und 25. Juli 1998 ist der „Hofer 20-Punkte-Katalog zur EU-Erweiterung“ hervorgegangen. Die Entschließung gilt gleichzeitig als Forderung der östlichen deutschen Bundesländer (inkl. Bayern). In Punkt vier der Erklärung wird auf die Notwendigkeit von Übergangsregelungen hingewiesen, „um wirtschaftliche und soziale Verwerfungen sowohl in den gegenwärtigen EU-Mitgliedstaaten und ihren Grenzregionen als auch in den Beitrittsstaaten zu vermeiden und dadurch öffentliche Akzeptanz zu sichern.“ Hinsichtlich der Freizügigkeit der Arbeitnehmer und der Dienstleistungsfreiheit halten die Unterzeichner „Übergangsfristen für erforderlich. Nur durch eine länderweise differenzierte Vorgangsweise unter Berücksichtigung des Entwicklungsstandes der Beitrittsstaaten können Verwerfungen aufgrund von kurzfristigen Migrationsbewegungen in der EU [...] ausgeschlossen werden." In Kapitel 2a der Erklärung, das die Freizügigkeit der Arbeitnehmer thematisiert, wird konkretisiert, daß die Arbeitnehmerwanderung erlaubnispflichtig bleiben muß, „damit sie in Abhängigkeit vom Arbeitsmarkt gesteuert werden kann." Gleichzeitig werden in Punkt 15 Fördermaßnahmen gefordert, damit die Grenzregionen „wettbewerbsfähig werden und eine spezifische Standortkompetenz entwickeln. Dazu muß auch die EU in ihrer Verantwortung für das Zusammenwachsen einen Beitrag leisten". Diesbezüglich wird im Folgepunkt ein „Integriertes Konzept zur Förderung der Grenzregionen" vorgeschlagen", das folgende Forderungen enthält: Regionalfondsförderung im Rahmen der ehemaligen Ziele eins und zwei, horizontale Förderinstrumente, Fortführung von Gemeinschaftsinitiativen wie INTERREG, besondere Berücksichtigung bei sonstigen EU-Förderprogrammen, die der Umsetzung von Gemeinschaftspolitiken dienen sowie ausreichende Freiräume zur eigenständigen Förderung der Grenzregionen im Rahmen der EG-Beihilfenkontrolle (Hofer 20-Punkte-Katalog zur EU-Erweiterung 1998, o. S.).

Die Position der Bundesregierung faßt Bundeskanzler Schröder in seiner Weidener Rede zusammen. Er schlägt ein „Fünf-Punkte-Programm zur Freizügigkeit von Arbeitnehmerinnen und Arbeitnehmern" vor:

1. „eine angemessene Übergangsfrist mit einer Beschränkung der Arbeitnehmerfreizügigkeit für sieben Jahre",
2. eine Verkürzung der Übergangsfrist sollte für einzelne Beitrittsländer zugelassen werden; Überprüfungen der Frist könnten nach fünf Jahren erfolgen;
3. auf Antrag kann bereits vor der regulären Überprüfung einzelnen Kandidaten die Möglichkeit zur einseitigen Einräumung eines kontrollierten Zugangs zu den Arbeitsmärkten geprüft werden;
4. innerhalb der Übergangsfrist (insbesondere bei Arbeitskräftemangel) können die Mitgliedstaaten bereits während der Übergangszeit kontrollierte Zugangsmöglichkeiten gemäß nationalem Recht schaffen;
5. eine Einschränkung der Dienstleistungsfreiheit in einzelnen Bereichen der Wirtschaft wie z. B. auf dem Bau sowie im Handwerk, um eine Umgehung der Freizügigkeitsbeschränkungen durch Scheinselbständigkeit zu verhindern.

Durch diese Maßnahmen würden soziale Spannungen durch eine plötzliche, übermäßige Belastung des Arbeitsmarktes verhindert. Ferner sei ein Abfluß von Spezialisten auch nicht im Interesse der beitretenden Länder (vgl. Schröder 2000, o. S.).

Der für die Osterweiterung zuständige Staatsminister im Auswärtigen Amt, Christoph Zöpel, deutet an, wie die von Schröder als vierten Punkt ausgeführten kontrollierten Zugangsmöglichkeiten ausgestaltet werden könnten. Die Übergangsregelung werde flexibel gehandhabt: „Wenn es einen allgemeinen Arbeitskräftebedarf in Deutschland gibt, kann die Frist verkürzt werden, daneben gibt es berufsbezogene Ausnahmen" (zit. in Hanke 2001, o. S.). Konkreter äußert sich Joachim Wuermeling, MdEP. Der Vertreter eines bayrischen Wahlkreises an der tschechischen Grenze fürchtet insbesondere Pendler, die „jenseits der Grenze billig wohnen bleiben, aber bei uns harte Euro verdienen". Er fordert „eine Art Airbag für den Arbeitsmarkt. Für einzelne Arbeitsmarktregionen, Branchen oder Berufsgruppen sollte man längere Übergangsfristen vereinbaren – und dann regelmäßig prüfen, wie lange dieser besondere Schutz notwendig ist" (zit. in o.V. 2001, S. 42).

Für die betroffenen deutschen Bundesländer weisen die Forderungen des Kanzlers in die richtige Richtung. Jedoch liegt ihnen insbesondere etwas an flankierenden finanziellen Maßnahmen für die Grenzregionen, wie schon aus dem Hofer 20-Punkte-Katalog (s. o.) ersichtlich ist. Deswegen haben sich die Europaminister der Länder Bayern, Berlin, Brandenburg, Mecklenburg-Vorpommern und Sachsen schon im September 2000 mit einem Schreiben an die Europäische Kommission gewandt, um Einzelheiten des angekündigten Aktionsprogramms für die Grenzregionen abzustecken. Insbesondere sollen die Verkehrsinfrastruktur ausgebaut und spezifische Bildungsangebote bereitgestellt werden, um die sprachlichen und kulturellen Barrieren im Grenzraum zu überwinden. Andernfalls sei es für deutsche Unternehmen schwer, ihre Güter und Dienste in den mittel- und osteuropäischen Ländern anzubieten, zumal ihre Preise tendenziell höher liegen werden (vgl. Schelter 2001, S. 3f.). Im Juli 2001 hat die Kommission Fördermittel für alle Grenzregionen zwischen Griechenland und Finnland in Höhe von insgesamt 195 Millionen Euro zugesichert. Dies wird gemeinhin, allen voran seitens der bayrischen Staatskanzlei, als „völlig unzureichend" empfunden (vgl. Bayrische Staatskanzlei 2001a, o. S.). Mit Unterstützung des Europäischen Parlaments ist das Programm im November 2001 um immerhin 50 Millionen Euro ausgeweitet worden.

Die Arbeitnehmerfreizügigkeit betreffend fordert Bayern in Person seines Europaministers Bocklet „angesichts der angespannten Arbeitsmarktsituation [in den Grenzregionen] mindestens eine siebenjährige garantierte Übergangsfrist [...]. Andernfalls drohen wirtschaftliche und soziale Verwerfungen vor allem in den Grenzregionen" (zit. in: Bayrische Staatskanzlei 2001b, o. S.). Generell dürfe die uneingeschränkte Arbeitnehmerfreizügigkeit erst dann gewährt werden, wenn sich die wirtschaftlichen Verhältnisse annähern und sich das bestehende Lohngefälle verringert. Die konkrete Begrenzung der notwendigen Übergangsfristen hält der Freistaat derzeit noch nicht für möglich. Gleichwohl wird davon ausgegangen, daß sie „mindestens so lang dauern müssen wie seinerzeit für die ehemaligen Beitrittsländer Spanien und Portugal (7 Jahre)" (Bayrische Staatskanzlei 2000, o. S.).

Die Landesregierung Brandenburg geht nicht davon aus, ein bedeutendes Ziel von Migranten zu sein. Ihre Ziele werden eher in den „wirtschaftlich erfolgreichen Ballungszentren mit hohem Arbeitskräftebedarf" vermutet. Eingeräumt werden indes „erheblich größere Unsicherheiten [...] hinsichtlich möglicher Pendlerbewegungen und, damit verbunden, hinsichtlich des grenzüberschreitenden Angebots lokaler Dienstleistungen" (Landesregierung Brandenburg 2001, S. 7).

Deswegen fordern die ostdeutschen Bundesländer und Bayern Übergangsfristen bei der Dienstleistungsfreiheit in solchen Bereichen, in denen die Arbeitsmarktwirkungen mit jenen der Arbeitnehmerfreizügigkeit vergleichbar sind. Insbesondere regional ausgerichtete, arbeitsintensive, kleine und mittlere Handwerksbetriebe (vor allem im Metall-, Elektro-, Holz-, Bauhaupt- und Baunebengewerbe, bei Reinigungsdiensten und Innendekorateuren sowie im Bereich personenbezogener Dienstleistungen) seien durch zusätzliche Wettbewerber mit erheblich niedrigerer Kostenstruktur in ihrer Existenz bedroht und zu schützen. Um Wettbewerbsverzerrungen und strukturpolitische Verwerfungen in den Grenzregionen zu vermeiden, sollen die EU-Mindeststandards im Sozial- und Umweltbereich auch in den Beitrittsstaaten angewendet werden, bevor die Dienstleistungsfreiheit eingeführt wird. Auch diesbezüglich sei eine konkrete Bezifferung der notwendigen Fristen derzeit noch nicht möglich (vgl. Landesregierung Brandenburg 2001, S. 20; Bayrische Staatskanzlei 2000, o. S.).

Aufgrund ihres Einflusses im politischen Entscheidungsprozeß seien für Deutschland im folgenden noch die Positionen der organisierten Arbeitgeber (BDI, BDA) sowie der Gewerkschaften (DGB) skizziert.

Der Deutsche Gewerkschaftsbund spricht sich erwartungsgemäß für Einschränkungen sowohl der Arbeitnehmerfreizügigkeit als auch der Dienstleistungsfreiheit aus. Die Inanspruchnahme eines Übergangszeitraumes von sieben Jahren muß nach Ansicht des DGB in der alleinigen Entscheidungskompetenz der Mitgliedstaaten liegen. Das bedeutet vor allem, daß die Kommission lediglich über die nationalen Maßnahmen in Kenntnis gesetzt werden muß. Die Überprüfung der Übergangsfristen solle sich an ökonomischen Kriterien sowie an der Arbeitsmarktlage orientieren. Daneben soll sozialer Fortschritt in den Beitrittsländern gefördert und honoriert werden, „die die Tarifparteien und insbesondere die Gewerkschaften handlungsfähig machen" (DGB 2001, S. 3). Wesentlich sind für den DGB komplementär zu den Beschränkungen der Arbeitnehmerfreizügigkeit zu ergreifende Maßnahmen im Bereich der Dienstleistungsfreiheit. Jene eröffne mannigfache grenzüberschreitende Beschäftigungsmöglichkeiten für Arbeitnehmer aus den Beitrittsstaaten. Begründet wird die Forderung mit der Gefahr, daß Dienstleistungsaufträge weitreichend ausgelegt werden und „Scheinselbständigkeit und illegalen Praktiken von Entsendefirmen Vorschub geleistet wird" (DGB 2001, S. 1). Deswegen seien „jegliche Dienstleistungen, die sich in der Praxis rein mit der grenzüberschreitenden Vermittlung von Arbeitskräften beschäftigen [...] den gleichen Übergangsfristen wie die Arbeitnehmerfreizügigkeit unterworfen." Hauptsächlich gelte dies für Leiharbeit, Arbeitnehmerüberlassung, Werkvertragsarbeit (v. a. am Bau, in der Land-, Forst- und Fleischwirtschaft) sowie für die Zeitarbeitsvermittlung. Vorgeschlagen wird, „die Dienstleistungsfreiheit nach Sektoren, Tätigkeit und/oder Regionen differenziert einzuschränken oder ganz auszuschließen" und die in Deutschland geltenden Tarifverträge und Sozialbestimmungen für allgemeinverbindlich zu erklären (DGB 2001, S. 2).

Die deutschen Arbeitgeber hingegen halten siebenjährige Übergangsfristen im Bereich der Arbeitnehmerfreizügigkeit für zu weitreichend. Die „mit der Integration verbundenen Chancen [...] für die wirtschaftliche Entwicklung und die Erhöhung von Wohlstand und Beschäftigung" würden auf diese Weise beeinträchtigt. Eine von der Bundesregierung vorgeschlagene flexible Handhabung der Übergangsfristen wird begrüßt. Der Zuwanderungsdruck wird nach Ansicht der Verbände „abgesehen von möglichen Sonderentwicklungen in den Grenzregionen insgesamt eher begrenzt ausfallen", weil sich die Wirtschaft in den Beitrittsländern dynamisch entwickeln wird (BDA/BDI 2000, S. 2). Grundsätzlich wünschen auch die Arbeitgeber die Kopplung der Arbeitnehmerfreizügigkeit an die Erfüllung des sozialpolitischen Acquis Communautaire. Gleichzeitig diene die Arbeitnehmerfreizügigkeit als „Peitsche" für arbeitsmarkt- und sozialpolitische Reformen, insbesondere hinsichtlich der Sozialhilfe oder der gesetzlichen Sozialversicherung. Auch die Tarifverträge sollten lediglich „echte ökonomische und soziale Mindeststandards" garantieren. Schutzklauseln, die von der Regierung im Falle von Arbeitsmarktproblemen gefordert werden, bezeichnen die Verbände als „Irrweg". Angesichts des Fachkräftemangels werden berufsspezifische Öffnungsklauseln schon innerhalb der Übergangsfristen gefordert. Entsprechend sollten die schon heute existierenden befristeten Beschäftigungsmöglichkeiten für Werkvertrags- und Saisonarbeitnehmer sowie für Grenzgänger, „die sich für beide Seiten grundsätzlich als vorteilhaft erwiesen haben, während der Übergangsfrist fortgesetzt und gegebenenfalls erweitert werden" (BDA/BDI 2000, S. 3f.). Hinsichtlich der Dienstleistungsfreiheit sollten aufgrund des großen Bedarfs an Dienstleistungen grundsätzlich keine Übergangsfristen eingeführt werden. Ausnahmen, die so kurz wie möglich zu halten sind, werden lediglich in sensiblen Branchen und in Grenzregionen zugestanden. Alternativ sollten Schutzklauseln ohne generelle Einschränkungen der Dienstleistungsfreiheit etabliert werden. Jene könnten „im Falle erheblicher Störungen des Arbeitsmarktes [...] für bestimmte Branchen und Regionen ergriffen werden" (BDA/BDI 2000, S. 5).

Polen bezeichnet die Arbeitnehmerfreizügigkeit schon in seinem ersten Positionspapier für die EU-Verhandlungen („Nationale Integrationsstrategie") als eine der kompliziertesten Fragen. Einerseits heißt es, die Arbeitnehmerfreizügigkeit diene der optimalen Allokation der Arbeitskräfte in der Union. Jedoch werden zwei Probleme gesehen: Zum einen sei nicht auszuschließen, daß aufgrund des deutlichen Lohngefälles der Druck auf die Arbeitsmärkte der wohlhabenden EU-Staaten größer werden könnte; zum anderen wird ein „Brain Drain“ in Polen befürchtet, wodurch hier bestimmte Löhne aufgrund der Arbeitskräfteknappheit schneller wachsen würden als die Arbeitsproduktivität. Dennoch reklamiert Polen für sich keine Übergangsbestimmungen im Politikfeld Arbeitnehmerfreizügigkeit und fordert diesbezüglich Reziprozität ein (vgl. Duszczyk 2001, S. 65ff.). Die Forderungen nach Übergangsfristen werden bisweilen als „Heuchelei“ bezeichnet, weil aktuell die Beschäftigung von Osteuropäern häufig auf Grundlage mündlicher Arbeitsverträge, zu niedrigeren Löhnen und jenseits der Sozialversicherung toleriert wird und gleichzeitig solchen Arbeitnehmern Arbeitserlaubnisse ausgestellt werden, die besonders hoch qualifiziert sind, „in die also von Seiten der (armen!) Staaten [...] das meiste Bildungskapital investiert wurde.“ Zuspitzend wird vermutet, die Übergangsbestimmungen dienten einzig dem Zweck „sicherzustellen, dass [...] auch weiter illegal Arbeitnehmer aus den neuen Mitgliedsländern beschäftig[t werden] können“ (Okolski 2000b, S. 30f.).

9.4.2 Europäische Union

Die Arbeitnehmerfreizügigkeit ist als Ziel schon 1957 in den Vertrag zur Gründung der Europäischen Wirtschaftsgemeinschaft aufgenommen worden und für die sechs Gründungsmitglieder seit 1968 Realität. Laut EGV umfaßt sie „die Abschaffung jeder auf der Staatsangehörigkeit beruhenden unterschiedlichen Behandlung der Arbeitnehmer der Mitgliedstaaten in bezug auf Beschäftigung, Entlohnung und sonstige Arbeitsbedingungen“ (Art. 48 EWGV bzw. Art. 39 EGV). Seit 1993 auf Grundlage der Einheitlichen Europäischen Akte von 1986 der Binnenmarkt vollendet worden ist, bezieht sich die Freizügigkeit nicht mehr nur auf Gewerbetreibende und Arbeitnehmer, sondern auf alle Bürger der Union.

Unter Berücksichtigung der Interessen Deutschlands (und Österreichs) hat die Kommission am 11. April 2001 einen Entwurf für die gemeinsame Verhandlungsposition der Union hinsichtlich der Freizügigkeit von Personen erarbeitet, dem der Rat am 30. Mai 2001 im wesentlichen gefolgt ist. Die Verhandlungsposition umfaßt vier Kapitel, die sich auf die gegenseitige Anerkennung von Zeugnissen, auf die Bürgerrechte, die Koordination der Systeme sozialer Sicherung sowie auf die Arbeitnehmerfreizügigkeit (Kapitel 2) beziehen. Nur in letztgenanntem Bereich sind Übergangsbestimmungen vorgesehen; sie gelten mit Ausnahme von Zypern und Malta für alle Beitrittskandidaten. Die allgemeine Freizügigkeit von EU-Bürgern bleibt unberührt, da sich die Übergangsbestimmungen ausschließlich auf die Freizügigkeit der Arbeitnehmer beziehen. Die gemeinsamen Verhandlungspositionen der Europäischen Union werden unter

Rückgriff auf Art. 4 der Verordnung 1049/2001 nicht publiziert. Der Inhalt der Verhandlungsposition läßt sich aber dem schon im Juni 2001 geschlossenen einschlägigen Verhandlungskapitel mit Ungarn entnehmen. Die mit diesem Land getroffenen Regelungen sind zwischenzeitlich mit Ausnahme von Polen, Estland, Rumänien und Bulgarien von den Beitrittsländern akzeptiert worden. Sie haben bezüglich der Arbeitnehmerfreizügigkeit folgenden Inhalt (vgl. BMF 2001, o. S.):

- Die allgemeine Übergangszeit hin zu offenen Arbeitsmärkten dauert fünf Jahre. In dieser Zeit wenden die Mitgliedstaaten ihre nationalen Vorschriften an, welche die Arbeitnehmerfreizügigkeit einschränken können. Jedem Mitgliedstaat steht es aber auf Grundlage bilateraler Verträge frei, seine Arbeitsmärkte schneller zu öffnen. Keinesfalls dürfen die Arbeitsmärkte stärker abgeschottet werden als vor dem Beitritt der Bewerber („standstill clause"). Bilaterale Abkommen der Mitgliedstaaten mit den Beitrittsländern behalten ihre Gültigkeit und können weiterentwickelt werden. Die gegenwärtigen Mitgliedstaaten räumen Staatsbürgern der Bewerberländer beim Zugang zum Arbeitsmarkt eine Präferenz gegenüber Nicht-EU-Bürgern ein („préférence communautaire").

- Vor Ende des zweiten Jahres nach der Erweiterung werden die Wirkungen der Maßnahmen auf Grundlage eines Berichtes der Kommission im Rat erörtert. Die jetzigen Mitgliedstaaten müssen der Kommission daraufhin mitteilen, ob sie die Anwendung der nationalen Maßnahmen fortsetzen möchten. In Abwesenheit solcher Willensbekundungen wird die Arbeitnehmerfreizügigkeit schon zum dritten Jahr ohne Einschränkungen eingeführt.

- Jedes Beitrittsland kann einen weiteren Antrag auf Überprüfung der Maßnahmen stellen. Dabei gilt das zuvor beschriebene Verfahren.

- Fünf Jahre nach dem Beitritt ist eine letztmalige Verlängerung der nationalen Maßnahmen um maximal zwei Jahre möglich, soweit „ernste Turbulenzen" auf dem Arbeitsmarkt bestehen oder befürchtet werden und dies der Kommission mitgeteilt wird. In Ermangelung einer solchen Notifikation wird der Acquis nach fünf Jahren angewendet.

- Jeder gegenwärtige Mitgliedstaat, der Arbeitnehmern aus den Beitrittsländern freien Zugang zu seinem Arbeitsmarkt einräumt, kann innerhalb einer Frist von sieben Jahren nach dem Beitritt in dringenden Ausnahmefällen bei zu begründender Notifikation bei der Kommission den freien Zugang wieder vollständig aussetzen („safeguard clause").

- Der Schlußakte des Beitrittsabkommens soll eine Erklärung beigefügt werden, daß die gegenwärtigen Mitgliedstaaten während des Übergangszeitraums darauf hinarbeiten, den Beitrittsländern schrittweise einen verbesserten Zugang zu ihren Arbeitsmärkten zu gewähren.

Die gemeinsame Verhandlungsposition entspricht also weitgehend den deutschen Forderungen (vgl. Kap. 9.4.1).

Hinsichtlich der Dienstleistungsfreiheit sind in den geschlossenen Kapiteln zur Arbeitnehmerfreizügigkeit zunächst keine generellen Übergangsbestimmungen geplant. Für Deutschland und Österreich ist jedoch vorgesehen, daß die Dienstleistungsfreiheit in spezifischen, sensitiven Bereichen eingeschränkt werden kann. Dies gilt, solange Maßnahmen zur Beschränkung der Arbeitnehmerfreizügigkeit angewendet werden. Nach Notifikation gegenüber der Kommission dürfen flankierende Maßnahmen in sensiblen Dienstleistungsbereichen vorgenommen werden, wenn aufgrund grenzüberschreitender Dienstleistungen in bestimmten Regionen ernsthafte Turbulenzen beobachtet oder befürchtet werden (vgl. BMF 2001, o. S.). Allerdings hat Deutschland „in Übereinstimmung mit der Kommission in einer Protokollerklärung darauf hingewiesen, dass es unter dem Begriff ‚in bestimmten Regionen' auch das gesamte Staatsgebiet verstehen kann" (Landesregierung Mecklenburg-Vorpommern 2001, S. 3). Die Liste der sensiblen Bereiche, in denen nationale Maßnahmen seitens Österreich und Deutschland erlaubt sind, wird dem Verhandlungskapitel beigefügt; sie umfaßt für Deutschland das Baugewerbe, Reinigungsdienste sowie Innendekorateure (vgl. BMF 2001, o. S.).

Im November 2001 sind seitens der Kommission auch allgemeine Übergangsregelungen bei der Dienstleistungsfreiheit vorgeschlagen worden. Demnach sollen die Frachtschiffahrt sowie das Speditionsgewerbe der gegenwärtigen Unionsstaaten voraussichtlich für vier bis fünf Jahre geschützt werden.

Um „Schönheitswettbewerbe" bei der Ratifizierung der Beitrittsverträge in den nationalen Parlamenten zu verhindern, plädiert die Kommission für einen einzigen völkerrechtlichen Erweiterungsvertrag, der von allen Mitglieds- und Beitrittsländern ratifiziert werden muß. Dabei erwartet die Kommission, daß zum Jahr 2004 zehn Bewerber die „Beitrittsreife" erreichen (Scheerer 2001, S. 3). Der Rat fordert hingegen „einen flexiblen Orientierungsrahmen, der bei seiner Umsetzung nach Maßgabe der mit jedem einzelnen Land erzielten Fortschritte angepaßt werden kann. [...] Grundlage für den [...] Abschluß der Verhandlungen sind nämlich die individuellen Leistungen eines jeden Beitrittslandes, was ein differenziertes Vorgehen und die Möglichkeit eines Aufholens gestattet" (Rat 2000, S. 2). Die Chancen der Kommission, eine „große Erweiterungsrunde" zu einheitlichen Bedingungen durchzusetzen, sind vor dem Hintergrund der politischen Machtverteilung als gering einzuschätzen.

Im Lichte der Integrationskosten ist ein schrittweises Beitreten der Staaten positiv zu beurteilen, da sich der Übergangszeitraum auf diese Weise insgesamt verlängert. So erhöhen sich die Prognosen bei Berücksichtigung der Zuwanderung aus Rumänien und Bulgarien deutlich um über 50 Prozent (vgl. Alecke/Untiedt 2001b, S. 339). Ein gemeinsamer Beitritt würde hingegen den Druck erhöhen, sich rechtzeitig auf zukunftsträchtige Berufe hin zu orientieren. Integrationspolitisch kann es durchaus sinnvoll sein, möglichst viele Staaten zusammen beitreten zu lassen, um diskriminierendes und opportunistisches Verhalten seitens jener Staaten zu vermeiden, die als erste beigetreten sind. Sie könnten ihrerseits Junktims aufstellen und mit Blockade der Erweiterung um die übrigen Bewerberstaaten drohen. Diese Gefahr ließe sich indes durch Änderung des Artikels 49 dahingehend vermeiden, daß kein nationales Veto mehr gegen die Erweiterung um einen Staat möglich sein wird. Sollte dies nicht durchsetzbar sein, so besteht weiter die Möglichkeit, in den Erweiterungsverträgen zu verankern, daß Staaten, die eher als andere Bewerber der Union beitreten möchten, bis zum Beitritt der letzten Staaten auf ihr Vetorecht in dieser Frage verzichten.

Das Europäische Parlament betrachtet die Erweiterung der Union als eine „historische Aufgabe" und „historische Chance" [...], um langfristig Stabilität, Sicherheit und Wohlstand für Europa zu sichern" (EP 2001, Abs. Af.). Gleichzeitig erkennt es „besonderen Anpassungsdruck in den Grenzregionen zwischen den derzeitigen und zukünftigen Mitgliedstaaten und fordert hinsichtlich der Freizügigkeit von Arbeitnehmern und Dienstleistungen Übergangszeiten, „um einen dringend notwendigen, sozial verträglichen Integrationsprozess sicherzustellen" (EP 2001, Abs. 34f.). Die Würde der Völker der beitretenden Länder dürfe aber durch „unsensible Forderungen" nie verletzt werden, weswegen die Übergangsfristen stets spezifisch begründet sowie hinsichtlich ihres Geltungsbereiches und ihrer Dauer eingeschränkt werden sollten. Dies gilt auch für zusätzliche Unterstützungsmaßnahmen, die Grenzregionen mit Anpassungsdruck erhalten werden. Auf diese Weise sei eine „schrittweise Anpassung an die vollständige Verwirklichung des Binnenmarktes" ohne gravierende Wettbewerbsverzerrungen zu gewährleisten (vgl. EP 2001, Abs. I; Abs. 37). An einer Zustimmung des Parlamentes zu der Gemeinsamen Verhandlungsposition bzw. zur Aufnahme der Staaten besteht also kein Zweifel.

Die Tschechische sowie die Slowakische Republik, Ungarn, Lettland, Malta und Zypern haben die Verhandlungen über die Freizügigkeit von Personen im Sinne des Kommissionsvorschlags abgeschlossen. Den beiden letztgenannten Staaten, auf die sich die fünf plus zwei Regelung bekanntlich nicht bezieht, wird gestattet, Maßnahmen zum Schutz ihrer Arbeitsmärkte einzuführen (vgl. EurActiv.com 2001, o. S.). Widerstand gegen die gemeinsame Verhandlungsposition der Europäischen Union regt sich indes in Polen und in Slowenien.

Polens Außenminister Bartoszewski lehnt Übergangsfristen ab: „Unsere offizielle Stellung ist, dass wir diese Benachteiligung nur sehr schwer oder überhaupt nicht ertragen können" (zit. in Proissl 2001, o. S.). Folgerichtig wird auch die gemeinsame Position der Europäischen Union in Polen als „völlig unannehmbar" verworfen, weil die Bestimmungen zu weitgehend seien (Duszczyk 2001, S. 75). Allerdings liegt der polnischen Regierung sehr viel daran, bis zum Ende ihrer Amtszeit in die Union beigetreten zu sein. Präsident Kwasniewski läßt vor diesem Hintergrund und in Kenntnis der Vetomöglichkeit jedes EU-Staates erkennen, daß er zu einer Abkehr von seinem als inflexibel kritisierten Verhandlungsstil bereit ist. Realistisch bemerkt er: „Wenn wir zu hart verhandeln, könnte das den Beitritt verzögern" (zit. in Koch 2001, o. S.).

Neben Polen stößt die gemeinsame Verhandlungsposition der Europäischen Union auch in Slowenien auf wenig Gegenliebe. Angesichts einer hohen wirtschaftlichen Dynamik, eines durchschnittlichen Pro-Kopf-Einkommens von 73 Prozent der Europäischen Union im Jahr 2000, einer Arbeitslosenquote in Höhe von nur 6,7 Prozent (1. Quartal 2001) sowie einem Anteil an Armen, der mit 11,3 Prozent unterhalb des deutschen (16%) liegt, seien die ökonomischen Migrationsanreize gering. Zudem sei der Anteil der Eigenheimbesitzer mit 79 Prozent extrem hoch und die Mobilität in der Bevölkerung niedrig, abzulesen an einer Bruttomigrationsrate von 0,9 Prozent. Schließlich finden sich lediglich 758.000 Erwerbstätige unter den ca. zwei Millionen Einwohnern Sloweniens. Paradox wird der Umstand bezeichnet, daß das Land möglicherweise zu den Nettozahlern in der Union gehören, die Freizügigkeit jedoch aus Angst vor Arbeitsmigration nur eingeschränkt gelten wird (vgl. Vrhovec 2001, S. 7).

9.4.3 Wissenschaft

Auch in wissenschaftlichen Beiträgen werden bisweilen Übergangsfristen für die Gewährung der Arbeitnehmerfreizügigkeit gefordert. Geradezu einfältig äußert sich z. B. Kreile (1999, S. 809): „Für die fünf Länder der Zentraleuropäischen Freihandelszone (CEFTA) wird das Migrationspotential auf jährlich 340.000 bis 680.000 Personen geschätzt, [...]. Angesichts der begrenzten Aufnahmekapazität der westeuropäischen Arbeitsmärkte führt deshalb kein Weg an einer langen Übergangsperiode vorbei, in der nur eine begrenzte Freizügigkeit schrittweise verwirklicht wird."

Alecke und Untiedt (2001a, S. 149) bezweifeln zwar einige hohe Schätzungen des Migrationspotentials. Jedoch halten sie „aufgrund der nach wie vor bestehenden Unsicherheit Übergangsbestimmungen nach einer EU-Osterweiterung für sinnvoll, bei denen die volle Freizügigkeit der Arbeitskräfte erst nach einer gewissen Wartezeit gewährt wird". Allerdings vermuten die Autoren, daß sich die Übergangsbestimmungen im Zuge der Einkommenskonvergenzprozesse schnell als überflüssig erweisen. Vor dem Hintergrund dessen, daß erst nach Jahrzehnten mit einer Halbierung der Einkommensdisparitäten gerechnet wird, scheint diese Auffassung allerdings unrealistisch. Deswegen liefe auch der Vorschlag von Wessels (2000, S. 41) im Kern auf eine sehr lange Übergangsfrist hinaus: Um den Anpassungsdruck auf die neuen und ggf. auch auf die alten Mitglieder zu reduzieren, erwägt er flexible Übergangsfristen, die erst dann auslaufen, „wenn eine spezifische Kennziffer beim Indikator Bruttosozialprodukt pro Kopf des EU-Durchschnittes erreicht würde." Forderungen nach einer langen Einschränkung der Arbeitnehmerfreizügigkeit verkennen die demographische Notwendigkeit und die nicht nur hieraus resultierenden wirtschaftlichen Vorteile der Einwanderung. Sie sind daher abzulehnen.

Für Okólski (2001a, S. 34) sind Forderungen nach Übergangsfristen lediglich eine Reaktion auf die öffentliche Meinung, die „genug von Immigranten" hat und entsprechend Handlungsfähigkeit zu demonstrieren versucht. Hinsichtlich der Anzahl der Arbeitskräfte änderten Übergangsperioden nichts, denn „schon jetzt fährt jeder in die Europäische Union, wenn er dort arbeiten will". Gegenwärtig seien diese Arbeitnehmer vielfach in Schwarzarbeit tätig. An einer Legalisierung jener Arbeit sollte den Unionsstaaten jedoch gelegen sein, damit das Steueraufkommen steigt und die Rentenkassen unterstützt werden.

Das ifo-Institut betrachtet Übergangsfristen als eine „Second-best-Lösung". Allerdings seien sie nicht in der Hoffnung zu wählen, die Disparitäten und damit der Wanderungsdruck zwischen den mittel- und osteuropäischen Ländern und der EU nähmen mit der Zeit ab. Vielmehr wird eine temporäre Regulierung des Wanderungsvolumens nur dann befürwortet, wenn die Zeit bis zum Beitritt nicht ausreicht, um politisch die Anpassungsfähigkeit des deutschen Arbeitsmarktes zu erhöhen. Insbesondere dezentralisierte Lohnvereinbarungen, Änderungen beim Kündigungsschutz sowie die Umgestaltung der Lohnersatz- und Sozialleistungen hin zu einer „Welfare to Work" setzen die Forscher auf die Spitze der Agenda. Allerdings besteht dabei das Risiko, daß die Politiker die Themen im Schutz der Übergangsbestimmungen nicht entschieden angehen (vgl. Sinn/Werding 2001, S. 23).

Zur Zeit folgen die Abgabenverpflichtung und der Anspruch auf soziale Leistungen dem Beschäftigungslandprinzip (vgl. Kap. 7.4.2). Dies führt zu einer Verzerrung erwerbswirtschaftlich motivierter Wanderungsentscheidungen, wenn sich die Institutionen der sozialen Sicherung im Zielland der Migration hinsichtlich ihres Umfanges von denen im Quellraum unterscheiden. Wenn die „fiskalische Nettobilanz" der Migranten, die sich aus den empfangenen Sozial- und Infrastrukturleistungen abzüglich aller Finanzierungsbeiträge errechnet, positiv ausfällt, schaffen die so zur Wanderung motivierten Migranten geringere Werte als im Quellraum (Sinn/Werding 2001, S. 24). Für Migranten in Deutschland wird für die ersten zehn Jahre ein durchschnittlicher fiskalischer Nettovorteil von jährlich ca. 2.352 Euro pro Kopf errechnet (vgl. Sinn et al.

2001, S. 227). Abgesehen von allokationstheoretischen Nachteilen führt dies ferner sowohl zu einer negativen Selektion der Einwanderer (vgl. Kap. 3.3.2.1) als auch zu einer daraus möglicherweise resultierenden Erosion des Sozialstaates infolge seiner Überbeanspruchung (vgl. Wissenschaftlicher Beirat 2001, S. 98). Deswegen sprechen sich das ifo-Institut (Sinn et al. 2001, S. 229) sowie der Wissenschaftliche Beirat beim Bundesfinanzministerium für eine verzögerte Gewährung von Sozialleistungen für die Bürger der Beitrittsstaaten aus („verzögerte Integration"). Als Zeitraum schlägt der Beirat fünf Jahre vor (vgl. Wissenschaftlicher Beirat 2001, S. 103f.). Somit werde, so die Fürsprecher, das Recht auf Freizügigkeit im Unionsraum weniger stark eingeschränkt als bei der Einführung von Übergangsfristen für die Arbeitnehmerfreizügigkeit. Den jene bedeuten für den Zielraum einen Verzicht auf mögliche Integrationsgewinne. Ferner wäre eine (temporäre) Aufgabe der Anwendung des Beschäftigungslandsprinzips im Lichte des modifizierten Roy-Modells in der Lage, eine negative Selbstselektion der Migranten zu vermeiden oder zu verringern (vgl. Kap. 3.3.2.1). Schäfer (2001, S. 648) hält diese Frist für „erheblich zu gering", weil die fiskalische Nettobilanz erst nach ca. zwei Jahrzehnten neutral sein wird. Deswegen sei eher eine Übergangszeit „von 20 bis 25 Jahren ins Auge zu fassen, nach der vom Herkunfts- zum Beschäftigungslandprinzip übergegangen werden sollte."

Im Ergebnis ähnlich würde die Harmonisierung der Sozialleistungen wirken. Wenn die Äquivalenz zwischen Leistung und Gegenleistung europaweit einheitlich gehandhabt würde, käme es im Zuge von Wanderungen weder zu allokativen Verzerrungen noch zu negativer Selektion; die Migrationsströme wären gesamtwirtschaftlich effizient. Allerdings scheinen solche Vorschläge angesichts des europäischen Entscheidungsregimes in diesem Bereich – der Rat muß einstimmig entscheiden – illusorisch. Vergleichsweise arme Länder in Europa sähen sich plötzlich Lohnuntergrenzen ausgesetzt, die zu einem deutlichen Anstieg der Arbeitslosigkeit führen würden: „Es gäbe dann viele Mezzogiorni in Europa" (Sinn/Werding 2001, S. 26). Als Konsequenz werden die betroffenen Länder solche Überlegungen im Rat durch ihr Veto blockieren.

Schäfer (2001, S. 646ff.) führt weitere Möglichkeiten an, um Wanderungen, die sich aufgrund verzerrter Anreize durch unterschiedliche steuerfinanzierte Systeme sozialer Sicherung ergeben können, zu vermeiden. Hervorzuheben sind der clubtheoretische und der „Independent-Contractor-Ansatz". Erstgenannter fußt auf Buchanan (1965) und zeigt eine Möglichkeit auf, Verzerrungen der Wanderungsanreize trotz Festhaltens am Beschäftigungslandprinzip zu verhindern: Migranten werden als Personen aufgefaßt, die einem Club beitreten möchten. Für den Club rentiert sich ihre Aufnahme nur dann, wenn die Grenzkosten (hier etwa durch Inanspruchnahme der Sozialversicherungssysteme) unter dem Grenznutzen (z. B. in Form von Sozialversicherungsbeiträgen) ihres Beitritts liegen. Um dies zu garantieren, könnte ein Aufnahmebeitrag erhoben werden, hier mittels einer Kopfsteuer für Migranten. Wenn die Steuer den Nutzenunterschied zwischen den Sozialversicherungssystemen im Quell- und im Zielraum entspricht, würden lediglich effiziente Wanderungen stattfinden (vgl. Schäfer 2001, S. 649). Der „Independent-Contractor-Ansatz" unterstellt, daß der „national und sozialpaternalistisch bevormundete ‚klassische' Arbeitnehmertyp nicht mehr als Leitfigur zukünftiger Sozialpolitik in Europa fungieren kann" (Schäfer 2001, S. 651). Entsprechend rückt das Subsidiaritätsprinzip, nach dem der Arbeitnehmer für die Absicherung gegen soziale Not selber verantwortlich zeichnet, in den Vordergrund. Dabei besteht ein Minimalversicherungszwang zu geringen Prämien. Weitergehende Leistungen hätten in Form einer Höherversicherung zu erfolgen. In diesem Ansatz wäre jeder Migrant gezwungen, bei Arbeitsaufnahme eine private Versicherung nachzuweisen, die dem deutschen Minimalschutz vergleichbare Leistungen garantieren (vgl. Schäfer 2001, S. 650).

Gegen eine verzögerte Integration wird angeführt, daß sie mit einem erhöhten Verwaltungsaufwand verbunden sein wird und funktionierende Amtshilfe voraussetzt. Ferner müßten auch Maßnahmen im Bereich der Besteuerung zwischen den Unionsstaaten abgestimmt werden. Auf jeden Fall müßte neben der einschlägigen Verordnung 1408/71 EWG auch der EGV verändert werden (vgl. Wissenschaftlicher Beirat 2001, S. 104). Ineffiziente Wanderungen könnten zwar unterbunden werden, das bedeutet aber nicht, daß es nicht auch durch effiziente Immigration zu den erwähnten negativen Implikationen für bestimmte Gruppen von Einheimischen kommen kann. Für diese dürfte es unerheblich sein, ob die Migration effizient ist oder nicht. Sobald einige Gruppen Anpassungskosten tragen müssen, werden sie opponieren und die Integrationskosten werden steigen. Aus positiver Sicht übt die verzögerte Integration somit einen gewissen Reiz aus. Spätestens bei Berücksichtigung der normativen Aspekte bedarf sie jedoch flankierender Maßnahmen. Eine von ihnen sind Quoten. Die diesbezüglichen Vorschläge aus der Wissenschaft seien im folgenden vorgestellt.

Das DIW spricht sich dafür aus, sich den Herausforderungen, die in Form von Lohndruck von mittel- und osteuropäischen Arbeitsmigranten nach Gewährung der Arbeitnehmerfreizügigkeit ausgehen, offensiv zu stellen. Dies könne durch eine Flexibilisierung der Arbeitsmarktinstitutionen sowie der sozialen Transferleistungen bewerkstelligt werden (vgl. Boeri/Brücker 2000, S. L). Die Autoren gehen bei ihren Vorschlägen zum einen davon aus, daß die Einkommensdisparitäten zwischen den Beitrittsländern und der EU über einen langen Zeitraum hinweg Bestand haben werden. Zum anderen versuchen sie, Lehren aus der Süderweiterung zu ziehen.

Im Hinblick auf die Übergangsregelungen, die im Falle der Süderweiterung eingeführt worden sind, wird festgestellt, daß es nach Aufhebung der Restriktionen nur zu geringer Emigration aus den neuen Unionsstaaten gekommen ist. Ursächlich hierfür sei die rasche Angleichung der Disparitäten zwischen den Räumen gewesen (vgl. Boeri/Brücker 2000, S. O).

Vor einer Ableitung von Vorschlägen vor dem Hintergrund der Erfahrungen mit der Süderweiterung der Union muß indes gewarnt werden. Denn der Analogieschluß zur Süderweiterung ist aus mehreren Gründen unstatthaft: Viele auswanderungswillige Menschen aus Spanien, Portugal und Griechenland sind in den fünfziger Jahren aktiv rekrutiert worden. Im Zuge des Anwerbestopps 1973 und fallender Nachfrage ging der Zufluß auf marginale Ausmaße zurück. Mit Erlangung des freien Zugangs zu den Arbeitsmärkten der Europäischen Union (nach Ablauf der Übergangsfristen) waren geringere Wanderungsbewegungen zu beobachten als im Zeitraum vor der Beseitigung der Zugangsbarrieren. Dies mag darauf zurückzuführen sein, daß vor dem Beitritt die Arbeitsnachfrage in den Südländern das lokale Arbeitsangebot überstiegen hat. Ursächlich hierfür zeichneten insbesondere ein hohes Investitionstempo und ein starkes Wirtschaftswachstum. Spanien wurde in dieser Zeit gar zu einem Nettoeinwanderungsland. Die Situation der mittel- und osteuropäischen Beitrittsländer unterscheidet sich jedoch in allen genannten Aspekte von jener der Südländer in den achtziger Jahren (vgl. Okólski 2001b, S. 38f.). Die Einführung von Übergangsfristen für südeuropäische Arbeitnehmer muß somit rückblickend eher vor dem Hintergrund der großen arbeitsmarktpolitischen Probleme gesehen werden, mit denen die Haupteinwanderungsländer seit über einem Jahrzehnt konfrontiert waren (vgl. Tuchtfeld 1985, S. 260).

Auch das DIW konzediert, daß die Süderweiterung nicht unmittelbar mit der anstehenden Erweiterung der Union nach Osten zu vergleichen ist, weil die Einkommensunterschiede weit größer sind. Deswegen und nicht zuletzt auch vor dem Hintergrund potentieller Prognoseirrtümer hinsichtlich des Migrationspotentials denken die Autoren über Übergangsfristen nach. Allerdings werden jene Einwanderungen lediglich hinauszögern, verhindern lassen sie sich vor dem Hintergrund des langen Zeitraumes, der bis zur Angleichung der Lebensverhältnisse verstreichen wird, nicht. Denn innerhalb der kommenden 35 Jahre werden sich die bestehenden Einkommensdisparitäten lediglich halbieren. Das Migrationspotential wäre selbst nach einer Übergangsfrist von zehn Jahren fast identisch mit dem heute zu erwartenden. Um das Potential ökonomisch bedingter Immigration nennenswert zu senken, wären Übergangsfristen von mehreren Dekaden vonnöten. Sinnvoller erscheint es dem DIW deswegen, die Arbeitsmärkte schrittweise zu öffnen, z. B. mittels Einwanderungsquoten, um unerwünschte Arbeitsmarkteffekte im Zielraum zu reduzieren (vgl. Boeri/Brücker 2000, S. 130f. und S. 136).

Um sich aber nicht um die Wohlfahrtsgewinne der Immigration zu bringen, sollten „die Quoten großzügig festgelegt werden [und] sollten sich an der Obergrenze der anfänglich zu erwartenden Zuwanderung orientieren" (Brücker/Wiese 2001, S. 6). Die Autoren schlagen die Erteilung von 100.000 Arbeitserlaubnissen vor. Zusätzlich erlaubt dieses Verfahren frühe Rückschlüsse auf das gesamte Ausmaß der Wanderungen. Wenn die Quoten nicht ausgeschöpft werden, befürworten Brücker und Wiese ihre Aufhebung noch vor Ablauf der Übergangsfristen (vgl. Brücker/Wiese 2001, S. 6). Die Folgen einer sukzessiven Einwanderung insbesondere auf die als Hauptbetroffene ausgemachten Industriearbeiter und gering qualifizierte Arbeitskräfte im Dienstleistungssektor, hält das DIW generell für geringer als gemeinhin angenommen, weil sich Migranten vorzugsweise in Wachstumsbranchen und -regionen ansiedeln und sich die Immigration über lange Zeiträume erstreckt; Produktion und Investitionen könnten sich so an das steigende Arbeitsangebot anpassen (vgl. Boeri/Brücker 2000, S. K). Schließlich haben Quoten den Vorteil, daß sie das Einwanderungspotential von Beginn an beschränken. Auch für die Beitrittsländer scheinen Quoten akzeptabel, weil die Gefahr eines massiven „Brain Drains" vermindert wird.

Auch Heilemann, von Loeffelholz und Sieveking (2001, S. 383f.) sprechen sich für eine „Kontingentierung eines wesentlichen Teils der Migration bis ca. 2010" aus. Hinsichtlich des Umfanges der Kontingente halten sie die von der „Süssmuth-Kommission" vorgeschlagenen 20.000 Arbeitskräfte „als entschieden zu gering". Vielmehr weisen die Autoren auf die seitens der aktuellen Rentenpolitik kalkulierten 100.000 – 200.000 Immigranten hin, die zur Stabilisierung des Systems beitragen sollen. Straubhaar (2001, S. 2) zieht die Kontingentierung als „second best" temporären Beschränkungen der Arbeitnehmerfreizügigkeit vor, die er als „third best" bezeichnet.

Angenendt (1995, S. 51) schlägt vor, die Kontingente mindestens über zehn Jahre beizubehalten. Allerdings sollte die Anzahl der Arbeitserlaubnisse bis dahin jährlich zunehmen. Zusätzlich zu den Kontingenten überlegt er, dringend benötigte qualifizierte Facharbeiter gezielt anzuwerben. Diese sollte indes nicht administrativ erfolgen, sondern marktwirtschaftlichen Kriterien unterworfen sein. Beispielsweise könnten Zulassungszertifikate von „interessierten Arbeitgebern gekauft werden". Damit würden abseits der Kontingente lediglich komplementäre Migranten ihre Arbeitskraft im Zielraum anbieten, was ausschließlich positive Arbeitsmarkteffekte nach sich zieht.

Diesen Gedanken nimmt das Institut für die Zukunft der Arbeit (Bauer/Zimmermann 1999, S. 78f.) auf und plädiert für selektive und zeitlich begrenzte Beschränkungen der Arbeitnehmerfreizügigkeit. Die Übergangsregelungen sollten aus der Sicht des Zielraumes der Migration eine positive Selektion der Einwanderer fördern und z. B. lediglich hoch qualifizierte Arbeitnehmer in Bereichen mit Arbeitskräftemangel ohne Übergangsfristen einwandern lassen. Dadurch eröffneten sich auch Beschäftigungsmöglichkeiten für unqualifizierte (einheimische) Arbeitnehmer, wenn unterstellt wird, daß qualifizierte und unqualifizierte Arbeitnehmer in der Produktion komplementär eingesetzt werden.

Im einzelnen könnten die positiven Selektionsprozesse verschiedentlich erreicht werden. In Kanada, Australien und in der Schweiz wird ein „Punktesystem“ angewendet, welches zu einer bedeutenden Zuwanderung Hochqualifizierter geführt hat. Allerdings ist dieses System mit Nachteilen verbunden: Unsystematische Risiken wie Rezessionen können nicht vorausgesehen werden, die den Bedarfsplanungen zugrundeliegenden Arbeitsmarktstatistiken sind schon zum Zeitpunkt ihrer Veröffentlichung veraltet, was zu Fehlsignalen führen kann. Außerdem muß sich ein Arbeitskräftemangel z. B. aufgrund der Bedeutung interner Arbeitsmärkte nicht in amtlichen Statistiken niederschlagen. Angesichts der Tatsache, daß selektive Strategien lediglich innerhalb der beschränkten Übergangsfrist durchgesetzt werden könnten, wäre die Einführung des mit hohen administrativen Kosten verbundenen Punktesystems voraussichtlich nicht rentabel (vgl. Bauer/Zimmermann 1999, S. 79). Eine kostengünstiger zu implementierende Möglichkeit schlagen Heilemann, von Loeffelholz und Sieveking (2001, S. 385) vor. Aus den Kontingenten (s. o.) sollen nur solche Personen eine Arbeitserlaubnis erhalten, die folgenden drei Selektionskriterien genügen: die Zuwanderer sollten zwischen 20 und 40 Jahren alt sein, über eine abgeschlossene Schul- und Berufsausbildung sowie über Sprach- und EDV-Kenntnisse verfügen. Die Kriterien sollen gewährleisten, daß die Migranten lange in die Sozialversicherungskassen einzahlen, sie bildungsfähig sind bzw. sich Bildungsinvestitionen in sie amortisieren. Ferner soll das Risiko der Arbeitslosigkeit gering bleiben.

Alternativ könnten die schon bestehenden bilateralen Programme zur selektiven Beschäftigung von Arbeitnehmern aus den mittel- und osteuropäischen Ländern fortgeführt werden. Im einzelnen bestehen gegenwärtig folgende Möglichkeiten, in Deutschland Arbeit aufzunehmen (vgl. SVR 2000, Rn. 263):

- Studierende dürfen in den Semesterferien einer Arbeit nachgehen,
- Personen aus dem höheren Management erhalten unbegrenzt eine Arbeitserlaubnis,
- bei Entsendung durch ausländische Unternehmen im Rahmen projektgebundener Arbeit werden länderspezifische Kontingente vergeben;
- Saisonarbeiter dürfen bis zu drei Monaten im Gastgewerbe und in der Landwirtschaft arbeiten;

- Pendler dürfen in grenznahen Räumen (bis zu 50 km Abstand) bis zu zwei Tage pro Woche arbeiten[67];
- ausgebildete Arbeiter mit Deutschkenntnissen in einem Alter zwischen 18 und 40 Jahren dürfen innerhalb länderspezifischer Kontingente bis zu 18 Monaten in Deutschland arbeiten, um ihre Qualifikation zu verbessern;
- Krankenschwestern sowie im Rahmen der Green Card Verordnung auch Datenverarbeitungsfachleute dürfen beschäftigt werden.

Insgesamt sind etwa 250.000 Personen im Rahmen der aufgeführten Möglichkeiten in Deutschland beschäftigt. Am bedeutendsten ist der Anteil der Saisonarbeiter (ca. 82%), in weitem Abstand gefolgt von den projektgebunden Eingesetzten (ca. 13%). Die Anzahl der Polen schwankt im Zeitraum seit 1992 zwischen 69.000 und 78.000.

Diese Programme vereinen einige Vorteile auf sich. Zum einen sind sie bereits existent und damit im Vergleich zu einem neu zu implementierenden Punktesystem allenfalls mit geringen zusätzlichen Kosten verbunden. Ferner kann die Zusammensetzung und der Umfang des Migrationsstromes, z. B. durch Anpassung der Kontingente relativ fein gesteuert werden. Rudolph (1996, S. 178) bezeichnet „das kontrollierte Öffnen kleiner Türchen zum deutschen Arbeitsmarkt [...] in vieler Hinsicht [als] eine gute Taktik". Allerdings liegen den Entscheidungen ähnliche Unsicherheiten zugrunde, wie sie oben bei der Diskussion des Punktesystems aufgeführt worden sind. Daneben muß bedacht werden, daß diese Fortschreibung des Status Quo dem fünften in Kapitel 9.1 genannten, restriktivsten Regime gleichkommt. Denn die in den Beitrittsverträgen aufgenommene „standstill clause" (vgl. Kap. 9.4.2) gebietet zumindest die Fortführung schon heute existierender Arbeitsmöglichkeiten für Menschen aus den Beitrittsländern. Mithin kommt diese Option einem weitestgehenden Ausschluß der osteuropäischen Arbeitskräfte gleich, so daß nach Ablauf des Übergangszeitraumes ähnliche Probleme bestehen werden wie heute – nur daß die politischen Handlungsoptionen dann sehr viel beschränkter sein werden.

Durch die in den Beitrittsverträgen verankerte „safeguard clause" haben die Mitgliedsstaaten die Möglichkeit, innerhalb von sieben Jahren nach dem Beitritt einen ggf. eingeführten freien Arbeitsmarktzugang wieder vollständig aussetzen. Allerdings müssen dringende Ausnahmefälle vorliegen und die Kommission über die Gründe in Kenntnis gesetzt werden. Cyrus (2001, Abs. 5) sieht in den Sicherheitsklauseln einen guten Kompromiß zwischen der Wahrung des europäischen Prinzips der Nichtdiskrimierung

---

[67] Der einschlägige § 6, Abs. 1 der Anwerbestopausnahmeverordnung fordert ferner, daß die Pendler ihren Wohnsitz in Polen oder Tschechien haben, die polnische oder tschechische Staatsangehörigkeit besitzen und daß sie in ihrer Heimat keine Sozialleistungen beziehen.

und innenpolitischen bzw. gesellschaftlichen Zwängen. Konkret soll eine potentielle Migrantenbeschäftigung vor ihrer Aufnahme dem örtlichen Arbeitsamt gemeldet werden. Auf Grundlage der Meldungen wird ein monatlich erscheinender Bericht über die Situation auf verschiedenen Teilarbeitsmärkten verfaßt. Wenn branchenspezifische oder regionale Verwerfungen zu beobachten sind, würde für bestimmte Arbeitsmarktbereiche eine Einschränkung ausgesprochen. Das Verfahren gewährt ein hohes Maß an Flexibilität und vermeidet die Nachteile, die sich aus der Starrheit eines Quotensystems ergeben. Allerdings zieht es aufgrund der notwendigen permanenten Marktbeobachtung hohe Verwaltungskosten nach sich. Ferner werden hohe Anforderungen an die Arbeitsmarktstatistik gestellt, die kaum zu erfüllen sein dürften (vgl. auch Kap. 9.1).

Jenseits von Zuwanderungsbeschränkungen, die einer Mengenpolitik gleichkommen, besteht die Möglichkeit der Preispolitik, um die Verlierer der Immigration zu entschädigen und um sicherzustellen, daß nur gesamtwirtschaftlich effiziente Migration stattfindet (vgl. Straubhaar 1997, S. 52ff.). Straubhaar (1994a, S. 90) schlägt hierzu wie dies Heilemann, von Loeffelholz und Sieveking im Zusammenhang mit den Systemen sozialer Sicherung tun, eine Einwanderungsabgabe vor. Mit den Mitteln können einerseits die verschiedenen Assimilierungskosten, u. a. auch in Form von partiell negativen Arbeitsmarkteffekten bestritten werden. Andererseits dienen sie dazu, die Einheimischen für die in der Vergangenheit von ihren Mitteln finanzierten Infrastrukturanlagen zu kompensieren. Die Einwanderungsabgabe könnte entweder bei Eintritt in den Zielraum oder als laufende Abgabe konzipiert werden, wobei eine Zahlung durch Dritte als auch eine Kreditfinanzierung möglich sein sollen.

Auch eine Selektion von Migranten kann mittels Preispolitik erreicht werden, wenn Immigrationsrechte mittels einer Auktion[68] vergeben werden. Dabei orientiert sich die Auswahl der Migranten anhand der Zahlungsbereitschaft von Unternehmen oder von ihnen selbst. Dies würde sicherstellen, daß Migranten einwandern, die im Zielraum der Wanderungen hoch produktiv sind. Denn potentielle Zuwanderer geben nur dann hohe Gebote ab, wenn sie sich gute Verdienstmöglichkeiten im Zielraum versprechen. Darüber hinaus kann das Gesamtvolumen des Wanderungsstromes mittels Kontingentierung der Immigrationsrechte genau gesteuert werden. Wenn sich die Zuteilung anhand der Zahlungsbereitschaft heimischer Unternehmen orientiert und gleichzeitig sichergestellt wird, daß keine geringeren Löhne gezahlt werden als für Inländer, werden Migranten nur dann angeheuert, wenn der heimische Arbeitsmarkt die Arbeitsnachfrage nicht befriedigen kann. In diesem Falle wären weder Substitutionseffekte zu erwarten noch würde das Lohnniveau sinken. Aus den Geboten der Arbeitsnachfrager können

---

[68] Zu den Möglichkeiten der Auktionsausgestaltung vgl. McAfee/McMillan 1987, S. 161ff.

ferner Rückschlüsse auf den kurz- bis mittelfristigen Arbeitskräftebedarf abgeleitet werden. Das System wäre vergleichsweise günstig und gegen veraltete statistische Informationen resistent (vgl. Bauer/Zimmermann 1999, S. 80; Ochel 2001, S. 35f.). Allerdings kann eine positive Selektion durch Auktionen nicht garantiert werden. Insbesondere bei unvollständigen Kreditmärkten ist es möglich, daß „arme, aber hochqualifizierte Bewerber [...] den Kürzeren gegenüber wohlhabenden, aber weniger qualifizierten Personen ziehen" (Ochel 2001, S. 36). Ferner findet die Integrationsfähigkeit der Einwanderer keine Berücksichtigung. Diese Nachteile lassen sich durch eine Kombination des Auktionsmodells mit dem Punktesystem vermeiden, ohne auf die Vorteile der jeweiligen Systeme zu verzichten (vgl. Ochel 2001, S. 37). Das Problem der statistischen Unsicherheiten würde durch die Preisinformationen entschärft, die Integrationsfähigkeit könnte beachtet werden. Die hohen administrativen Kosten des Punktesystems sind der Schwachpunkt dieses Vorschlags.

Fraglich bleibt in allen Fällen der Selektion, ob die Aufenthaltsdauer der Immigranten eingeschränkt werden sollte. Permanente Immigration führt in der Regel dazu, daß die Arbeitnehmer mit ihrer Familie einwandern. Wenn die Selektion sich auch auf qualifizierte Arbeitnehmer beschränken sollte, so dürfte ein Teil der mitgezogenen Familienmitglieder ihrerseits eine Beschäftigung suchen. Wenn es sich bei ihnen jedoch um unqualifizierte Arbeitskräfte handelt, werden die positiven Effekte der Einwanderung Hochqualifizierter zumindest teilweise egalisiert. Dies spräche für eine zeitliche Begrenzung der Aufenthaltsdauer innerhalb der Übergangsfrist. Weil der Wunsch, mit Familie auszuwandern, vermutlich um so stärker ausgeprägt ist, je langfristiger der Auslandsaufenthalt geplant ist, könnten die Regierungen des Zielraumes durch Befristung der Arbeitserlaubnisse den Familiennachzug beschränken, ohne eines größeren Teils des Angebots qualifizierter Migranten verlustig zu werden (Bauer/Zimmermann 1999, S. 79).

9.5 Vorschläge im Lichte dieser Arbeit

Die im folgenden zu präsentierenden Vorschläge beziehen sich auf die Ausgestaltung des Übergangsregimes im Bereich Arbeitnehmerfreizügigkeit in Deutschland. Diskussionsimmanent sollten sie cum grano salis auf die Arbeitnehmer aller Beitrittsländer – und nicht nur auf Polen – angewendet werden[69]. Ferner sollen sie sich innerhalb des Rahmens bewegen, den die EU-Mitgliedstaaten in Form der gemeinsamen Verhandlungsposition beschlossen haben und darüber hinaus folgende Bedingungen erfüllen:

---

[69] Einzelne quellraumbezogene Ausführungsbestimmungen bleiben dabei aber, wie zu zeigen sein wird, unerläßlich.

1. Die Integration zwischen den Beitrittsländern und den bisherigen Unionsstaaten soll vorangebracht werden,
2. Arbeitskräfte in Deutschland sollen vor Arbeitsplatzverlust und Lohneinbußen geschützt werden,
3. bei allen Vorschlägen sind möglichst geringe Eingriffe in die freie Allokation der Arbeit anzustreben.

Die erste Bedingung folgt dem im ersten Artikel des EUV festgeschriebenen Ziel, eine „immer engere Union der Völker Europas" zu verwirklichen. Die zweite Bedingung folgt aus den in Kapitel 9.2 aufgeführten Gründen notwendig aus der ersten. Die dritte Anforderung gewährleistet die Effizienz der Maßnahmen und sorgt dafür, daß die gegebenen Ziele nicht unter unnötig hohen Kosten erreicht werden.

Der zeitliche Rahmen, in dem sich die zu empfehlenden Maßnahmen zu bewegen haben, ist seitens der EU auf sieben Jahre beschränkt worden. Wie dargelegt müßte eine Übergangsfrist, die bis zur Nivellierung der Einkommensdisparitäten zwischen der heutigen Union und den meisten Beitrittsländern Bestand haben sollte, viele Jahrzehnte umfassen. Dies ist nicht mit den Grundsätzen der Union in Einklang zu bringen. Keine Übergangsfrist vorzusehen ist gleichermaßen abzulehnen, weil einige Gruppen von Unionsbürgern, vor allem in Deutschland und Österreich, durchaus mit Nachteilen auf den Arbeitsmärkten zu rechnen hätten. Dies wiederum könnte zu Spannungen führen, die ebensowenig gewollt sein können wie die langjährige Abschottung der Arbeitsmärkte. Beides würde gegen alle drei genannten Bedingungen verstoßen. Aus Sicht der potentiellen Zielräume der Migranten scheint die siebenjährige Übergangsfrist, trotz des dann nicht nennenswert niedrigeren Einkommensdifferentials zwischen Ost und West, insbesondere aufgrund der demographischen Situation klug gewählt.

Einerseits wird die öffentliche Debatte künftig infolge eines rückgängigen heimischen Arbeitsangebots und erheblichen Spannungen in den Sozialversicherungssystemen vermutlich stärker denn je von der Einsicht geprägt sein, daß Zuwanderung wichtig für Deutschland ist. Zugleich werden die Ressentiments gegenüber den Bürgern der Beitrittsländer nach dem Beitritt dieser Staaten voraussichtlich sukzessive sinken, weil sich unter den Übergangsbedingungen keine nennenswerten negativen Arbeitsmarkteffekte zeigen sollten. Schließlich wird ein Gewöhnungsprozeß dahingehend eingesetzt haben, daß die Beitrittsländer nicht mehr als irgendwie fremdartige „Ostblockstaaten" wahrgenommen werden und daß „nach dem Zusammenbruch des realsozialistischen Systems und dem Durchlässigwerden der Grenzen" eben nicht „die Unordnung der Dritten Welt [...] bis an unsere Grenzen gekommen" ist, wie Heinrich (1994, S. 132) die westeuropäische Perzeption umschreibt. Dabei wird die Einsicht erwachsen, daß

Einwohner der Beitrittsländer keine besseren oder schlechteren Europäer sind als man selbst oder als die der nördlichen, südlichen und westlichen Nachbarn.

Auf der anderen Seite werden sich die Beitrittsländer innerhalb dieses Zeitraums dynamischer entwickeln als die heutigen Unionsstaaten. Auch wenn die wirtschaftlichen Disparitäten nur wenig abnehmen werden, steigt mit dem Wachstum doch der „Wert der Bleibeoption“ für die Bevölkerung in den mittel- und osteuropäischen Ländern. Im Lichte der Insider-Outsider-Theorie signalisieren restriktive Maßnahmen innerhalb der Übergangsfristen den Migranten, daß sie nicht willkommen sind. Infolgedessen erhöht sich ihr Reservationslohn, weil sie ein höheres Arbeitsleid infolge schlechter Behandlung durch ihre Kollegen und durch das Umfeld im Zielraum erwarten. Insoweit leistet allein schon die weitschweifende öffentliche Diskussion um die Etablierung von Übergangsfristen und deren Ausgestaltung einen kleinen, unintendierten Schutz der einheimischen Arbeitnehmer.

Innerhalb der maximal siebenjährigen Übergangsfrist bietet sich für die einzelnen Staaten ein erheblicher Handlungsspielraum, um ihre Arbeitsmärkte zu schützen. Er reicht von der Festsetzung des Status Quo bis hin zu einer Aussetzung der Übergangsfristen mit uneingeschränkter Arbeitnehmerfreizügigkeit, wie sie z. B. Spanien von Anfang an gefordert hat.

Von den diskutierten Maßnahmen ist Option eins (sofortige Gewährung der Arbeitnehmerfreizügigkeit) für Deutschland abzulehnen, weil gerade hier seitens der Bevölkerung starke Bedenken geäußert werden. Auch Option fünf, die Beibehaltung des Status Quo während der gesamten Übergangsfrist erübrigt sich, weil Deutschland der gesamtwirtschaftlichen Vorteile der Immigration verlustig würde. Denn die „Türchen“, die den Mittel- und Osteuropäern zum deutschen Arbeitsmarkt weiterhin offenstehen werden, beziehen sich nur auf sehr kleine Gruppen von Beschäftigten.

Die Diskriminierungen, die sich in Folge der Optionen zwei bis vier ergeben, sind in der Lage, einen hinreichenden Schutz für die deutschen Arbeitnehmer zu gewährleisten, die Integration voranzutreiben und zugleich sogar einen Mehrwert für Deutschland zu generieren. Denn Wanderungen führen in ihrem Zielraum zur Ausbildung eines neuen, höheren Wachstumspfades. Ursächlich hierfür sind die kostenminimierende räumliche Verteilung der Produktionsfaktoren, der Abbau von Marktunvollkommenheiten, eine überdurchschnittliche Akkumulation von Humankapital durch Migranten in Verbindung mit ihrer meist hohen Sparquote sowie die einwanderungsbedingte anfängliche Reduktion der Kapitalintensität und Produktivität, die ihrerseits Kapitalinvestitionen nach sich ziehen (vgl. Kap. 6).

Fraglich bleibt, welche der drei generellen Optionen, Sicherheitsklauseln, flexible Übergangsbedingungen oder Kontingente bzw. Quoten, zu wählen ist. An dieser Stelle wird ein Mix dieser Instrumente vorgeschlagen. Vor dem Hintergrund des vierten und fünften Kapitels, in denen gezeigt wird, daß für Angehörige verschiedener Berufe unterschiedliche Migrationsanreize bestehen, liegt es nahe, über berufsspezifische Regelungen nachzudenken. Sektorspezifische Maßnahmen scheinen hingegen unangebracht, weil innerhalb eines Sektors oder selbst innerhalb einer Branche verschiedene Berufe nachgefragt werden.

Die Erteilung einer Arbeitserlaubnis sollte an die Nationalität und an die Berufe gekoppelt werden, in denen die Migranten tätig werden möchten. Die Nationalität muß beachtet werden, weil sich die Qualifikationen bei Wanderungen je nach Quellraum unterschiedlich stark entwerten. Ob die Befunde, die im Rahmen dieser Arbeit für Polen abgeleitet worden sind, auch auf andere Staaten aus der Gruppe der Beitrittsländer übertragbar sind, muß gesondert geprüft werden. Die Aussagen zu den betriebsspezifischen und unspezifischen Qualifikationen gelten bekanntlich für alle Länderpaare. Hinsichtlich der berufsfachlichen Qualifikationen gelten für alle Beitrittsstaaten identische Anerkennungsverfahren. Die Produktionstechnologie dürfte zumindest innerhalb der Länder der ersten Beitrittsgruppe ähnlich sein. Auch betreffend der Allgemeinbildung, der personenspezifischen und kommunikativen Qualifikationen vermutet der Verfasser im Ganzen vergleichbare Ergebnisse, jedenfalls ist diesbezüglich eine erneute Analyse unabdingbar. Es kann durchaus sein, daß die Berufsgruppen, auf die sich die nachfolgenden Äußerungen beziehen, je nach Quellraum unterschiedlich definiert werden müssen.

Für alle Berufe, bei denen ein Grenzübertritt mit deutlichen Entwertung von Humankapital einhergeht (z. B. bei einem QTI < 0), könnten Arbeitserlaubnisse unbeschränkt erteilt werden, weil die Migrationsneigung gering ausgeprägt sein wird. In Kapitel fünf dieser Arbeit werden Kaufleute als Beispiel aufgeführt. Um zu vermeiden, daß es in Berufen, in denen schon heute ein großer Arbeitsangebotsüberschuß besteht (Überschußberufe), zu weiteren arbeitsmarktlichen Verwerfungen kommt, könnten für diese Berufe regionalspezifische Sicherheitsklauseln vorgesehen werden. Allerdings ist in diesen Bereichen nur mit marginaler Einwanderung zu rechnen, weil hier die Migrationsneigung gering ist und die Beschäftigungschancen im Zielraum der Migration bei der Wanderungsentscheidung mit berücksichtigt werden (vgl. Kap. 3.2). Opportunistisches Verhalten ist nahezu ausgeschlossen: Wenn Migrationswillige einen nicht reglementierten Beruf angeben, für den sie nicht qualifiziert sind, werden sie – soweit sie überhaupt eingestellt werden, z. B. aufgrund von Täuschung des Arbeitgebers bei Vertragsabschluß – rasch wieder freigesetzt, weil ihre niedrige Produktivität nach Vertragsschluß innerhalb der Probezeit erkannt werden dürfte.

Bei den Berufen, für die eine neutrale oder hohe Migrationswahrscheinlichkeit abgeleitet wird (z. B. bei einem QTI > 0), kann in Abhängigkeit der Bewerberquote verfahren werden. In Berufen mit niedrigen Bewerberquoten[70] (Mangelberufen wie Datenverarbeitungsfachkräften) sollten die gleichen Bestimmungen wie bei den Berufen mit niedriger Migrationswahrscheinlichkeit (unbeschränkte Arbeitserlaubnis, ggf. mit regionalspezifischen Sicherheitsklauseln) gelten. Bei Überschußberufen und hoher Migrationswahrscheinlichkeit sollte bei der Erteilung von Arbeitserlaubnissen restriktiv vorgegangen werden. Entweder werden (geringe) Quoten (Anteil der Migranten an der berufsspezifischen Erwerbsbevölkerung) vorgesehen oder aber der Zugang zu diesen Berufen wird ganz beschränkt bzw. unter Inländervorrang gestellt. Obgleich die letzten Möglichkeiten vordergründig plausibler erscheinen, sollte auf die Quoten zurückgegriffen werden: Einerseits können sie in Abhängigkeit der Arbeitsmarktlage verändert werden, andererseits gehen von ihnen positive dynamische Effekte auf die von Zuwanderung betroffenen Einheimischen aus. Denn die Perspektive, daß sich die Beschäftigungsmöglichkeiten in ihrem Beruf eher verschlechtern als verbessern werden, dürfte einen zusätzlichen Druck ausüben, sich um- oder weiterzubilden. Die strukturelle Arbeitslosigkeit, die in Deutschland unter allen Arten die bedeutendste darstellt, läßt sich auf diese Weise tendenziell reduzieren. Wichtig ist allerdings, die Quoten ausreichend niedrig zu wählen, um zusätzliche, grobe Arbeitsmarktverwerfungen zu vermeiden, die wiederum die erste der drei eingangs aufgestellten Bedingungen konterkarieren würde. Ferner müssen sie aufgrund der zeitlichen Variabilität der Beschäftigung regelmäßig auf ihre Notwendigkeit hin überprüft werden.

Diese vorgeschlagenen, berufsspezifischen Übergangsregelungen sorgen für einen hinreichenden, wenngleich nicht vollständigen Schutz der einheimischen Arbeitnehmer, weil der gesamte deutsche Arbeitsmarkt prinzipiell mehr oder minder offensteht. Die Chancen, die Immigration ihrem Zielraum bietet, würden weitestgehend genutzt, die Risiken im Vergleich zu einem Laisser-faire deutlich reduziert. Ein Argument, welches gegen berufsspezifische Regelungen vorgebracht werden könnte, liegt in der Gefahr, daß sich sog. „Schweinezyklen“ ausbilden könnten: Die Berufsentscheidungen der Wirtschaftssubjekte orientieren sich an den gegenwärtigen Erfolgserwartungen, die maßgeblich von der aktuellen Arbeitsmarktlage sowie den steuernden Institutionen beeinflußt sind. Das bedeutet, daß sich mittelfristig eine nicht marktkonforme Arbeitsangebotsstruktur herausbildet, wenn die Institutionen entsprechende Anreize setzen. Hinsichtlich der Migranten ist dies nicht zu befürchten, weil die Regelungen auf prinzipiellen Überlegungen zur Transferierbarkeit von Humankapital basieren. Allenfalls im

---

[70] Bewerberquoten sind gegenüber Arbeitslosenquoten resistenter gegen freiwillige Arbeitslosigkeit und somit vorzuziehen. Eine Abgrenzung zwischen Mangel- und Überschußberufen könnte auf dieser Basis mittels eines näher zu bestimmenden Perzentils vorgenommen werden. Zusätzlich sollte jedoch eine absolute Höhe der Bewerberquote festgelegt werden, ab der von Überschußberufen gesprochen wird.

Inland könnten die Regelungen dazu führen, daß deutsche Schulabgänger oder Umschulungswillige Berufe wählen, in denen sie keine Konkurrenz von Migranten zu erwarten haben, sei es, weil die berufsspezifische Migrationsneigung schwach ausgeprägt ist oder sei es, weil enge Quoten den Zuzug limitieren. Vor dem Hintergrund dessen, daß die Übergangsfrist von vorneherein auf maximal sieben Jahre begrenzt ist, dürfte es jedoch nach Ansicht des Verfassers zu keinen nennenswerten, von Schweinezyklen hervorgerufenen Angebotsdistorsionen kommen.

Der vordergründig plausible Vorschlag des ifo, Sozialleistungen für die Migranten aus den Beitrittsländern verzögert zu gewähren, soll im Lichte des siebten Kapitels dieser Arbeit kommentiert werden. Wenn gewünscht ist, das Niveau der sozialen Absicherung für Inländer beizubehalten und schlecht verdienende Gruppen von Arbeitnehmern vor Konkurrenz aus den Beitrittsländern zu schützen, dann wäre hinsichtlich der sozialen Sicherung ein Übergang vom Beschäftigungs- zum Herkunftslandprinzip generell nicht zielkonform. Im Spiegel der Insider-Outsider-Theorie bedeutet eine Abkehr vom Beschäftigungslandprinzip, daß sich die Alternativlöhne von deutschen Langzeitarbeitslosen und polnischen Migranten unterscheiden. Die Polen hätten bei einem Übergang zum Herkunftslandprinzip in Deutschland einen Alternativlohn, der den polnischen Lohnersatz- bzw. Sozialleistungen entspricht und deutlich unter den Ansprüchen der deutschen Arbeitslosen liegt. Infolgedessen werden dann auch die Arbeitnehmer unterer Lohngruppen in vergleichsweise schlecht bezahlten Branchen mit einem erhöhten Lohndruck durch unterbietende Migranten rechnen müssen, die unter dem Beschäftigungslandprinzip zu tieferen Löhnen keine Arbeit angeboten hätten. Damit würde jedoch gegen das Ziel verstoßen, schlecht entlohnte Arbeitnehmergruppen vor ausländischer Konkurrenz und damit vor Lohneinbußen zu schützen. Wenn „ineffiziente" Immigration mittels der Einführung des Herkunftslandprinzips bei der Gewährung von Sozialleistungen vermieden werden soll, ohne die beiden anderen genannten Ziele zu verletzen, müßte z. B. in Form von branchenübergreifenden Mindestlöhnen in den Arbeitsmarkt eingegriffen werden. Allerdings ist dann zu befürchten, daß sich die Arbeitsmarktsituation nachfrageseitig in Form von Freisetzungen von marginalen Arbeitnehmern und verzögerter Neueinstellungen drastisch verschlechtert.

Wie in Kapitel 8 erörtert, sollten sowohl das Pendlerwesen als auch die Dienstleistungsfreiheit bei der Entwicklung des Übergangsregimes berücksichtigt werden, weil von ihnen insbesondere regional konzentrierte Wirkungen auf die grenznahen Arbeitsmärkte ausgehen.

Bezüglich der Pendler ist im achten Kapitel auf die im Vergleich zu Migration stärkere Strapazierung der grenznahen deutschen Arbeitsmärkte hingewiesen worden, die sich vor allem aus einem günstigeren Chance-Risiko-Verhältnis für polnische Pendler ergibt. Hinsichtlich der Entwertung des Humankapitals gilt zwar das gleiche wie bei Migration, die Pendelkosten sind jedoch verglichen mit Migrationskosten geringer. Denn die sozialen Kontakte in der Heimat müssen genauso wenig aufgelöst werden wie die eigene Wohnung. Dies gilt auch für polnische Selbständige, die ihre Dienste in grenznahen Räumen Deutschlands anbieten. Ihre Einkommen orientieren sich an den in Deutschland gezahlten, ihre Lebenshaltungskosten sind jedoch geringer.

Eine einfache Möglichkeit zur Einschränkung des Pendlerwesen liegt darin, nur bei Nachweis des Erstwohnsitzes in Deutschland eine Arbeitserlaubnis zu erteilen (Migrationserfordernis), und zwar nach den gleichen Maßgaben wie für Migranten. Für die Pendler erhöhen sich dadurch die Kosten des Arbeitsangebotes in Deutschland um die Umzugskosten und die Miete einer Wohnung.

Dies würde zwar nicht garantieren, daß viele Polen einen grenzfernen Wohnort wählen. Das Verbot der Ansiedlung in bestimmten Regionen der Union wäre indes nicht mit der Niederlassungsfreiheit zu vereinbaren, die es Unionsbürgern ermöglicht, im Gebiet der Gemeinschaft zu wohnen, wenn sie ihren Unterhalt selbst bestreiten können. Selbst wenn die Menschen ihren Wohnsitz in den Grenzräumen wählen, so würde zumindest ihr Einkommen in Deutschland steuerlich veranlagt, was finanzielle Freiräume für eine Kompensation betroffener Regionen oder Personen schafft. Der Konsum öffentlicher Güter durch Migranten ist mit dem der Pendler zu vergleichen, lediglich im Falle von Arbeitslosigkeit oder anderer sozialer Not würden die öffentlichen Kassen stärker belastet. Vor dem Hintergrund, daß prosperierende Agglomerationsräume – die es an der polnisch-deutschen Grenze nicht gibt – eher gewählt werden als periphere und relativ rückständige Räume, ist zu erwarten, daß die Entscheidung vermeintlicher Pendler, in Deutschland Arbeit anzubieten, ganz überdacht wird oder aber Migration in grenzferne Räume in Erwägung gezogen wird.

Das „Problem" eines erhöhten Arbeitsangebotes würde dadurch nicht gelöst, die regionale Konzentration bzw. das Ausmaß jedoch reduziert. Im Sinne der „standstill clause" würden lediglich Pendler zugelassen, die höchstens zwei Tage pro Woche ihre Arbeitskraft anbieten. Die Erfahrungen mit dieser schon heute geltenden Regelung zeigt, daß keine arbeitsmarktlichen Verwerfungen von ihr ausgehen. Wenn aufgrund der „Migrationserfordernis" (Wohnortswechsel) weniger Polen ihre Arbeitskraft in den Grenzräumen anbieten als nachgefragt wird, können berufsspezifische Pendelerlaubnisse für die volle Woche mittels Auktionen versteigert werden.

Die Migrationserfordernis könnte opportunistisches Verhalten und administrative Probleme nach sich ziehen. Damit sind die wesentlichen Nachteile dieser Regelung genannt. Pendler hätten Anreize, einen Wohnsitz in Deutschland anzumelden, ohne dort zu wohnen. Entweder helfen Netzwerke vor Ort oder die Kosten werden bei kollektiver Anmietung kleiner, unattraktiver Wohneinheiten gering gehalten. Weniger legal aber gleichwohl schwer zu überprüfen wäre die Fälschung eines Mietvertrages. In allen Fällen würde das Arbeitsangebot in den Grenzräumen durch „verkappte Pendler" erhöht. Allerdings eröffnen sich durch die steuerliche Veranlagung in Deutschland auch Kompensationsmöglichkeiten für betroffene Gruppen oder Regionen. Weitere Mißbrauchsmöglichkeiten ergeben sich aus dem Bezug von Sozialleistungen bei gleichzeitiger Erwerbstätigkeit im jeweils anderen Land. Diesbezüglich wäre eine funktionierende Amtshilfe vonnöten, über deren Implementierungsmöglichkeiten nur spekuliert werden kann.

Die Übergangsbestimmungen lassen sich durchaus sinnvoll durch einige Maßnahmen flankieren, die im Hofer 20-Punkte-Katalog seitens der Grenzregionen vorgeschlagenen worden sind. Die Regionalfondsförderung im Rahmen der ehemaligen Ziele eins (strukturschwache Räume) und zwei (Strukturwandel) sollte vor allem die Weiterbildung oder Umschulung in zukunftsträchtige Berufe mit hohem Anteil raumgebundenen Humankapitals beinhalten. Dies hilft, die Nachhaltigkeit der Maßnahmen zu sichern. Die Fortführung des Programmes zur Förderung grenzüberschreitender Kooperation (INTERREG) könnte sich vor allem integrationspolitisch weiterhin als sinnvoll erweisen. Der Vorschlag, den Grenzregionen Freiheiten im Rahmen der EG-Beihilfenkontrolle zu gewähren, wirkt prinzipiell strukturkonservierend und ist als nicht zielkonform abzulehnen. Ohne einen Wandel der Wirtschafts- und Beschäftigungsstrukur wären die Übergangsfristen nicht vertretbar. Sie sollen eine Hilfe zur Selbsthilfe geben, keine Hilfe zur Selbstzerstörung. Mitnahmeeffekte sind bei der „besonderen Berücksichtigung bei sonstigen EU-Förderprogrammen" zu erwarten und somit als der dritten Bedingung widersprechend abzulehnen. Hingegen sollten aus Sicht der „Migrationsprävention" Übergangsfristen im Bereich der Umwelt- und Qualitätsstandards für die Unternehmen der Beitrittsländer in Betracht gezogen werden. Würden die Standards sofort angewendet, könnte dies dazu führen, daß viele Unternehmen schließen müssen, weil sie nicht in der Lage sind, diese zu erfüllen. Das wiederum hat zur Folge, daß sich die Arbeitslosigkeit und mit ihr der Migrationsdruck im Quellraum erhöht. Ähnliche Folgen hätte ein Ausschluß Polens von den Agrarbeihilfen (vgl. Ribhegge 2000, S. 47).

Anläßlich der Überlegungen der Kommission, die Dienstleistungsfreiheit nun doch generellen Einschränkungen zu unterwerfen, sollen an dieser Stelle auch Hinweise zur Ausgestaltung des Übergangsregimes in diesem Politikbereich gegeben werden. Die arbeitsmarktlichen Implikationen der unbeschränkten Dienstleistungsfreiheit sind mit denen der Arbeitnehmerfreizügigkeit wie im Kapitel 8 dargestellt vergleichbar und darüber hinaus regional konzentriert. Die Ergebnisse der vorangegangenen Überlegungen zur Arbeitnehmerfreizügigkeit und zum Pendlerwesen können somit zumindest teilweise Verwendung finden.

Aufgrund der Mißbrauchsmöglichkeiten darf die Dienstleistungsfreiheit generell nicht zu weitreichend definiert werden. Insbesondere die Scheinselbständigen müssen identifiziert und Arbeitnehmern gleichgesetzt werden. Diese Personengruppe wird zur Zeit mit Hilfe der Bestimmungen des § 7 Abs. 4 SGB IV ermittelt. Demnach müssen mindestens drei der nachfolgenden fünf Merkmale vorliegen:

1. Die Person beschäftigt im Zusammenhang mit ihrer Tätigkeit regelmäßig keinen versicherungspflichtigen Arbeitnehmer, dessen Arbeitsentgelt aus diesem Beschäftigungsverhältnis regelmäßig im Monat 325 Euro übersteigt;
2. sie ist auf Dauer und im wesentlichen[71] nur für einen Auftraggeber tätig;
3. ihr Auftraggeber oder ein vergleichbarer Auftraggeber läßt entsprechende Tätigkeiten regelmäßig durch von ihm beschäftigte Arbeitnehmer verrichten[72];
4. ihre Tätigkeit läßt typische Merkmale unternehmerischen Handelns nicht erkennen;
5. ihre Tätigkeit entspricht dem äußeren Erscheinungsbild nach der Tätigkeit, die sie für denselben Auftraggeber zuvor auf Grund eines Beschäftigungsverhältnisses ausgeübt hatte.

Die Übergangsbestimmungen für die Scheinselbständigen wären analog zu denen für Arbeitnehmer in Abhängigkeit von der berufsspezifischen Migrationswahrscheinlichkeit und der Bewerberquote zu wählen.

Aus den Gründen, die hinsichtlich der Pendler aufgeführt worden sind, sollten Polen, die in Deutschland ein Unternehmen gründen möchten, ihren Erstwohnsitz in Deutschland nachweisen. Ansonsten wären die Unternehmen in ihren Dispositionen frei. Jene fielen unter die deutsche Gesetzgebung und Rechtsprechung, so daß keine Dumpinggefahr o. ä. besteht. Denn die Mitarbeiter – Deutsche oder Migranten – müssen zumindest den richterlichen Mindestlohn erhalten. Ferner ist sogar mit der Schaffung von Arbeitsplätzen auch für Einheimische zu rechnen: Wenn Fahrer als Beruf mit hoher Migrationswahrscheinlichkeit eingeschätzt wird und die Bewerberquote gering ist, werden nur wenige Polen eine Arbeitserlaubnis erhalten. Ein neuer Kurierdienst wäre gezwungen, überwiegend deutsche Mitarbeiter einzustellen. Auch wenn Unternehmen unter polnischer Führung aufgrund von Netzwerkeffekten eine wichtige erste

---

71 „Bezüglich der Interpretation des Begriffs „im Wesentlichen" gehen die Sozialversicherungsträger von einer Quote von 5/6 des Umsatzes mit einem Auftraggeber aus" (IHK Ulm 2002, o. S.).

72 „Ein gewichtiges Entscheidungskriterium ist hier, ob der Unternehmer die wirtschaftlichen Chancen und Risiken trägt. Weitere Hinweise sind folgende Kriterien: das Unternehmen besitzt kein Firmenschild oder keine eigenen Geschäftsräume, es hat kein eigenes Briefpapier oder keine eigenen Visitenkarten. Wichtig ist auch, daß das Unternehmen Einkaufs- und Verkaufskonditionen und den Einsatz von Kapital und Maschinen selbständig bestimmt" (IHK Ulm 2002, o. S.).

Anlaufstation für die polnischen Migranten sind, werden jene zumindest mittelfristig zu Unternehmen wechseln, die den höchsten Lohn zu zahlen bereit sind. Dauernde Wettbewerbsvorteile sind entsprechend auch bei Dienstleistern, die unbeschränkt auf Migranten zurückgreifen können, nicht zu erwarten.

Es bleiben die Unternehmer, die ihren Firmensitz in Polen haben, Dienstleistungen in Deutschland anbieten und nicht unter die Scheinselbständigen fallen. Für sie müssen andere Lösungen gefunden werden. Eine oft diskutierte Möglichkeit liegt in der Ausweitung des Arbeitnehmerentsendegesetzes, das sich heute lediglich auf Bauleistungen bezieht. Jenes verhindert bekanntlich die Nutzung von Lohnkostenunterschieden (Arbitrage) innerhalb des Binnenmarktes unter Rückgriff auf den Grundsatz „Gleicher Lohn für gleiche Arbeit“ (vgl. Kap. 7.5.2). Alternativ oder komplementär wäre zu erwägen, die grenzüberschreitende Erbringung von Dienstleistungen innerhalb der Übergangsfrist ganz oder in Teilen zu verbieten. Die Beschränkungen können sich dabei auf bestimmte Tätigkeiten oder auf Regionen beziehen. Allerdings mangelt es nicht nur im Bereich der qualifizierten, unternehmensorientierten Dienstleistungen an deutschem Angebot, sondern auch im Bereich der einfachen Dienstleistungen fehlt es an bezahlbarem Arbeitsangebot. Eine flächendeckende Beschränkung einfacher Dienstleistungen wäre deswegen kontraproduktiv.

Wie in Kapitel 8.3 beschrieben, findet der Wettbewerb zwischen deutschen und polnischen Dienstleistern aufgrund des räumlichen Zusammenfallens von Produktion und Konsum überwiegend in den Grenzregionen statt. Hieraus läßt sich jedoch keine Forderung nach einem grenzraumbezogenen Verbot sämtlicher ausländischer Dienstleistungen ableiten. Denn Konkurrenz haben hier in erster Linie solche Betriebe zu befürchten, die regional ausgerichtet und arbeitsintensiv sind und in lohnkostensensiblen Bereichen Dienste anbieten, die von Berufstätigen mit einfach transferierbaren Qualifikationen ausgeübt werden. Deswegen wird eine Beschränkung der Dienstleistungen analog zur Arbeitnehmerfreizügigkeit vorgeschlagen.

Entsprechend sollten nur solche Dienstleistungen in Grenzregionen reglementiert werden, deren Angebot aufgrund einfacher Transferierbarkeit der benötigten Qualifikationen massiv zuzunehmen droht und die zudem schon heute in ausreichendem Maße angeboten werden. Entweder wird die Erbringung dieser Dienstleistungen hier generell verboten oder die Bestimmungen des Entsendegesetzes auf die entsprechenden Dienstleistungen in den Grenzräumen ausgedehnt. Letztgenannte Möglichkeit wäre das geringere Übel und ist deswegen vorzuziehen. Es bliebe dann den Nachfragern überlassen, bei wem sie die – zu ähnlichen Preisen erstellten – Dienstleistungen beziehen. Es käme zu einen Leistungswettbewerb, der die Konsumenten besser stellt als vorher. Dieser Vorschlag kommt sowohl den Forderungen der Arbeitgeber nach einem zusätzlichem Angebot bezahlbarer Arbeit als auch den Unternehmen in den Grenzräumen entgegen, die mit bedeutender Konkurrenz rechnen müssen. Allerdings kann nicht ausgeschlossen werden, daß sich der Wettbewerb zunehmend auf den informellen, illegalen Markt verlagert (Schwarzarbeit).

Wie auch im Bereich der Arbeitnehmerfreizügigkeit sollte auch bei der Dienstleistungsfreiheit auf eine zeitliche Begrenzung der vorgeschlagenen Maßnahmen hingewirkt werden, um den Wandel der ohnehin suboptimalen ostdeutschen Wirtschaftsstruktur nicht zu lange hinauszuzögern. Die klare Perspektive eines zeitlich begrenzten Schutzes vor Dumping sollte die bedrohten Unternehmen und die in ihnen Beschäftigten zu einer Umorientierung bewegen. Im Lichte der Argumentation zur Begrenzung der Übergangsfrist im Bereich der Arbeitnehmerfreizügigkeit spricht wenig dagegen, auch die Dienstleistungsfreiheit fünf Jahre lang generell und auf Antrag um weitere zwei Jahre einzuschränken.

Mit diesen Ausführungen ist auch die letzte offene Frage an diese Arbeit beantwortet worden. Im nächsten, abschließenden Kapitel folgt eine Zusammenfassung der wichtigsten Ergebnisse und eine abschließende Bewertung der operativen These.

10 Zusammenfassung der Ergebnisse

10.1 Worum ging es?

Die Sorgen der deutschen Bevölkerung, im Zuge der Osterweiterung und der Gewährung der Arbeitnehmerfreizügigkeit ihren Arbeitsplatz zu verlieren oder Lohneinbußen in Kauf nehmen zu müssen, dienten als Motivation und Ausgangspunkt für die vorliegende Untersuchung. Der Arbeit lag folgende operative These (erkenntnisleitende Vermutung) zugrunde:

Die Osterweiterung der EU wird selbst ohne Übergangsfristen keine Migrationsströme aus Polen nach Deutschland auslösen, die hier zu einer spürbaren Verschärfung der Arbeitslosigkeit führen.

Aus der Bedrohungsperzeption bzw. der These ergaben sich die zentralen Fragestellungen:

1. In welchem Ausmaß führt die Osterweiterung der EU zu Arbeitsmigration (aus Polen) nach Deutschland?
2. Welche Bevölkerungsgruppen in Deutschland müssen sich infolge von Immigration aus Polen berechtigte Sorgen um ihren Arbeitsplatz oder Lohn machen?
3. Welches sind die Auswirkungen der Immigration auf die deutschen Arbeitsmärkte?
4. Wie sollte das deutsche Übergangsregime im Bereich der Arbeitnehmerfreizügigkeit ausgestaltet sein?

10.2 In welchem Ausmaß führt die Osterweiterung der EU zu Arbeitsmigration aus Polen nach Deutschland?

Aus den vergangenen zehn Jahren sind mehrere Studien hervorgegangen, die das Einwanderungspotential aus den mittel- und osteuropäischen Ländern in den Raum der Europäischen Union abzuschätzen versuchen. Sie sind im Rahmen des Kapitels 2.2 erläutert worden. Die Ergebnisse der verschiedenen Prognosen unterscheiden sich deutlich voneinander. Dies läßt sich im wesentlichen auf drei Faktoren zurückführen: die berücksichtigten Staaten, die analytische Methode und die Datengrundlage.

Die Spannweite der Schätzungen reicht für die Migration aus allen zehn mittel- und osteuropäischen Beitrittsländern von einer bis zu fünf Millionen Personen innerhalb von 15 Jahren nach Aufnahme in die Union. Die meisten Studien prognostizieren eine kumulierte Zuwanderung in Höhe von zwei bis drei Millionen Menschen. Für das erste Jahr nach einem unterstellten gemeinsamen Beitritt bewegen sich die Einwanderungsprognosen zwischen 77.000 und 1.180.000 Personen. Durchschnittlich wird von einem

Zustrom in einer Größenordnung von ca. 300.000 Migranten ausgegangen. Der Anteil an Arbeitskräften schwankt je nach Quellraum zwischen 30 und 50 Prozent. Die meisten Migranten aus den mittel- und osteuropäischen Ländern werden nach Deutschland auswandern.

Hauptquellräume sind den Prognosen zufolge Rumänien und Polen. Aus Polen wird mit einer kumulierten Zuwanderung zwischen 200.000 und zwei Millionen Personen gerechnet. Ohne die Extremschätzungen ergibt sich ein Potential in Höhe von insgesamt 320.000 bis 730.000 Personen. Im ersten Jahr nach dem Beitritt werden etwa 70.000 Menschen aus Polen nach Deutschland ziehen; die Spannweite der Schätzungen reicht von 38.000 bis hin zu 283.000 Migranten.

Die Schätzungen zeigen aus unterschiedlichen Gründen eine große Varianz. Deswegen müssen alle genannten Prognosen mit Vorsicht aufgenommen werden. Konsens herrscht dahingehend, daß es im Zuge der Osterweiterung sehr wohl zu Migrationsströmen, insbesondere nach Deutschland, kommen wird. Hinweise auf die absolute Obergrenze der Wanderungsbewegungen können aus der Nettomigration zwischen dem Gebiet der ehemaligen DDR und den alten Bundesländern nach Öffnung der Mauer bis heute gewonnen werden. Die Nettomigrationsrate ist für die Neuen Bundesländer negativ und beläuft sich – bei allerdings gleichbleibender Tendenz – auf ca. sieben Prozent der Bevölkerung. Übertragen auf Polen, errechnet sich eine absolute Höchstgrenze von etwa 2,7 Millionen Menschen, für alle zehn Beitrittskandidaten ergibt das ein Zuwanderungspotential von ca. 7,4 Millionen.

Im Rahmen des dritten Kapitels werden Theorien zur Erklärung und Prognose internationaler Arbeitsmigration präsentiert. Die vorgestellten Ansätze weisen spezifische Stärken und Schwächen auf. Jede einzelne Theorie für sich kann den Praxistest schwer bestehen, obgleich sie alle in sich konsistent wirken. Die Theorien stehen in der Regel in einem komplementären Verhältnis zueinander. Ihre Erklärungskraft variiert u. a. in Abhängigkeit des wirtschaftlichen Entwicklungsstands der Betrachtungsräume. Aus allen Theorien, vor allem aber aus der Netzwerk- und Diasporatheorie in Verbindung mit mikroökonomischen und Push-Pull-Modellen, ist ableitbar, daß die Arbeitsmigrationsströme aus Polen nach Deutschland bedeutender sein werden als diejenigen von Deutschland nach Polen.

Der erste Halbsatz der operativen These, die Osterweiterung der EU werde selbst ohne Übergangsfristen keine Migrationsströme aus Polen nach Deutschland auslösen, die zu einer spürbaren Verschärfung der Arbeitslosigkeit führen, muß bei isolierter Betrachtung sowohl vor dem Hintergrund der Migrationstheorien als auch vor dem der existierenden Schätzungen abgelehnt werden: Es wird zu Wanderungen kommen. Im Lichte des vierten und fünften Kapitels muß die Aussage allerdings differenziert werden: In bestimmten Berufen werden kaum Wanderungen zu beobachten sein. Diese Berufe zeichnen sich durch eine starke Bedeutung betriebsspezifischer und kommunikativer Qualifikationen aus. Hinsichtlich der berufsfachlichen Qualifikationen spielt eine wichtige Rolle, ob institutionelle Hindernisse bei der Anerkennung von berufsqualifizierenden Zeugnissen existieren und ob in Deutschland und Polen eine ähnliche Produktionstechnologie zum Einsatz kommt. Die Wanderungen werden sich auf Berufe konzentrieren, die sich diesbezüglich ähneln und für deren Verrichtung vor allem persönlichkeitsbezogene und unspezifische Qualifikationen benötigt werden.

10.3 Welche Bevölkerungsgruppen in Deutschland müssen sich infolge von Immigration aus Polen berechtigte Sorgen um ihren Arbeitsplatz oder Lohn machen?

Deutsche, die in Berufen arbeiten, zu deren Verrichtung überwiegend unspezifische und persönlichkeitsbezogene Qualifikationen benötigt werden, in denen keine Hindernisse bei der Anerkennung von berufsqualifizierenden Zeugnissen existieren und in denen in Deutschland und in Polen eine ähnliche Produktionstechnologie zum Einsatz kommt, müssen sich aufgrund der Konkurrenz durch immigrierende Polen prinzipiell um ihren Arbeitsplatz bzw. um ihr Verdienstniveau sorgen. Im sechsten Kapitel werden moderate Wanderungsneigungen für Bergmänner, Landwirte und Datenverarbeitungsfachleute prognostiziert. Arbeitnehmer in Berufen, in denen insbesondere kommunikative, betriebsspezifische und – sofern sich die eingesetzte Produktionstechnologie zwischen den Beitrittsländern und Deutschland unterscheidet – berufsfachliche Qualifikationen benötigt werden, haben keine ernsthafte Zunahme der Konkurrenz auf dem Arbeitsmarkt zu befürchten. Dies betrifft z. B. die Kaufleute. Diese Aussagen lassen sich auf Grundlage humankapitaltheoretischer Überlegungen in Kapitel 5.3.2 ableiten.

Weitere Hinweise darauf, welche Bevölkerungsgruppen mit Konkurrenz durch mitteleuropäische bzw. polnische Einwanderer zu rechnen haben, geben Untersuchungen über die berufliche Bildung und den Verbleib von Migranten. Demnach ist in Metall- und Elektroberufen (v.a. Montierer, Mechaniker und Schlosser) sowie unter Naturwissenschaftlern, Ärzten, Pflegern und Hilfsarbeitern mit einer Zunahme der Konkurrenz zu rechnen. Gleiches gilt in den Branchen Land- und Forstwirtschaft, Bau, Kunststoffverarbeitung, Zieherei, Straßenfahrzeugbau, Bergbau, Nahrungs- und Genußmittel, Handwerk, Gaststätten, Beherbergung, Reinigung, Körperpflege, private Haushalte und Tourismus. Relativ zuversichtlich können Kaufleute, Geistes- und Sozialwissenschaftler sowie Bedienstete im qualifizierten Dienstleistungsbereich, v. a. im Versicherungs-, Kredit-, Organisations- und Verwaltungswesen, in der Chemie, im Maschinen- und Luftfahrzeugbau und in der Feinmechanik, sein.

Unter den Personen in Berufen, in denen mit Zuwanderung zu rechnen ist, haben Personen mit Lohndruck zu rechnen, die nach Tarifverträgen bezahlt werden, die nicht allgemeinverbindlich sind und ein vergleichsweise hohes Lohnniveau festlegen. Dies trifft für folgende Tarifverträge zu: Braunkohlenindustrie, Deutsche Telekom AG Arbeiter, Öffentlicher Dienst Arbeiter, Deutsche Post Arbeiter, Privatrundfunkanstalten, Energieversorgung, Bankgewerbe, Chemische Industrie, Brauereien, Mineralölverarbeitung und Versicherungen. Dabei lastet der größte Lohndruck auf den vorwiegend unspezifisch qualifizierten Beschäftigten. Stärker als die Arbeitnehmer in tarifgebundenen Unternehmen werden diejenigen mit Lohneinbußen zu rechnen haben, die in tariflich ungebundenen Unternehmen der erwähnten Branchen arbeiten.

10.4 Welches sind die Auswirkungen der Immigration auf die deutschen Arbeitsmärkte?

Die Theorie deutet auf durchweg positive Allokationseffekte der Migration hin, die aus einer kostenminimierenden räumlichen Verteilung der Produktionsfaktoren resultieren. Mittelfristig tragen Migranten zum Abbau von Marktunvollkommenheiten und von Arbeitsmarktrigiditäten bei. Im Ergebnis wächst der volkswirtschaftliche Output im Vergleich zur Situation ohne Einwanderung. Allerdings muß dieser dann unter einer größeren Anzahl von Personen verteilt werden. Unabhängig von den Allokationseffekten treten Distributionseffekte auf: Die Kapitaleigner profitieren von der Zuwanderung – die Situation für die Arbeitnehmer stellt sich nicht eindeutig dar. Einige Gruppen von Beschäftigten erleiden durch die Immigration Nachteile. Andererseits profitieren alle aufgrund steigender Konsumentenrenten, die aus einer Vergrößerung der Produktpalette und den im Zuge steigender Produktionseffizienz tendenziell preiswerteren Gütern erwachsen. Diese reichen aber vermutlich nicht aus, um immigrationsbedingte Lohneinbußen oder die Nachteile aus dem Verlust des Arbeitsplatzes bei den betroffenen Gruppen zu kompensieren.

Neben den Lohnelastizitäten der Arbeitsnachfrage bzw. des Arbeitsangebotes hängen die Beschäftigungssicherheit und Lohnwirkungen vom Grad der Substituierbarkeit der Einheimischen durch Migranten ab. Während die Beschäftigungs- und Lohneffekte für die komplementären Arbeitnehmer positiver Natur sind, sind bei den anderen Arbeitnehmern neutrale oder negative Effekte zu erwarten. Für diese Personengruppe hängt der Gesamteffekt von der Produktionsfunktion, der Stärke der Wachstums- und Nachfrageeffekte, dem ausgeübten Beruf, der eigenen und der Qualifikation der Migranten ab. Im Optimalfall kommt es nicht zu einer Substitution der Einheimischen, sondern zu Neueinstellungen.

Die empirischen Ergebnisse unterscheiden sich zwar, jedoch besteht ein Grundkonsens darüber, daß von Immigration weder besonders positive noch besonders negative

Auswirkungen auf die Beschäftigung und das Lohnniveau der Einheimischen ausgehen. Tendenziell finden sich mehr Hinweise auf drohende moderate Lohneinbußen für bestimmte Gruppen von Einheimischen als auf die Substitution ihrer Arbeitskraft. Dies kann im Lichte der Insider-Outsider-Theorie auf Fluktuationskosten zurückgeführt werden. Überdurchschnittlicher Lohndruck ist für Beschäftigte zu erwarten, die

- in ostdeutschen Grenzregionen,
- in Regionen, in denen die Mehrheit der Unternehmen nicht tarifvertraglich gebunden ist ,
- in tarifvertraglich nicht gebundenen Unternehmen in solchen Regionen, wo die Mehrheit der Unternehmen Tarifverträgen unterliegen,
- in Branchen und Regionen, wo die Tarifverträge nicht allgemeinverbindlich erklärt worden sind,
- in Branchen, in denen tarifvertraglich ein vergleichsweise hohes Lohnniveau für die unteren Einkommensgruppen festgelegt ist oder
- in Berufen, in denen vorwiegend unspezifische Qualifikationen benötigt werden,

arbeiten.

Mittel- bis langfristig dürften sich weder die Arbeitslosenquote noch die Entlohnung spürbar verändern, weil nach Integration der Migranten ein höherer Wachstumspfad im Einwanderungsland erreicht wird. Migration dient als ein Beleg für die relative Attraktivität Deutschlands im globalen Wettbewerb um Arbeitskräfte. Zuwanderung erhöht das verfügbare Humankapital, was eine Erhöhung der Kapitalrentabilität nach sich zieht und positive Impulse für das Wirtschaftswachstum generiert. Diese Impulse verstärken sich selbst.

Mit Blick auf die operative These zeigt die vorliegende Untersuchung, daß die Osterweiterung der Europäischen Union ohne Übergangsfristen Arbeitsmigrationsströme nach Deutschland auslösen wird, die sich in Abhängigkeit von der Transferierbarkeit der Qualifikationen unterschiedlich auf verschiedene Berufe verteilen. In einigen Berufen wird die Konkurrenz durch Migranten also zunehmen. Die dabei Betroffenen werden in erster Linie mit Lohndruck rechnen müssen. Weniger Hinweise finden sich darauf, daß sie Arbeitslosigkeit zu befürchten haben. Allerdings werden die Anforderungen an die Mobilität der einheimischen Erwerbstätigen wachsen, wenn diese im Falle ihrer Freisetzung eine neue Arbeitsstelle finden wollen.

Die These als Ganzes kann vor dem Hintergrund dieser Arbeit nicht abgelehnt werden und behält deswegen vorläufig ihre Gültigkeit:

Die Osterweiterung der EU wird selbst ohne Übergangsfristen keine Migrationsströme aus Polen nach Deutschland auslösen, die hier zu einer spürbaren Verschärfung der Arbeitslosigkeit führen.

10.5 Wie sollte das deutsche Übergangsregime im Bereich der Arbeitnehmerfreizügigkeit ausgestaltet sein?

Weil von Immigration Lohndruck ausgeht, es zu vereinzelten Freisetzungen kommen kann und mehr oder minder große Ängste in der deutschen Bevölkerung bestehen, kann nach dem Beitritt mittel- und osteuropäischer Länder eine Einschränkung der Arbeitnehmerfreizügigkeit vertreten werden.

In den Beitrittsverträgen wird verankert, daß alle Unionsstaaten ihre Arbeitsmärkte innerhalb einer Übergangsfrist von bis zu sieben Jahren gegenüber Arbeitnehmern aus den Beitrittsländern abschotten dürfen. Für die Ausgestaltung des Übergangsregimes bieten sich mehrere Möglichkeiten an. Aus integrationspolitisch motivierten, normativen Überlegungen und aufgrund des ökonomischen Effizienzpostulats sollte folgendes gewährleistet sein:

- Die Integration zwischen den Beitrittsländern und den bisherigen Unionsstaaten soll vorangebracht werden.
- Die Arbeitskräfte in Deutschland sollen vor Arbeitsplatzverlust und Lohneinbußen geschützt werden.
- Die Eingriffe sollten möglichst gering sein.

Eine sofortige Gewährung der Arbeitnehmerfreizügigkeit ist in Deutschland abzulehnen, weil gerade hier seitens der Bevölkerung starke Bedenken geäußert werden, welche die Integration lähmen können. Ferner käme es zu Lohndruck. Auch die Beibehaltung des Status Quo während der gesamten Übergangsfrist erübrigt sich, weil Deutschland der gesamtwirtschaftlichen Vorteile der Immigration verlustig würde. Entsprechend beschäftigen sich die meisten Vorschläge mit verschiedenen Diskriminierungen, etwa der verzögerten Gewährung von Sozialleistungen, Quotierung bzw. Kontingentierung oder anderen flexiblen Übergangsbestimmungen. So können sowohl ein hinreichender Schutz für die deutsche Arbeitnehmerschaft gewährleistet, die Integration vorangetrieben, unnötige Kosten vermieden als auch ein Mehrwert für Deutschland generiert werden. Fraglich bleibt, welche der genannten Optionen zu wählen ist. An dieser Stelle wird ein Instrumentenmix vorgeschlagen.

Vor dem Hintergrund unterschiedlicher Migrationsanreize für Angehörige verschiedener Berufe, liegt es nahe, über berufsspezifische Regelungen nachzudenken. Sektorspezifische Maßnahmen scheinen hingegen unangebracht, weil innerhalb eines Sektors oder selbst innerhalb einer Branche verschiedene Berufe nachgefragt werden.

Für alle Berufe, bei denen ein Grenzübertritt mit massiver Entwertung von Humankapital einhergeht, können Arbeitserlaubnisse unbeschränkt erteilt werden, denn die Migrationsneigung wird gering ausgeprägt sein. Diese Arbeit führt Kaufleute als Beispiel auf. Um zu vermeiden, daß es in Berufen, in denen schon heute ein großer Arbeitsangebotsüberschuß besteht (Überschußberufe), zu weiteren arbeitsmarktlichen Verwerfungen kommt, können für diese Berufe regionalspezifische Sicherheitsklauseln vorgesehen werden. Allerdings ist in diesen Bereichen nur mit marginaler Einwanderung zu rechnen, weil hier die Migrationsneigung gering ist und die Beschäftigungschancen im Zielraum der Migration bei der Wanderungsentscheidung mit berücksichtigt werden. Opportunistisches Verhalten ist nahezu ausgeschlossen: Wenn Migrationswillige einen nicht reglementierten Beruf angeben, für den sie nicht qualifiziert sind, werden sie – soweit sie überhaupt eingestellt werden, z. B. aufgrund von Täuschung des Arbeitgebers bei Vertragsabschluß – rasch wieder freigesetzt, weil ihre niedrige Produktivität nach Vertragsschluß innerhalb der Probezeit erkannt werden dürfte.

Bei den Berufen, für die eine neutrale oder hohe Migrationswahrscheinlichkeit abgeleitet wird, kann in Abhängigkeit der Bewerberquote verfahren werden. In Berufen mit niedrigen Bewerberquoten (Mangelberufen) wie bei Datenverarbeitungsfachkräften, sollten die gleichen Bestimmungen wie bei den Berufen mit niedriger Migrationswahrscheinlichkeit (unbeschränkte Arbeitserlaubnis, ggf. mit regionalspezifischen Sicherheitsklauseln) gelten. Bei Überschußberufen und hoher Migrationswahrscheinlichkeit sollte bei der Erteilung von Arbeitserlaubnissen restriktiv vorgegangen werden. Entweder werden (geringe) Quoten (Anteil der Migranten an der berufsspezifischen Erwerbsbevölkerung) vorgesehen oder der Zugang zu diesen Berufen wird ganz beschränkt bzw. unter Inländervorrang gestellt. Obgleich die letzten Möglichkeiten vordergründig plausibler erscheinen, sollte auf die Quoten zurückgegriffen werden: Einerseits können sie in Abhängigkeit der Arbeitsmarktlage verändert werden, andererseits gehen von ihnen positive dynamische Effekte auf die im Zuwanderungsgebiet lebenden Einheimischen aus. Denn die Perspektive, daß sich die Beschäftigungsmöglichkeiten in ihrem Beruf eher verschlechtern als verbessern werden, kann einen zusätzlichen Druck zur Um- oder Weiterbildung ausüben. Die strukturelle Arbeitslosigkeit, die von allen in Deutschland die bedeutendste darstellt, läßt sich auf diese Weise tendenziell reduzieren. Wichtig ist allerdings, die Quoten ausreichend niedrig zu wählen, um zusätzliche, grobe Arbeitsmarktverwerfungen zu vermeiden, die wiederum die erste der drei eingangs aufgestellten Bedingungen konterkarieren würde.

Diese berufsspezifischen Übergangsregelungen sorgen für einen hinreichenden, wenngleich nicht vollständigen Schutz der einheimischen Arbeitnehmer, weil der gesamte deutsche Arbeitsmarkt prinzipiell mehr oder minder offensteht. Die Chancen, die Immigration ihrem Zielraum bietet, würden weitestgehend genutzt, die Risiken im Vergleich zu einem Laisser-faire deutlich reduziert. Die folgende Tabelle 27 faßt die Maßnahmen zusammen:

Tab. 27: Vorschlag zur Ausgestaltung des Übergangsregimes im Politikfeld Arbeitnehmerfreizügigkeit

		Berufsspezifische Humankapitalentwertung bei Grenzübertritt	
		hohe Entwertung	geringe Entwertung
Arbeitsmarkt-situation	Über-schuß-berufe	sofortige Freizügigkeit mit regionalspezifischen Sicherheitsklauseln	Quotierung des Migrantenanteils
	Mangel-berufe	sofortige Freizügigkeit	sofortige Freizügigkeit mit regionalspezifischen Sicherheitsklauseln

Quelle: eigene Darstellung.

Eine einfache Möglichkeit zur Einschränkung des Pendlerwesen, liegt darin, nur bei Nachweis des Erstwohnsitzes in Deutschland eine Arbeitserlaubnis zu erteilen (Migrationserfordernis), und zwar nach den gleichen Maßgaben wie für Migranten. Für die Pendler erhöhen sich dadurch die Kosten des Arbeitsangebotes in Deutschland um die Umzugskosten und die Miete einer Wohnung. Ferner werden sie in Deutschland steuerlich veranlagt, was finanzielle Freiräume für eine Kompensation betroffener Regionen oder Personen schafft. Vor dem Hintergrund, daß prosperierende Agglomerationsräume eher gewählt werden als periphere und relativ rückständige Räume, ist zu erwarten, daß die Entscheidung vermeintlicher Pendler, ihre Arbeit in Deutschland anzubieten, ganz überdacht wird oder aber eine Emigration in grenzferne Räume vorgezogen wird. Das „Problem" eines erhöhten Arbeitsangebotes würde dadurch nicht gelöst, die regionale Konzentration bzw. das Ausmaß jedoch reduziert.

Literaturverzeichnis

Abraham, F. (1996): Regional adjustment and wage flexibility in the European Union. In: Regional Science and Urban Economics, Vol. 26, No. 1, S. 51-75.

Abrams, E.; Abrams, F. S. (1975): Immigration Policy - Who Gets In and Why? In: The Public Interest, Vol. 38, Winter, S. 3-29.

Alecke, B.; Untiedt, G. (2000): Determinanten der Binnenwanderung in Deutschland seit der Wiedervereinigung. Universität Münster: Volkswirtschaftliche Diskussionsbeiträge, Nr. 309. Münster: GEFRA.

Alecke, B.; Untiedt, G. (2001a): Das Migrationspotential nach einer EU-Osterweiterung: Ein Überblick. In: Osteuropa-Wirtschaft, Jg. 46, H. 2, S. 125-150.

Alecke, B.; Untiedt, G. (2001b): Migration aus den EU-Beitrittsländern Polen und Tschechien in die Europäische Union. Potential und regionale Verteilung. In: Riedel, J.; Untiedt, G. (Hrsg.): EU-Osterweiterung u. deutsche Grenzregionen. Strukturpolitik u. Raumplanung in den Regionen an der mitteleuropäischen EU-Außengrenze z. Vorbereitung auf die EU-Osterweiterung. Teilprojekt D-6. Dresden: ifo, 317-384.

Alecke, B.; Untiedt, G. (2001c): Pendlerpotential in den Grenzregionen an der EU-Außengrenze. Methoden, Ergebnisse und Prognosen. In: Riedel, J.; Untiedt, G. (Hrsg.): EU-Osterweiterung u. deutsche Grenzregionen. Strukturpolitik und Raumplanung in den Regionen an der mitteleuropäischen EU-Außengrenze z. Vorbereitung auf die EU-Osterweiterung. Teilprojekt D-7. Dresden: ifo, S. 385-422.

Almond, G. A.; Verba, S. (1963): The Civic Culture. Political Attitudes and Democracy in Five Nations. Princeton: University Press.

Angenendt, S. (1995): Freizügigkeit: ein Hindernis für die Osterweiterung der Europäischen Union? In: List Forum für Wirtschafts- und Finanzpolitik, Bd. 21, H. 1-4, S. 36-52.

Angenendt, S. (1999): Europa als Einwanderungsgebiet. In: Weidenfeld, W. (Hrsg.): Europa Handbuch. Bonn: Bundeszentrale für Politische Bildung, S. 847-861.

Angrist, J. D.; Kugler, A. D. (2002): Protective or Counter-Productive? Labor Market Institutions and the Effect of Immigration on EU Natives. Discussion Paper No. 433. Bonn: IZA.

ARL (Hrsg.) (1992): Regionale und biographische Mobilität im Lebensverlauf. Akademie für Raumforschung und Landesplanung, Forschungs- und Sitzungsberichte 189. Hannover: ARL.

Arndt, O. (2001): Innovative Netzwerke als Determinante betrieblicher Innovationstätigkeit. Das Beispiel Süd-Wales/UK. Kölner Forschungen zur Wirtschafts- und Sozialgeographie, Bd. 51. Köln: Selbstverlag im Wirtschafts- und Sozialgeographischen Institut der Universität zu Köln.

BA - Bundesanstalt für Arbeit (Hrsg.) (1993): Berufskundliche Kurz-Beschreibung: Kaufmann im Einzelhandel / Kauffrau im Einzelhandel. Online im Internet: http://www.arbeitsamt.de/hst1/services/bsw/biz/biz_online/bkb/bkb_k/6812.htm [Stand: 17.09.2001].

BA - Bundesanstalt für Arbeit (Hrsg.) (1995a): Berufskundliche Kurz-Beschreibung: Berg- und Maschinenmann. Online im Internet: http://www.arbeitsamt.de/hst1/services/bsw/biz/biz_online/bkb/bkb_b/0712.htm [Stand: 21.09.2001].

BA - Bundesanstalt für Arbeit (Hrsg.) (1995b): Berufskundliche Kurz-Beschreibung: Landwirt / Landwirtin. Online im Internet:

http://www.arbeitsamt.de/hst1/services/bsw/biz/biz_online/bkb/bkb_l/0110.htm [Stand: 19.09.2001].

BA - Bundesanstalt für Arbeit (Hrsg.) (1997): Berufskundliche Kurz- Beschreibung: Augenoptiker/ Augenoptikerin. Online im Internet: http://www.arbeitsamt.de/hst1/services/bsw/biz/biz_online/bkb/bkb_a/3041.htm [Stand: 20.08.2001].

BA - Bundesanstalt für Arbeit (Hrsg.) (1998): Berufskundliche Kurz-Beschreibung: EDV-Fachberater / EDV-Fachberaterin. Online im Internet: http://www.arbeitsamt.de/hst1/services/bsw/biz/biz_online/bkb/bkb_e/7745.htm [Stand: 21.09.2001].

BA - Bundesanstalt für Arbeit (Hrsg.) (2001a): Arbeitsmarkt in Zahlen. Detaillierte Informationen. Online im Internet: http://www.arbeitsamt.de/hst/services/statistik/detail/index.html [Stand: 30.01.2002].

BA - Bundesanstalt für Arbeit (Hrsg.) (2001b): Polen. Bildungssystem. Online im Internet: http://195.185.214.164/europa_kommt/countries/PL/bildung/content.xml [Stand: 17.8.2001].

BA - Bundesanstalt für Arbeit (Hrsg.) (2002): Arbeitsmarkt in Zahlen. Aktuelle Daten 2001. Jahreszahlen. Nürnberg: Bundesanstalt für Arbeit.

Bähr, J. (1992): Bevölkerungsgeographie. 2. Auflage. Stuttgart: Ulmer.

Bähr, J.; Jentsch, C.; Kuls, W. (1992): Bevölkerungsgeographie. Berlin: de Gruyter.

Baldwin, R. E.; Francois, J. F.; Portes, R. (1997): The Costs and Benefits of Eastern Enlargement: the Impact on the EU and Central Europe. In: Economic Policy, Vol. 24, o. No., S. 127-176.

Barabas, G.; Gieseck, A.; Heilemann, U.; von Loeffelholz, H. D. (1992): Gesamtwirtschaftliche Effekte der Zuwanderung 1988-1991. In: RWI-Mitteilungen, Jg. 43, H. 2, S. 133-154.

Bathelt, H. (2001): Warum Paul Krugmans Geographical Economics keine neue Wirtschaftsgeographie ist! In: Die Erde, Jg. 131, H. 3, S. 241-257.

Bauer, T. (1998): Arbeitsmarkteffekte der Migration und Einwanderungspolitik. Eine Analyse für die Bundesrepublik Deutschland. Wirtschaftswissenschaftliche Beiträge, Bd. 158. Heidelberg: Physika.

Bauer, T.; Zimmermann, K. (1994): Modelling International Migration: Economic and Econometric Issues. In: van der Erf, R.; Heering, L. (eds.): Causes of International Migration. Proceedings of a workshop. Luxembourg: Office of Official Publications of the European Communities, S. 95-115.

Bauer, T.; Zimmermann, K. (1999): Assessment of Possible Migration Pressure and its Labour Market Impact Following EU Enlargement to Central and Eastern Europe. IZA Research Report No. 3. Bonn: Forschungsinstitut zur Zukunft der Arbeit.

Baumert, J.; Bos, W.; Lehmann, R. (Hrsg.) (2000): TIMSS/III: Dritte Internationale Mathematik- und Naturwissenschaftsstudie - Mathematische und naturwissenschaftliche Bildung am Ende der Schullaufbahn. Opladen: Leske + Budrich.

Bayrische Staatskanzlei (2000): EU-Osterweiterung. Forderungen Bayerns - Stand: 14. März 2000. Online im Internet: http://www.bayern.de/Europa/Osterw-Forderungen.html [Stand: 3.12.2001].

Bayrische Staatskanzlei (2001a): Bocklet: Kommissionsentscheidung über Aktionsplan für die Grenzregionen fürht zu weiterem Akzeptanzverlust der EU bei den Bürgern. Pressemitteilung der Bayrischen Staatskanzlei vom 25. Juli. München: Bayrische Staatskanzlei.

Bayrische Staatskanzlei (2001b): Europaminister Bocklet kritisiert Vorschläge der EU-Kommission zur Arbeitnehmerfreizügigkeit bei der Osterweiterung. Mindestens siebenjährige Übergangsfrist notwendig. Pressemitteilung der Bayrischen Staatskanzlei vom 11. April. München: Bayrische Staatskanzlei.

BBR - Bundesamt für Bauwesen und Raumordnung (Hrsg.) (2000): Raumordnungsbericht 2000. Bonn: Bundesamt für Bauwesen und Raumordnung.

BDA/BDI - Bundesvereinigung der Deutschen Arbeitgeberverbände / Bundesverband der Deutschen Industrie (Hrsg.) (2000): Stellungnahme. EU-Erweiterung: Freizügigkeit der Arbeitnehmer, Dienstleistungs- und Niederlassungsfreiheit. Berlin: BDA, BDI.

bdzv - Bundesverband Deutscher Zeitungsverleger (Hrsg.) (2001): Markttrends und Daten. Schaubilder und Tabellen 1998. Online im Internet: http://www.bdzv.de/pressem/marktdaten/index.htm [Stand: 01.08.2001].

Becker, G. S. (1962): Investment in Human Capital: A Theoretical Analysis. In: Journal of Political Economy, Vol. 70, No. 5/2, S. 9-49.

Becker, G. S. (1971): The Economics of Discrimination. 2. Aufl. Chicago, London: University of Chicago Press.

Becker, J.; Heller, W. (2002): Polnische Saisonarbeiter in der Bundesrepublik Deutschland. Politische und ökonomische Bedingungen eines spezifischen temporären Arbeitsmigrationssystems. In: Berichte zur deutschen Landeskunde, Jg. 76, H. 1, S. 71-87.

Behrens, B. (2002): Die aufgeregte Republik. In: Wirtschaftswoche Nr. 1/2 vom 3. Januar, S. 20-26.

Belke, A. (1996): Zur Politischen Ökonomie der westeuropäischen Arbeitslosigkeit: Mancur Olson versus Insider-Outsider-Theorie. Bochum: Institut für Europäische Wirtschaft.

Belke, A.; Kösters, W. (1992): Arbeitslosigkeit in Westeuropa - Ein Hysteresis-Phänomen? In: Kantzenbach, E.; Mayer, O. G.: Beschäftigungsentwicklung und Arbeitsmarktpolitik. Berlin: Duncker & Humblot, S. 9-50.

Belussi, F.; Garibaldo, F. (1996): Variety of pattern of the post-Fordist economy: why are the 'old times' still with us and the 'new times' yet to come? In: Futures, Vol. 28, No. 2, S. 153-171.

Ben-Porath, Y. (1967): The Production of Human Capital and the Lifecycle Model of Earnings. In: Journal of Political Economy, Vol. 75, No. 4, S. 352-365.

Bender, S.; Haas, A.; Klose, C. (1999): Mobilität allein kann Arbeitsmarktprobleme nicht lösen. Die Entwicklung der beruflichen und betrieblichen Mobilität von 1985-1995. IAB Kurzbericht Nr. 2. Nürnberg: IAB.

Bernard, W. S. (1953): Economic Effects of Immigration. In: Ziegler, B. M. (Hrsg.): Immigration: An American Dilemma. Boston: Heath, S. 50-70.

Berndt, C. (2000): The rescaling of labour regulation in Germany: from national and regional corporatism to intrafirm welfare? In: Environment and Planning A, Vol. 32, S. 1569-1592.

Berthold, N. (1987): Lohnstarrheit und Arbeitslosigkeit. Schriftreihe des Instituts für Allgemeine Wirtschaftsforschung der Albert-Ludwigs-Universität Freiburg i. Br., Bd. 25. Freiburg: Haufe.

Berthold, N. (1992): Arbeitslosigkeit in Europa - Ein schwer lösbares Rätsel? In: Kantzenbach, E.; Mayer, O. G.: Beschäftigungsentwicklung und Arbeitsmarktpolitik. Berlin: Duncker & Humblot, S. 51-88.

Berthold, N.; Fehn, R. (1997): Aktive Arbeitsmarktpolitik - wirksames Instrument der Beschäftigungspolitik oder politische Beruhigungspille? In: Lenel, O. et al. (Hrsg.): ORDO, Bd. 48. Stuttgart: Lucius & Lucius, S. 411-434.

Best, O.; Compere, M.-M. (1993): Der Euro-Manager. In: Hardes, H.-D.; Wachter, H. (Hrsg.): Personalmanagement in Europa. Anforderungsprofile, Rekrutierung, Auslandserfahrung. Wiesbaden: Deutscher Universitätsverlag, S. 1-69.

Beugel, M. (2000): Begrenzte Lust. In: IT.Services, o. Jg., H. 4, S. 61.

Bhagwati, J.; Schatz, K.-W.; Wong, K. (1984): The West German Gastarbeiter System of Immigration. In: European Economic Review, Vol. 26, S. 277-294.

Biffl, G. (1991): Migration in Europe in the Eighties and Prospects of Migration as a Consequence of the Transformatio of Eastern European Countries. Vortrag anläßlich der "International Conference on Migration" der Akademie der Wissenschaften, Moskau, am 17. - 21. Juni 1991. WIFO-Vorträge, H. 49. Wien: Österreichisches Institut für Wirtschaftsforschung.

Birg, H. (1992): Längsschnittanalyse der Zusammenhänge zwischen Typen von Erwerbs- und Familienbiographien. In: Akademie für Raumforschung und Landesplanung (Hrsg.): Regionale und biographische Mobilität im Lebensverlauf. Forschungs- und Sitzungsberichte 189. Hannover: ARL, S. 6-26.

Birg, H.; Flöthmann, E.-J. (1992): Biographische Determinanten der räumlichen Mobilität. In: Akademie für Raumforschung und Landesplanung (Hrsg.): Regionale und biographische Mobilität im Lebensverlauf. Forschungs- und Sitzungsberichte 189. Hannover: ARL, S. 27-52.

Blanchard, O. J.; Summers, L. H. (1987): Hysteresis and the European Unemployment Problem. NBER Working Papers No. 1950. Cambridge: NBER.

Blankart, C. B. (1994): Öffentliche Finanzen in der Demokratie. 2. Aufl. München: Vahlen.

Blaschke, J. (1994): Internationale Migration: Ein Problemaufriss. In: Knapp, M. (Hrsg.): Migration im neuen Europa. Stuttgart: Steiner, S. 23-50.

Blaschke, J. (1997): Migration - Ein Bericht über den Forschungsstand unter besonderer Berücksichtigung internationaler Publikationen zur Arbeitsmigration seit 1991. Materialien zur Bevölkerungswissenschaft, Sonderheft 28, Wiesbaden: Bundesinstitut für Bevölkerungsforschung.

Blien, U. (1986): Unternehmensverhalten und Arbeitsmarktstruktur: Eine Systematik und Kritik wichtiger Beiträge zur Arbeitsmarkttheorie. Beiträge zur Arbeitsmarkt- und Berufsforschung, Bd. 103. Nürnberg: IAB.

BMAS - Bundesministerium für Arbeit und Sozialordnung (Hrsg.) (1991): Situation der ausländischen Arbeitnehmer und ihrer Familienangehörigen in der Bundesrepublik Deutschland. Repräsentativuntersuchung 80. Forschungsbericht 50 des Forschungsinstituts der Friedrich-Ebert-Stiftung. Bonn: BMAS.

BMAS - Bundesministerium für Arbeit und Sozialordnung (Hrsg.) (2001): Verzeichnis der für allgemeinverbindlich erklärten Tarifverträge. Stand: 1. Oktober 2001. Bonn: Bundesministerium für Arbeit und Sozialordnung.

BMAS - Bundesministerium für Arbeit und Sozialordnung (Hrsg.) (2002): Mainzer Kombilohn-Modell kann bundesweit zum 1. März starten. Online im Internet: http://www.bma.de/index.cfm?597A3E87577F49BF87DEE8BA8FD4E4FB [Stand: 20.4.2002].

BMBF - Bundesministerium für Bildung und Forschung (Hrsg.) (2002): Welche Bedarfssätze sieht das BAföG vor? Online im Internet: www.das-neue-bafoeg.de/fragen_fhoehe_antw02.htm [Stand: 21.4.2002].

BMF - Bundesministerium der Finanzen (Hrsg.) (2001): Allgemeine Regelung innerhalb der Beitrittsverhandlungen. Kapitel 2: "Freizügigkeit der Arbeitnehmer". Auszug der mit Ungarn getroffenen Regelungen. Schreiben der EU-Informationsstelle vom 19. Dezember. Berlin: BMF.

Boeri, T.; Brücker, H. (2000): The Impact of Eastern Enlargement on Employment and Labour Markets in the EU Member States. Berlin, Mailand: Deutsches Institut für Wirtschaftsforschung.

Borjas, G. J. (1989): Economic Theory and International Migration. In: International Migration Review, Vol. 23, No. 3, S. 457-485.

Borjas, G. J. (1993): The Impact of Immigrants on Employment Opportunities of Natives. In: OECD (Hrsg.): The Changing Course of International Migration. Paris: OECD, S. 191-198.

Borjas, G. J. (1987): Self-Selection and the Earings of Immigrants. In: American Economic Review, Vol. 77, H. 4, S. 531-553.

Borjas, G. J. (2000): Labor Economics. Second Edition. New York pp.: McGraw-Hill.

Boss, A. (1997): Das "Bürgergeld" - ein finanzierbares und beschäftigungsförderndes Konzept? In: Sadowski, D.; Pull, K. (Hrsg.): Vorschläge zu einer neuen Lohnpolitik. Optionen für mehr Beschäftigung I. Frankfurt a. M., New York: Campus, S. 189-211.

Boss, A.; Rosenschon, A. (1996): Öffentliche Transferleistungen zur Finanzierung der deutschen Einheit: Eine Bestandsaufnahme. Kieler Diskussionsbeiträge, Nr. 269. Kiel: Institut für Weltwirtschaft.

MASGF Brandenburg - Ministerium für Arbeit, Soziales, Gesundheit und Frauen des Landes Brandenburg (2001): Arbeitsmarktbericht für das Land Brandenburg. Potsdam: MASGF.

Breuss, F. (2001): PREPARITY - Strukturpolitik und Raumplanung in den Regionen an der mitteleuropäischen EU-Außengrenze zur Vorbereitung auf die EU-Osterweiterung. Teilprojekt 12: Makroökonomische Auswirkungen der EU-Erweiterung auf alte und neue Mitglieder. Wien: Österreichisches Institut für Wirtschaftsforschung.

Briggs, V. M. (1975): Illegal Aliens: The Need for a More Restrictive Border Policy. In: International Labor Review, Vol. 112, No. 5, S. 351-368.

Brücker, H.; Weise, C. (2001): EU-Osterweiterung: Abschottung oder regulierte Öffnung? Zu den Übergangsfristen für die Arbeitnehmerfreizügigkeit. DIW-Wochenbericht 31/01. Berlin: Deutsches Institut für Wirtschaftsforschung.

Buchanan, J. M. (1965): An Economic Theory of Clubs. In: Economica, Vol. 32, No. 1, S. 1-14.

Bucher, H. (1993): Die Außenwanderungsbeziehungen der Bundesrepublik Deutschland. In: Raumforschung und Raumordnung, Jg. 51, H. 5, S. 254-264.

Bundesverfassungsgericht (1994): Urteil vom 12. Oktober 1993 (2 BvR 2134, 2159/92. In: Entscheidungen des Bundesverfassungsgerichts, Bd. 89, Nr. 17. Tübingen: Mohr, S. 155-213.

Burda, M. C.; Schmidt, C. M. (1997): Getting behind the East-West Wage Differential: Theory and Evidence. Diskussionsschriften der Wirtschaftswissenschaftlichen Fakultät Heidelberg, Nr. 250.

Butcher, K. F.; Card, D. (1991): Immigration and Wages: Evidence from the 1980's. In: American Economic Review, Vol. 81, No. 2, S. 292-296.

Chaberny, A.; Müller, G.; Parmentier, K. (1992): Fachkräfte in anerkannten Ausbildungsberufen. Struktur- und Entwicklungsdaten in regionaler Gliederung. Beiträge zur Arbeitsmarkt- und Berufsforschung Nr. 61.1. Nürnberg: IAB.

Charberny, A.; Parmentier, K.; Schnur, P. (1991): Beschäftigungsaussichten und berufliche Anforderungen in anerkannten Ausbildungsberufen. Ergebnisse einer Befragung betrieblicher Experten. Beiträge zur Arbeitsmarkt- und Berufsforschung Nr. 146. Nürnberg: IAB.

Chiswick, B. R. (1977): Sons of Immigrants: Are They at an Earnings Disadvantage? In: American Economic Review, Vol. 67, No. 1, S. 376-380.

Chiswick, B. R. (1982): The Impact of Immigration on the Level and Distribution of Economic Well-Being. In: Chiswick, B. R. (Hrsg.): The gateway: U.S. immigration issues and policies. Washington: American Enterprise Institute, S. 289-313.

Chiswick, B. R. (1994): The Performance of Immigrants in the United States Labor Market. In: Giersch, H. (Hrsg.): Economic Aspects of International Migration. Berlin: Springer, S. 95-114.

Cichocki, M. A. (2001): Warum haben die Deutschen Angst vor der EU-Erweiterung um Polen und andere Länder Mittel- und Osteuropas? In: Cichocki, M. A. (Hrsg.): Warum haben die Deutschen Angst vor der EU-Erweiterung um Polen und andere Länder Mittel- und Osteuropas? Warschau: Center for International Relations, S. 6-14.

Clausen, V. (1999): Feste versus flexible Wechselkurse? Anmerkungen zum Nobelpreis 1999 an Robert A. Mundell. In: Wirtschaftsdienst, Jg. 79, H. 12, S. 748-752.

Coenen, R. (1997): Standort und Wettbewerbsfähigkeit. TA-Datenbank-Nachrichten, Jg. 56, Nr. 2. Karlsruhe: Institut für Technikfolgenabschätzung und Systemanalyse. Online im Internet: http://www.itas.fzk.de/deu/TADN/TADN297/schwer.htm [Stand: 25.04.2002].

Cohen, R. (1987): The new helots: migrants in the international division of labour. Aldershot: Avebury.

Coleman, J. S. (1990): Foundations of Social Theory. Cambridge, Mass. pp.: Harvard University Press.

Cornetz, W.; Schäfer, H. (1999): Arbeitsmarktwende durch einen Niedriglohnsektor? In: Wirtschaftsdienst, Jg. 79, H. 9, S. 548-555.

Cottbus (2002): Statistische Angaben. Online im Internet:
http://www.cottbus.de/wirtschaft/struktur/index.html [Stand: 25.04.2002].

Cross, H. E.; Sandos, J. A. (1981): Across the Border: Rural Development in Mexico and Recent Migration to the United States. Berkley: Institute of Governmental Studies, University of California.

Crouch, C. (1985): Conditions for Trade Union Wage Restraint. In: Lindberg, L. N.; Maier, C. S. (Hrsg.): The Politics of Inflation and Economic Stagnation: Theoretical Approaches and International Case Studies. Washington: Brookings, S. 105-139.

Cyrus, N. (2001): Stellungnahme zu der öffentlichen Anhörung des Ausschusses für Angelegenheiten der Europäischen Union des Deutschen Bundestages am 4. April 2001: "EU-Erweiterung und Arbeitnehmerfreizügigkeit". Oldenburg: Carl von Ossietzky Universität, Fachbereich 11 (Mimeo).

Da Vanzo, J. (1976): Differences Between Return and Non-Return Migration. In: International Migration Review, Vol. 38, No. 2, S. 13-27.

Darnstädt, T.; Didzoleit, W.; Hogrefe, J.; Repke, I.; Schreiber, S. (2000): Europa offen für den Osten. In: Der Spiegel Nr. 37 vom 17. September, S. 34.

De New, J. P.; Zimmermann, K. (1994): Native Wage Impacts of Foreign Labor: A Random Effects Panel Analysis. In: Journal of Population Economics, Vol. 7, No. 2, S. 177-192.

DGB - Deutscher Gewerkschaftsbund (Hrsg.) (1998): Migrationspolitische Handreichungen. Diskriminierung am Arbeitsplatz - aktiv werden für Gleichbehandlung. Düsseldorf: Deutscher Gewerkschaftsbund.

DGB - Deutscher Gewerkschaftsbund (Hrsg.) (2001): EU-Erweiterung sozial gestalten: Arbeitnehmerfreizügigkeit und Dienstleistungsfreiheit. Online im Internet: www.dgb.de/idaten/an-freiz.doc [Stand: 5.12.2001].

Dicke, H.; Foders, F. (2000): Wirtschaftliche Auswirkungen einer EU-Erweiterung auf die Mitgliedstaaten. Kieler Studien, Bd. 309. Tübingen: Mohr.

Dixit, A.K.; Norman, V. (1980): Theory of international trade. A dual, general equilibrium approach. Welwyn, Herts: Nisbet.

DIW - Deutsches Institut für Wirtschaftsforschung (1999): Gesamtwirtschaftliche und unternehmerische Anpassungsfortschritte in Ostdeutschland. DIW-Wochenbericht, Nr. 23, S. 419-446.

Doeringer, P. B.; Piore, M. J. (1971): Internal Labour Markets and Manpower Analysis. Lexington/Mass.: Lexington Books.

Doiron, D. J. (1993): A Test of the Insider-Outsider Hypothesis in Union Preferences. UBC Discussion Paper No. 93-05. Vancouver: University of British Columbia.

Droth, A.; Grimm, F.-D.; Haase, A. (2000): Polen aktuell. Daten - Fakten - Literatur zur Geographie Europas, H. 6. Leipzig: Institut für Länderkunde.

DSW - Deutsche Stiftung Weltbevölkerung (Hrsg.): Weltbevölkerungsbericht 1999. Stuttgart: Balance.

Dunford, M.; Fielding, A. (1997): Greater London, the South-East Region and the Wider Britain: Metropolitan Polarization, Uneven Development and Inter-Regional Migration. In: Blotevogel, H. H.; Fielding, A. J. (eds.): People, jobs and mobility in the new Europe. Chichester pp.: Wiley, S. 247-276.

Dustmann, C. (1993): Speaking Fluency, Writing Fluency and Earnings of Migrants. Discussion Paper No. 264. Bielefeld: Fakultät für Wirtschaftswissenschaften.

Duszczyk, M. (2001): Die Freizügigkeit der Arbeitnehmer in Polens EU-Beitrittsverhandlungen. In: Stepniak, A.; Duszczyk, M. (Hrsg.): Die Freizügigkeit der Arbeitnehmer. Warschau: Kanzlei des Vorsitzenden des Ministerrates, S. 65-75.

Eberwein, W.-D.; Kowalski, S.; Reiter, J. (2000): Elity Polski i Niemiec (Die Eliten Polens und Deutschlands). Warschau: CSM.

Eekhoff, J. (2002): "Andere Länder sind flexibler in der Arbeitsmarkt-Politik". In: Kölner Stadtanzeiger Nr. 15 vom 18. Januar, S. 2.

Eichengreen, B. (1994): Thinking about Migration: Notes on European Migration Pressures at the Dawn of the Next Millennium. In: Siebert, H. (Hrsg.): Migration: a challenge for Europe: symposium 1993. Tübingen: Mohr, S. 3-23.

Eisenhüttenstadt (2002): Wirtschaft. Online im Internet: http://www.eisenhuettenstadt.de/wirtschaft/wirtschaft.htm [Stand: 25.04.2002].

EP - Europäisches Parlament (Hrsg.) (2001): Entschließung des Europäischen Parlaments zur Erweiterung der Europäischen Union. B5-0538/2001. Luxemburg: Amt für amtliche Veröffentlichungen der Europäischen Gemeinschaften.

Erlei, M. (1994): Institutionenökonomik - normativ, positiv oder allgemein? In: Leschke, M. (Hrsg.): Probleme der deutschen und der europäischen Integration: Institutionenökonomische Analysen. Münster, Hamburg, London: LIT, S. 24-40.

EU - Europäische Union (Hrsg.) (2001a): Allgemeine Regelung. Online im Internet: europa.eu.int/scadplus/citizens/de/de/1079834.htm [Stand: 8.5.2001].

EU - Europäische Union (Hrsg.) (2001b): Arbeitnehmer in einem Regelarbeitsverhältnis. Online im Internet: europa.eu.int/scadplus/citizens/de/de/1093.htm [Stand: 8.10.2001].

EU - Europäische Union (Hrsg.) (2001c): Recht des Zugangs zur Arbeit. Online im Internet: europa.eu.int/scadplus/citizens/de/de/01067.htm [Stand: 8.5.2001].

EU - Europäische Union (Hrsg.) (2001d): Who are the actors in the accession process? Online im Internet: europa.eu.int/comm/enlargement/negotiations/index.htm [Stand: 21.11.2001].

EurActiv.com (2001): Overview of enlargement negotiations on the 'Four Freedoms': People. Online im Internet: http://www.euractiv.com/cgi-bin/cgint.exe/248113-88?714&1015=3&1014=4freedoms4 [Stand: 27.11.2001].

Europäische Kommission (Hrsg.) (1993): Central and Eastern Eurobarometer. Public Opinion about the European Community. No. 3, Februar. Brüssel: Europäische Gemeinschaften.

Europäische Kommission (Hrsg.) (1996): Central and Eastern Eurobarometer. No. 6. Brüssel: Europäische Kommission.

Europäische Kommission (Hrsg.) (1998): Central and Eastern Eurobarometer. No. 8. Brüssel: Europäische Kommission.

Europäische Kommission (Hrsg.) (1999): Agenda 2000. Stärkung und Erweiterung der Europäischen Union. Online im Internet: europa.eu.int/comm/agenda2000/public_de.pdf [Stand: 9.1.2002].

Europäische Kommission (Hrsg.) (2001a): Eurobarometer. Die öffentliche Meinung in der Europäischen Union. Bericht Nr. 55. Brüssel: Generaldirektion für Presse und Kommunikation.

Europäische Kommission (Hrsg.) (2001b): The Free Movement of Workers in the Context of Enlargement. Information Note vom 6. März. Brüssel: Europäische Kommission.

Europäischer Rat (1999): Europäischer Rat (Helsinki), 10. und 11. Dezember 1999. Schlußfolgerungen des Vorsitzes. SN 300/99. Online im Internet: europa.eu.int/council/off/conclu/dec99/dec99_de.pdf [Stand: 9.1.2002].

Eurostat (Hrsg.) (1988): Statistische Grundzahlen der Gemeinschaft, 26. Ausgabe. Luxemburg: Amt für amtliche Veröffentlichungen der Europäischen Gemeinschaften.

Eurostat (Hrsg.) (1991): Zwei Szenarien zur langfristigen Bevölkerungsentwicklung in der Europäischen Gemeinschaft. Luxemburg: Amt für amtliche Veröffentlichungen der Europäischen Gemeinschaften.

Eurostat (Hrsg.) (1999): Eurostat Jahrbuch. Europa im Blick der Statistik 1987-1997. Luxemburg: Amt für amtliche Veröffentlichungen der Europäischen Gemeinschaften.

Eurostat (Hrsg.) (2001a): Beschäftigung und Arbeitsmarkt in den Ländern Mitteleuropas. Luxemburg: Amt für amtliche Veröffentlichungen der Europäischen Gemeinschaften.

Eurostat (Hrsg.) (2001b): Strukturelle Indikatoren. Arbeitslosenquote - Insgesamt. Beschäftigung. Online im Internet: www.europa.eu.int/comm/eurostat/Public/datashop/print-product/DE?catalogue=Eurostat&product=1-eb031-DE&mode=download [Stand: 11.1.2001].

Eurostat (Hrsg.) (2001c): Strukturelle Indikatoren. BIP pro Kopf in Kaufkraftstandards (KKS). Gesamtwirtschaftlicher Hintergrund. Online im Internet: www.europa.eu.int/comm/eurostat/Public/datashop/print-product/DE?catalogue=Eurostat&product=1-eb011-DE&mode=download [Stand: 11.1.2001].

Fairchild, H. P. (1925): Immigration: A world movement and ist American significance. Rev. Ed. (Erstausgabe 1913). New York: MacMillan.

Falk, A. (2001): Wirtschaftswissenschaftliche Experimente: Homo Oeconomicus auf dem Prüfstand. In: Wirtschaftsdienst, Jg.81, H. 5, S. 300-304.

Fassmann, H. (1993): Arbeitsmarktsegmentation und Berufslaufbahnen. Ein Beitrag zur Arbeitsmarktgeographie Österreichs. Beiträge zur Stadt- und Regionalforschung, Bd. 11. Wien: Österreichische Akademie der Wissenschaften.

Fassmann, H.; Hintermann, C. (1997): Migrationspotential Osteuropa. Struktur und Motivation potentieller Migranten aus Polen, der Slowakei, Tschechien und Ungarn. ISR-Forschungsberichte Nr. 15. Wien: Österreichische Akademie der Wissenschaften.

Fassmann, H.; Meusburger, P. (1997): Arbeitsmarktgeographie: Erwerbstätigkeit und Arbeitslosigkeit im räumlichen Kontext. Stuttgart: Teubner.

Fassmann, H.; Münz, R. (1996): Europäische Migration - ein Überblick In: Fassmann, H.; Münz, R. (Hrsg.): Migration in Europa: historische Entwicklung, aktuelle Trends. Frankfurt/M, New York: Campus, S. 13-52.

Feagin, J. R.; Smith, M. P. (1990): "Global Cities" und neue internationale Arbeitsteilung. In: Borst, R.; Krätke, M.; Mayer, M.; Roth, R.; Schmoll, F. (Hrsg.): Das neue Gesicht der Städte. Stadtforschung aktuell, Bd. 29. Basel pp.: Birkhäuser, S. 62-88.

Fehr, E. (1988): Do Cooperation and Harassment Explain Involuntary Unemployment? Arbeitskreis Sozialwissenschaftliche Arbeitsmarktforschung, Arbeitspapier 7. Wien: Selbstverlag.

Felderer, B. (1989): Imigration, Geburtenentwicklung und Wirtschaft. In: Aus Politik und Zeitgeschichte, Beilage zur Wochenzeitung "Das Parlament", B 18/89, S. 16-22.

Felderer, B. (1994): Immigration, the Labor Market, and Structural Adjustment: The Case of Germany. In: Siebert, H. (Hrsg.): Migration: a challenge for Europe: symposium 1993. Tübingen: Mohr, S. 71-84.

Fertig, M. (1999): The Economic Impact of EU-Enlargement: Assessing the Migration Potential. Discussion paper series, No. 293. Universität Heidelberg, Department of Economics. Heidelberg: Selbstverlag der Universität Heidelberg.

Fertig, M.; Schmidt, C. M. (2000): Aggregate-Level Migration Studies as a Tool for Forecasting Future Migration Streams. IZA Discussion Paper Nr. 183. Bonn: Institut für die Zukunft der Arbeit.

Fijalkowski, J. (1994): Die Bundesrepublik und das Migrationsproblem: Historische Erfahrungen und aktuelle Herausforderungen. In: Knapp, M. (Hrsg.): Migration im neuen Europa. Stuttgart: Steiner, S. 113-128.

Fischer, P. A. (1999): On the Economics of Immobility. Regional Development and Migration in the Age of Globalisation. Bern, Stuttgart, Wien: Haupt.

Fischer, P. A.; Martin, R.; Straubhaar, T. (1997a): Interdependencies between Development and Migration. In: Hammar, T.; Brochmann, G.; Tomas, K.; Faist, T. (Hrsg.): International Migration, Immobility and Development. Multidisciplinary Perspectives. Oxford, New York: Berg, S. 91-132.

Fischer, P. A.; Martin, R.; Straubhaar, T. (1997b): Should I Stay or Should I Go? In: Hammar, T.; Brochmann, G.; Tomas, K.; Faist, T. (Hrsg.): International Migration, Immobility and Development. Multidisciplinary Perspectives. Oxford, New York: Berg, S. 49-90.

Fischer, P.; Straubhaar, T. (1996): Is migration into EU countries demand based? In: Corry, D. (Hrsg.): Economics and European Union Migration Policy. London: Institute for Public Policy Research (IPPR), S. 11 - 49.

Föste, W.; Janßen, P. (1999): Die Konsensfähigkeit der Sozialen Marktwirtschaft: Eine theoretische und empirische Analyse der Wirtschaftsordnung in der Bundesrepublik Deutschland. Frankfurt a.M., New York: Campus.

Frankfurt/Oder (2002): Unternehmen und Arbeitsstätten. Online im Internet: http://www.frankfurt-oder.de/stadtffo.htm [Stand: 25.04.2002].

Franzmeyer, F.; Brücker, H. (1997): Europäische Union: Osterweiterung und Arbeitskräftemigration. DIW Wochenbericht 5/97. Online im Internet: www.diw.de:8282/diwwbd/97-05-1.html [Stand 24.1.2001].

Freudenstein, R.; Tewes, H. (2001): Die EU-Osterweiterung und der deutsche Arbeitsmarkt: Testfall für die deutsch-polnische Interessengemeinschaft. Konrad-Adenauer-Stiftung e.V. (Hrsg.): Arbeitspapier/Dokumentation, Nr. 33. Sankt Augustin: Konrad-Adenauer-Stiftung.

Friedberg, R. M. (2000): You can't take with you? Immigrant assimilation and the portability of human capital. In: Journal of Labor Economics, Vol. 18, No. 2, S. 221-251.

Friedmann, J. (1966): Regional Development Policy: A Case Study of Venezuela. Cambridge/Mass.; London: University Press.

Friedrichs, J. (1994): Wert. In: Fuchs-Heinritz, W.; Lautmann, R.; Rammstedt, O.; Wienold, H. (Hrsg.): Lexikon zur Soziologie, 3. Aufl. Köln, Opladen: Westdeutscher Verlag, S. 739.

Fritzler, M.; Unser, G. (2001): Die Europäische Union. Bonn: Bundeszentrale für Politische Bildung.

Fuchs, J.; Thon, M. (1999): Nach 2010 sinkt das Angebot an Arbeitskräften. IAB Kurzbericht Nr. 4.

Funke, M. (1991): Das Hysteresis-Phänomen. In: Zeitschrift für Wirtschafts- und Sozialwissenschaften, Jg. 111, H. 5, S. 527-551.

Galle, O. R.; Burr, J. A.; Potter, L. B. (1993): Rethinking Measures of Migration: On the Decomposition of Net Migration. In: Social Indicators Research, Bd. 28, H. 2, S. 157-171.

Galtung, J. (1975): Strukturelle Gewalt. Beiträge zur Friedens- und Konfliktforschung. Reinbek: Rowolt.

Gang, I. N.; Rivera-Batiz, F. L. (1994): Labor Market Effects of Immigration in the United States and Europe. Substitution vs. Complementarity. In: Journal of Population Economics, Vol. 7, No. 2, S. 157-175.

Gaß, G. (1996): Betriebliche Arbeitskräftenachfrage und Strukturierung der Arbeitslosigkeit: eine theoretische und empirische Analyse am Beispiel des bundesdeutschen Arbeitsmarktes. Frankfurt a.M. pp.: Lang.

Gatzweiler, H.-P. (1975): Zur Selektivität interregionaler Wanderungen. Forschungen zur Raumentwicklung, Bd. 1. Bonn: Bundesanstalt für Landeskunde und Raumordnung.

Ghatak, S.; Levine, P.; Price, S. W. (1996): Migration Theories and Evidence: An Assessment. In: Journal of Economic Surveys, Vol. 10, No. 2, S. 159-198.

Giza, A. (1998): The Intention to Migrate in the Migrants Households. In: Frejka, T.; Okólski, M.; Sword, K. (Hrsg.): In-Depth Studies on Migration in Central and Eastern Europe: The Case of Poland. United Nations Economic Commission for Europe, Economic Studies, No. 11. Genf: Vereinte Nationen, S. 135-143.

Görlitz (2002): Wirtschaftsstandort. Online im Internet: http://www.goerlitz.de/wirtschaft/wirtschaft/index.html [Stand: 26.04.2002].

Goldberg, A. (1997): Arbeitsmarkt-Diskriminierung gegenüber ausländischen Arbeitnehmern in Deutschland. In: Deutscher Gewerkschaftsbund Bundesvorstand (Hrsg.): Schulbildung und ausländische Jugendliche - schlechte Startchance für eine Berufsausbildung? Düsseldorf: Deutscher Gewerkschaftsbund, S. 17-20.

Golder, S. (1999): Migration und Arbeitsmarkt Eine empirische Analyse der Performance von Ausländern in der Schweiz. Frankfurt/M. pp.: Lang.

Góra, M.; Schmidt, C. M. (1997): Long-Term Unemployment, Unemployment Benefits and Social Assistance: The Polish Experience. Diskussionsschriften Universität Heidelberg, Wirtschaftswissenschaftliche Fakultät, Nr. 249.

Greenwood, M. J.; Hunt, G. L.; Kohli, U. (1997): The factor-market consequences of unskilled immigration to the United States. In: Labour Economics Bd. 4, H. 1, S. 1-28.

Greenwood, M. J.; McDowell, J. M. (1986): The Factor Market Consequences of U.S. Immigration. In: Journal of Economic Literature, Vol. 24, No. 4, S. 1738-1772.

Gusy, C. (1994): Kriterien für eine Einwanderungspolitik der Bundesrepublik und der EG. In: Weidenfeld, W.; Hönekopp, E.; Konle-Seidl, R.; Walwei, U., Werner, H. (Hrsg.): Europäische Integration und Arbeitsmarkt. Grundfragen und Perspektiven. Nürnberg: Institut für Arbeitsmarkt- und Berufsforschung der Bundesanstalt für Arbeit, S. 223-237.

Guz, M. (2000): Polen streiten um die Zukunft des Bergbaus. In: Financial Times Deutschland vom 17. Mai (Onlinearchiv: www.ftd.de; o. S.).

Haarland, H. P.; Niessen, H.-J. (1999): Transformationsbarometer Osteuropa 1999. Frankfurt a. M., New York: Campus.

Hablitzel, C. (Hrsg.) (2000): Berufswahl-Lexikon. Alle Ausbildungsberufe von A - Z. Frankfurt a.M., New York.: Campus.

Hägerstrand, T. (1969): On the definition of Migration. In: Scandinavian Population Studies, No. 1, S. 63-72.

Haisken-De New, J.P.; Zimmermann, K. F. (1996): Wage and Mobility Effects of Trade and Migration. CEPR Discussion Paper, No. 1318. Leicester: Center for Economic and Policy Research.

Hamilton, R. (1885): Discussion on Mr. Ravenstein's Paper. In: Journal of the Statistical Society, Vol. XLVIII, No. 2, S. 233.

Hanau, P.; Adomeit, K. (2000): Arbeitsrecht. 12. Aufl. Neuwied, Kriftel: Luchterhand.

Hanke, T. (2001): Zöpel erwartet flexible Regel für Zuwanderung. In: Financial Times Deutschland vom 1. März (Onlinearchiv: www.ftd.de; o. S.).

Harbach, H. (1976): Internationale Schichtung und Arbeitsmigration. Reinbek: Rowohlt.

Harris, J.; Todaro, M. P. (1970): Migration, Unemployment, and Development: A Two-Sector Analysis. In: American Economic Review, Vol. 60, No. 1, S. 126-142.

Hashimoto, M. (1975): Wage reduction, unemployment and specific human capital. In: Economic Inquiry, Vol. 13, No. 4, S. 485-504.

Hashimoto, M. (1981): Firm-Specific Human Capital as a Shared Investment. In: American Economic Review, Vol. 71, No. 3, S. 475-482.

Hatzius, J. (1994): The Unemployment and Earnings Effect of German Immigration. Applied Economics Discussion Paper Series, No. 165. Oxford : Institute of Economics and Statistics.

Heckel, M. (1999): Jung und Hungrig. In: Wirtschaftswoche Nr. 39, S. 60-67.

Heilemann, U.; von Loeffelholz, H. D.; Sieveking, K. (2001): Möglichkeiten und Grenzen einer Arbeitsmarktsteuerung der Zuwanderung nach Deutschland. In: Wirtschaftsdienst, Jg. 81, H. 7, S. 1-8.

Heinrich, H.-G. (1994): Fallstudie Osteuropa: Migrationsursachen und Gegenstrategien. In: Knapp, M. (Hrsg.): Migration im neuen Europa. Stuttgart: Steiner, S. 129-152.

Heller, W.; Bürkner, H.-J. (1995): Bisher vernachlässigte theoretische Ansätze zur Erklärung der Internationalen Arbeitsmigration. In: Gans, P.; Kemper, F.-J. (Hrsg.): Mobilität und Migration in Deutschland. Erfurter Geographische Studien, Bd. 3, S. 175-196.

HeLP - Hessisches Landesinstitut für Pädagogik (Hrsg.) (2002): Rahmenplan Erdkunde - Jahrgangsstufe 9/10. Online im Internet: http://www.bildung.hessen.de/fbereich/erdkunde/rplan/12.htm [Stand: 22.1.2002].

Henneberger, F.; Keller, B. (1997): Arbeitsmarkttheorien. In: Gabler-Wirtschafts-Lexikon. Taschenbuch-Kassette mit 10 Bänden; 14. Aufl. Wiesbaden: Gabler, S. 225-241.

Henning, S. (1999): Foreign-born Germans in the United States: where are they migating and why? In: Erdkunde, Bd. 53, H. 3, S. 177-190.

Hicks, J. R. (1932): The Theory of Wages. London: Macmillan.

Hill, P. J. (1975): The Economic Impact of Immigration into the United States. New York: Arno Press.

Hille, H.; Straubhaar, T. (2000): The Impact of the EU-Enlargement on Migration Movements and Economic Integration: Results of Recent Studies. OECD Discussion Paper, February. Paris: OECD.

Hillman, A. L. (1994): The Political Economy of Migration Policy. In: Siebert, H. (Hrsg.): Migration: a challenge for Europe: symposium 1993. Tübingen: Mohr, S. 263-288.

Hintermann, C. (1998): Wanderungsraum Mitteleuropa. Wanderungsträume, Migrationspotential und Realisierungschance. Eine empirische Analyse des Migrationspotentials in Polen, Ungarn, Tschechien und der Slowakei vor dem Hintergrund einer künftigen EU-Osterweiterung. Dissertation zur Erlangung des Doktorgrades der Philosophie. Wien: Grund- und Integrativwissenschaftlichen Fakultät der Universität Wien (Mimeo).

Hitschfel, U.; Zimmer, U. (1999): Handbuch Berufswahl 2000. Die wichtigsten Ausbildungsberufe und ihre Zukunftsperspektiven. Frankfurt a.M.: Eichborn.

Hobbs, A. H. (1942): Specificity and Selective Migration. In: American Sociological Review, Vol. 7, No. 6, S. 772-781.

Hoenig, J. (2001): Schweden baut Spanien eine Brücke. In: Handelsblatt Nr. 091 vom 11. Mai, S. 8.

Hofer 20-Punkte-Katalog zur EU-Erweiterung (1998): Entschließung der 2. Konferenz der EU-Grenzregionen am 24./25. Juli 1998 in Hof. Online im Internet: http://www.bayern.de/Europa/20-Punkte.html [Stand: 3.12.2001].

Hoffmann-Nowotny, H.-J. (1989): Weltmigration. Eine soziologische Analyse. In: Kälin, W.; Moser, R. (Hrsg.): Migrationen aus der Dritten Welt. Ursachen und Wirkungen. Bern, Stuttgart: Haupt, S. 29-40.

Holden, S. (1990): Insiders and Outsiders in Labour Market Models. In: Journal of Economics, Vol. 52, No. 1, S. 43-54.

Hollifield, J. F. (1992): Migration and International Relations: Cooperation and Control in the European Community. In: International Migration Review, Vol. 26, No. 2, S. 568-595.

Holling, H.; Lüken, K. H.; Preckel, F.; Stotz, M. (2000): Berufliche Entscheidungsfindung. Bestandsaufnahme, Evaluation und Neuentwicklung computergestützter Verfahren zur Selbsteinschätzung. Beiträge zur Arbeitsmarkt- und Berufsforschung 236. Nürnberg: Bundesanstalt für Arbeit.

Hönekopp, E. (2000): EU-Osterweiterung: Auswirkungen auf die Arbeitsmärkte der Mitgliedsländer der Europäischen Union (Schwerpunkt Arbeitskräftefreizügigkeit). In: Hrbek, R. (Hrsg.): Die Osterweiterung der Europäischen Union. Problemfelder und Lösungsansätze aus deutscher und ungarischer Sicht. Occasional Papers Nr. 22. Tübingen: Europäisches Zentrum für Föderalismus-Forschung, S. 116-142.

Hrbek, R. (1993): Deutungen und Perspektiven aus politikwissenschaftlicher Sicht. In: Hrbek, R. (Hrsg.): Die Entwicklung der EG zur Politischen Union und zur Wirtschafts- und Währungsunion unter der Sonde der Wissenschaft. Baden-Baden: Nomos, S. 81-91.

Hubig, C.; Müller, J. H. (1989): Wert. In: Staatslexikon Recht - Wirtschaft - Gesellschaft, Bd. 5, 7. Aufl. Freiburg pp.: Herder, S. 963-966.

IAB - Institut für Arbeitsmarkt- und Berufsforschung (Hrsg.) (2001): Berufe im Spiegel der Statistik. Beschäftigung und Arbeitslosigkeit 1996 - 2000. Online im Internet: http://www.abis.iab.de/bisds/berufe.htm [Stand: 30.08.2001].

Ichino, A. (1993): The Economic Impact of Immigration on the Host Country. In: Luciani, G. (Hrsg.): Migration Policies in Europe and the United States. Dordrecht, Norwell: Kluwer.

Iglicka, K. (2001): Hauptaspekte der internationalen Migration von Polen anhand von polnischen und ausländischen Studien. Warschau: Institut für öffentliche Angelegenheiten (ISP).

IHK Ulm (Hrsg.) (2002): Scheinselbständigkeit. Online im Internet: http://www.ulm.ihk.de/Scheinselbständigkeit/Scheinselbständige.html [Stand: 4.1.2002].

ILO - International Labour Organization (Hrsg.) (1987): Resolution Concerning the Revision of the International Standard Classification of Occupations. Online im Internet: http://www.ilo.org/public/english/bureau/stat/res/isco.htm#top [Stand: 05.09.2001].

IMF - International Monetary Fund (Hrsg.) (1999): World Economic Outlook. International Financial Contagion. May. Washington: IMF.

Isensee, J. (1995): Integrationsziel Europastaat? In: Due, O.; Lutter, M.; Schwarze, J. (Hrsg.): Festschrift für Ulrich Everling, Vol. II. Baden-Baden: Nomos, S. 567-592.

IW - Institut der deutschen Wirtschaft (Hrsg.) (2001): Green Card. Meist gut angekommen. In: iwd, Jg. 27, H. 32, S. 4-5.

IWH - Institut für Wirtschaftsforschung Halle (Hrsg.) (2000): Produktivitätsunterschiede und Konvergenz von Wirtschaftsräumen - Das Beispiel der neuen Länder. 2. Zwischenbericht. Kurzfassung eines Gutachtens im Auftrag des Bundesministers für Wirtschaft und Technologie. Halle: IWH.

Jachtenfuchs, M.; Kohler-Koch, B. (1996): Regieren im dynamischen Mehrebenensystem. In: Jachtenfuchs, M.; Kohler Koch, B. (Hrsg.): Europäische Integration. Opladen: Leske + Budrich, S. 15-46.

Jacobson, L.; LaLonde, R.; Sullivan, D. (1993): The Costs of Worker Dislocation. Kalamazoo: W.E. Upjohn Institute for Employment Research.

Jobware Online Service GmbH (2001): Mobbing vermiest vielen den Spaß am Job. Jobware/EMNID-Untersuchung über die Relevanz von Mobbing in Deutschland. Online im Internet: www.jobware.de/wu/pr/mg/21.html [Stand: 18.10.2001].

Kattinger, M. (2001): Temelin bedroht Wiens Koalitionsfrieden. In: Handelsblatt Nr. 229 vom 27. November, S. 5.

Kerr, C. (1954): The Balkanization of Labor Markets. In: Bakke, W. et al. (Hrsg.): Labor Mobility and Economic Opportunity. Cambridge: University Press, S. 92-110.

Klevenow, G.-H. (2000): Rekonstruktion von Berufsfeldern und Berufstypen für Haupt- und Realschüler. Beiträge zur Arbeitsmarkt- und Berufsforschung, Bd. 235. Nürnberg: IAB.

Klopfleisch, R.; Sesselmeier, W.; Setzer, M. (1997): Wirksame Instrumente einer Arbeitsmarkt- und Beschäftigungspolitik. In: Aus Politik und Zeitgeschichte B 35/97, S. 23-38.

Klös, H.-P. (1994): Integration der Migranten aus Mittel- und Osteuropa in den westdeutschen Arbeitsmarkt. In: Demuth, A. (Hrsg.): Neue Ost-West-Wanderungen nach dem Fall des Eisernen Vorhangs? Münster: Lit, S. 189-216.

Klös, H.-P. (1997): Arbeitsmarktpolitik in der Beschäftigungskrise - Grundzüge eines ordnungskonformen "zweitbesten" Arrangements. In: Sadowski, D.; Pull, K. (Hrsg.): Vorschläge jenseits der Lohnpolitik. Optionen für mehr Beschäftigung II. Frankfurt a. M., New York: Campus, S. 63-94.

Klös, H.-P. (1998): Wenig Lohn und doch genug zum Leben. In: iwd Nr. 43 vom 22. Oktober, S. 4-5.

Knapp, M. (1994): Alte und neue Dimensionen transnationaler Migrationsprozesse. In: Knapp, M. (Hrsg.): Migration im neuen Europa. Stuttgart: Steiner, S. 9-22.

Koch, R. (2000): Angst vor Einwanderern aus Osteuropa unbegründet. In: Financial Times Deutschland vom 23. Mai (Onlinearchiv: www.ftd.de; o. S.).

Koch, R. (2001): Polen rückt von EU-Beitrittsziel 2003 ab. In: Financial Times Deutschland vom 4. April (Onlinearchiv: www.ftd.de; o. S.).

Koch, R.; Proissl, W.; Schäfer, T. (2001): Madrid gibt im Streit um Übergangsfrist nach. In: Financial Times Deutschland vom 30. Mai (Onlinearchiv: www.ftd.de; o.S.).

Koll, R.; Ochel, W.; Vogler-Ludwig, K. (1993): Auswirkungen der internationalen Wanderungen auf Bevölkerung, Arbeitsmarkt und Infrastruktur. In: ifo-Schnelldienst No. 6, S. 7-17.

Koll, R.; Ochel, W.; Vogler-Ludwig, K. (1993): Die Auswirkungen der internationalen Wanderungen auf Bayern. Schriftenreihe des Ifo-Instituts für Wirtschaftsforschung, Nr. 134. Berlin, München: Duncker & Humblot.

Korcelli, P. (1996): Die polnische Auswanderung seit 1945. In: Fassmann, H.; Münz, R. (Hrsg.): Migration in Europa: historische Entwicklung, aktuelle Trends. Frankfurt/M, New York: Campus, S. 245-262.

Krause, D. (1976): Herrschaft und Qualifikation in Organisationen: Eine politökonomische Analyse. In: Soziale Welt, Jg. 27, H. 3, S. 343-370.

Kreile, M. (1999): Die Osterweiterung der Europäischen Union. In: Weidenfeld, W. (Hrsg.): Europa Handbuch. Bonn: Bundeszentrale für Politische Bildung, S. 802-822.

Kromphardt, J. (1992): Zur Erklärung der Persistenz nichtnatürlicher Arbeitslosigkeit. In: Franz, W. (Hrsg.): Mikro- und makroökonomische Aspekte der Arbeitslosigkeit. Nürnberg: IAB, S. 212-222.

Kromphardt, J.; Scheidt, B. (1997): Wachstumstheorie. In: Gabler-Wirtschafts-Lexikon. 14. Aufl.; Bd. 10. Wiesbaden: Gabler, S. 4262-4277.

Krugman, P. (1991): Geography and Trade. Leuven: University Press.

Kühn, G. (1995): Die Interdependenzen von Qualifikation, Arbeitslosigkeit und Qualifizierung bei Aussiedlern und Aussiedlerinnen. In: Schafer, A.; Schenk, L.; Schenk, G. (Hrsg.): Arbeitslosigkeit, Befindlichkeit und Bildungsbereitschaft von Aussiedlern. Eine empirische Studie. Frankfurt a.M. pp.: Lang, S. 3-38.

Kühn, T.; Witzel, A. (2000): Biographiegestaltung junger Fachkräfte in den ersten Berufsjahren - Methodologische Leitlinien und Herausforderungen im Zuge einer qualitativ-prospektiven Längsschnittstudie. Forum Qualitative Sozialforschung. Online im Internet: http://qualitative-research.net/fqs/fqs-d/2-00inhalt-d.htm [Stand: 27.9.2000].

Lakatos, I. (1970): Falsification and the methodology of scientific research programmes. In: Lakatos, I.; Musgrave, A. (Hrsg.): Criticism and the growth of knowledge. Cambridge: University Press, S. 91-196.

LaLonde, R.; Topel, R. (1991): Immigrants in the American Labor Market: Quality, Assimilation, and Distributional Effects. In: American Economic Review Vol. 81, No. 2, S. 297-302.

Lampert, H. (1998): Lehrbuch der Sozialpolitik. 5. Aufl. Berlin pp.: Springer.

Landesregierung Brandenburg (Hrsg.) (2001): Erweiterung der Europäischen Union: Chancen und Herausforderungen für Brandenburg. Mimeo. Potsdam: Landesregierung Brandenburg.

Landesregierung Mecklenburg-Vorpommern (Hrsg.) (2001): Osterweiterung der Europäischen Union. Bericht der Landesregierung an den Landtag Mecklenburg-Vorpommern - Stand: 31.08.2001 -. Schwerin: Landesregierung Mecklenburg-Vorpommern.

Lang-von Wins, T.; Wittmann, A.; Kaschube, J.; Rosenstiel, L. von (1995): Wertgeleitete Stellenwahl und ihre Folgen für berufliche Einstellungen bei Fach- und Führungsnachwuchskräften. In: Zeitschrift für Arbeitswissenschaft, Jg. 49, H. 4, S. 191-196.

Langenheder, W. (1968): Ansatz zu einer allgemeinen Verhaltenstheorie in den Sozialwissenschaften. Dargestellt und überprüft an Ergebnissen empirischer Untersuchungen über Ursachen von Wanderungen. Köln, Opladen: Westdeutscher Verlag.

Layard, R.; Blanchard, O.; Dornbusch, R.; Krugman, P. (1992): East-West Migration: The Alternatives. Cambridge (MA), London: MIT Press.

Lee, E. S. (1966): A Theory of Migration. In: Demography, Vol. 3, No. 1, S. 47-57.

Lee, S.; Roseman, C. C. (1999): Migration Determinants and Employment Consequences of White and Black Families, 1985-1990. In: Economic Geography, Vol. 75, No. 2, S. 109-133.

Lehmbruch, G. (1982): Introduction: Neo-Corporatism in Comparative Perspective. In: Lehmbruch, G.; Schmitter, P. (Hrsg.): Patterns of Corporatist Policy Making. London, Beverly Hills: Sage, S. 1-29.

Lewis, W. A. (1954): Economic Development with Unlimited Supplies of Labour. In: The Manchester School of Economics & Social Studies, Bd. 32, H. 2, S. 139-191.

Licht, G.; Steiner, V. (1994): Assimilation, Labour Market Experience and Earnings Profiles of Temporary and Permanent Immigrant Workers in Germany. In: International Review of Applied Economics, Vol. 8, No. 2, S. 130-156.

Lindbeck, A. (1991a): Macroeconomic theory and the Labor Market. Presidential Adress zur Jahrestagung der European Economic Association. Stockholm: Stockholm University.

Lindbeck, A. (1991b): Unemployment and Labor Market Imperfections. In: Nerlove, M. (Hrsg.): Issues in Contemporary Economics. Vol. 2: Macroeconomics and Econometrics. London pp., S. 75-101.

Lindbeck, A. (1995): Welfare State Disincentives with Endogenous Habits and Norms. In: Scandinavian Journal of Economics, Vol. 97, No. 4, S. 477-494.

Lindbeck, A.; Snower, D. J. (1986): Wage Setting, Unemployment, and Insider-Outsider Relations. In: American Economic Review, Vol. 76, No. 5, S. 235-239.

Lindbeck, A.; Snower, D. J. (1987a): Efficiency Wages versus Insiders and Outsiders. In: European Economic Review, Vol. 31, S. 407-416.

Lindbeck, A.; Snower, D. J.(1987b): Union Activity, Unemployment Persistence and Wage-Employment Ratchets. In: European Economic Review, Vol. 31, No. 2, S. 157-167.

Lindbeck, A.; Snower, D. J. (1988a): Cooperation, Harassment, and Involuntary Unemployment: An Insider-Outsider Approach. In: American Economic Review, Vol. 78, No. 1, S. 167-188.

Lindbeck, A.; Snower, D. J. (1988b): Job Security, Work Incentives and Unemployment. In: Scandinavian Journal of Economics, Vol. 90, No. 4, S. 453-474.

Lindbeck, A.; Snower, D. J. (1988c): The Insider-Outsider Theory of Employment and Unemployment. Cambridge: The MIT Press.

Lindbeck, A.; Snower, D. J. (1990): Demand- and Supply-side Policies and Unemployment: Policy Implications of the Insider-Outsider Approach. In: Scandinavian Journal of Economics, Vol. 92, H. 2, S. 279-305.

Lippert, B. (1998): Erweiterung der Europäischen Union - Chancen und Risiken. In: Bundeszentrale für politische Bildung; Institut für Europäische Politik (Hrsg.): Europa an der Schwelle zum 21. Jahrhundert. Reform und Zukunft der Europäischen Union. Bonn: Bundeszentrale für politische Bildung, S. 219-260.

Lippert, B. (2000): Erweiterung. In: Weidenfeld, W.; Wessels, W. (Hrsg.): Europa von A-Z. Bonn: Bundeszentrale für politische Bildung, S. 126-134.

Lorz, O. (1998): Social Security and Employment. In: Siebert, H. (Hrsg.): Redesigning Social Security. Tübingen: Mohr, S. 63-88.

Lucas, R.E. (1988): On the Mechanics of Economic Development. In: Journal of Monetary Economics, Vol. 22, No. 1, S. 3-42.

Luks, F. (1999): Der Steady-State als Grundlage eines Sustainable Development. Hamburg: Hochschule für Wirtschaft und Politik (Diss). Zitierte Passage online im Internet: http://www.sub.uni-hamburg.de/disse/77/Kap1u2.htm [Stand: 21.4.2002].

Lutz, B.; Sengenberger, W. (1980): Segmentationsanalyse und Beschäftigungspolitik. In: WSI-Mitteilungen, Jg. 33, H. 5, S. 291-299.

Machlup, F. (1978): Methodology of Economics and Other Social Sciences. New York pp.: Academic Press.

Malecki, E. (1997) Technology and economic development. The dynamics of local, regional and national competitiveness. 2. Auflage. Harlow: Longman.

Malmberg, G. (1997): Time and Space in International Migration. In: Hammar, T.; Brochmann, G.; Tamas, K.; Faist, T. (eds.): International Migration, Immobility and Development. Multidisciplinary Perspectives. Oxford, New York: Berg, S. 21-48.

Manganelli, G. (2000): Die Produktionsbereiche in der EU: Wertschöpfung, Beschäftigung, Verdienste und Produktivität. Statistik kurzgefasst. Thema 2 - 23/2000. Luxemburg: Europäische Gemeinschaften.

Marsden, D. (1994): Will there be a Single European Market for Labour? In: Weidenfeld, W.; Hönekopp, E.; Konle-Seidl, R.; Walwei, U., Werner, H. (Hrsg.): Europäische Integration und Arbeitsmarkt. Grundfragen und Perspektiven. Nürnberg: Institut für Arbeitsmarkt- und Berufsforschung der Bundesanstalt für Arbeit, S. 164-177.

Maslow, A. (1970): Motivation and Personality. 2. Auflage. New York: Harper & Row.

Massey, D. S.; Arango, J.; Hugo, G.; Kouaouci, A.; Pellerino, A.; Taylor, J. E. (1993): Theories of International Migration: A Review and Appraisal. In: Population and Development Review, Vol. 19, No. 3, S. 431-466.

Massey, D. S.; Arango, J.; Hugo, G.; Kouaouci, A.; Pellerino, A.; Taylor, J. E. (1994): An Evaluation of International Migration Theory: The North American Case. In: Population and Development Review, Vol. 20, No. 4, S. 699-752.

McAfee, R. P.; McMillan, J. (1987): Auctions and Bidding. In: Journal of Economic Literature, Vol. 25, No. 2, S. 699-738.

McDowell, J. M.; Singell, L. D. Jr. (1993): An Assessment of the Human Capital Content of International Migrants: An Application to US Immigration. In: Regional Studies, Vol. 27, No. 4, S. 351-363.

Mertens, A. (1998): Labor Mobility and Wage Dynamics. An Empirical Study for Germany in Comparison with the United States. Aachen: Shaker.

Meth-Cohn, D. (2000): Faceless fears. In: Business Central Europe (April), S. 16-22.

Meusburger, P. (1998a): Bildungsgeographie: Wissen und Ausbildung in der räumlichen Dimension. Berlin: Spektrum.

Meusburger, P. (1998b): Blotevogel, H. H.; Fielding, A. J. (1997): People, Jobs and Mobility in the New Europe - Buchbesprechung. In: Geographische Zeitschrift, Jg. 86, H. 3, S. 184-186.

Mincer, J.; Polachek, S. (1974): Family Investments in Human Capital: Earnings of Women. In: Journal of Political Economy, Vol. 82, No. 2 II, S. s76-s109.

Möller, J. (1991): Die Insider-Outsider-Theorie. In: WiSt - Wirtschaftswissenschaftliches Studium, Jg. 20, H. 7, S. 333-339.

Mols, M. (2001): Gabriel A. Almond. Modernisierungstheorie: Die USA als Blaupause für die Dritte Welt. In: Entwicklung und Zusammenarbeit, Jg. 42, H. 2, S. 47-50.

Morgan, K. (1997): The Learning Region: Institutions, Innovation and Regional Renewal. In: Regional Studies, Vol. 31, No. 5, S. 491-503.

Mühleisen, M.; Zimmermann, K. F. (1994): A Panel Analysis of Job Changes and Unemployment. In: European Economic Review, Vol. 38, No. 3/4, S. 793-801.

Müller-Jänsch, G. (2001): Chancen, Ängste, Vorurteile. In: Kölner Stadtanzeiger Nr. 100 vom 30. April/1. Mai, S. 2.

Mundell, R. A. (1957): International Trade and Factor Mobility. In: American Economic Review, Vol. 47, No. 3, S. 321-335.

Münz, R. (1995): Where did they all come from? Typology and geography of European mass migration in the twentieth century. European Population Conference. Mailand, 4.-8.1995. Mailand. Online im Internet: http://www.un.org/popin/confcon/milan/plen3/3rdplen.html [Stand: 19.12.2001].

Nipper, J. (1975): Mobilität der Bevölkerung im engeren Informationsfeld einer Solitärstadt. Eine mathematisch-statistiche Analyse distanzieller Abhängigkeiten, dargestellt am Beispiel des Migrationsfeldes der Stadt Münster. Gießener Geographische Schriften, Bd. 33. Gießen: Geographisches Institut.

North, D. C. (1992): Institutionen, institutioneller Wandel und Wirtschaftsleistung. Tübingen: Mohr.

o.V. (2001): Euroskop. Interview mit Joachim Wuermeling. In: Wirtschaftswoche Nr. 14 vom 29. März, S. 42.

Öberg, S. (1997): Theories on Inter-Regional Migration: An Overview. In: Blotevogel, H. H.; Fielding, A. J. (eds.): People, jobs and mobility in the new Europe, S. 23-47.

Ochel, W. (2001): Selektive Einwanderungspolitik: Punktesystem versus Auktionsmodell. In: ifo Schnelldienst, Jg. 54, H. 8, S. 32-38.

OECD (Hrsg.) (1997): SOPEMI. Trends in International Migration. Continuous Reporting System on Migration. Annual Report 1996. Paris: OECD.

OECD (Hrsg.) (2000): Bildung auf einen Blick. Paris: OECD.

OECD (Hrsg.) (2001): Lernen für das Leben. Erste Ergebnisse der internationalen Schulleistungsstudie PISA 2000. OECD: Paris.

Oehrlein, J. (1999): Mit halb offenen Armen. In: FAZ, 17.7., S. 9.

Okólski, M. (1998): Poland's Population and Population Movements: An Overview. In: Frejka, T.; Okólski, M.; Sword, K. (Hrsg.): In-Depth Studies on Migration in Central and Eastern Europe: The Case of Poland. United Nations Economic Commission for Europe, Economic Studies, No. 11. Genf: Vereinte Nationen, S. 9-24.

Okólski, M. (2001a): Sie werden nicht ausreisen. Interview mit Prof. Marek Okólski, Demograph der Universität Warschau. In: Gazeta Wyborcza vom 17. Mai. Übersetzt von Martin Mühleck, abgedruckt in Freudenstein/Tewes 2001, S. 32-34.

Okólski, M. (2001b): Zu einer sachlichen Argumentation in der Frage der Freizügigkeit der Arbeitnehmer. In: Stepniak, A.; Duszczyk, M. (Hrsg.): Die Freizügigkeit der Arbeitnehmer. Warschau: Kanzlei des Vorsitzenden des Ministerrates, S. 19-42.

Olson, M. (1982): The Rise and Decline of Nations - Economic Growth, Stagflation, and Social Rigidities. London: New Haven.

Optiz, P. J. (1994): Die Migrations- und Flüchtlingsproblematik nach Beendigung des Ost-West-Konflikts: Globale und Europäische Dimensionen. In: Knapp, M. (Hrsg.): Migration im neuen Europa. Stuttgart: Steiner, S. 51-68.

Orlowski, W. M. (1999): Labour Markets after the EU Accession: Global and Regional Effects. In: Research Bulletin, Vol. 8, No. 1, S. 41-50.

Orlowski, W. M.; Zienkowski, L. (1998): Potential Size of the Emigration from Poland after Joining the European Union. In: Research Bulletin, Vol. 7, No. 2, S. 23-31.

Osmanovic, A. (2000): 'New Economic Geography', Globalisierungsdebatte und Geographie. In: Die Erde, Jg. 131, H. 3, S. 241-258.

Otani, K. (1991): Involuntary Unemployment Relative to Simple Jobs in a Competitive Labor Market. In: International Economic Review, Vol. 32, No. 1, S. 85-102.

Paqué, K.-H. (1998): Produktivität in Ostdeutschland. Online im Internet: http://www.uni-magdeburg.de/vwl4/Md.Wiss.Jour1998.PDF [Stand: 13.4.2002].

Petersen, W. (1958): A general typology of migration. In: American Sociological Review, Vol. 23, No. 3, S. 256-265.

Pfahler, T. (1994): Hysterese am Arbeitsmarkt in der Bundesrepublik Deutschland. Fuchsstadt: Wilfer.

Pilos, S. (2001): Der Fremdsprachenunterricht in den europäischen Bildungssystemen. Statistik kurz gefasst. Thema 3 - 4/2001. Luxemburg: Europäische Gemeinschaften.

Piore, M. J. (1979): Birds of passage: Migrant labor and industrial societies. Cambridge : Cambridge University Press.

Pilos, S. (2001): Der Fremdsprachenunterricht in den europäischen Bildungssystemen. Statistik kurz gefasst. Thema 3 - 4/2001. Luxemburg: Europäische Gemeinschaften.

Pischke, J.-S.; Velling, J. (1994): Wage and Employment Effects of Immigration to Germany: An Analysis Based on Local Labour Markets. CEPR Discussion Paper, No. 935. Leicester: Center for Economic and Policy Research.

Polachek, S. W. (1995): Earnings Over the Life Cycle. What Do Human Capital Models Explain? In: Scottish Journal of Political Economy, Vol. 42, No. 3, S. 267-289.

Polachek, S. W.; Horvath, F. (1977): A life cycle approach to migration: analysis of the perspicacious peregrinator. In: Research in Labor Economics, Vol. 1, No. 1, S. 103-149.

Polanyi, M. (1967): The Tacit Dimension. London: Routledge.

Popper, K. R. (1962): Die Logik der Sozialwissenschaften. In: Kölner Zeitschrift für Soziologie und Sozialpsychologie, Jg. 14, H. 2, S. 233-248.

Portes, A. (1978): Migration and underdevelopment. In: Politics and Society, Vol. 8, No. 1, S. 1-48.

Proissl, W. (2001): Bartoszewski lehnt Übergangsfristen bei EU-Beitritt ab. In: Financial Times Deutschland vom 22. Januar (Onlinearchiv: www.ftd.de; o. S.).

PSP - Polska Statystyka Publiczna (Hrsg.) (2001): The Economy of Poland in the First Half of 2001. Online im Internet: www.stat.gov.pl/english/publikacje/PQS/i.htm [Stand: 15.1.2002].

PSP - Polska Statystyka Publiczna (Hrsg.) (2002): Unemployment rate 1990 - 2001. Online im Internet: www.stat.gov.pl/english/serwis/stopa_bezrob.htm [Stand: 15.1.2002].

Pugliese, E. (1992): The New International Migrations and the Changes in the Labour Market. In: Labour, Vol. 6, No. 1, S. 165-179.

Ragnitz, J. (2002): EU-Osterweiterung: Auswirkungen auf die neuen Länder. In: Wirtschaft im Wandel, Jg. 2002, H. 2, S. 41-47.

Rat - Rat der Europäischen Union (2000): Gesamtübersicht über den Erweiterungsprozess - Schlussfolgerungen. Press Release: Brussels (04-12-2000) - Press: 465 - Nr. 13999/00. Brüssel: Amt für amtliche Veröffentlichungen der Europäischen Gemeinschaften.

Ravenstein, E. G. (1885): The Laws of Migration. In: Journal of the Statistical Society, Vol. XLVIII, Part II, pp. 167-235.

Reder, M. W. (1963): The Economic Consequences of Increased Immigration. In: The Review of Economics and Statistics, Vol. 45, No. 3, S. 570-579.

Reed, J. (2001): Polen droht steigende Arbeitslosigkeit. In: Financial Times Deutschland vom 18. April (Onlinearchiv: www.ftd.de; o. S.).

Reibold, D. K. (1998): Die Berufsausbildung in Europa - ein internationaler Vergleich: ein Kurzüberblick über die allgemeine und berufliche Bildung in über 25 Staaten Europas. Praxiswissen Wirtschaft, Bd. 38. Renningen: Expert.

Ribhegge, H. (2000): Die wirtschaftspolitischen Auswirkungen der Osterweiterung der Europäischen Union für die neuen Bundesländer und ihre Grenzregionen. kowa-Arbeitspapiere, H. 12. Frankfurt/Oder: kowa, Europa-Universität Viadrina.

Ricardo, D. (1817): Principles of Political Economy and Taxation. London: Bell & Sons.

Richter, R. (1994): Institutionen ökonomisch analysiert. Zur jüngeren Entwicklung auf einem Gebiet der Wirtschaftstheorie. Tübingen: Mohr.

Riechers, A. (1995): Polen: Raum, Bevölkerung, Struktur, Wirtschaft, Staat und Gesellschaft. In: Niedersächsische Landeszentrale für politische Bildung (Hrsg.): Polen und Deutschland. Nachbarn in Europa. Hannover: Niedersächsische Landeszentrale für politische Bildung, S. 58-88.

Rogers, A.; Willekens, F.; Little, J.; Raymer, J. (2002): Describing migration spatial structure. In: Papers in Regional Science, Vol. 81, No. 1, S. 29-48.

Rogulski, R. (2001): Die Einstellung der Deutschen zur EU-Mitgliedschaft Polens im Lichte von Meinungsumfragen. In: Cichocki, M. A. (Hrsg.): Warum haben die Deutschen Angst vor der EU-Erweiterung um Polen und andere Länder Mittel- und Osteuropas? Warschau: Center for International Relations, S. 15-26.

Rolfes, M. (1996): Regionale Mobilität und akademischer Arbeitsmarkt: Hochschulabsolventen beim Übergang vom Bildungs- in das Beschäftigungssystem und ihre potentielle und realisierte Mobilität. Osnabrück: Rasch.

Romer, P. M. (1987): Growth Based on Increasing Returns Due to Specialisation. In: American Economic Review, Vol. 77, No. 2, S. 56-62.

Roy, A. D. (1951): Some Thoughts on the Distribution of Earnings. In: Oxford Economic Papers, Vol. 3, No. 2, S. 135-146.

Rudolph, H. (1996): Die Dynamik der Einwanderung im Nichteinwanderungsland Deutschland. In: Fassmann, H.; Münz, R. (Hrsg.): Migration in Europa: historische Entwicklung, aktuelle Trends. Frankfurt/M, New York: Campus, S. 161-181.

Rürup, B. (2000): Politische Konsequenzen der Bevölkerungsalterung. In: Wirtschaftsdienst, Jg. 80, H. 9, S. 526-530.

Salt, J. (1993): Migration and Population Change in Europe. United Nations Institute for Disarmament Research (UNIDIR) Research Paper No. 19. New York: United Nations.

Salt, J. (1999): Current trends in international migration in Europe. Straßburg: Europarat.

Sassen, S. (1991): The Global City. New York, London, Tokio. Princetown pp.: Princetown University Press.

Schafer, A.; Schenk, L. (1995): "Wir könnten doch lernen, wir haben Zeit". Ergebnisse einer qualitativen Befragung. In: Schafer, A.; Schenk, L.; Schenk, G. (Hrsg.): Arbeitslosigkeit, Befindlichkeit und Bildungsbereitschaft von Aussiedlern. Eine empirische Studie. Frankfurt a.M. pp.: Lang, S. 39-142.

Schäfer, U. (1995): "Es sind so viele von uns fortgegangen" - Auswirkungen von Migrationsprozessen auf die informelle Infrastruktur in den Quellgebieten. In: Gans, P.; Kemper, F.-J. (Hrsg.): Mobilität und Migration in Deutschland. Erfurter Geographische Studien, Bd. 3. Erfurt: Institut für Geographie, S. 151-163.

Schäfer, W. (2001): EU-Erweiterung: Alternative Arrangements zur Migrationssteuerung. In: Wirtschaftsdienst, Jg. 81, H. 11, S. 644-651.

Scharpf, F. W. (1999): Gegen die Diskriminierung einfacher Arbeitsplätze. In: Wirtschaftsdienst, Jg. 79, H. 8, S. 455-465.

Scharr, F.; Untiedt, G. (2001): Sektorale Wettbewerbsfähigkeit ausgewählter Branchen in den deutschen Grenzregionen. In: Riedel, J.; Untiedt, G. (Hrsg.): EU-Osterweiterung und deutsche Grenzregionen. Strukturpolitik und Raumplanung in den Regionen an der mitteleuropäischen EU-Außengrenze zur Vorbereitung auf die EU-Osterweiterung. Teilprojekt D-4. Dresden: ifo, 179-244.

Schätzl, L. (2001): Wirtschaftsgeographie 1. Theorie. 8. Auflage. Paderborn pp.: Schöningh.

Schaub, G. (2000): Arbeitsrechts-Handbuch: systematische Darstellung und Nachschlagewerk für die Praxis. 9. Aufl. München: Beck.

Scheerer, M. (2001): Brüssel strebt 2004 große Erweiterung an. In: Handelsblatt Nr. 220 vom 14. November, S. 3.

Schellhaaß, H.-M. (1996): Die Zukunft des Arbeitsmarktes. Wege zu mehr Beschäftigung. Bad Homburg: Stiftung Marktwirtschaft und Politik.

Schelter, K. (2001): EU-Osterweiterung: Wer gewinnt - wer verliert? - Handwerk und Dienstleister vor neuen Herausforderungen. Rede vor dem Wirtschaftsrat der CDU e.V. in Frankfurt (Oder) am 23. April 2001. Potsdam: Ministerium der Justiz und für Europaangelegenheiten des Landes Brandenburg.

Schmid, H.; von Dosky, D.; Braumann, B. (1996): Ökonomik des Arbeitsmarktes. Bern, Stuttgart, Wien: Haupt.

Schmidt, P.-G. (1996): Strukturmerkmale des Arbeitsmarktes und gesamtwirtschaftliche Stabilität. Eine vergleichende Analyse der OECD-Länder. In: Berthold, N. et al. (Hrsg.): Die Tarifautonomie auf dem Prüfstand. Schriften des Vereins für Socialpolitik, Neue Folge, Bd. 244. Berlin: Duncker & Humblot, S. 93-148.

Schmitter, P. C. (1974): Still the Century of Corporatism? In: Review of Politics, Vol. 36, No. 1, S. 85-131.

Schmitter, P. C. (1996): If the Nation-State were to Whither Away in Europe, What Might Replace it? In: Gustavsson, S.; Lewin, L. (Hrsg.): The Future of the Nation-State. Stockholm: Nerenius & Santérus, S. 211-244.

Schnabel, C. (1990): Ökonomische Modelle gewerkschaftlichen Verhaltens. In: Das Wirtschaftsstudium, Jg. 19, H. 5, S. 235-240.

Schneider, H. (1995): Die Europäische Union als Staatenverbund oder als multinationale "Civitas Europea". In: Randelzhofer, A.; Scholz, R.; Wilke, D. (Hrsg.): Gedächtnisschrift für Eberhard Grabitz. München: Beck, S. 677-724.

Schröder, G. (2000): Rede anlässlich der Regionalkonferenz Oberpfalz 2000 am 18.12.2000 in Weiden. Online im Internet: http://www.bundesregierung.de/top/dokumente/Artikel/ix_36184.htm?template=single&id=36184_1499&script=1&ixepf=_36184_1499 [Stand: 22.11.2001].

Schuldt, K. (2001): Arbeitsmarktanalyse des deutsch-polnischen Grenzraumes im Land Brandenburg. In: BRANDaktuell, special 3 – InFORMation 3. Online im Internet: http://www.lasa-gmbh.de/brandakt/specials/special3_information3.htm [Stand: 24.04.2002].

Schultz, T. W. (1961): Investment in Human Capital. In: American Economic Review, Vol. 51, No. 3, S. 1-17.

Schwartz, A. (1976): Migration, Age, and Education. In: Journal of Political Economy, Vol. 84, No. 2, S. 701-719.

Schwarz, C. (2001): Das ist wie Striptease. Wiesbaden braucht den Vergleich mit Wisconisn nicht zu scheuen: Hier, am Amtssitz Roland Kochs, kommt erst das Ausbildungsangebot und später die Drohung. In: Wirtschaftswoche Nr. 36 vom 30. August, S. 24-27.

Schwarze, J. (1996): Beeinflußt das Lohngefälle zwischen Ost- und Westdeutschland das Migrationsverhalten der Ostdeutschen? Eine mikroökonometrische Untersuchung mit Daten des Sozioökonomischen Panels 1991 bis 1994. In: Allgemeines Statistisches Archiv, Jg. 80, S. 50-68.

Seifert, W. (1995): Die Mobilität der Migranten: Die berufliche, ökonomische und soziale Stellung ausländischer Arbeitnehmer in der Bundesrepublik. Berlin: Sigma.

Seitz, H. (2000): Das Land Brandenburg 10 Jahre nach der Wiedervereinigung: Eine Bestandsaufnahme der ökonomischen Entwicklung. Diskussionspapier. Frankfurt/Oder: Europa-Universität Viadrina (Selbstverlag).

Sengenberger, W. (1978): Arbeitsmarktstruktur. Ansätze zu einem Modell des segmentierten Arbeitsmarktes. Frankfurt a. M.; New York: Campus.

Sesselmeier, W. (1992): Gewerkschaften und Lohnfindung. Heidelberg: Physica.

Sesselmeier, W.; Blauermel, G. (1998): Arbeitsmarkttheorien. 2. Aufl. Heidelberg: Physika.

Sinn, H.-W. (2001): Ein Plädoyer für die Freizügigkeit. In: Handelsblatt Nr. 084 vom 2. Mai, S. 12.

Sinn, H.-W.; Flaig, G.; Werding, M.; Munz, S.; Düll, N.; Hofmann, H. (2001): EU-Erweiterung und Arbeitskräftemigration: Wege zu einer schrittweisen Annäherung der Arbeitsmärkte. ifo Beiträge zur Wirtschaftsforschung, Nr. 2. München: ifo.

Sinn, H.-W.; Werding, M. (2001): Zuwanderung nach der EU-Osterweiterung. Wo liegen die Probleme? In: ifo Schnelldienst, Jg. 54, H. 8, S. 19-27.

Sjaastad, L. A. (1962): The Costs and Returns of Human Migration. In: The Journal of Political Economy, Vol. 70, No. 5, Part 2, S. 80-93.

Smolny, W. (1991): Macroeconomic Consequences of International Labour Migration: Simulation Experience from an Econometric Disequilibrium Model. In: Vosgerau, H. J. (Hrsg.): European Integration in the World Economy. Berlin pp.: Springer, S. 376-408.

Solow, R. M. (1990): The Labor Market as a Social Institution. Cambridge: Basil Blackwell.

Somermeijer, W. H. (1961): Een Analyse van de Binnenlandse Migratie in nederland tot 1947 en van 1948 - 1957. In: Statistische en Econometrische Onderzoekingen Nr. 3, S. 115-174.

Spahn, A. (1996): Bevölkerungswanderungen und ihre Folgen für Arbeitsmarkt und soziale Sicherung. In: Agrarsoziale Gesellschaft e.V. (Hrsg.): Osterweiterung der EU - Weichenstellungen in Europa und deren Folgen. Schriftenreihe für ländliche Sozialfragen, Bd. 124. Göttingen: Agrarsoziale Gesellschaft, S. 65-69.

Stapel, S. (2001a): Das BIP der Beitrittskandidaten. Statistik kurz gefasst. Thema 2 - 18/2001. Luxemburg: Europäische Gemeinschaften.

Stapel, S. (2001b): Wertschöpfung, Beschäftigung, Verdienste und Arbeitsproduktivität in den Beitrittskandidaten. Statistik kurz gefasst. Thema 2 - 13/2001. Luxemburg: Europäische Gemeinschaften.

Stark, O. (1991): The migration of labor. Oxford, Cambridge: Basil Blackwell.

Statistisches Bundesamt (Hrsg.) (1992a): Entwicklung der Bevölkerung bis 2030. Ergebnis der siebten koordinierten Bevölkerungsvorausschätzung. Wirtschaft und Statistik, H. 4. Wiesbaden: Statistisches Bundesamt.

Statistisches Bundesamt (Hrsg.) (1992b): Klassifizierung der Berufe. Systematisches und alphabetisches Verzeichnis der Berufsbenennungen. Stuttgart: Metzler-Poeschel.

Statistisches Bundesamt (Hrsg.) (1996): Länderbericht Polen. Stuttgart: Metzler-Poeschel.

Statistisches Bundesamt (Hrsg.) (2000a): Statistisches Jahrbuch 2000. Stuttgart: Metzler Poeschel.

Statistisches Bundesamt (Hrsg.) (2000b): Statistisches Jahrbuch 2000 für das Ausland. Stuttgart: Metzler-Poeschel.

Statistisches Bundesamt (Hrsg.) (2001): Statistisches Jahrbuch 2001. Stuttgart: Metzler-Poeschel.

Statistisches Bundesamt (Hrsg.) (2002): Polnische Staatsangehörige nach Bundesländern am 31.12.2000. Sonderauswertung der Abteilung V II B – 176. Wiesbaden: Statistisches Bundesamt.

Steineck, A. (1994a): Ökonomische Anforderungen an eine europäische Zuwanderungspolitik. Schriftenreihe des Europa-Kollegs Hamburg zur Integrationsforschung, Bd. 5. Baden-Baden: Nomos.

Steineck, A. (1994b): The Transferability of Human Capital: Some Empirical Evidence for West Germany. In: International Review of Applied Economics, Vol, 8, No. 2, S. 197-226.

Sternberg, R. (2001): New Economic Geography und Neue regionale Wachstumstheorie aus wirtschaftsgeographischer Sicht. In: Zeitschrift für Wirtschaftsgeographie, Jg. 45, H. 3-4, S. 159-180.

Stewart, J. B.; Hyclak, T. (1984): An Analysis of the Earnings Profiles of Immigrants. In: The Review of Economics and Statistics, Vol. 66, o. Nr., S. 292-296.

Stewig, R. (1999): Entstehung der Industriegesellschaft in der Türkei. Teil 2: Entwicklung 1950 - 1980. Kieler Geographische Schriften, Bd. 99. Kiel: Selbstverlag des Geographischen Instituts.

Stobernack, M. (1991): Der Zusammenhang von Arbeitslosenversicherung und Arbeitslosigkeit im Lichte der Empirie: Ein Literatursurvey. In: Zeitschrift für Wirtschafts- und Sozialwissenschaften, Vol. 111, No. 2, S. 251-271.

Storper, M. (1993): Regional 'Worlds' of Production: Learning and Innovation in the Technology Districts of France, Italy and the USA. In: Regional Studies, Vol. 27, No. 5, S. 433-455.

Stouffer, S. A. (1940): Intervening Opportunities: A Theory Relating Mobility and Distance. In: American Sociological Review, No. 5, S. 845-867.

Straubhaar, T. (1988): On the Economics of International Labor Migration. Stuttgart, Bern: Haupt.

Straubhaar, T. (1992): Internationale Faktorwanderungen. Substitutionalität versus Komplementarität. In: WiSt - Wirtschaftswissenschaftliches Studium, Jg. 21, H. 11, S. 563-567.

Straubhaar, T. (1994a): Druck und/oder Sog: Migration aus ökonomischer Sicht. In: Knapp, M. (Hrsg.): Migration im neuen Europa. Stuttgart: Steiner, S. 69-96.

Straubhaar, T. (1994b): Normative Aspekte internationaler Faktorwanderungen. In: WiSt - Wirtschaftswissenschaftliches Studium, Jg. 23, H. 12, S. 617-624.

Straubhaar, T. (1994c): Ökonomische Bedeutung grenzüberschreitender Arbeitsmigration. In: Weidenfeld, W.; Hönekopp, E.; Konle-Seidl, R.; Walwei, U., Werner, H. (Hrsg.): Europäische Integration und Arbeitsmarkt. Grundfragen und Perspektiven. Nürnberg: Institut für Arbeitsmarkt- und Berufsforschung der Bundesanstalt für Arbeit, S. 195-222.

Straubhaar, T. (1996): Die Auswirkungen des freien Personenverkehrs auf die Migration in Westeuropa. In: Mogg, J. F.; Straubhaar, T.; Chambovey, D.; Flükiger, R.; Garrone, P. (Hrsg.): Der freie Personenverkehr mit der EU: Chance oder Handicap für die Schweiz? Bern: Stämpfli+Cie, S. 13-36.

Straubhaar, T. (1997): Zuwanderung und Sozialstaat: Bedrohung oder Chance? In: Knappe, E.; Winkler, A. (Hrsg.): Sozialstaat im Umbruch. Herausforderungen an die deutsche Sozialpolitik. Frankfurt, New York: Campus, S. 47-64.

Straubhaar, T. (2001): East-West Migration: Will It Be a Problem? In: Intereconomics, Vol. 36, No. 1, S. 1-2.

SVR - Sachverständigenrat zur Begutachtung der gesamtwirtschaftlichen Entwicklung (2000): Chancen auf einen höheren Wachstumspfad. Jahresgutachten 2000/01. Stuttgart: Metzler-Poeschel.

SVR - Sachverständigenrat zur Begutachtung der gesamtwirtschaftlichen Entwicklung (2001): Für Stetigkeit – gegen Aktionismus. Jahresgutachten 2001/2002. Wiesbaden: Sachverständigenrat zur Begutachtung der gestamtwirtschaftlichen Entwicklung.

Tarantelli, E. (1986): Economia Politica del Lavoro. Turin: Unione Tipographico.

Thomas, B. (1973): Migration and Economic Growth: A study of Great Britain and the Atlantic Economy. 2.Auflage. London, New York: Cambridge University Press.

Thurow, L. (1978): Die Arbeitskräfteschlange und das Modell des Arbeitsplatzwettbewerbs. In: Sengenberger, W. (Hrsg.): Der gespaltene Arbeitsmarkt: Probleme der Arbeitsmarktsegmentation. Arbeiten des Instituts für sozialwissenschaftliche Forschung e.V. München. Frankfurt a. M., New York: Campus, S. 117-138.

Todaro, M. P. (1969): A Model of Labor Migration and Urban Unemployment in Less Developed Countries. In: American Economic Review, Vol. 59, No. 1, S. 138-148.

Treichler, A. (1998): Arbeitsmigration und Gewerkschaften. Münster: LIT.

Truger, A. (1998): Die neue Finanzwissenschaft zwischen Realitätsferne und Irrelevanz der Annahmen. Finanzwissenschaftliche Schriften, Bd. 88. Frankfurt: Lang.

Tuchtfeldt, E.; Straubhaar, T. (1985): Internationale Arbeitskräftewanderungen - ein vernachlässigtes Kapitel in der Außenwirtschaftspolitik. In: Lenel, O. et al. (Hrsg.): ORDO. Jahrbuch für die Ordnung von Wirtschaft und Gesellschaft, Bd. 36. Stuttgart, New York: Fischer, S. 89-108.

UN - United Nations (Hrsg.) (1998): Population Distribution and Migration. Proceedings of the United Nations Expert Group Meeting on Population Distribution and Migration. Santa Cruz, Bolivia. New York: United Nations.

van der Gaag, N.; van Wissen, L. (2001): Determinants of the subnational distribution of immigration. In: Tijdschrift voor Economische en Sociale Geographie, Vol, 92, No. 1, S. 27-41.

Velling, J.; Pfeiffer, F. (1997): Unzulängliche Nutzung von Humankapital. In: Clar, G.; Dore, J.; Mohr, H. (Hrsg.): Humankapital und Wissen - Grundlagen einer nachhaltigen Entwicklung. Berlin: Springer, S. 197-220.

Verheugen, G. (2001a): Was bringt die EU-Erweiterung der Wirtschaft? In: Tagungsband zur Konferenz der Spitzenorganisationen der deutschen Wirtschaft (BDI, BDA, DIHK, ZDH) am 15. Februar 2001 im Haus der Deutschen Wirtschaft, Berlin. Online im Internet:http://www.bdi-online.de/fram_publikationen.asp?id=aktuell, S. 64-75 [Stand: 22.4.2002].

Verheugen, G. (2001b): Wirtschaftliche Perspektiven der EU-Erweiterung. F.A.Z.-Lecture 2001. In: Frankfurter Allgemeine Zeitung Nr. 235 vom 10. Oktober, S. 19.

Vertovec, S.; Cohen, R. (1999): Migration, diasporas and transnationalism. International library of studies on migration, Vol. 9. Cheltenham, Northampton: Edward Edgar.

von Loeffelholz, H. D.; Köpp, G. (1998): Ökonomische Auswirkungen der Zuwanderung nach Deutschland. Schriftenreihe des Rheinisch-Westfälischen Instituts für Wirtschaftsforschung Essen, neue Folge H. 63. Berlin: Duncker & Humblot.

Vrhovec, P. (2001): Bürger zweiter Klasse. In: einblick 14/01 vom 23. Juli, S. 7.

Wagner, M. (1989): Räumliche Mobilität im Lebensverlauf. Stuttgart: Enke.

Wagner, T.; Jahn, E. J. (1998): Neue Arbeitsmarkttheorien. Düsseldorf: Werner.

Wallace, C. (1998): Migration Potential in Central and Eastern Europe. Genf: IOM.

Wallace, W. (1996): Government without Statehood. In: Wallace, H.; Wallace, W. (Hrsg.): Policy-Making in the European Union. Oxford: University Press, S. 439-460.

Wallerstein, I. (1979): The capitalist world-economy. Cambridge: University Press.

Weber, M. (1980): Wirtschaft und Gesellschaft. Tübingen: Mohr.

Wehrmann, M. (1989): Auswirkungen der Ausländerbeschäftigung auf die Volkswirtschaft der Bundesrepublik Deutschland in Vergangenheit und Zukunft. Baden-Baden: Nomos.

Weltbank (2000): Globalisierung und Lokalisierung: Neue Wege im entwicklungspolitischen Denken. Weltentwicklungsbericht 1999/2000. Frankfurt a.M.: Frankfurter Allgemeine Zeitung.

Weltbank (2001): Bekämpfung der Armut. Weltentwicklungsbericht 2000/2001. Bonn: UNO-Verlag.

Werner, H. (1994): Wirtschaftliche Integration und Arbeitskräftewanderungen: Das Beispiel Europa. In: Mitteilungen aus der Arbeitsmarkt- und Berufsforschung, Bd. 27, H. 3, S. 232-245.

Wessels, W. (1999): Das politische System der EU. In: Weidenfeld, W. (Hrsg.): Europa Handbuch. Bonn: Bundeszentrale für Politische Bildung, S. 333-352.

Wessels, W. (2000): Die Grenzen der EU-Erweiterung. In: Kölner Universitäts-Journal, H. 1, S. 39-41.

Wessels, W.; Jantz, B. (1997): Flexibilisierung: Die Europäische Union vor einer neuen Grundsatzdebatte? Grundmodelle unter der Lupe. In: Hrbek, R. (Hrsg.): Die Reform der Europäischen Union: Positionen und Perspektiven anläßlich der Regierungskonferenz. Schriftenreihe des Arbeitskreises Europäische Integration, Bd. 41. Baden-Baden: Nomos, S. 345-368.

White, P. (1995): Geography, Literature and Migration. In: King, R.; Connell, J.; White, P. (Hrsg.): Writing across Worlds. Literature and Migration. London, New York: Routledge, S. 1-19.

Williamson, O. E. (1975): Markets and Hierarchies: Analysis and Antitrust Implications. New York: Macmillan.

Winegarden, C. R.; Khor, L. B. (1993): Undocumented Immigration and Income Inequality in the Native-Born Population of the US: Econometric Evidence. In: Applied Economics, Vol. 25, No. 2, S. 157.

Winkelmann, R.; Zimmermann, K. (1993): Ageing, Migration and Labour Mobility. In: Johnson, P.; Zimmermann, K. F. (Hrsg.): Labour Markets in an Ageing Europe. Cambridge: Cambridge University Press, S. 255-283.

Wissenschaftlicher Beirat beim Bundesfinanzministerium (2001): Freizügigkeit und Soziale Sicherung in Europa. Bonn: BMF.

WJD - Wirtschaftsjunioren Deutschland (Hrsg.) (1999): Bevölkerungsbefragung 1999. Bonn: WJD.

WSI - Wirtschafts- und Sozialwissenschaftliches Institut in der Hans Böckler Stiftung (Hrsg.) (2001a): Tarifliche Regelungen und Leistungen 2000. Einzelhandel West. Online im Internet: http://www.boeckler.de/wsi/tarchiv/branchen/2000/einzel_west.htm [Stand: 01.02.2002].

WSI - Wirtschafts- und Sozialwissenschaftliches Institut in der Hans Böckler Stiftung (Hrsg.) (2001b): Tarifliche Regelungen und Leistungen. Online im Internet: http://www.boeckler.de/wsi/tarchiv/branchen/2000/index.htm [Stand: 22.10.2001].

Wyplosz, C. (1994): Migration from the East: The Role of Reform and Capital Mobility. In: Siebert, H. (Hrsg.): Migration: a challenge for Europe: symposium 1993. Tübingen: Mohr, S. 173-191.

Zacher, H. F. (1989): 40 Jahre Sozialstaat. Schwerpunkte der rechtlichen Ordnung. In: Blüm, N.; Zacher, H. F. (Hrsg.): 40 Jahre Sozialstaat Bundesrepublik Deutschland. Baden-Baden: Nomos, S. 19-129.

Zimmermann, K. F. (1995): Tackling the European Migration Problem. In: Journal of Economic Perspectives, Vol. 9, No. 2, S. 45-62.

Zimpel, H.-G. (1980): Bevölkerungsgeographie und Ökumene. Harms Handbuch der Geographie. Sozial- und Wirtschaftsgeographie 1. Bevölkerung und Ökumene. Ländliche und städtische Siedlungen. Zentrale Orte. München: List, S. 13-210.

Zipf, G. K. (1946): The P1 x P2/D Hypothesis. On the Intercity Movement of Persons. In: American Sociological Review, Vol. 11, No. 6, S. 677-686.

Anhang

Anhang 1: Bewerberquoten (Berufsgruppen)

Bewerberquoten nach Berufsgruppen 2001 (niedrigste Werte)

	Berufsgruppe	Arbeitslose (Januar)	Offene Stellen (Januar)	**Bewerberquote (Januar)**	Arbeitslose (Juli)	Offene Stellen (Juli)	**Bewerberquote (Juli)**	Arbeitslose (gemittelt)	Offene Stellen (gemittelt)	**Bewerberquote (gemittelt)**	Arbeitslosenquote (2000)
	insgesamt	4.093.216	484.294	8,45	3.798.701	521.545	7,28	3.945.959	502.920	**7,87**	
04	Landwirtsch. Arbeitskraefte, Tierpfleger	36.128	38.046	0,95	29.649	44.795	0,66	32.889	41.421	**0,81**	24,6
29	Werkzeugmacher	4.391	2.079	2,11	4.126	2.237	1,84	4.259	2.158	**1,98**	3,6
53	Hilfsarbeiter ohne naeh. Taetigkeitsang.	19.696	7.223	2,73	21.014	9.930	2,12	20.355	8.577	**2,42**	–
70	And. Dienstleistungskaufl. und zugeh.Ber.	32.928	12.323	2,67	33.280	11.835	2,81	33.104	12.079	**2,74**	9,4
84	Aerzte, Apotheker	12.274	3.949	3,11	11.419	4.537	2,52	11.847	4.243	**2,81**	5,4
22	Metallverformer (spanend)	22.776	7.045	3,23	20.346	7.706	2,64	21.561	7.376	**2,94**	9,0
90	Koerperpfleger	18.700	5.659	3,30	18.873	6.838	2,76	18.787	6.249	**3,03**	12,1
31	Elektriker	68.777	20.493	3,36	67.653	22.087	3,06	68.215	21.290	**3,21**	9,3
77	Rechnungskaufl.,Datenverarbeitungsfachleute	75.585	22.855	3,31	80.418	19.319	4,16	78.002	21.087	**3,73**	8,6
30	Metallfeinbauer und zugeordnete Berufe	9.842	2.433	4,05	9.518	2.698	3,53	9.680	2.566	**3,79**	9,8
91	Gaestebetreuer	82.520	18.025	4,58	69.801	19.109	3,65	76.161	18.567	**4,12**	16,1
69	Bank-, Versicherungskaufleute	22.134	4.888	4,53	23.014	6.073	3,79	22.574	5.481	**4,16**	2,7
85	uebrige Gesundheitsdienstberufe	88.450	19.626	4,51	86.478	21.469	4,03	87.464	20.548	**4,27**	5,9
24	Metallverbinder	17.586	3.118	5,64	15.659	4.080	3,84	16.623	3.599	**4,74**	14,7
72	Berufe des Wasser- und Luftverkehrs	4.466	816	5,47	3.291	760	4,33	3.879	788	**4,90**	7,2
06	Forst-, Jagdberufe	7.771	1.459	5,33	5.840	1.209	4,83	6.806	1.334	**5,08**	12,1
60	Ingenieure	68.380	13.205	5,18	65.229	12.939	5,04	66.805	13.072	**5,11**	9,3
41	Speisenbereiter	112.277	19.949	5,63	101.993	20.834	4,90	107.135	20.392	**5,26**	19,7
27	Schlosser	88.330	14.775	5,98	78.876	17.201	4,59	83.603	15.988	**5,28**	10,0
28	Mechaniker	52.816	9.532	5,54	49.574	9.762	5,08	51.195	9.647	**5,31**	9,7
39	Back-, Konditorwarenhersteller	17.775	2.819	6,31	16.221	3.299	4,92	16.998	3.059	**5,61**	14,8
05	Gartenbauer	102.184	15.058	6,79	82.371	16.868	4,88	92.278	15.963	**5,83**	23,0
86	Sozialpflegerische Berufe	97.964	15.339	6,39	99.444	18.338	5,42	98.704	16.839	**5,90**	10,6
26	Feinblechner, Installateure	54.894	7.762	7,07	47.630	9.328	5,11	51.262	8.545	**6,09**	11,7
87	Lehrer	27.834	4.919	5,66	31.245	4.731	6,60	29.540	4.825	**6,13**	6,9

Quellen: BA 2001a; IAB 2001.

noch Anhang 1: Bewerberquoten (Berufsgruppen)

Bewerberquoten nach Berufsgruppen 2001 (höchste Werte)

	Berufsgruppe	Arbeits-lose (Januar)	Offene Stellen (Januar)	**Bewerber-quote (Januar)**	Arbeits-lose (Juli)	Offene Stellen (Juli)	**Bewerber-quote (Juli)**	Arbeits-lose (gemittelt)	Offene Stellen (gemittelt)	**Bewerber-quote (gemittelt)**	Arbeits-losenquote (2000)
	insgesamt	4.093.216	484.294	**8,45**	3.798.701	521.545	**7,28**	3.945.959	502.920	**7,87**	
47	Bauhilfsarbeiter	68.589	2.833	24,21	54.322	4.785	11,35	61.456	3.809	**17,78**	18,9
83	Kuenstler und zugeordnete Berufe	34.045	2.126	16,01	36.475	1.816	20,09	35.260	1.971	**18,05**	18,2
43	uebrige Ernaehrungsberufe	7.385	328	22,52	6.163	446	13,82	6.774	387	**18,17**	10,3
13	Glasmacher	4.125	235	17,55	3.740	178	21,01	3.933	207	**19,28**	9,8
52	Warenpruefer, Versandfertigmacher	133.922	6.197	21,61	130.264	7.105	18,33	132.093	6.651	**19,97**	25,0
36	Textilveredler	2.443	96	25,45	2.392	143	16,73	2.418	120	**21,09**	15,9
18	Holzaufbereiter,-warenfertiger u. verw.B.	12.702	501	25,35	10.401	544	19,12	11.552	523	**22,24**	13,7
45	Zimmerer, Dachdecker, Geruestbauer	69.987	2.315	30,23	43.546	3.029	14,38	56.767	2.672	**22,30**	17,7
46	Strassen-, Tiefbauer	50.716	1.554	32,64	33.239	2.346	14,17	41.978	1.950	**23,40**	17,4
35	Textilverarbeiter	39.703	1.646	24,12	37.566	1.588	23,66	38.635	1.617	**23,89**	31,8
79	Dienst-, Wachberufe	142.865	5.513	25,91	142.324	6.444	22,09	142.595	5.979	**24,00**	28,2
14	Chemiearbeiter	22.611	850	26,60	20.473	943	21,71	21.542	897	**24,16**	8,3
42	Getraenke-, Genussmittelhersteller	2.915	100	29,15	2.667	137	19,47	2.791	119	**24,31**	11,4
34	Textilhersteller	6.997	263	26,60	6.527	259	25,20	6.762	261	**25,90**	21,7
21	Metallverformer (spanlos)	10.780	417	25,85	9.813	345	28,44	10.297	381	**27,15**	11,8
54	Maschinisten und zugehoerige Berufe	48.238	1.310	36,82	34.406	1.518	22,67	41.322	1.414	**29,74**	14,6
19	Metallerzeuger, Walzer	4.407	115	38,32	3.688	170	21,69	4.048	143	**30,01**	8,5
44	Maurer, Betonbauer	149.786	3.603	41,57	98.089	5.249	18,69	123.938	4.426	**30,13**	20,0
08	Mineral-, Erdoel-, Erdgasgewinner	1.621	24	67,54	649	46	14,11	1.135	35	**40,83**	6,9
12	Keramiker	3.778	84	44,98	3.447	84	41,04	3.613	84	**43,01**	12,9
11	Baustoffhersteller	5.172	52	99,46	2.664	101	26,38	3.918	77	**62,92**	7,1
99	Arbeitskraefte ohne naeh. Taetigkeitsang.	3.122	21	148,67	2.841	34	83,56	2.982	28	**116,11**	–
33	Spinnberufe	6.015	43	139,88	5.414	33	164,06	5.715	38	**151,97**	27,5
09	Mineralaufbereiter	755	4	188,75	660	5	132,00	708	5	**160,38**	11,3
07	Bergleute	5.848	34	172,00	4.973	17	292,53	5.411	26	**232,26**	14,2

Quellen: BA 2001a; IAB 2001.

Anhang 2: Bewerberquoten (Berufsordnungen)

Bewerberquoten nach Berufsordnungen 2001 (niedrigste Werte)

	Berufsordnung	Arbeits-lose (Januar)	Offene Stellen (Januar)	Bewerber-quote (Januar)	Arbeits-lose (Juli)	Offene Stellen (Juli)	Bewerber-quote (Juli)	Arbeits-lose (gemittelt)	Offene Stellen (gemittelt)	Bewerber-quote (gemittelt)	Arbeits-losenquote (2000)
	insgesamt	4.093.216	484.294	**8,45**	3.798.701	521.545	**7,28**	3.945.959	502.920	**7,87**	
041	Landarbeitskraefte	20.975	37.158	**0,56**	15.955	43.986	**0,36**	18.465	40.572	**0,46**	20,7
892	Angehoerige geistlicher Orden	7	10	**0,70**	5	12	**0,42**	6	11	**0,56**	–
863	Arbeits-, Berufsberater	127	139	**0,91**	137	86	**1,59**	132	113	**1,25**	0,8
304	Augenoptiker	1.339	1.080	**1,24**	1.394	1.092	**1,28**	1.367	1.086	**1,26**	5,3
222	Fraeser	3.248	2.401	**1,35**	2.955	2.490	**1,19**	3.102	2.446	**1,27**	7,6
844	Apotheker	1.281	777	**1,65**	1.145	860	**1,33**	1.213	819	**1,49**	3,5
703	Werbefachleute	8.838	6.442	**1,37**	11.452	6.410	**1,79**	10.145	6.426	**1,58**	10,6
705	Vermieter, Vermittler, Versteigerer	3.673	1.741	**2,11**	2.059	1.403	**1,47**	2.866	1.572	**1,79**	6,5
283	Flugzeugmechaniker	356	205	**1,74**	363	182	**1,99**	360	194	**1,87**	3,3
814	Rechtsvollstrecker	60	84	**0,71**	65	21	**3,10**	63	53	**1,90**	–
291	Werkzeugmacher	4.391	2.079	**2,11**	4.126	2.237	**1,84**	4.259	2.158	**1,98**	3,6
774	Datenverarbeitungsfachleute	23.288	15.234	**1,53**	30.663	10.947	**2,80**	26.976	13.091	**2,16**	5,2
692	Bausparkassenfachleute	174	84	**2,07**	195	82	**2,38**	185	83	**2,22**	1,4
694	Lebens-, Sachversicherungsfachleute	8.360	3.073	**2,72**	8.491	4.103	**2,07**	8.426	3.588	**2,39**	4,5
531	Hilfsarbeiter o.n.T.	19.696	7.223	**2,73**	21.014	9.930	**2,12**	20.355	8.577	**2,42**	–
753	Wirtschaftspruefer, Steuerberater	5.996	2.392	**2,51**	6.571	2.696	**2,44**	6.284	2.544	**2,47**	4,5
853	Krankenschwestern, -pfleger, Hebammen	16.739	6.374	**2,63**	15.992	6.898	**2,32**	16.366	6.636	**2,47**	2,8
726	Luftverkehrsberufe	865	356	**2,43**	789	305	**2,59**	827	331	**2,51**	3,8
855	Diaetassistenten, Pharm.-techn. Ass.	2.373	855	**2,78**	2.291	1.001	**2,29**	2.332	928	**2,53**	5,2
312	Fernmeldemonteure, -handwerker	4.561	1.538	**2,97**	4.306	1.910	**2,25**	4.434	1.724	**2,61**	8
901	Friseure	14.242	4.889	**2,91**	13.970	5.934	**2,35**	14.106	5.412	**2,63**	10,2
841	Aerzte	8.842	2.943	**3,00**	8.209	3.438	**2,39**	8.526	3.191	**2,70**	4,9
801	Soldaten, Grenzschutz-,Polizeibedienst.	819	343	**2,39**	1.258	412	**3,05**	1.039	378	**2,72**	–
221	Dreher	11.398	3.768	**3,02**	10.214	4.218	**2,42**	10.806	3.993	**2,72**	9,4
687	Handelsvertreter, Reisende	21.654	7.505	**2,89**	20.979	7.777	**2,70**	21.317	7.641	**2,79**	9,3

Quellen: BA 2001a; IAB 2001.

noch Anhang 2: Bewerberquoten (Berufsordnungen)

Bewerberquoten nach Berufsordnungen 2001 (höchste Werte)

	Berufsordnung	Arbeitslose (Januar)	Offene Stellen (Januar)	**Bewerberquote (Januar)**	Arbeitslose (Juli)	Offene Stellen (Juli)	**Bewerberquote (Juli)**	Arbeitslose (gemittelt)	Offene Stellen (gemittelt)	**Bewerberquote (gemittelt)**	Arbeitslosenquote (2000)
	insgesamt	4.093.216	484.294	**8,45**	3.798.701	521.545	**7,28**	3.945.959	502.920	**7,87**	
804	Schornsteinfeger	771	17	**45,35**	866	17	**50,94**	819	17	**48,15**	10,4
235	Metalloberflächenveredler	937	16	**58,56**	913	22	**41,50**	925	19	**50,03**	9,7
184	Korb-, Flechtwarenmacher	216	3	**72,00**	191	6	**31,83**	204	5	**51,92**	24,4
832	Darstellende Kuenstler	6.678	100	**66,78**	6.864	175	**39,22**	6.771	138	**53,00**	22,6
547	Maschinenwaerter, Maschinistenhelfer	3.003	59	**50,90**	2.717	46	**59,07**	2.860	53	**54,98**	9,6
831	Musiker	2.387	47	**50,79**	2.427	41	**59,20**	2.407	44	**54,99**	10,4
083	Erdoel-, Erdgasgewinner	297	3	**99,00**	220	15	**14,67**	259	9	**56,83**	11,1
793	Pfoertner, Hauswarte	103.756	1.707	**60,78**	105.367	1.895	**55,60**	104.562	1.801	**58,19**	35,6
733	Funker	232	5	**46,40**	213	3	**71,00**	223	4	**58,70**	10,6
625	Bergbau-, Huetten-, Giessereitechniker	767	11	**69,73**	742	15	**49,47**	755	13	**59,60**	6,1
375	Feinlederwarenhersteller	618	11	**56,18**	561	8	**70,13**	590	10	**63,15**	41,7
341	Webvorbereiter	629	16	**39,31**	548	6	**91,33**	589	11	**65,32**	15,8
082	Erden-, Kies-, Sandgewinner	676	5	**135,20**	211	17	**12,41**	444	11	**73,81**	5,2
112	Formstein-, Betonhersteller	3.422	28	**122,21**	1.647	44	**37,43**	2.535	36	**79,82**	7,0
042	Melker	5.151	55	**93,65**	4.728	69	**68,52**	4.940	62	**81,09**	36,3
371	Lederhersteller, Darmsaitenmacher	636	5	**127,20**	558	14	**39,86**	597	10	**83,53**	16,3
373	Schuhwarenhersteller	3.857	66	**58,44**	3.409	30	**113,63**	3.633	48	**86,04**	27,1
463	Gleisbauer	3.150	33	**95,45**	2.643	34	**77,74**	2.897	34	**86,59**	21,5
355	Hut-, Muetzenmacher	356	4	**89,00**	348	4	**87,00**	352	4	**88,00**	16,5
541	Energiemaschinisten	2.305	28	**82,32**	2.237	20	**111,85**	2.271	24	**97,09**	8,9
763	Verbandsleiter, Funktionaere	344	3	**114,67**	257	3	**85,67**	301	3	**100,17**	2,1
331	Spinner, Spinnvorbereiter	3.664	31	**118,19**	3.251	19	**171,11**	3.458	25	**144,65**	27,2
091	Mineralaufbereiter, Mineralbrenner	755	4	**188,75**	660	5	**132,00**	708	5	**160,38**	11,3
332	Spuler, Zwirner, Seiler	2.351	12	**195,92**	2.163	14	**154,50**	2.257	13	**175,21**	28,0
071	Bergleute	5.698	29	**196,48**	4.837	14	**345,50**	5.268	22	**270,99**	19,0

Quellen: BA 2001a; IAB 2001.

Anhang 3: Bewerberquoten (Berufsklassen)

Bewerberquoten nach Berufsklassen 2001 (niedrigste Werte)

Berufsklasse		Arbeitslose (Januar)	Offene Stellen (Januar)	Bewerberquote (Januar)	Arbeitslose (Juli)	Offene Stellen (Juli)	Bewerberquote (Juli)	Arbeitslose (gemittelt)	Offene Stellen (gemittelt)	Bewerberquote (gemittelt)
	insgesamt	4.093.216	484.294	8,45	3.798.701	521.545	7,28	3.945.959	502.920	**7,87**
0414	Weinbergsarbeiter	128	1.928	0,07	57	3.109	0,02	93	2.519	**0,04**
4112	Suppen-, Saucen-, Beilagenkoeche	13	388	0,03	13	211	0,06	13	300	**0,05**
0417	Erntehilfen, Landarbeitshelfer	4.721	31.699	0,15	4.167	36.315	0,11	4.444	34.007	**0,13**
0444	Tierlehrer (nicht Artisten)	19	138	0,14	15	102	0,15	17	120	**0,14**
7263	Flugzeugwartungsingen., -techniker	16	97	0,16	12	96	0,13	14	97	**0,14**
0229	andere Fischereiberufe	14	57	0,25	6	65	0,09	10	61	**0,17**
0419	andere Landarbeitskraefte	175	1.029	0,17	127	547	0,23	151	788	**0,20**
8778	Privatstundenlehrer, a.n.g.	67	144	0,47	50	121	0,41	59	133	**0,44**
2833	Flugtriebwerkmechaniker	44	78	0,56	39	73	0,53	42	76	**0,55**
8921	Angehoerige geistlicher Orden	7	10	0,70	5	12	0,42	6	11	**0,56**
7233	Junggrade	4	3	1,33		3	0,00	2	3	**0,67**
7912	Hotel-, Warenhausdetektive	165	228	0,72	186	257	0,72	176	243	**0,72**
8417	Arzt im Praktikum	593	718	0,83	543	820	0,66	568	769	**0,74**
7032	Kontakter, Verkaufsfoerderer	3.306	5.428	0,61	4.935	5.514	0,89	4.121	5.471	**0,75**
2220	Fraeser, allgemein	1.764	2.125	0,83	1.638	2.195	0,75	1.701	2.160	**0,79**
8534	Operationsschwestern, -pfleger	200	254	0,79	191	241	0,79	196	248	**0,79**
8631	Arbeitsberater und -vermittler (BA)	57	101	0,56	64	60	1,07	61	81	**0,82**
5042	Schiffbauer (nicht Eisenschiff)	41	46	0,89	63	82	0,77	52	64	**0,83**
8525	Therap. f. Sprech- u. Hörstörungen	303	371	0,82	339	370	0,92	321	371	**0,87**
7522	Finanzberater	254	245	1,04	290	354	0,82	272	300	**0,93**
3922	Patissiers (Kochkonditoren)	70	76	0,92	51	54	0,94	61	65	**0,93**
7742	Anwendungsprogrammierer	3.509	4.829	0,73	4.319	3.776	1,14	3.914	4.303	**0,94**
6913	Geldanlageberater	427	411	1,04	503	562	0,90	465	487	**0,97**
8632	Berufsberater	18	27	0,67	18	14	1,29	18	21	**0,98**
2614	Metallflugzeugbauer	100	89	1,12	97	117	0,83	99	103	**0,98**

Quellen: BA 2001a; IAB 2001.

noch Anhang 3: Bewerberquoten (Berufsklassen)

Bewerberquoten nach Berufsklassen 2001 (niedrigste Werte)

Berufsklasse		Arbeitslose (Januar)	Offene Stellen (Januar)	**Bewerberquote (Januar)**	Arbeitslose (Juli)	Offene Stellen (Juli)	**Bewerberquote (Juli)**	Arbeitslose (gemittelt)	Offene Stellen (gemittelt)	**Bewerberquote (gemittelt)**
	insgesamt	4.093.216	484.294	8,45	3.798.701	521.545	7,28	3.945.959	502.920	**7,87**
0414	Weinbergsarbeiter	128	1.928	0,07	57	3.109	0,02	93	2.519	**0,04**
4112	Suppen-, Saucen-, Beilagenkoeche	13	388	0,03	13	211	0,06	13	300	**0,05**
0417	Erntehilfen, Landarbeitshelfer	4.721	31.699	0,15	4.167	36.315	0,11	4.444	34.007	**0,13**
0444	Tierlehrer (nicht Artisten)	19	138	0,14	15	102	0,15	17	120	**0,14**
7263	Flugzeugwartungsingen., -techniker	16	97	0,16	12	96	0,13	14	97	**0,14**
0229	andere Fischereiberufe	14	57	0,25	6	65	0,09	10	61	**0,17**
0419	andere Landarbeitskraefte	175	1.029	0,17	127	547	0,23	151	788	**0,20**
8778	Privatstundenlehrer, a.n.g.	67	144	0,47	50	121	0,41	59	133	**0,44**
2833	Flugtriebwerkmechaniker	44	78	0,56	39	73	0,53	42	76	**0,55**
8921	Angehoerige geistlicher Orden	7	10	0,70	5	12	0,42	6	11	**0,56**
7233	Junggrade	4	3	1,33		3	0,00	2	3	**0,67**
7912	Hotel-, Warenhausdetektive	165	228	0,72	186	257	0,72	176	243	**0,72**
8417	Arzt im Praktikum	593	718	0,83	543	820	0,66	568	769	**0,74**
7032	Kontakter, Verkaufsfoerderer	3.306	5.428	0,61	4.935	5.514	0,89	4.121	5.471	**0,75**
2220	Fraeser, allgemein	1.764	2.125	0,83	1.638	2.195	0,75	1.701	2.160	**0,79**
8534	Operationsschwestern, -pfleger	200	254	0,79	191	241	0,79	196	248	**0,79**
8631	Arbeitsberater und -vermittler (BA)	57	101	0,56	64	60	1,07	61	81	**0,82**
5042	Schiffbauer (nicht Eisenschiff)	41	46	0,89	63	82	0,77	52	64	**0,83**
8525	Therap. f. Sprech- u. Hörstörungen	303	371	0,82	339	370	0,92	321	371	**0,87**
7522	Finanzberater	254	245	1,04	290	354	0,82	272	300	**0,93**
3922	Patissiers (Kochkonditoren)	70	76	0,92	51	54	0,94	61	65	**0,93**
7742	Anwendungsprogrammierer	3.509	4.829	0,73	4.319	3.776	1,14	3.914	4.303	**0,94**
6913	Geldanlageberater	427	411	1,04	503	562	0,90	465	487	**0,97**
8632	Berufsberater	18	27	0,67	18	14	1,29	18	21	**0,98**
2614	Metallflugzeugbauer	100	89	1,12	97	117	0,83	99	103	**0,98**

Quellen: BA 2001a; IAB 2001.

Kolibri 360 GmbH
Ferdinand-Jühlke-Straße 7
99095 Erfurt, Deutschland
produktsicherheit@kolibri360.de

Druck:
CPI Druckdienstleistungen GmbH
im Auftrag der
Kolibri 360 GmbH
Ferdinand-Jühlke-Str. 7
99095 Erfurt